JN430729

자동차 섀시

김기성 · 김성용 · 강정구 공저

KIHANJAE 도서출판 기한재

이제 우리생활의 필수품으로 자리 잡은 자동차의 그 구조와 기능을 알고 적합하게 이용할 때 문명과 산업발달에 의한 매우 편리한 기구이지만, 무리하고 그 기능과 목적이 부적합하게 이용될 때에는 큰 재앙과 손실을 초래한다. 이러한 규모적 성장과 기술발전에 부응하기 위하여 기술자들에게는 많은 노력과 훈련이 필요하다고 본다.

최근의 자동차 산업은 기계분야 뿐만 아니라 전기 · 전자 · 화학 및 금속분야가 총망라된 기계 산업이며, 점차 자동차의 안전성 · 편리성과 편리성이 강조된 첨단기술의 개발 도입되고 있다.

국내외적으로 자동차 산업은 규모면에서도 가장 활발한 성장을 하는 유망 산업일 뿐만 아니라 기술개발과 그 적용속도가 매우 빠르다. 최근에는 하이브리드 시스템 및 친환경장치와도 관련된 장치가 계속 개발되어 출시되고 있다.

학습효과를 극대화시키기 위해 한국산업인력공단에서 출제된 문제들을 철저히 분석 · 정리하였으며, 각 문제마다 해설을 두어 자격증 시험 준비에 큰 도움을 주고자 하였다.

문제의 선정과 해설, 그리고 편집에 정성을 기울였으나 간혹 오류가 있으면 아낌없는 지도편달을 바라며, 앞으로 새로운 문제가 출제되면 계속하여 수정 · 보완할 것이다.

제1편 섀시 총론/7

제2편 섀시 성능/31

제3편 섀시 정비/69

[제 1 편]

새시 총론

제1장

섀시의 개요

1-1 섀시와 바디

자동차의 구성부분을 크게 나누면 섀시(Chassis)와 바디(Body)로 나눌 수 있다. 바디는 객실과 적재함 등으로 이루어지고 사람이나 화물을 싣는 부분으로 자동차의 외장에 해당하는 것이다. 섀시는 자동차에서 바디를 제외한 것을 말하며 자동차의 골격에 해당하는 섀시프레임(Frame)에 기관 등 주행에 필요한 장치일체를 장치한 것으로 섀시만으로도 주행이 가능하다. 한편 승용자동차의 경우에는 섀시프레임을 사용하지 않는데 바디에 필요한 강도와 강성을 부여할 수 있도록 제작하여 바디에 직접 기관과 동력전달장치 일체를 장치하는 형식으로 사용되고 있으며 이와 같은 구조의 바디를 단체구조형(Frameless Body 또는 Monocoque Body)라고 한다. 최근에 출시되는 대부분의 승용차량과 일부 SUV(Sport Utility Vehicle) 차량에는 이와 같은 일체식 구조를 선호하고 있는 추세이다.

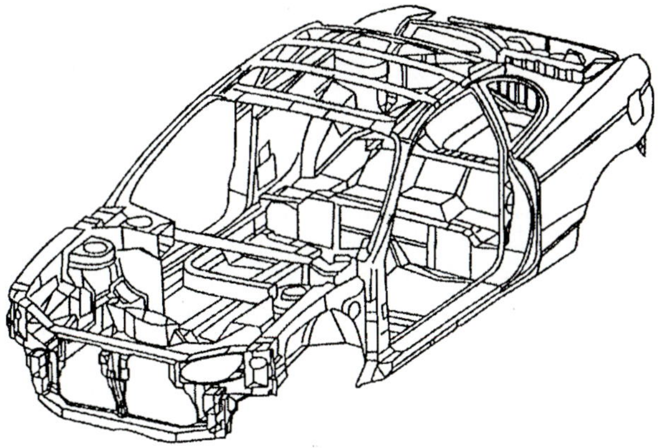

1-2 섀시의 구조

섀시는 일반적으로 다음과 같이 자동차를 주행시키는데 필요한 장치가 조합된 것으로 다음의 여러 가지 장치로 구성되어 있다.

1. 동력발생장치

자동차를 주행시키는데 필요한 동력을 발생시키는 부분으로 일반적으로 가솔린기관, 디젤기관, LPG기관 등의 내연기관이 사용되고 있다.

2. 동력전달장치

기관에서 발생된 동력을 이용하여 주행상태에 적합하도록 변화시켜 구동바퀴에 전달하는 장치이다. 여기에는 크게 기관의 동력을 연결, 차단하는 클러치 시스템, 기관의 동력을 적절한 구동력으로 전환시켜주는 변속기, 변속기에서 전환된 동력을 바퀴까지 전달하는 추진축과 좌우의 바퀴로 동력을 분배하는 차동장치 등으로 구성되어 있다.

3. 조향장치

자동차의 진행방향을 임으로 바꾸기 위한 장치로 일반적으로 앞바퀴를 조향하는 방식을 사용하고 있다.

4. 제동장치

주행중인 자동차의 속도를 감속시키거나 정지 또는 비탈길 등에서 자동차를 정지상태로 유지하기 위한 장치이다.

5. 현가장치

프레임 또는 바디와 차축을 결합하여 노면으로부터의 진동이나 충격 등을 완화하기 위한 장치이다.

6. 휠 및 타이어

자동차가 주행 중 노면으로 받는 충격을 현가장치에 의해 흡수하나 그 외에 노면으로부터의 또 다른 충격이나 진동완화와 함께 선회시 외력에 대응하는 역할을 한다.

1-3 섀시의 제원

자동차의 구조나 성능에 대해서는 자동차 정비를 하는 사람은 물론 판매나 운전을 하는 사람들도 충분히 이해해 둘 필요가 있다. 자동차의 구조와 성능은 그 자동차에 첨부되어 있는 사용지침서(그 자동차의 제원이나 사용법 안내서)를 봄으로써 판단할 수 있다.

1. 중량

[1] 공차 차량 중량(Curve Vehicle Weight)

공차상태에 있어서 자동차의 중량을 의미한다. 또 공차상태란 연료, 냉각수, 윤활유 등을 가

득 채우고 운행할 수 있는 상태를 말한다(단, 승차원, 예비타이어, 예비부품, 공구, 기타 휴대품을 제외한 상태를 말한다).

[2] 최대 적재량(Maximum Pay Load)

자동차에 적재할 수 있도록 허용된 물품의 최대중량을 말한다.

[3] 승차 정원

자동차에 승차할 수 있도록 허용된 최대 인원을 말한다(단, 13세 이하의 어린이는 2인을 성인 1인으로 인정하며 성인 1명의 중량은 65kg으로 한다).

[4] 적차 상태

공차 상태의 자동차에 승차하여 최대적재량의 화물이 적재된 상태를 말한다. 이때의 좌석정원은 정 위치에, 입석정원의 인원은 입석에 균등하게 승차하고 화물은 물품적재 장치에 균등히 적재된 상태로 한다.

[5]) 차량 총 중량(Gross Vehicle Weight)

적차 상태에 있어서 자동차의 중량을 말한다. 이 경우 1명의 중량은 65kg을 한다.

[6] 배분 중량(Distributed Weight)

적차 상태에 있어서 자동차의 각 차축에 대하여 배분된 중량을 말하며, 그 합은 차량 총 중량과 같다. 공차 상태의 배분중량에 대해서는 그 뜻을 명기한다. 또 각 차축에 배분된 중량을 축중이라고 하며 축중을 장비된 바퀴수로 나눈 값을 축하중이라고 한다.

[7] 중량 배분비(Weight Distribution Ratio)

각 차축의 배분중량(축중)의 백분비(%)이며 공차상태인가 적차상태인가를 명기한다.

[8] 최대 접지압

적차상태의 경우 접지부에 걸리는 단위면적당의 중량을 말한다(단, 일반자동차의 경우 타이어의 접지부의 폭 1cm당 중량(kgf/cm)으로 나타내는 것이다).

[9] 스프링 위 중량

섀시 스프링에 의해 지지되는 부분의 중량을 말한다.

[10] 스프링 아래 중량

바퀴나 차축 등과 같이 섀시 스프링에 의해 지지되지 않는 부분의 중량을 말한다. 또 추진축, 현가암, 조향링크 등과 같이 스프링 위 중량과 스프링 아래 중량의 양쪽에 걸리는 부분은 그 일부가 스프링 위 중량이 된다.

2. 치수

[1] 자동차의 중심면

직진자세에 있는 자동차의 좌우 바퀴의 중심을 지나는 연직면을 말한다.

[2] 전장(Overall Length)

다음 그림의 ⓓ와 같이 자동차의 중심면 및 접지면에 평행하게 측정한 경우 부속물(범퍼, 미등 등)을 포함하는 자동차의 최대길이를 말한다(단, 하대의 후부 열림 등은 닫힌 상태로 한다. 이때에 버스의 언더 미러(Under Mirror)는 동력전달에 포함시키지 않는다).

[3] 전폭(Overall Width)

다음 그림의 ⓑ와 같이 자동차의 중심면에 직각으로 측정한 경우의 부속물을 포함하는 자동차의 최대폭을 말한다(단, 하대 및 환기장치는 닫힌 상태로 하고, 완목식 방향지시기는 내려놓은 상태로 한다. 또 후사경은 전폭에 포함되지 않는다).

[4] 전고(Overall Height)

다음 그림의 ⓕ와 같이 접지면에서 자동차의 최고부까지의 높이를 말하며 적차상태의 경우에는 그 취지를 부기한다(단, 폴 안테나는 가장 내린 상태로 하고 사다리차와 같이 주행 중 격납할 수 있는 것은 격납한 상태로 한다).

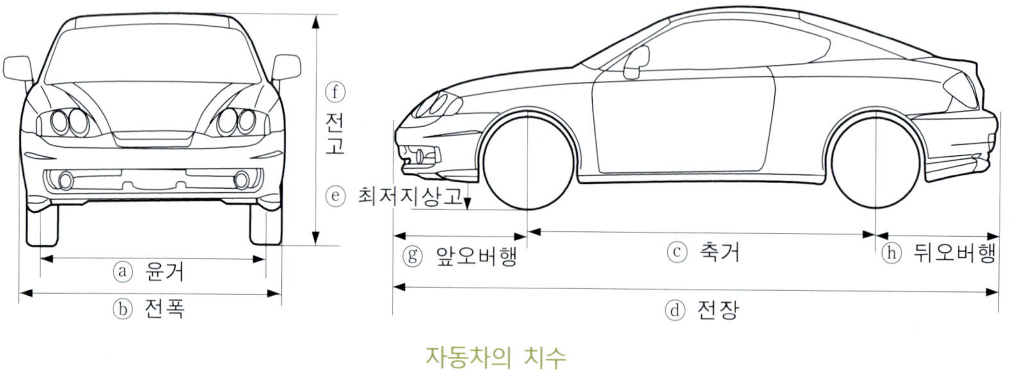

자동차의 치수

[5] 축거(Wheel Base)

전후 차축의 수평거리로 다음 그림과 같은 3축식의 경우에는 전축과 중간축과의 거리 a를 제1축거, 중간축과 후축과의 거리 a'를 제2축거라고 한다. 또 전축과 복축의 중심간 거리로 나타내는 경우도 있다.

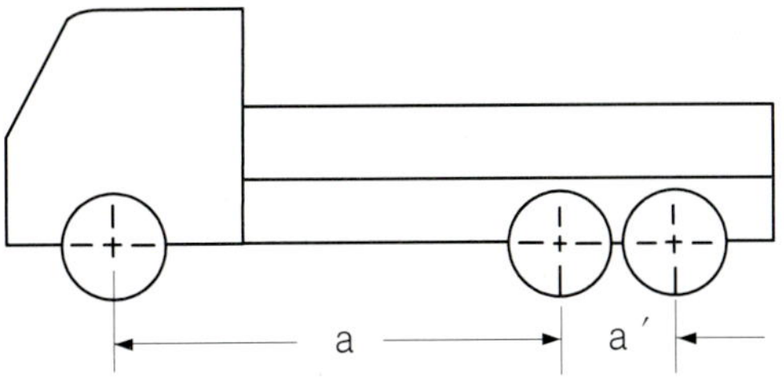

축거

[6] 윤거(Tread)

좌우 타이어의 접지면 중심간의 거리(다음 그림의 a 참조)를 말하며 복륜의 경우에는 그림의 a'와 같이 복륜 간격의 중심간의 거리를 말한다.

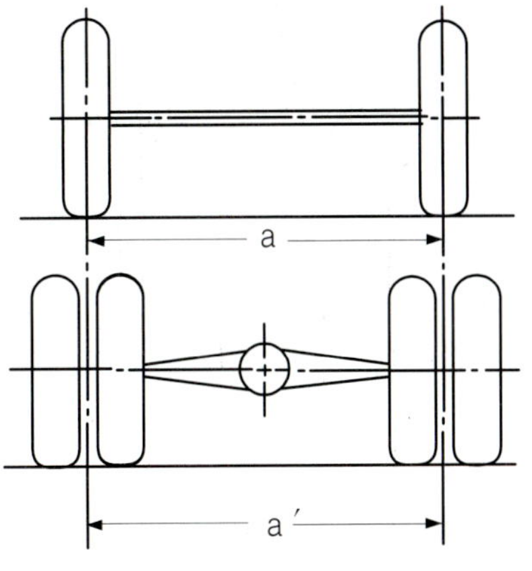

윤거

[7] 중심높이(Height Of Gravitational Center)

접지면에서 자동차의 중심 위치까지의 높이를 말하며 적차상태일 경우에는 그 취지를 부기한다. 중심높이가 높으면 최대안전경사각도 작아져 불안정하게 된다.

[8] 최대 안전경사각

공차상태에서 자동차를 기울어지게 한 경우 반대쪽의 전차륜이 바닥면에 떨어질 때의 바닥면과 수평면을 이루는 각도를 말한다.

이 값은 동일 축거(트레드)의 자동차에서는 중심높이가 낮을수록 커진다.

[9] 최저 지상고

앞의 자동차의 치수 그림에서 ⓔ와 같이 자동차의 중심면에 수직인 연직면에 투영된 자동차의 윤곽에 있어서 자동차의 중심면에서 좌우 L의 사이에 있어서 가장 낮은 부분의 접지면으로부터의 높이를 말한다. 단 L의 값은 다음과 같은 것으로 한다.

(단륜) L=축거/2 림폭
(복륜) L=축거/2 2×(림폭)

[10] 하대옵셋(Rear Body Offset)

다음 그림과 같이 뒤차축의 중심과 하대 바닥면의 중심과의 수평거리를 말한다. 뒤 차축이 2축일 경우에는 그 2축의 거리중심과 하대 바닥면의 중심과의 수평거리를 말한다. 또 하대 중심이 중심보다 전방에 있는 경우를 정(+), 후방에 있는 경우를 부(-)라고 한다.

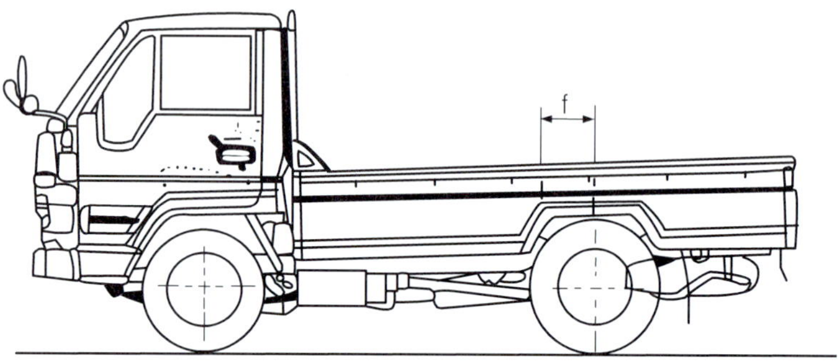

하대옵셋

[11] 앞 오버행(Front Overhang)

앞의 자동차의 치수 그림에서 ⓖ와 같이 앞차축의 중심을 통하는 연직선으로부터 자동차의 가장앞부분까지의 수평거리를 말하며 범퍼, 훅 등 자동차에 고정되어 있는 것은 모두 이 안에 해당된다. 또 바디와 프레임으로 나누어지는 경우도 있으며 그림과 같이 축의 중심에서 바디선까지의 수평거리인 ⓖ를 뒤 오버행이라고 하며 차축의 중심에서 범퍼와 그 부속품을 포함하는 최선단까지의 수평거리 ⓖ를 앞 오버행이라고 한다.

[12] 리어 오버행(Rear Overhang)

앞의 자동차의 치수 그림에서 ⓗ와 같이 뒤차축의 중심을 지나는 연직면으로부터 자동차의 가장 뒷부분까지의 수평거리를 말하며 범퍼, 견인용 후크 등 자동차에 고정된 것은 모두 포함된다. 이때에도 앞 오버행과 마찬가지로 프레임과 바디로 나누어 표시하는 경우가 있다.

[13] 최소 회전 반경

다음 그림과 같이 자동차가 최대 조향 각도를 유지하고 저속으로 선회한 경우 최외측이 되는 바퀴의 중심이 그리는 반경을 말한다. 또 최소회전반경은 다음 식으로 산출할 수 있다.

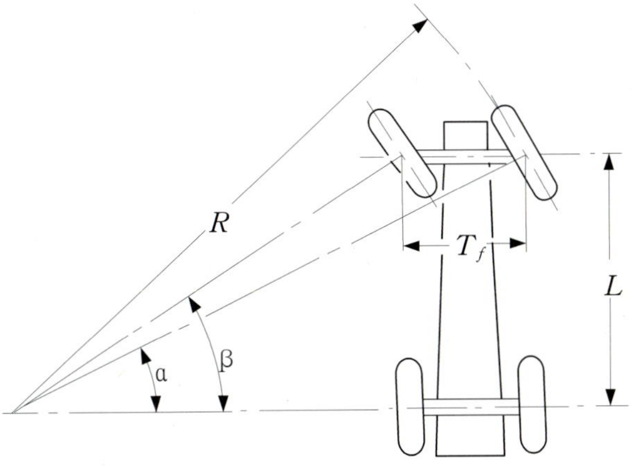

최소 회전 반경

$$R = L/\sin\alpha$$

여기서, R : 최소회전반경, L : 축거(휠베이스), α : 외측앞바퀴의 조향각도

또 위 식에 의해 산출하는 경우에는 다음 식을 만족시킬 필요가 있다.

$$L(1/\tan\alpha - 1/\tan\beta) \fallingdotseq T_f$$

여기서, α : 외측앞바퀴의 조향각도
β : 내측 앞바퀴의 조향각도
L : 축거(휠베이스)
T_f : 앞차축의 축거(트레드)

[14] 버퍼 클리어런스(Buffer Clearance)

다음과 같이 적차상태에 있어서 현가부 스토퍼의 여유간극을 말한다.

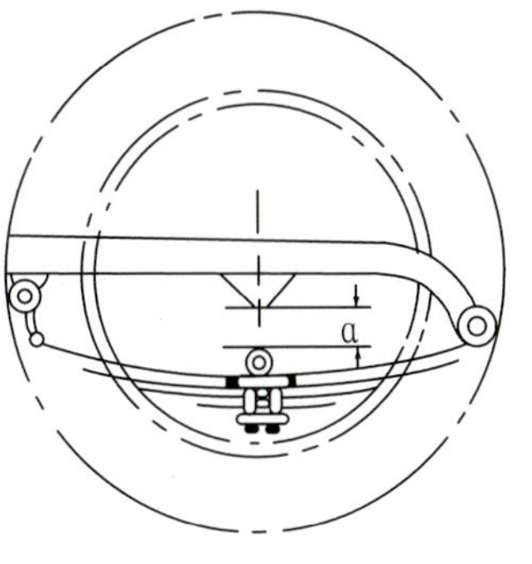

버퍼 클리어런스

3. 성능

자동차의 성능이란 넓은 의미에서 자동차의 전체의 기계장치로서의 각종 기능을 의미하는 것으로 여러 가지가 있으나 구분해보면 다음과 같다.

- 동력성능 : 가속성능, 등판성능, 최고속도, 연료 소비율 등
- 제동성능 : 제동 및 정지거리, 제동시의 차체의 자세변화 등
- 조종성, 안전성 : 조종안정성, 운동성, 선회성능 등
- 승차감 : 진동, 소음, 거주성 등

[1] 자동차의 주행성능 선도

자동차의 주행속도에 대한 구동력 곡선, 주행저항곡선 및 변속기의 각 변속에 있어서 기관의 회전속도를 하나의 그림으로 종합한 것을 말한다(아래 그림 참조).

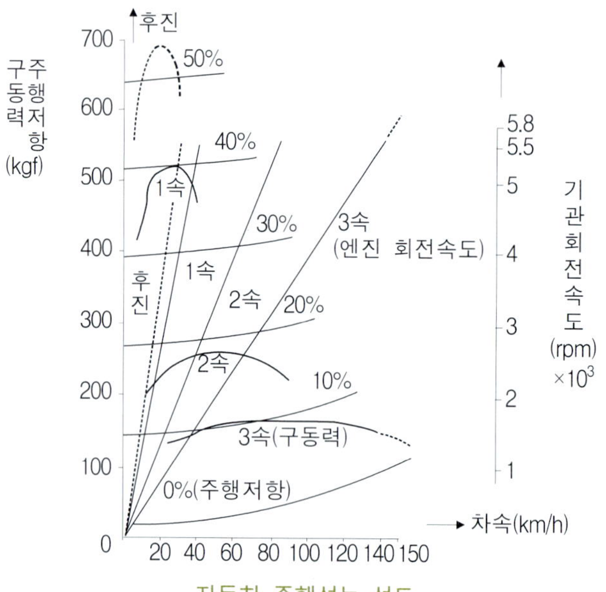

자동차 주행성능 선도

[2] 최고 속도(Maximum Speed)

적재상태에 있는 자동차가 수평한 평탄노면에서 발휘 할 수 있는 최고의 속도를 말한다. 주로 한 시간당의 주행거리를 나타내고 km/h로 표시한다.

[3] 연료 소비율(Rate of Fuel Consumption)

자동차가 단위시간 또는 단위주행거리에서 소비하는 연료의 양이다. 일반적으로는 연료의 단위 체적당으로 주행할 수 있는 거리를 말하며 km/l로 나타낸다.

[4] 등판 능력(Hill Climbing Ability)

자동차가 적차 상태로 비탈길을 오를 수 있는 능력을 말하며 등판 할 수 있는 최대경사각으로 나타낸다. 일반적으로 그림에서처럼 b/a = sinθ로 나타내고 있으나 b/c = 100%로 나타내는 경우도 있다.

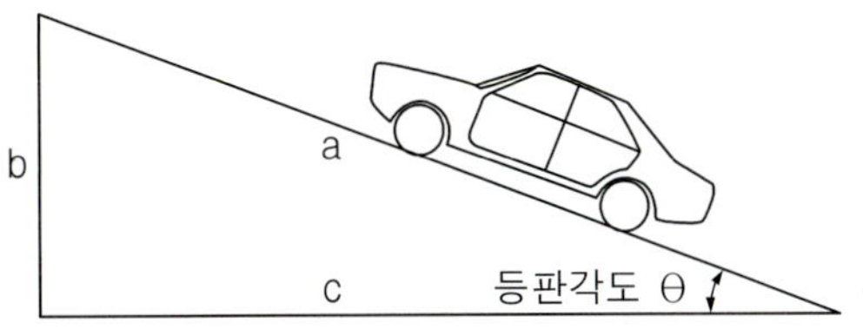

등판능력

[5] 가속 능력(Accelerating Ability)

자동차가 평지주행에서 가속할 수 있는 최대 여유력을 말하며 일반적으로 다음의 두 가지가 사용되고 있다.

① **발진가속 성능(Standing Start Accelerating Ability)** : 자동차가 정지상태에서 적당히 변속하여 일정거리를 주행하는 시간으로부터 구할 수 있는 최대가속성능을 말한다.

② **추월가속 성능(Passing Accelerating Ability)** : 자동차가 초속도에서 변속하는 것이 아니라 일정속도까지 가속하는 시간으로 구해지는 최대가속능력을 말한다.

[6] 정지거리

정지거리는 운전자가 제동조작을 하는 순간부터 자동차가 정지할 때까지 주행한 거리를 말하며, 공주거리에서 제동거리를 플러스한 것이다.

① **공주거리** : 운전자가 진로상의 이상을 발견하고 가속페달에서 발을 떼었을 때부터 브레이크 페달을 밟아 제동작용에 의해 감속이 개시될 때까지의 동안에 자동차가 주행한 거리를 말한다.

② **제동거리** : 브레이크가 작용하여 감속이 개시된 다음부터 자동차가 완전히 정지할 때까지 주행한 거리를 말한다.

【참고】

1. 자동차의 주행속도

자동차의 주행속도는 주행저항을 제외하면 기관의 회전수, 종감속비, 바퀴의 직경에 따라 결정된다.

$$V = \pi D \times \frac{N}{\gamma \times \gamma f} \times \frac{60}{1,000}$$

여기서, V : 주행 속도(km/h) D : 바퀴의 직경(mm)

r : 변속비 rf : 종감속비

N : 기관의 회전속도(rpm)

2. 주행저항

자동차가 주행할 때 주행을 방해하는 요인들이며 구름저항, 공기저항, 구배저항, 가속저항 등이 있다.

① 구름저항

구름저항은 바퀴가 노면 위를 굴러갈 때 발생되는 것이며, 구름저항이 발생하는 원인으로는 도로와 타이어와의 변형, 도로 위의 요철과의 충격, 타이어의 미끄럼 등에 의한다. 구름저항은 다음 식으로 표시된다.

$$R_r = \mu_r W$$

여기서, R_r : 구름저항(kg), μ_r : 구름저항계수, W: 차량 총중량(kg)

② 공기저항

공기저항은 자동차가 주행할 때 진행방향에 반대하는 공기력이며, 다음 식으로 표시된다.

$$Ra = \mu_a A V^2$$

여기서, μ_a : 공기저항계수, A : 자동차 전면 투영면적(m^2)(윤거×전고)

V : 자동차의 공기에 대한 상대속도(km/h)

③ 구배저항

자동차가 언덕길을 올라갈 때 노면에 평행한 방향의 분력 W sinθ가 저항과 같은 효과를 내므로 이것을 구배저항이라고 하며 다음 식으로 표시한다.

$$Rg = W\sin\theta$$

여기서, Rg : 구배저항(kg)

W: 차량 총중량(kg)

$\sin\Theta$: 노면 경사각도

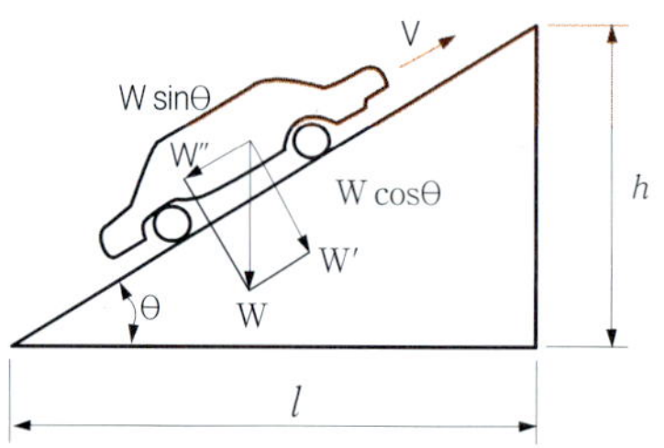

④ 가속저항

자동차에 속도변화를 주는데 필요한 힘으로 관성저항이라고도 부른다.

$$Ri = \frac{1}{g}(1+\varepsilon)W \cdot \alpha$$

여기서, Ri : 가속저항(kg), ε : W ' / W, W : 차량 총중량(kg), g : 중력 가속도 9.8m/sec^2

W' : 회전부분 상당중량(kg), α : 가속도(m/sec^2)

⑤ 전 주행저항

구름저항, 공기저항, 구배저항, 가속저항의 합계를 전 주행저항이라고 한다.

【참고】 제동거리, 브레이크 드럼에 작용하는 토오크, 정지거리

1. 제동거리

$$L = \frac{V^2}{2\mu g}$$

여기서, L : 제동거리(m), V : 제동 초속도(km/h), μ : 타이어와 노면과의 마찰계수(μ의 값은 포장도로에서 0.5 ~ 0.7), g : 중력 가속도 9.8m/sec^2

$$S = \frac{V^2}{254} \times \frac{(W \times W')}{F}$$

여기서, S : 제동거리(m), V : 주행속도(km/h), W : 자동차 총중량(kg)

F : 제동력(kg), W' : 회전부분 상당중량

• 승용차 : 차량중량의 5% • 버스, 트럭 : 차량중량의 7%

2. 브레이크 드럼에 작용하는 토오크

$$TB = \mu \times p \times r$$

여기서, TB : 브레이크 토오크(kg.mm), r : 드럼의 반지름(mm)

μ : 드럼과 라이닝의 마찰계수, p : 드럼에 걸리는 전 브레이크 압력(kg)

3. 정지거리

정지거리는 공주거리와 제동거리를 더한 것이며, 공주거리란 가속 페달을 놓고서부터 제동력이 발생될 때까지 자동차가 주행한 거리를 말한다.

$$정지거리 = \frac{V^2}{254} \times \frac{(W + W')}{F} + \frac{V}{36}$$

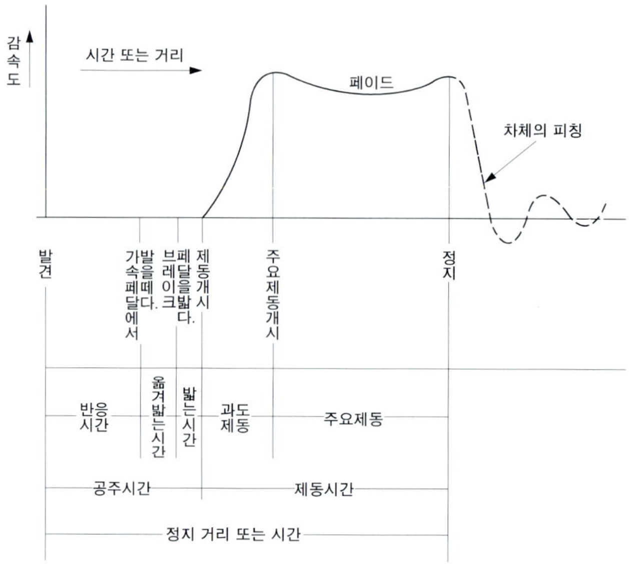

운전자의 동작, 시간 및 감속도의 관계

제2장

동력전달장치의 개요

동력전달장치는 기관의 회전력과 회전속도를 변화시키거나 또는 그대로 구동륜에 전달한다. 동력전달과정에서 약간의 전달손실을 피할 수 없으므로 구동륜에 전달된 동력은 기관의 출력보다 약간 작다.

구성요소를 간단히 살펴보면 후륜 구동방식의 경우, 기관에서 발생된 동력은 클러치(Clutch) → 변속기(Transmission) → 추진축(Propellar shaft) → 종감속장치(Final Gear Reduction) → 차동장치(Differential Gear) → 액슬축(Axle Shaft) → 구동륜(Drive Wheel)으로 전달된다.

전륜구동방식은 약간의 경로만 차이가 있을 뿐 후륜 구동방식과 거의 동일하다. 특히 최근의 자동차에서 승용차량의 경우에는 대부분이 전륜구동방식을 적용하고 있으며, 트럭 등 상용차의 경우에는 후륜 구동방식을 적용하고 있다. 본문에 들어가기에 앞서 각 장치별 기능에 대해 간략히 살펴보도록 하겠다.

동력전달장치구조

【참고】 구동방식

1. 호치키스 구동(hotchikiss drive)

구동축의 현가 스프링으로 판 스프링을 사용할 때 이용되는 방식이다. 구동바퀴의 추력은 스프링 끝을 거쳐서 차체(또는 프레임)에 전달한다. 이 경우 리어 엔드 토오크나 발차 및 제동시 발생되는 비틀림 등도 이 스프링이 받는다.

(주) 리어 엔드 토오크(rear end torque) : 기관이 동력전달장치를 통하여 구동바퀴를 돌리면 구동축에는 그 반대방향으로 돌아가려는 힘이 작용된다. 이 작용력을 리어 엔드 토오크라고 한다.

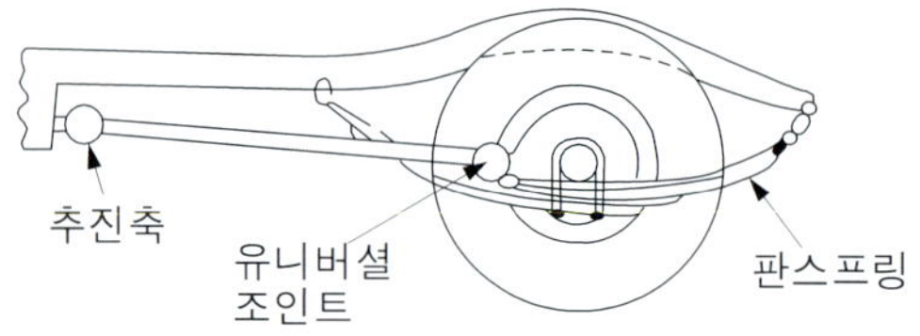

2. 토오크 튜브 구동(torque tube drive)

추진축을 그 내부에 두고 변속기와 차동기어 하우징 사이에 연결된 토오크 튜브를 통하여 구동바퀴의 구동(추력)을 차체에 전달하는 방식이다. 현가 스프링에 코일 스프링을 사용할 때 이용되며, 이 토오크 튜브가 리어 엔드 토오크를 흡수한다.

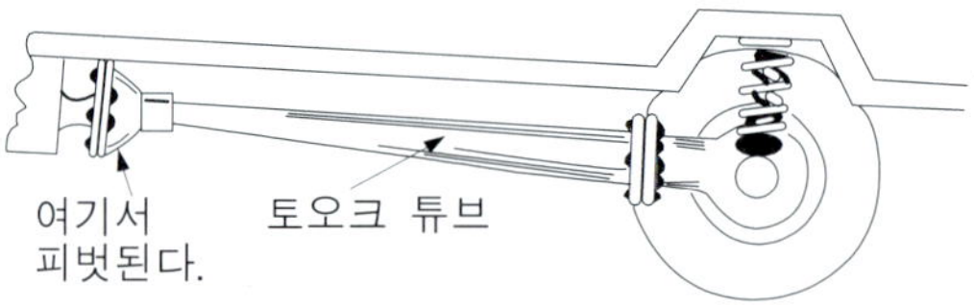

3. 레디어스 암 구동(radius arm drive)

코일 스프링을 현가 스프링으로 사용하는 방식에서 이용되며 구동바퀴의 추력을 구동축이나 차체(또는 프레임)에 연결된 2개의 레디어스 암을 거쳐 전달하며 리어 엔드 토오크도 이 암이 흡수한다.

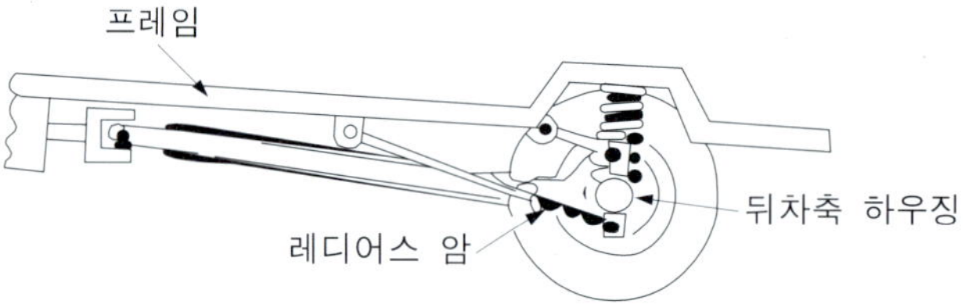

---

① **클러치** : 기관의 동력을 구동바퀴에 전달하거나 끊는 역할을 한다. 즉 최초의 기관동력을 변속기로 전달하거나 차단하는 역할을 한다.

② **변속기** : 기관의 동력만으로는 자동차의 주행상태 및 노면상태에 대응하기 어려우므로 그에 적절한 구동력을 확보하기 위해 기어비를 이용하여 구동력을 증감시킨다.

③ **추진축(전륜구동-등속 조인트)** : 변속기에서의 동력을 최종감속기어까지 전달하는 역할을 한다.

④ **유니버셜 조인트** : 기관 및 변속기 등은 프레임에 고정되어있으나 뒤 차축 또는 앞차축은

스프링 등 섀시 장치들을 통하여 프레임에 장치되어 있으므로 주행중의 진동이나 하중의 변화, 특히, 전륜의 경우 조향도 같이 겸하고 있어 변속기와의 상대위치가 변하게되는데 이와 같은 상태의 조건에서 동력을 원활하게 전달하기 위하여 필요한 장치이다.

⑤ 최종감속기어 : 추진축에서의 동력을 그것과 직각으로 되어있는 차축에 전달함과 동시에 일정한 감속(구동력 증대)을 한다.

⑥ 차동기어 : 자동차가 선회를 하거나 노면저항의 차이 등에 의해 생기는 좌우 타이어의 회전차이를 자동으로 조절해준다.

⑦ 차축, 샤프트 : 후륜구동방식의 경우 차동장치에서의 동력을 좌우의 바퀴로 전달한다.

⑧ 뒤차축 하우징 : 후륜구동방식에서 최종감속기어, 차동기어, 뒤 차축을 내장하고 있으며 자동차의 하중을 지지한다.

2-1 동력전달방식

동력전달방식은 차륜의 구동방식에 따라 크게 후륜구동(rear wheel drive),전륜구동(front wheel drive), 그리고 전, 후륜 모두 구동되는 총륜구동 즉, 4륜구동방식(all wheel drive) 등이 있다.

1. 후륜 구동 방식(rear wheel drive)

후륜 구동 방식이란 기관의 동력을 뒤 바퀴로 전달하며 뒤 바퀴가 구동륜이 되는 방식을 말하며 여기에서 다시 기관의 설치위치에 따라 다음과 같이 구분할 수 있다.

[1] 앞 엔진 후륜 구동(FR–front engine, rear drive)

가장 일반적인 방식으로 표준 구동방식이라고도 하며 최근 출시되는 차량의 대부분이 여기에 해당된다. 기관, 클러치, 변속기는 앞 차축 영역에, 종감속장치와 차동기어는 후 차축의 영역에 설치되어 있다.

앞 엔진 후륜구동

장 점	단 점
① 최대적재중량 적재시에는 전/후 차축의 하중분포가 거의 같아진다(트럭에 적합한 방식). ② 앞차축의 구조를 간단히 할 수가 있다. ③ 주행풍을 이용하기 때문에 기관의 냉각작용이 용이하다. ④ 난방용 공기와 온수의 경로를 짧게 할 수 있으므로 차실 난방이 용이하다.	① 추진축이 지나가는 공간이 있으므로 해서 차 실내의 공간활용도가 낮다. ② 추진축의 회전진동과 소음이 문제가 된다. ③ 적재중량이 적을 경우, 특히 빙판길 주행시나 언덕길 등판시에는 후륜이 슬립을 일으킬 수 있다.

[2] 뒤 엔진 후륜 구동(RR–rear engine, rear drive)

최근 들어 버스 등에 가장 많이 적용하고 있으나 승용차량에는 거의 적용되지 않는다. 기관, 클러치, 변속기 그리고 종감속장치와 차동장치가 모두 후차축 영역에 설치되어 있다.

뒤 엔진 후륜구동

장 점	단 점
① 동력전달 경로가 짧다. ② 앞차축의 구조를 간단히 할 수가 있다. ③ 빙판길과 언덕길에서 발진성이 양호하다.	① 미끄러운 노면에서는 전륜의 안내력이 약하다. ② 화물실의 크기가 제한된다. ③ 변속링크 기구가 길어진다(운전석과 변속기간의 거리가 멀다). ④ 난방용 공기와 온수의 경로가 길다. ⑤ 기관 냉각에 어려움이 따른다 ⑥ 횡 방향 바람에 민감하다. ⑦ 고속 선회시에는 오버 스티어링의 경향을 보이기 쉽다.

2. 전륜 구동 방식(front wheel drive)

앞 엔진 후륜 구동 방식과는 반대로 자동차의 앞부분에 기관 및 동력장치를 모두 모아 장치하는 방식이다. 이 형식에서는 앞바퀴가 기관의 동력으로 구동되면서 조향작용을 해야 하므로 기구적으로 복잡해지나 동력전달경로가 짧아 최근 들어 승용차량에는 이 방식이 주로 적용되고 있으며 국내에는 1980년도를 시점으로 승용차량에서의 적용률이 급격히 증가하고 있다.

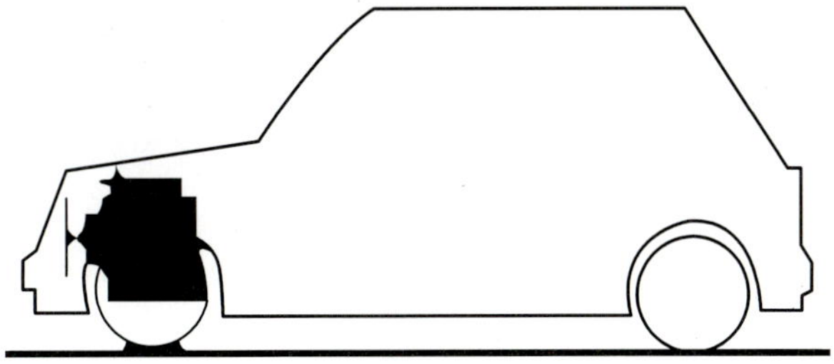

전륜구동

장 점	단 점
① 최대적재중량 적재시 전/후 차축의 하중분포가 거의 같아진다. ② 동력전달경로가 짧아진다. ③ 자동차가 밀려가지 않고 끌려가므로 주행안정성이 높다. ④ 후 차축 구조를 간단하게 할 수 있다. ⑤ 차실내 주거성이 좋으며 화물칸을 크게 할 수 있다. ⑥ 기관의 냉각이 양호하다. ⑦ 효과적인 난방을 할 수 있다.	① 앞차축이 복잡해진다. ② 동력 조향장치가 아닐 경우, 조향 핸들 조작에 큰 힘이 필요로 한다. ③ 토오크 조향현상이 발생 할 수 있다. ④ 후륜에 비해 전륜타이어의 마모가 현저하게 빠르다. ⑤ 언덕길에서의 발진성능이 불량하다. ⑥ 고속 선회시에 과도한 언더스티어링 특성을 나타낸다.

3. 4륜 구동 방식(all wheel drive)

우리가 흔히 4WD라고 일컫는 차량이 이 방식에 해당되며 기관의 동력을 전륜 및 후륜에 모두 분배하여 구동하는 방식으로, 동력을 전 후륜에 분배하기 위한 동력분배장치(transfer case)를 갖추고 있다. 구조가 복잡하고 비용은 상승하지만 등판, 비포장 도로주행, 미끄러운 눈길주행 등 off-road에 적합하므로 특수차량에 주로 적용이 되나 최근에는 SUV(Sport Utility Vehile) 차량의 증가와 더불어 이 방식을 적용하는 차량이 증가하는 추세에 있다.

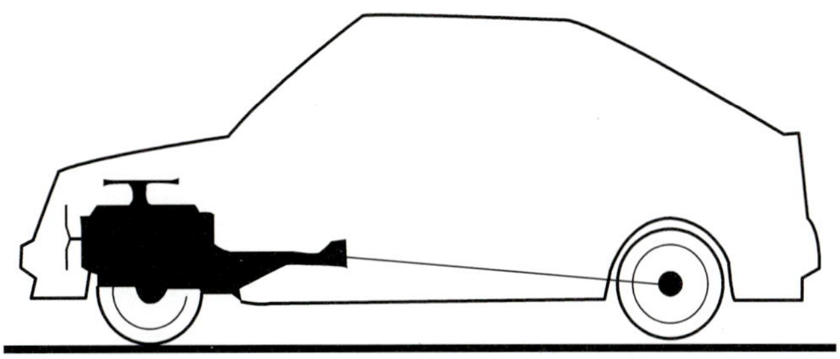

4륜구동

【참고】

1. 동력 전달 장치의 개요

동력 전달장치는 기관에서 발생한 동력(회전력)을 유효하게 구동륜에 전하는 장치이다.

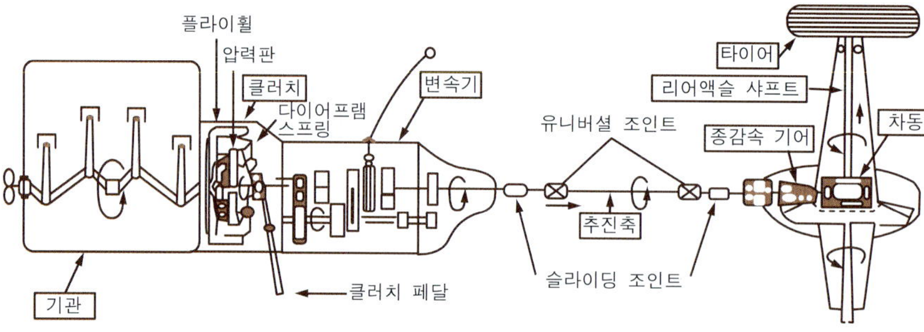

그림은 FR방식의 동력 전달장치의 개요를 나타낸 것으로 동력의 전달은 화살표의 순서로 행하여진다. 동력 전달장치의 구성은 기관의 취부위치, 구동륜의 위치에 따라 다르며 FF방식의 경우 변속기와 드라이빙 & 디퍼런셜이 일체로 되어 있고(트랜스액슬이라 한다) FR방식과는 다르다. 아울러 FR방식과 FF 방식이 구성과 동력 전달 경로는 다음과 같다.

• FR 방식

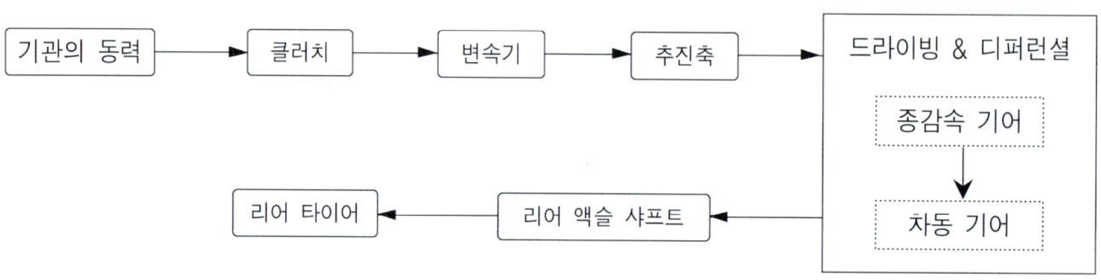

• FF 방식

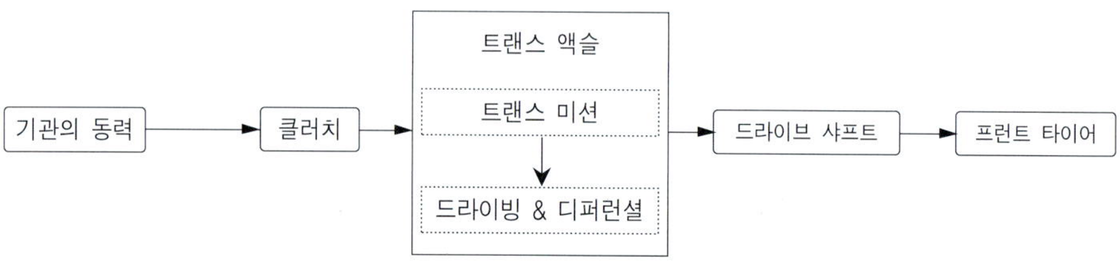

2. FF와 FR Car의 비교

가. 상품성 비교

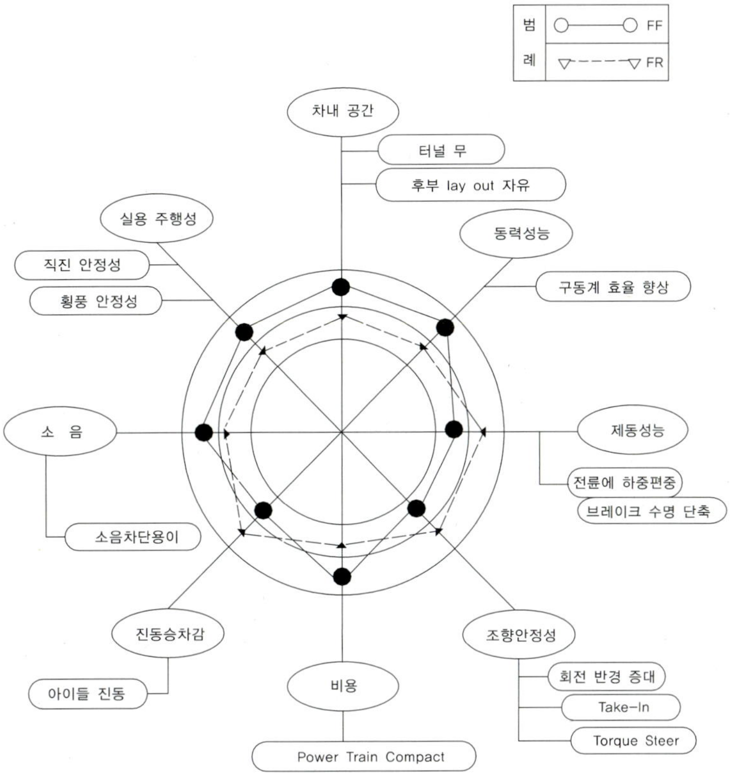

나. FF CAR의 특성

1) 장점

가) 구조

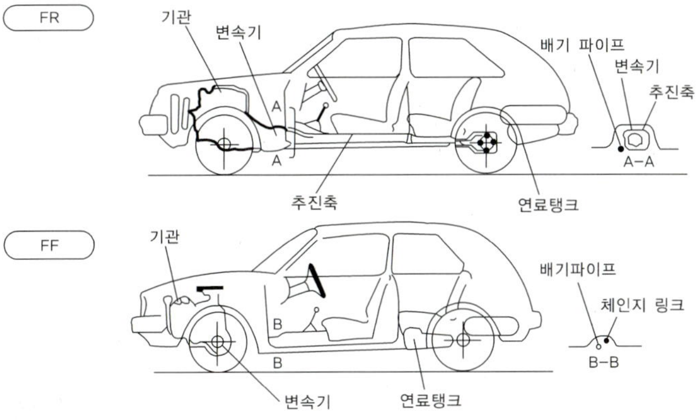

장 점	내 용
넓은 공간 확보 • 실내 • 트렁크 룸	추진축 불필요 → - 바닥 편평 - 배기시스템 바닥중심의 위치 → 바닥 전체저하 → 실내공간 확보
차량의 경량화 비용 저감	리어액슬 구동 기능성 불필요 변속기와 차동기어 케이스의 일체화 → 중량경감 및 비용절감
충돌시 안정성	연료탱크 중앙에 위치 → 충돌 – 프런트엔진측, 변속기가 방벽이 되어 안전 연료탱크 중앙에 위치 → 추돌 – 리어측과의 거리확보로 안전
소음 및 진동저감	FR – 소음, 진동원이 전부부터 후부까지 확산 – 넓은 범위의 차음대책 필요 FF – 소음, 진동원이 전부에 집중 FF – 파워트레인 시스템 단축 – 진동발생 난이 → 소음 및 진동저감용이

나) 효율

구동계효율 향상 유지비 저감	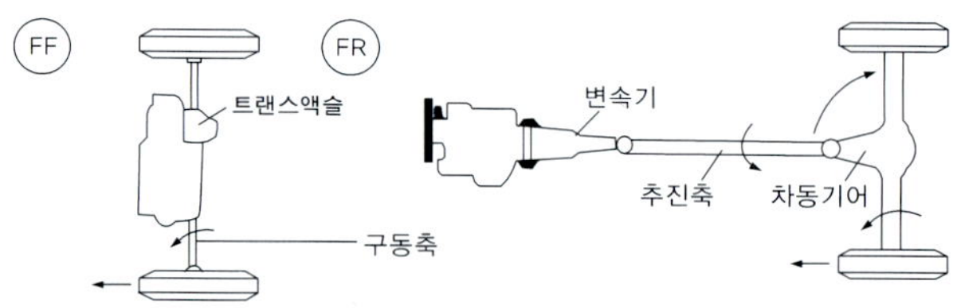 FF: 파워트레인 시스템 단축 / 트랜스액슬 구동축 평행 → 동력전달 손실감소 / 유지비 저감 FR: 회전반경 90° 변환 → 동력전달 손실 발생

다) 주행성능

횡풍 안정성	고속주행시 횡풍에 의한 Slip → 횡풍에 대한 반력발생 → 미끄럼 방지 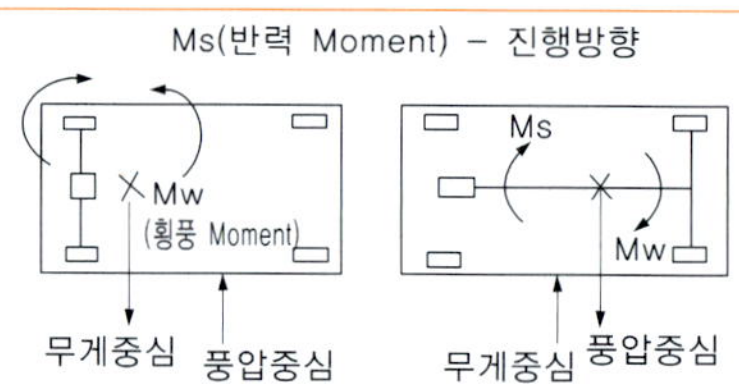

직진 안정성	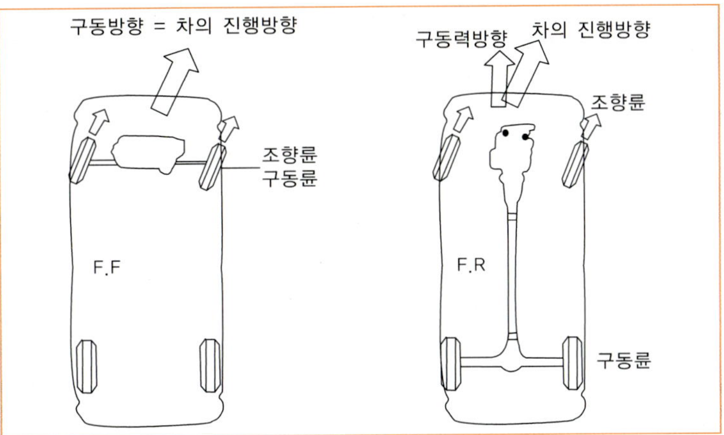

2) 단점

단 점	내 용
차륜의 하중편중 (Fr.Heavy)	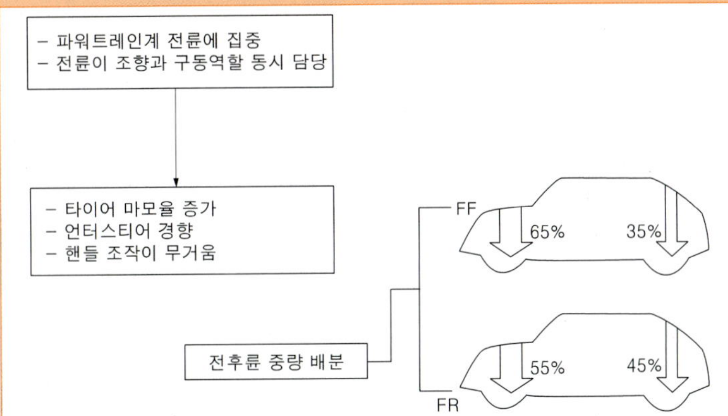
회전반경증대	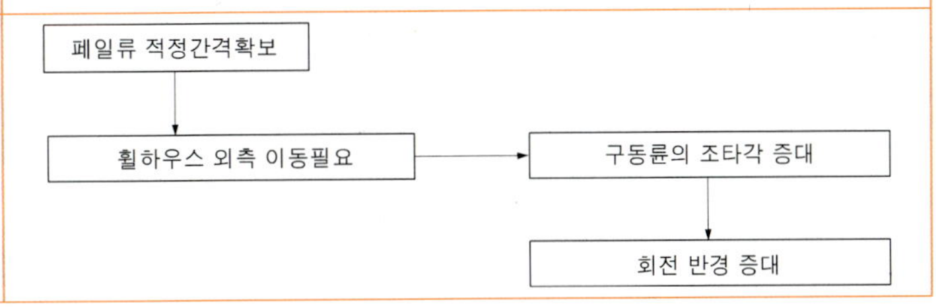

차륜의 하중편중 (Fr.Heavy)	현상: 구동 선회중 급격하게 가속페달을 떼면 내측으로 돌아가려는 현상 가속 — On — 구동에 의한 미끄럼 힘 부족 Off → 구동력 → 미끄럼력 증대 → 내측으로 선회 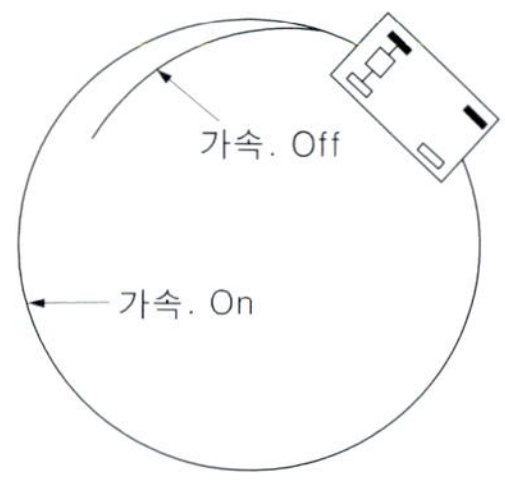

단 점	내 용
토오크 스티어	현상: 급가속 발진시 핸들이 돌아가려는 경향 구동축 길이차 좌우절각차 → 킹핀 주위에 모멘트 발생 → 구동축이 긴쪽방향으로 향하려함 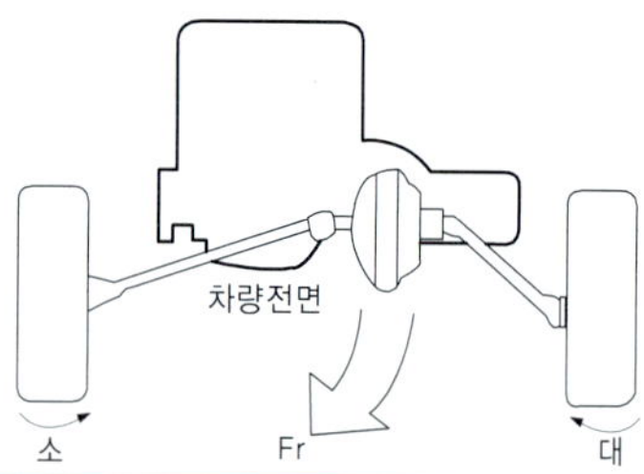
제동성능	전류하중 대 브레이크 수명 단축 효력 다운시 제동거리 수배
아이들 진동	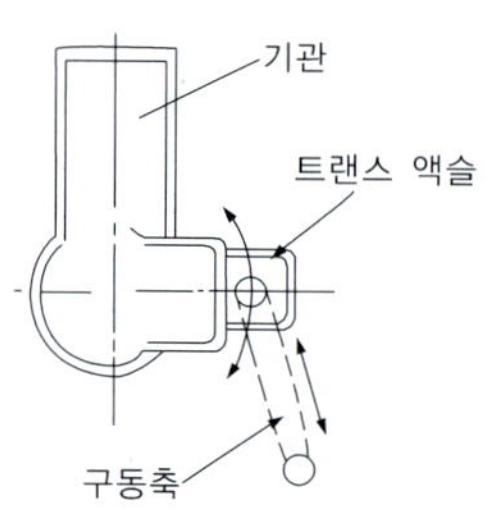 기관 마운팅 적정 배치 곤란 → 트랜스 액슬 아이들 진동 → 구동축 미소 신축 → 스플라인 마찰로 차체진동 더함

제 2 편

새시 성능

제3장

주행 및 제동

3-1 주행성능

1. 구동력

구동력(tractive force)이란 구동바퀴가 자동차를 미는 힘이며, 다음 사항에 관계한다.

① 구동력은 구동축의 회전력에 비례한다.

② 구동력은 바퀴의 반지름에 반비례한다.

③ 구동력이 주행저항과 같거나 크지 않으면 자동차는 전진할 수 없다.

④ 구동력을 변화시키려면 축에 가해지는 회전력을 변화시켜야 한다.

⑤ 구동바퀴의 반지름을 R(m), 차축의 회전력을 T(kgf·m)라 하면 구동력 F(kgf)는 $F=\dfrac{T}{R}$로 표시된다.

2. 자동차 주행저항

[1] 자동차 주행저항의 개요

자동차가 주행 할 때는 반드시 저항을 받는데 이것을 주행저항(Running resistance)이라 하며 이 저항이 커지면 큰 출력이 필요하고 반대로 저항이 적으면 작은 출력으로도 주행이 가능하게 된다. 주행저항은 자동차 주행을 방해하는 쪽으로 작용하는 힘의 총칭으로 구름저항, 공기저항, 등판저항, 가속저항의 4가지로 구성되며, 주행저항 공식은 다음과 같다.

$$P = k_1 \times F \times V$$

여기서,

P : 주행저항 마력(PS)

k_1 : 주행저항 계수

F : 주행 저항력(kgf)

V : 주행속도(Km/h)

[2] 구름저항(Rolling resistance, Rr)

바퀴가 수평면을 굴러가는 경우 발생하는 저항으로 도로 면의 굴곡, 타이어 접지부분의 변형, 타이어와 노면의 마찰손실에서 발생하며 바퀴에 걸리는 자동차 하중에 비례한다. 즉 바퀴가 수평면을 전동하는 경우 발생하는 저항과 에너지 손실에 의한 것으로 다음과 같은 저항 및 손실로 표현된다.

① 타이어 접지부분의 변형에 의해 발생하는 저항

② 도로 면이 변형하기 때문에 발생하는 저항

③ 도로 면이 평탄하지 않는 경우에 생기는 저항

④ 타이어에서 발생하는 소음 등에 의한 손실

⑤ 베어링 등의 마찰에 의한 저항

구름저항은 여러 가지 원인에 의해 발생하기 때문에 바퀴에 걸리는 하중, 도로 면의 상태 및 주행속도에 따라 변화하지만 일반적으로 하중에 비례하여 주행속도의 영향은 받지 않는다고 본다. 그리고 구름저항 계수가 타이어의 공기압력에 의해 변하는 것은 공기압력이 낮을수록 타이어 변형이 커지고, 타이어 변형이 커지면 전동할 때의 변형과 복원에 의한 에너지 손실이 커진다. 또 접지부분에서 타이어가 노면에서 미끄러지기 때문에 마찰에 의한 손실이 커지며 구름저항 계수는 타이어가 신품일 때, 타이어 공기압이 낮을 때, 주행속도가 증가할 때 크게 된다. 이 현상은 고속이 되면 급격히 증가되어 스탠딩 웨이브가 발생한다. 구름저항은 다음 공식으로 나타낸다.

$$Rr = \mu r \times W$$

여기서,

Rr : 구름저항(kgf)

μr : 구름저항 계수

W : 자동차 총중량(kgf)

[3] 공기저항(Air resistance, Ra)

자동차의 주행을 방해하는 공기의 저항으로 대부분 압력저항이며, 차체의 형상에 따라 기류의 박리에 의해 발생하는 맴돌이 형상저항과 자동차가 양력에 의한 유도저항이다. 공기저항은 자동차의 투영면적과 주행속도의 곱에 비례한다. 자동차 공기저항은 압력저항이 주된 것이지만 그 중 형상저항이 전체의 60%를 차지한다.

① 형상저항 : 차체형상으로 결정되며, 전체투영 면적에 적용되는 바람의 압력에 의해 크게

작용한다(항력).

② 유로저항 : 고속이 되면 차체를 들어 올리려는 힘이 발생한다(양력).

③ 마찰저항 : 공기의 점성 때문에 차체표면과 공기사이에 발생한다.

④ 표면저항 : 차체표면에 있는 요철이나 돌기 등에 의해 발생한다.

⑤ 내부저항 : 기관 냉각 및 자동차 실내 환기를 위해 들어오는 공기 흐름에 발생한다.

그리고 공기저항은 다음 공식으로 나타낸다.

$$Ra = C\frac{\rho}{2g}AV^2$$

여기서,

Ra : 공기저항 (kgf)

C : 차체의 형상계수

ρ : 공기밀도(kgf/m^3)

g : 중력가속도($9.8m/s^2$)

A : 자동차 전면투영 면적(m^2) [윤거×자동차 높이로 계산]

V : 공기에 대하는 상대속도(m/s)

지금 $C\frac{\rho}{2g} = \mu a$라 하면

$$Ra = \mu a A V^2$$

여기서,

μa : 공기저항 계수

그리고 차체에 작용하는 공기력은 다음과 같다.

(1) 차체에 작용하는 3분력과 3모멘트

차체에 작용하는 공기력은 차체의 앞뒤로 작용하는 항력, 옆으로 작용하는 횡력(가로방향 작용력), 위 방향으로 작용하는 양력이 3분력이고, 각각의 모멘트 롤링, 피칭, 요잉 모멘트로서 3모멘트 등 6자유도이다.

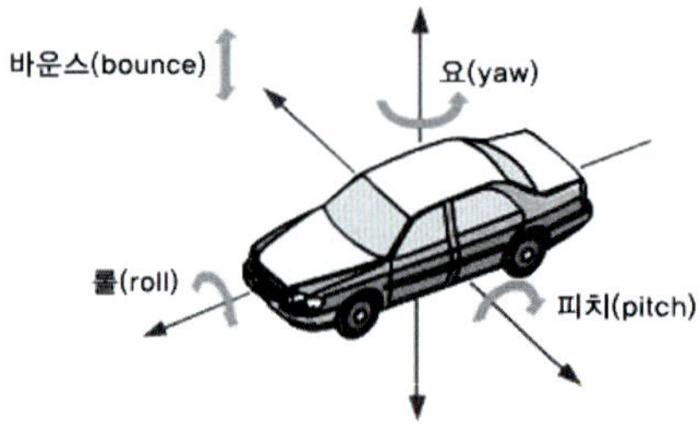

공력 6분력과 좌표계

(2) 항력과 롤링 모멘트

항력은 공기저항이라고도 하며, 평탄한 도로를 정상적으로 주행하는 자동차에 가해지는 주행저항은 주로 타이어와 도로 면사이의 구름저항과 공기저항이다. 항력은 주행속도의 2승에 비례하므로 고속이 될수록 주행저항이 차지하는 비율이 증가되므로 공기저항을 줄일 수 있으면 고속주행에서 연료소비율 향상 및 최고속도를 증가시킬 수 있다. 발생 원인은 외부저항과 내부저항으로 구분되는데 외부저항은 차체의 형상과 관계되는 것으로 돌기나 부가물에 의한 영향으로 구분된다. 그리고 내부저항은 기관 냉각을 요하는 통풍저항과 브레이크 등의 부품의 냉각에 요하는 통풍저항으로 구분된다. 항력을 감소시키는 방법은 다음과 같다.

① **차체 앞부분** ; 에어댐(air dam) 설치 등으로 공기저항을 줄인다.

② **차체 뒷부분** ; 리어 스포일러(rear spoiler, 차체가 고속주행에서 떠오르는 것을 방지하는 장치)를 설치한다.

③ **기관 냉각바람** ; 차체 뒷면으로 배출시켜 뒷면 부압을 완화시킨다.

④ **차체외부 부가물** ; 몰딩(molding), 거울(mirror), 흙받이 가이드 등을 공기저항이 감소되도록 설계한다.

⑤ 롤링 모멘트를 줄이기 위해서는 전자제어 현가장치(ECS)를 사용한다.

(3) 양력과 피칭 모멘트

주행 중 상하 공기 흐름속도의 차이에 의해 양력이 발생한다. 자동차가 고속으로 주행할 때 양력이 크게 발생되며 자동차가 들리는 현상으로 조향안정성에 악영향을 준다. 즉, 양력의 증가는 타이어 코너링 포스를 줄이기 때문에 안정성에 악영향을 주지만 자동차의 조향 특성에 대한 영향은 앞·뒷바퀴의 양력 분담과 현가장치의 특성에 따라 바뀐다. 양력의 주요원인은 차체형상, 냉각 바람, 부가물의 영향 등이다. 양력을 방지하는 방법은 다음과 같다.

① 해치백(hatch back) 자동차가 노치백(notch back) 자동차보다 유리하다.

② 리어 스포일러(rear spoiler)를 설치한다.

③ 자동차 앞면에 에어댐을 설치한다.

④ 냉각 바람을 도입한다.

【참고】 해치백과 노치백

- 해치백(hatchback) : 해치란 위 1/2, 또는 위로 끌어올리는 문이며, 해치백은 세단이나 쿠페의 뒷부분에 뚜껑을 단 보디 형식으로 승용차 다용도성의 목적으로 유행하였다.
- 노치백(notch back) : 우리가 가장 흔하게 볼 수 있는 승용차의 외관 스타일이다. 차체를 옆에서 보았을 때 기관 룸, 객실, 트렁크의 구분이 뚜렷하다. 각각의 부분을 1박스로 쳐서 3박스 카(3box car)라고도 하고 세단형이라고도 한다.

(4) 가로방향 작용력(횡력)과 요잉 모멘트

자동차가 주행 중 바람이 가로방향에서 불 때 받는 힘이며, 이 가로방향 작용력에 의해 주행방향 안정성에 영향을 받는다. 가로방향 작용력을 감소하는 방법은 다음과 같다.

① 공기저항을 줄이기 위해 차체형상을 유선형으로 하거나 필러 등을 둥글게 한다.

② 고속주행을 할 때 바람의 압력에 영향을 덜 받는 언더 스티어링 자동차가 유리하다.

③ 모멘트를 줄이기 위해 4바퀴 구동장치(4WD)나 액티브 요잉 제어장치(active yawing control system)를 사용한다.

[4] 등판저항(Gradient resistance, Rg)

자동차가 경사면을 올라갈 때 자동차 중량에 의해 경사면에 평행하게 작용하는 분력의 성분이다. 경사각도를 경사면 구배비율 %로 표시하면 된다. 경사면의 수직성분 $W\times\cos\theta$에 구름저항 계수 μr을 곱한 것은 등판할 때 구름저항 계수가 되지만 그 수직 값이 일반적으로 작기 때문에 구름저항의 구배에 의한 무시하는 것이 일반적이다. 내리막길에서는 등판저항이 반대로 되며 구름저항이나 공기저항 보다 등판저항의 절대 값이 크게 되면 자동차 주행속도도 빨라진다. 등판저항은 다음 공식으로 나타낸다.

$$Rg = W\times\sin\theta$$

여기서,

Rg : 등판저항(kgf)

W : 자동차 중량(kgf)

$\sin\theta$: 각 면의 경사각도(deg)

[5] 가속저항(Acceleration resistance, Ri)

자동차의 주행속도를 변화시키는데 필요한 힘을 가속저항이라 하며, 자동차의 관성을 이기는 힘이므로 "관성저항"이라고도 할 수 있다.

① 자동차 구동계통 회전부분의 회전속도를 상승시키는 힘이다.

② 회전부분을 제외한 자동차의 가속부분만 고려한 힘이다.

자동차 전체를 하나의 덩어리로 생각하면 가속저항은 다음과 같다.

$$Ri = \frac{W}{g}\alpha$$

여기서,

Ri : 가속저항(kgf)

W : 자동차 중량(kgf)

g : 중력가속도(9.8m/s²)

α : 가속도(m/s²)

실제로 자동차가 가속될 때에는 자동차 전체가 가속될 뿐만 아니라, 기관을 비롯하여 동력전달 장치의 회전부분 회전속도도 가속되어야 하므로 이들의 관성을 이겨낼 회전력이 필요하다. 따라서 그만큼 저항이 발생하며 이것은 마치 자동차의 중량이 증가된 것과 같은 결과가 된다. 따라서 가속저항은 다음과 같다.

$$Ri = \frac{W + \Delta W}{g} \times \alpha$$

여기서,

ΔW : 회전부분 상당중량

[6] 전체 주행저항(Total running resistance, Rt)

자동차의 주행저항은 주행조건에 따라 여러 가지 상태로 나타낼 수 있으며 구분은 다음과 같이 된다.

① 평탄한 도로의 등속주행 = 구름저항 + 공기저항

② 경사로의 등속주행 = 구름저항 + 공기저항 + 등판저항

③ 평탄한 도로 등의 가속주행 = 구름저항 + 공기저항 + 가속저항

④ 경사로 등을 가속주행 할 때 = 구름저항 + 공기저항 + 가속저항 + 등판저항

[7] 자동차 주행속도

$$V = \pi D \times \frac{En}{Rt \times Rf} \times \frac{60}{1000}$$

여기서,

V : 주행속도(km/h)

D : 바퀴지름(m)

En : 기관 회전속도(rpm)

Rt : 변속비

Rf : 종감속비

3-2 제동성능

1. 제동거리

제동장치의 능력이 아무리 크다 해도 얻을 수 있는 최대 제동력은 바퀴와 노면과의 마찰력에 의해 결정되며 모든 바퀴가 고착되었을 때 제동거리는 다음 공식이 성립된다.

$$\frac{W}{g} = \frac{v^2}{2}\mu WL \quad \cdots\cdots ①$$

여기서,

W : 차량 총중량(kgf)

g : 중력 가속도 (9.8m/s²)

v : 제동 초속도(m/s)

L : 제동거리

μ : 바퀴와 노면과의 마찰계수

공식 ①에서

$$L = \frac{v^2}{2\mu g} \quad \cdots\cdots ②$$

을 얻을 수 있다.

마찰계수 μ의 값은 포장도로에서는 0.5~0.7이며, 바퀴가 회전하면서 제동되는 경우와 완전히 고착되었을 때에는 그 값이 달라져 아래 그림과 같이 된다. 아래 그림의 미끄럼 비율(S)은 다음 공식에 따라 구한 것이다.

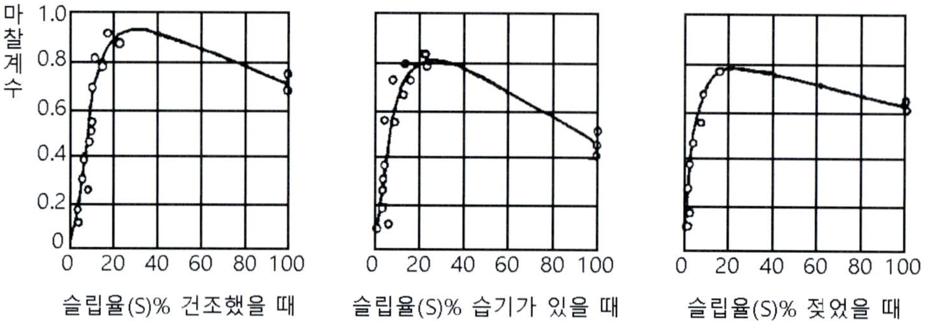

노면과 바퀴와의 마찰계수

$$S = \frac{V - \omega R}{V} \times 100 \quad \cdots\cdots ③$$

여기서,

S : 미끄럼 비율

V : 차체속도

ω : 바퀴의 회전 각속도

R : 바퀴의 반지름

ωR : 바퀴의 주 회전속도

마찰계수 μ는 미끄럼 비율이 30~40% 부근에서 최대가 되고 그 이후에는 급격히 감소하는 경향이 있다. 또 마찰계수 μ는 타이어를 고착시켰을 때보다도 어느 정도 회전시키면서 제동하였을 때 감속도가 커지고 제동 거리도 단축되는 것을 알 수 있다. 제동된 브레이크 드럼에 발생하는 제동 토크는 다음 공식으로 근사하게 표시된다.

$$T_B = \mu \mathrm{Pr} \quad \cdots\cdots ④$$

여기서,

T_B : 제동 토크

μ : 브레이크 드럼과 라이닝의 마찰계수

r : 브레이크 드럼의 반지름

P : 브레이크 드럼에 걸리는 전체 제동력

$$P = \frac{T_B}{R} = \frac{\mu P r}{R} \quad \cdots\cdots ⑤$$

위 공식에서 P는 라이닝의 면적과 휠 실린더의 압착력에 비례하는 것이고, 휠 실린더에서 발생되는 힘은 페달을 밟는 힘과 페달의 지렛대 비율, 마스터 실린더와 휠 실린더의 면적 비율 등에 따라 결정된다. 구조상 페달 밟는 힘, 지렛대 비율은 그렇게 크게 할 수 없다. 제동거리는 공식 ②와 같이 표시되나 실제 측정에 의한 측정값이 있으면 다음 공식으로 각 속도에 있어서의 제동거리를 비교적 정확하게 구할 수 있다.

$$Ls = Lo\left(\frac{Vs}{Vo}\right)^2 \quad \cdots\cdots ⑥$$

여기서,

Ls : Vskm/h 에서의 제동거리

Lo : 실제 측정값

Vo : 실제 측정할 때의 주행속도

Vs : Ls를 산출하려고 하는 주행속도

2. 제동거리 산출 공식

지금 주행속도 V(km/h)의 자동차가 제동력 F(kgf)의 작용으로 운동거리 L(m)에서 정지하였다고 하면 그때의 일은 다음과 같다.

$$\text{자동차가 한 일} = F \times L \quad \cdots\cdots ⑦$$

또 질량 m의 자동차가 속도 v(m/sec)로 운동을 하고 있을 때의 에너지는 다음과 같다.

$$\text{자동차가 가지는 에너지} = \frac{1}{2}mv^2 \quad \cdots\cdots ⑧$$

그런데 질량 m은 지구의 중력가속도 g(9.8m/s²)가 작용하여 자동차의 중량 W(kgf)가 되므로

자동차의 질량 $m = \dfrac{W}{g}$ ············ ⑨

가 된다. 따라서 ⑨를 ⑦에 대입하면

$$\text{자동차가 가지는 에너지} = \frac{1}{2}mv^2 = \frac{1}{2}\times\frac{W}{g}\times v^2 \quad \cdots\cdots ⑩$$

이 된다.

자동차가 한 일과 운동 에너지는 같은 것이므로 ⑦과 ⑩은 같다. 즉

$$F\times L = \frac{1}{2}\times\frac{W}{g}\times v^2 \quad \cdots\cdots ⑪$$

여기서,

F : 제동력(kgf)

L : 제동거리(m)

W : 자동차 총중량(kgf)

g : 중력가속도(9.8m/s²)

v : 자동차 주행속도(m/sec)

자동차 주행속도 Vkm/h와 v(m/sec)사이에는 다음의 관계가 있다. 즉

1km = 1000m, 1h = 60sec×60 = 3600sec

그러므로 $V\text{km/h} = \dfrac{1000}{3600}V\text{m/sec} = \dfrac{V}{3.6}\text{m/sec}$ ············ ⑫

가 된다.

운동 에너지는 속도의 제곱에 비례하므로 단위를 V로 고치기 위해 ⑪을 ⑫에 대입하면

$$F\times L = \frac{1}{2}\times\frac{W}{g}\times\left(\frac{V}{3.6}\right)^2 = \frac{1}{2}\times\frac{W}{9.8}\times\frac{V^2}{12.96}$$

$$= \frac{1}{2}\times\frac{W}{9.8}\times\frac{V^2}{12.96}$$

이 된다. 이것을 간단히 하면

$$F \times L = \frac{W \times V^2}{254} \quad \cdots\cdots ⑬$$

공식 ⑬을 변형시키면

$$L = \frac{V^2}{254} \times \frac{W}{F} \quad \cdots\cdots ⑭$$

공식 ⑭를 제동거리 산출 공식이라 한다. 그밖에 제동을 걸면 자동차 자체의 운동을 정지시키고 동시에 동력전달 장치들을 정지시키지 않으면 안 된다. 이들을 회전부분 상당중량 (W')이라 하며 이것을 차량중량에 더하여 산출되는 것이 제동거리(L_1)이며 다음과 같이 나타낸다.

$$L_1 = \frac{V^2}{254} \times \frac{(W + W')}{F} \quad \cdots\cdots ⑮$$

회전부분 상당중량 (W')의 값은 다음과 같다.

승용자동차 : 차량중량의 5%(0.05W)
승합 및 화물 자동차 : 차량중량의 7%(0.07%)

3. 공주거리 산출 공식

주행속도 Vkm/h, 즉 $\frac{V}{3.6}$m/sec의 자동차가 공주시간에 주행한 거리는

거리=속도×시간이므로

공주거리 $L_2 = \frac{V}{3.6}t$

이 된다. 지름 공주시간을 0.1sec라 하면

$$L_2 = \frac{V}{3.6} \times 0.1 = \frac{V}{36} \quad \cdots\cdots ⑯$$

가 된다.

4. 정지거리 산출 공식

정지거리는 제동거리 L_1에 공주거리 L_2를 더한 것이므로

$$L_3 = \frac{V^2}{254} \times \frac{(W + W')}{F} + \frac{V}{36} \quad \cdots\cdots ⑰$$

가 된다.

5. 제동장치의 안전기준

[1] 자동차(피견인자동차를 제외한다)에는 주제동장치와 주차 중에 주로 사용하는 제동장치(이하 "주차제동장치"라 한다)를 갖추어야 하며, 그 구조와 제동능력은 다음 각 호의 기준에 적합하여야 한다.

(1) 주제동장치와 주차제동장치는 각각 독립적으로 작용할 수 있어야 하며, 주제동장치는 모든 바퀴를 동시에 제동하는 구조일 것

(2) 주제동장치의 계통 중 하나의 계통에 고장이 발생하였을 때에는 그 고장에 의하여 영향을 받지 아니하는 주제동장치의 다른 계통 등으로 자동차를 정지시킬 수 있고, 제동력을 단계적으로 조절할 수 있으며 계속적으로 제동될 수 있는 구조일 것

(3) 제동액 저장장치에는 제동액에 대한 권장규격을 표시할 것

(4) 주제동장치에는 라이닝 등의 마모를 자동으로 조정할 수 있는 장치를 갖출 것. 다만, 차량총중량이 3.5톤을 초과하는 화물자동차 및 특수자동차로서 모든 바퀴로 구동할 수 있는 자동차의 주제동장치와 차량총중량이 3.5톤 이하인 화물자동차 및 특수자동차의 후축의 주제동장치의 경우에는 그러하지 아니하다.

(5) 주제동장치의 라이닝 마모상태를 운전자가 확인할 수 있도록 경고장치(경고음 또는 황색경고등을 말한다)를 설치하거나 자동차의 외부에서 육안으로 확인할 수 있는 구조일 것

(6) 에너지저장장치에 의하여 작동되는 주제동장치에는 2개(에너지 저장장치에 의하지 아니하고 운전자의 힘으로만 기계적으로 주제동장치가 작동될 수 있는 구조의 경우는 1개) 이상의 독립된 에너지저장장치를 설치하여야 하고, 각 에너지저장장치는 제3항의 기준에 적합한 경고 장치를 설치할 것

(7) 주차제동장치는 기계적인 장치에 의하여 잠김 상태가 유지되는 구조일 것

(8) 주차제동장치는 주행중에도 제동을 시킬 수 있는 구조일 것

(9) 공기식(공기배력유압식을 포함한다) 주제동장치를 설치한 자동차는 다음 각목의 기준에 적합한 구조를 갖출 것

㉮ 각 계통별 에너지저장장치의 공기압력을 나타내는 압력계는 운전자가 보기 쉬운 위치에 설치할 것

㉯ 2개 이상의 독립된 계통을 갖춘 공기식 주제동장치는 제동조종장치와 제동바퀴 사이에서 공기누설이 발생할 경우 누설된 공기를 대기 중으로 배출시키는 구조일 것

(10) 주제동장치의 급제동능력은 건조하고 평탄한 포장도로에서 주행 중인 자동차를 급제동할 때 별표 3의 기준에 적합할 것

[별표 3] 주 제동장치의 급제동 정지거리 및 조작력 기준

구 분	최고속도가 80 km/h 이상의 자동차	최고속도가 35 km/h 이상 80 km/h 미만의 자동차	최고속도가 35 km/h 미만의 자동차
1. 제동 초속도(km/h)	50	35	당해 자동차의 최고속도
2. 급제동 정지거리(m)	22 이하	14 이하	5 이하
3. 측정 시 조작력(kgf)	발 조작식의 경우 : 90 이하		
	손 조작식의 경우 : 30 이하		
4. 측정 자동차의 상태	공차 상태의 자동차에 운전자 1 인이 승차한 상태		

(11) 주제동장치의 제동능력과 조작력은 별표 4의 기준에 적합할 것

[별표 4] 주 제동장치의 제동능력 및 조작력 기준

구분	기 준
1. 측정 자동차의 상태	공차 상태의 자동차에 운전자 1인이 승차한 상태
2. 제동 능력	㉮ 최고속도가 80 km/h 이상이고 차량총중량이 차량중량의 1.2 배 이하인 자동차의 각 축의 제동력의 합 : 차량총중량의 50 % 이상 ㉯ 최고속도가 80 km/h 미만이고 차량총중량이 차량중량의 1.5 배 이하인 자동차의 각 축의 제동력의 합 : 차량총중량의 40 % 이상 ㉯ 기타의 자동차 1) 각 축의 제동력의 합 : 차량중량의 50 % 이상 2) 각 축중의 제동력 : 각 축중의 50 % 이상(다만, 뒷축의 경우에는 당해 축중의 20 % 이상)
3. 좌 · 우 바퀴의 제동력의 차이	당해 축중의 8 % 이하
4. 제동력의 복원	브레이크 페달을 놓을 때에 제동력이 3초 이내에 당해 축중의 20 % 이하로 감소될 것.

(12) 주차제동장치의 제동능력과 조작력은 별표 4의2의 기준에 적합할 것

[별표 4의2] 주차 제동장치의 제동능력 및 조작력 기준

1. 주차 제동장치의 제동능력 및 조작력 기준

구 분		기 준
1. 측정 자동차의 상태		공차 상태의 자동차에 운전자 1인이 승차한 상태
2. 측정 시 조작력	승용 자동차	발 조작식의 경우 : 60 kgf 이하
		손 조작식의 경우 : 40 kgf 이하
	그 밖의 자동차	발 조작식의 경우 : 70 kgf 이하
		손 조작식의 경우 : 50 kgf 이하
3. 제동능력		경사각 11°30′ 이상의 경사면에서 정지 상태를 유지할 수 있거나 제동능력이 차량중량의 20 % 이상일 것

2. 주차제동을 위한 조작력 전달계통이 전기식(electric transmission)인 주차제동장치 기준

㉮ 주차제동장치의 제동능력 및 조작력은 제1호의 기준에 만족하여야 한다.

㉯ 주차제동을 위한 조작력 전달계통이 전기식에서 고장이 발생한 경우에도 주차제동장치의 오작동이 발생하지 아니하여야 한다.

㉰ 주차제동을 위한 조작력 전달계통이 전기식인 배선[에너지 공급장치는 제외하며, 승용자동차, 차량총중량 3.5톤 이하 화물차(피견인자동차는 제외) 및 특수자동차의 경우에는 조종 장치와 전자제어장치를 직접 연결하는 배선만 해당]에 단선 등 파손이 있거나 주차제동장치의 조종 장치에 전기적인 고장이 발생한 때에는 다음의 기준에 적합하여야 한다.

① 운전자가 운전자석에서 주차제동장치를 작동시켜 적차상태의 자동차를 8% 경사로에서 전진 및 후진방향으로 정지상태를 유지할 수 있어야 한다.

② 위 ①의 기준에 적합하지 아니한 경우, 정지 시 자동으로 주차제동장치가 작동되어 위 ①의 성능기준에 만족할 때에는 적합한 것으로 본다. 이 경우 시동장치의 열쇠 위치와 상관없이 주차제동장치 작동상태를 지속할 수 있어야 하며, 운전자석의 운전자가 자동차를 출발시킬 때에는 주차제동상태가 자동적으로 해제되는 구조이어야 한다. 승합자동차, 차량총중량 3.5톤 초과 화물자동차(피견인자동차는 제외) 및 특수자동차의 경우에는 자동차에 설치된 공구 또는 보조 장치를 이용하여 주차제동장치를 해체하는데 사용할 수 있다.

③ 승용자동차, 차량총중량 3.5톤 이하 화물자동차(피견인자동차 제외) 및 특수자동차는 수동변속장치의 조종레버를 변속위치로 하거나 자동변속장치의 조종레버를 주차위치로 하여 위 ①의 성능기준에 적합하게 하기 위하여 사용될 수 있다.

㉱ ㉰목의 고장이 발생한 경우에는 운전자가 운전자석에서 쉽게 확인할 수 있는 위치에 충분한 밝기를 갖춘 다음 각 호의 기준에 적합한 경고 장치를 설치하여야 한다.

(1) 황색경고등이 점등할 것

(2) 주차제동장치의 전기식 조종 장치가 작동위치에 있고 시동장치의 열쇠가 10초 이상 작동위치에 있을 때에는 적색경고등이 점멸할 것

㉲ 주차제동장치의 작동을 표시하는 별도의 적색표시등을 갖춘 경우에도 ㉱목 (2)의 기준에 적

합하여야 한다.

ⓑ 시동장치의 열쇠를 해제위치로 조작하거나 제거한 상태에서도 주차제동을 지속할 수 있어야 하며 해제시킬 수 없어야 한다.

[2] 피견인자동차(차량총중량이 0.75톤 이하인 피견인자동차를 제외한다)의 제동장치는 다음 각 호의 기준에 적합한 구조이어야 한다.

(1) 제1항제1호·제4호(차량총중량이 3.5톤 이하인 피견인자동차를 제외한다)·제5호·제7호 및 제10호 내지 제12호의 기준에 적합할 것

(2) 피견인자동차의 주제동장치는 견인자동차의 주제동장치와 연동하여 작동하는 구조일 것

(3) 피견인자동차의 제동장치는 주행중 견인자동차와의 연결장치가 분리되는 경우 피견인자동차를 자동적으로 정지시키는 구조일 것. 다만, 차량총중량이 1.5톤 이하인 피견인자동차가 체인 · 와이어로프 등 보조연결장치에 의하여 조절되고 연결봉이 지면에 닿지 아니하는 경우에는 그러하지 아니하다.

(4) 피견인자동차의 주차제동장치는 견인자동차에서 분리되어 있는 경우 독립적으로 작동시킬 수 있는 구조일 것

[3] 자동차(피견인자동차를 제외한다)의 주제동장치에는 제동액의 기준유량(공기식의 경우에는 기준공기압을 말한다)이 부족할 경우 등 제동기능의 결함을 운전자에게 알려주는 경고장치를 설치하여야 하고, 경고 장치는 다음 각 호 중 제1호 및 제2호 또는 제1호 및 제3호의 기준에 적합하여야 한다.

(1) 경고 장치에 사용되는 경고음 또는 경고등은 다른 경고장치의 경고음 또는 경고등과 구별이 될 수 있을 것. 다만, 주차제동장치의 표시장치와 겸용으로 사용하는 경우에는 그러하지 아니하다.

(2) 경고장치의 경고등은 충분한 밝기를 갖춘 적색의 등화로서 운전자가 쉽게 확인할 수 있는 위치에 설치할 것

(3) 경고장치의 경고음은 운전자의 귀의 위치에서 측정할 때에 승용자동차의 경우에는 65데시벨 이상, 그 밖의 자동차의 경우에는 75데시벨 이상일 것. 다만, 경유를 연료로 사용하는 승용자동차의 경우에는 70데시벨 이상이어야 한다.

[4] 차량총중량이 3.5톤 이하인 피견인자동차(세미트레일러형을 제외한다)는 다음 각 호의 기준에 적합한 관성제동구조의 주제동장치(이하 "관성제동장치"라 한다) 또는 제6항의 기준에 적합한 전기식 주제동장치와 주차제동장치를 설치할 수 있다.

(1) 주행 중에 사용하는 관성제동장치와 주차 중에 사용하는 주차제동장치를 모두 갖출 것

(2) 관성제동장치는 견인자동차의 제동감속도에 비례하여 제동력이 발생되는 구조일 것

(3) 관성제동장치와 주차제동장치는 각각 독립적으로 작용할 수 있어야 하며, 관성제동장치는 모든 바퀴를 동시에 제동할 수 있는 구조일 것

(4) 연결자동차의 급제동능력이 제1항제10호의 기준에 적합할 것

(5) 연결자동차가 후진할 경우 피견인자동차의 관성제동장치는 제동기능이 작동되지 아니하는 구조일 것

(6) 연결자동차가 전진할 경우 피견인자동차의 관성제동장치는 제동기능이 스스로 해제되는 구조일 것

(7) 주차제동장치의 제동능력(견인자동차와 피견인자동차를 연결한 경우와 분리한 경우를 모두 포함한다)은 11도 30분의 경사면에서 정지상태를 유지할 수 있을 것

[5] 자동차에는 다음 각 호의 기준에 적합한 바퀴잠김방지식 주제동장치를 설치하여야 한다. 다만, 차량총중량이 3.5톤 이하인 캠핑용트레일러 · 피견인자동차는 제외한다.

(1) 바퀴잠김방지식 주제동장치가 고장이 발생하였을 때 운전자가 쉽게 확인할 수 있는 황색경고등을 설치할 것

(2) 바퀴잠김방지식 주제동장치가 설치된 피견인자동차를 견인하는 견인자동차의 경우에는 피견인자동차의 바퀴잠김방지식 주제동장치가 고장이 발생하였을 때 견인자동차의 운전자가 쉽게 확인할 수 있는 별도의 황색경고등을 설치할 것

(3) 제1호 및 제2호의 황색경고등은 시동장치의 열쇠를 작동위치로 조작한 때에 켜졌다가 고장이 없는 경우에는 꺼지고, 고장이 있는 경우에는 켜진 상태가 지속되는 구조일 것

(4) 피견인자동차의 바퀴잠김방지식 주제동장치는 견인자동차의 바퀴잠김방지식 주제동장치와 연동하여 작동하는 구조일 것

[6] 전기식(제동력 전달계통이 전기식인 경우를 말한다) 주제동장치가 설치된 차량총중량 3.5톤 이하인 피견인자동차를 견인하는 견인자동차는 다음 각 호의 기준에 적합한 구조를 갖추어야 한다.

(1) 전원공급장치(발전기와 축전지를 말한다)는 피견인자동차의 전기식 주제동장치에 충분한 전류를 공급하는 용량을 갖출 것

(2) 제동장치의 전기회로는 과부하시에도 단락이 발생하지 아니할 것

(3) 2개 이상의 독립된 계통을 갖춘 주제동장치의 경우에는 하나의 계통에서 고장이 발생하였을 때 다른 계통으로 피견인자동차를 부분적 또는 전체적으로 제동시킬 수 있을 것

(4) 전기식 주제동장치를 작동시키기 위한 제동작동회로는 여유부하를 갖추고 있는 경우에 한하여 견인자동차의 제동등과 병렬로 연결을 할 수 있을 것

[7] 연결자동차의 제동장치는 다음 각 호의 기준에 적합하여야 한다.

(1) 제1항 내지 제6항의 기준에 적합할 것

(2) 공기식(공기배력유압식을 포함한다) 주제동장치가 설치된 견인자동차는 견인자동차와 피견인자동차 사이의 공기라인에 고장이 발생한 경우 자동적으로 공기가 차단되는 구조일 것

(3) 견인자동차의 주제동장치는 피견인자동차의 제동장치에 고장이 발생하거나 견인자동차와 피견인자동차 사이의 공기라인이 차단되는 경우에도 견인자동차를 정지시킬 수 있는 구조일 것

(4) 차량총중량이 3.5톤을 초과하는 피견인자동차를 견인하는 견인자동차의 제동장치는 다음 각목의 기준에 적합할 것

㉮ 주제동장치의 계통 중 하나의 계통에 고장이 발생하였을 때에는 그 고장에 의하여 영향을 받지 아니하는 주제동장치의 다른 계통 등으로 피견인자동차의 제동력을 조절하여 정지시킬 수 있을 것

㉯ 피견인자동차와 연결된 공기라인 중 하나의 공기라인에 고장이 발생하였을 때에 피견인자동차가 자동으로 제동되거나 견인자동차에서 피견인자동차를 부분적 또는 전체적으로 제동시킬 수 있을 것

㉰ 스프링제동장치가 설치된 경우에는 공기압력의 손실로 인하여 스프링제동장치가 자동적으로 작동될 때 피견인자동차도 자동적으로 제동될 것

(4의2) 차량총중량이 3.5톤을 초과하는 피견인자동차를 견인하는 견인자동차의 주제동장치 · 비상제동장치 또는 주차제동장치는 피견인자동차의 주제동장치와 동시에 연동하여 작동되는 구조일 것. 다만, 피견인자동차의 제동이 연결자동차의 안정성을 위하여 단독으로 자동작동하는 경우에는 그러하지 아니하다.

(5) 견인자동차와 공기식(공기배력유압식을 포함한다. 이하 이 호에서 같다) 제동장치를 갖춘 피견인자동차가 연결된 상태에서의 주차제동능력은 피견인자동차의 공기식 제동장치와 연동되지 아니한 상태에서 견인자동차의 주차제동장치의 기계적인 작동만으로 주차제동이 가능할 것. 다만, 견인자동차의 주차제동장치의 기계적인 작동만으로 연결자동차의 주차제동이 가능하다는 사실을 운전자가 확인할 수 있는 구조를 갖추고 있는 경우에는 피견인자동차의 공기식 제동장치와 견인자동차의 주차제동장치를 연동하여 작동하게 할 수 있다.

[8] 제동등은 다음 각 호의 경우에 점등되고, 제동력이 해제될 때까지 점등상태가 유지되어야 한다. 다만, 선택적 제동에 의한 경우에는 제동등이 점등되지 아니하여야 하며, 보조제동장치에 의한 제동의 경우에는 감가속도에 따라 점등되거나 점등되지 아니하도록 할 수 있다.

(1) 운전자의 조작에 의하여 주제동장치가 작동된 경우

(2) 자동제어제동에 의하여 주제동장치가 작동된 경우

[9] 제8항에도 불구하고 긴급제동신호장치 또는 전기회생제동장치(승용자동차에 한정한다)를 갖춘 자동차의 제동등(보조제동등을 포함한다. 이하 이 항에서 같다) 또는 방향지시등은 다음 각 호의 작동기준에 적합하여야 한다.

(1) 긴급제동신호장치를 갖춘 자동차의 제동등 또는 방향지시등은 급제동 시 별표 5의2 제1호의 긴급제동신호의 작동기준에 적합하게 작동될 것

[별표 5의 2] 긴급제동신호 및 전기회생제동장치의 작동기준

1. 긴급제동신호의 작동기준

㉮ 긴급제동신호 발생기준

순번	자동차 구분	발생기준
1	1) 승용자동차 2) 차량총중량 3.5톤 이하 화물자동차 및 특수자동차	• 50km/h 초과의 속도에서 주제동장치 작동 시 제동감속도 6.0m/s² 이상일 때 발생될 것 • 2.5m/s² 미만으로 감속되기 이전에 긴급신호가 소멸될 것
2	1) 승용자동차 2) 차량총중량 3.5톤 초과 화물자동차 및 특수자동차	• 50km/h 초과의 속도에서 주제동장치 작동 시 제동감속도 4.0m/s² 이상일 때 발생될 것 • 2.5m/s² 미만으로 감속되기 이전에 긴급신호가 소멸될 것
3	바퀴잠김방지식 주제동장치 장착 자동차	• 제1호 또는 제2호의 기준에 따르거나, 바퀴잠김방지식 주제동장치가 최대 사이클로 작동하는 경우에 발생되고, 최대 사이클을 종료하였을 때 소멸될 것

㉯ 긴급제동신호에 의한 등화의 작동기준

① 긴급제동신호 발생 신호주기(4.0±1.0Hz, 팔라멘트 광원은 4.0^{+0}_{-10}Hz)에 따라 제동등 또는 방향지시등이 점멸될 것

② 긴급제동신호에 의한 등화는 다른 등화와 독립적으로 작동할 것

③ 긴급제동신호에 의한 등화는 신호발생 여부에 따라 자동으로 점등 또는 소등되는 구조일 것

㉰ 표시장치

긴급제동신호의 작동상태를 알려주는 표시장치 설치가능

㉣ 그 밖의 기준

① ③ 및 ④를 제외하고, 견인자동차에 피견인자동차가 연결된 경우 피견인자동차의 긴급제동 신호는 견인자동차의 신호와 동시에 작동될 것

② 견인자동차에는 피견인자동차가 전기적으로 연결된 경우 ㉯목①에 적합하게 작동될 것

③ 견인자동차에 연속적 또는 반연속적 주제동장치가 설치된 피견인자동차가 연결된 경우 견인자동차는 피견인자동차의 주제동장치가 작동하는 피견인자동차의 제동등이 점등되도록 전기커넥터를 통해 전기가 이상 공급되는 구조일 것

④ 피견인자동차의 긴급제동신호는 견인자동차와 독립적으로 작동할 수 있으며, 동일하게 점멸되지 않는 구조도 가능할 것

2. 전기회생제동장치의 제동등 작동기준

감속도(m/s^2)	작동 기준	비고
0.7 이하	점등되지 말 것	-
0.7 초과 1.3 이하	점등 가능	$0.7m/s^2$ 미만으로 감속되기 전에 소등될 것
1.3 초과	점등될 것	

(2) 가속페달 해제에 의하여 감속도가 발생하는 전기회생제동장치를 갖춘 자동차의 제동등은 별표 5의2 제2호의 제동등 작동기준에 적합하게 작동될 것

[10] 전기회생제동장치를 갖춘 승용자동차의 제동장치는 다음 각 호의 기준에 적합하여야 한다.

(1) 전기회생제동장치가 바퀴잠김방지식 주제동장치의 작동에 영향을 주지 아니할 것

(2) 전기회생제동장치가 주제동장치의 일부로 작동되는 경우에는 다음 각 목의 기준에 적합한 구조를 갖출 것

㉮ 주제동장치 작동 시 전기회생제동장치가 독립적으로 제어될 수 있는 경우에는 자동차에 요구되는 제동력(이하 이 호에서 "요구제동력"이라 한다)을 전기회생제동력과 마찰제동력 간에 자동으로 보상하는 구조일 것

㉯ 전기회생제동력이 해제되는 경우에는 마찰제동력이 작동하여 1초 내에 해제 당시 요구제동력의 75퍼센트 이상 도달하는 구조일 것

㉰ 주제동장치는 하나의 조종장치에 의하여 작동되어야 하며, 그 외의 방법으로는 제동력의 전부 또는 일부가 해제되지 아니하는 구조일 것

㉱ 주제동장치의 제동력은 동력 전달계통으로부터의 구동전동기 분리 또는 자동차의 변속비에 영향을 받지 아니하는 구조일 것

[11] 자동차에 장착되는 브레이크호스는 기준에 적합하여야 한다.

[12] 자동차에는 별표 4의3의 성능기준에 적합한 제동력지원장치를 설치하여야 한다. 다만, 피견인자동차 및 차량총중량이 3.5톤을 초과하는 승합 · 화물 · 특수자동차는 제외한다.

[별표 4의3] <신설 2012.2.15.>

제동력지원장치의 성능기준(제15조제12항 관련)

1. 제동페달에 가해지는 힘을 감지하는 경우에는 다음 각 목의 기준에 적합할 것

가. 제동력지원장치가 작동되는 경우에 바퀴잠김방지식 주제동장치가 최대 사이클로 작동될 때의 제동페달에 가해지는 힘은 제동력지원장치가 작동되지 않는 경우에 바퀴잠김방지식 주제동장치가 최대 사이클로 작동될 때의 제동페달에 가해지는 힘보다 적을 것

나. 제동력지원장치가 작동하는 경우에 제동페달에 가해지는 힘은 다음 기준에 적합할 것

1) $F_{ABS,min} \leq F_{ABS} \leq F_{ABS,max}$

2) $F_{ABS,max} \leq F_T + (F_{ABS,extrapolated} - F_T) \times 0.6$

3) $F_{ABS,min} \leq F_T + (F_{ABS,extrapolated} - F_T) \times 0.2$

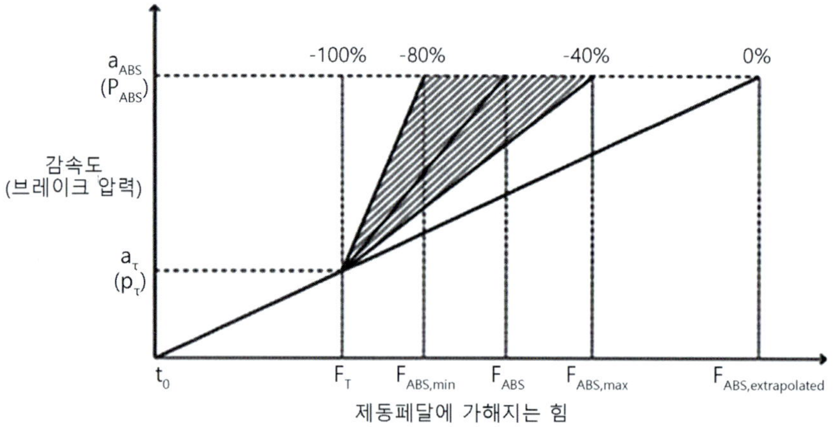

※ 비고

1. t_0 : 제동시작 후 제동페달에 가해지는 힘이 20N(Newton)에 도달하는 순간의 시간
2. F_T : 제동력지원장치를 작동시키기 위해 제동페달에 가해지는 최소의 힘
3. $F_{ABS,min}$: F_{ABS}의 최솟값
4. F_{ABS} : 바퀴잠김방지식 주제동장치를 최대사이클로 작동시키기 위해 제동페달에 가해지는 힘
5. $F_{ABS,max}$: F_{ABS}의 최댓값
6. $F_{ABS,extrapolated}$: 원점에서 F_T 및 a_T의 교점을 통과하는 직선의 연장선이 a_{ABS}로 표시되는 수평선과 만나는 점에서의 제동페달에 가해지는 힘
7. a_{ABS} : 바퀴잠김방지식 주제동장치가 작동될 때의 감속도
8. P_{ABS} : 바퀴잠김방지식 주제동장치가 작동될 때의 브레이크 압력

9. a_T : 제동력지원장치가 작동되는 임계 감속도

10. P_T : 제동력지원장치가 작동되는 임계 브레이크 압력

2. 제동페달에 가해지는 속도를 감지하는 경우에는 다음 기준에 적합할 것

제동력지원장치가 작동되었을 때의 평균 감속도(a_{BAS})는 t(초)= $t_0+0.8$초 이후 15km/h의 속도로 감속될 때까지 $a_{ABS}\times 0.85$ 이상으로 유지할 것

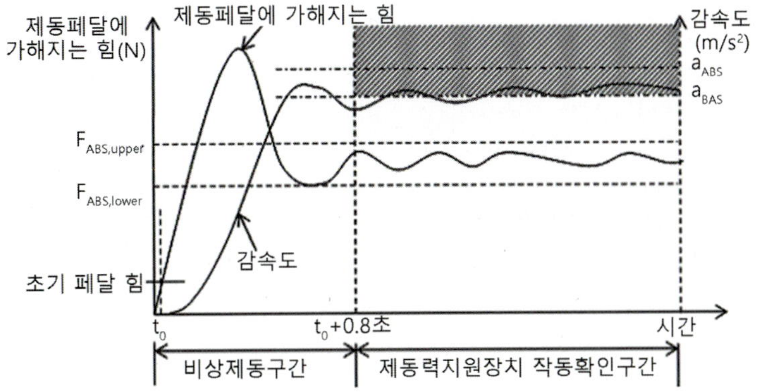

※ 비고

1. t_0 : 제동시작 후 제동페달에 가해지는 힘이 20N(Newton)에 도달하는 순간의 시간
2. a_{ABS} : 바퀴잠김방지식 주제동장치가 작동될 때의 감속도
3. a_{BAS} : 제동력지원장치가 작동될 때의 감속도
4. $F_{ABS,upper}$: a_{ABS}에 도달하는 제동페달에 가해지는 힘의 70%에 해당하는 힘
5. $F_{ABS,lower}$: a_{ABS}에 도달하는 제동페달에 가해지는 힘의 50%에 해당하는 힘

[13] 제동력 제어 계통이 전기식인 승용자동차의 주제동장치는 별표 4의5의 주제동장치의 구조 및 성능기준에 적합하여야 한다.

[별표 4의5] 제동력 제어계통이 전기식인 승용자동차의 주제동장치 구조 및 성능기준

1. 주제동장치의 성능이 저하되거나 이상발생 등으로 발생한 제동력 편차에 대한 제어계통 보상값이 아래 한계 값을 초과하는 경우에 경고장치에 따른 황색경고를 운전자에게 주어야 한다.

구분	한계 값
차륜	좌 · 우 차륜의 브레이크 제동압력 중의 높은 값 : 25%
차축	각 차축의 정상상태 제동력과의 차이값 : 50%

2. 운전자의 의지에 반하여 주제동장치가 작동되지 않는 구조이어야 한다.
3. 주제동창치가 해제된 상태에서 시동장치의 전원이 꺼진 후 1분 이내에 3회의 주제동장치를

작동하였을 때까지는 별표 7 제4호 중 주제동장치의 제동능력란의 기준에 따른 제동력 기준에 적합하여야 한다.

[별표7 제4호] 주제동장치의 제동능력 및 고속제동능력(최고속도가 125km/h 이하인 자동차를 제외한다). 원동기 정지 시 주제동장치 제동능력 기준

구분	주제동장치의 제동능력	주제동장치의 고속제동능력	원동기 정지 시 주제동장치의 제동능력
제동초속도(km/h)	100	최고속도의 80%(다만, 최고속도의 80%값이 160을 초과하는 경우에는 160을 적용한다)	100
제동거리(m)	0.1V+0.006V	0.1V+0.006V	0.1V+0.006V
평균최대감속도 (m/s^2)	6.43 이상(제동장치가 없는 피견인자동차를 견인하는 자동차는 연결 상태에서 5.4m/s^2) 이상일 것	5.76 이상	6.43 이상
측정 시 조작력(N)	500 이하		
제동 시 자동차상태	• 제동 시 자동차의 어느 부분도 너비 3.5m의 차선을 이탈하지 아니하여야 하고, 정지 시 차량중심선은 차선을 기준으로 좌.우로 15도를 초과하지 아니할 것 • 제동 시 각 바퀴는 16km/h 이상의 속도에서 바퀴잠김이 발생하지 아니하여야 하고, 이상 진동 없이 정지할 수 있을 것		
측정 자동차상태	적차 및 경적차상태		

주)

1) V : 제동초속도(km/h)

2) 평균최대 감속도 : 제동 시 감속의 크기가 최대로 일정하게 되어 안정되었을 때의 감속값을 말한다.

4. 주제동장치가 해제된 상태에서 시동장치의 전원이 꺼진 후 1분 이내에 최소 4회 이상 주제동장치를 작동시킬 때 또는 1분이 경과한 후 최소 1회 이상 주제동장치를 작동시킬 때에는 별표7 제6호 중 전달장치 고장 시 주제동장치의 제동능력란의 기준에 따른 제동력 기준에 적합하여야 한다.

[별표7 제6호] 전달장치, 유압계통, 에너지저장장치 및 전기회생제동장치 고장 시 주제동장치의 제동능력 기준

구분	전달장치 고장 시 주제동장치의 제동능력	유압계통 고장 시 주제동장치의 제동능력	고장 시 주제동장치의 제동능력에너지저장 장치	전기회생제동장치 고장 시 주제동장치의 제동능력
제동초속도(km/h)	100			
제동거리(m)	$0.1V+0.0158V^2$			
평균최대감속도(m/s^2)	2.44 이상			
측정 시 조작력(N)	500 이하			
제동 시 자동차상태	• 제동 시 자동차의 어느 부분도 너비 3.5m의 차선을 이탈하지 아니하여야 하고, 정지			

	시 차량중심선은 차선을 기준으로 좌 · 우로 15도를 초과하지 아니할 것 • 제동 시 각 바퀴는 16km/h 이상의 속도에서 바퀴잠김이 발생하지 아니하여야 하고, 이상진동 없이 정지할 수 있을 것
측정 자동차상태	적차 및 경적차상태

주)

1) V : 제동초속도(km/h

2) 전달장치 : 주제동장치의 조종장치와 제동작동부품 사이에 기능적으로 연결시키는 부분으로, 기계식 · 유압식 · 공기식 · 전기식 또는 혼합식으로 구성되며 제동력이 에너지원의 지원으로 작동되는 경우에는 에너지 저장장치도 전달장치에 해당된다.

5. 전기식 제동력 제어계통의 부품이나 기능의 고장으로 제동장치의 성능에 영향이 있는 경우 운전자에게 경고장치에 따른 경고를 주어야 한다. 이 경우 별표7 제4호 중 주제동장치의 제동능력란의 기준에 규정된 제동성능에 적합하지 못할 경우에는 적색경고를 주어야 한다.
6. 전기식 제동력 제어계통의 부품 또는 기능의 고장이 발생한 경우 별표7 제6호 중 전달장치 고장 시 주제동장치의 제동능력란의 기준에 적합하여야 한다.
7. 전기식 제동력 제어계통의 에너지원에 고장이 발생한 경우 주제동장치의 조종장치를 20회 작동한 후 21회 작동 시 제동력, 제동압력 또는 전기식 제동력 제어계통의 출력값은 정상적인 제동작동을 가능하게 하거나 또는 전기식 제동력 제어계통의 출력값은 정상적인 제동작동을 가능하게 하거나 별표7 제4호 중 주제동장치의 제동능력란의 기준에 적합하여야 한다. 또는 제6호 중 전달장치 고장 시 주제동장치의 제동력란의 기준에 저해될 경우 사전에 적색경고등을 점등하여야 하며, 결고등 점등 후 별표7 제6호 중 전달장치 고장시 주제동장치의 제동능력란의 기준에 적합하여야 한다.

6. 제동력 판정공식

① $\text{제동력의 총합} = \dfrac{\text{앞 · 뒤, 좌 · 우 제동력의 합}}{\text{차량 중량}} \times 100$ = 50% 이상 일 것

② $\text{앞바퀴 제동력의 총합} = \dfrac{\text{앞, 좌 · 우 제동력의 합}}{\text{앞축중}} \times 100$ = 50% 이상 일 것

③ $\text{뒷바퀴 제동력의 총합} = \dfrac{\text{뒤, 좌 · 우 제동력의 합}}{\text{뒤축중}} \times 100$ = 20% 이상 일 것

④ $\text{좌우 제동력의 편차} = \dfrac{\text{큰쪽 제동력} - \text{작은쪽 제동력}}{\text{당해 축중}} \times 100$ = 8% 이하 일 것

⑤ $\text{주차 브레이크 제동력} = \dfrac{\text{뒤, 좌 · 우 제동력의 합}}{\text{차량 중량}} \times 100$ = 20% 이상 일 것

7. 감속도 및 감속력

[1] 감속도

① $a = \frac{V}{t}$

여기서,

a : 감속도(m/s²)

V : 주행속도(km/h)

t : 소요시간(m/s)]

② $a = \frac{V^2}{25.9 \times L}$

여기서,

L : 제동거리(m)

③ $a = \frac{F \times g}{m \times g}$

α : 제동감속도(m/s²)

F : 제동력의 총합(kgf)

g : 중력가속도(9.8m/s²)

m : 자동차의 질량(kgf)

④ $a = \frac{F}{m}$

a : 제동감속도(m/s²), m : 자동차의 질량(kgf)

[2] 감속력

$$F = \frac{W \times (V_2 - V_1)}{t \times g}$$

여기서,

F : 감속력

W : 중량(kgf)

V_1, V_2 : 주행속도(km/h)

t : 소요시간(sec) g : 중력가속도(9.8m/s²)

출제 예상 문제

1. 주행성능

01. 구동력을 크게 하기 위해서는 축의 회전토크 T와 구동바퀴의 반경 R을 어떻게 해야 하는가?

① T와 R 모두 크게 한다.
② T는 크게, R은 작게 한다.
③ T는 작게, R은 크게 한다.
④ T와 R 모두 작게 한다.

구동력을 크게 하기 위해서는 $F=\frac{T}{R}$이므로 축의 회전토크 T는 크게 하고, 구동바퀴의 반경 R은 작게 한다.

02. 자동차의 주행속도와 바퀴의 구동력에 대해 틀리게 설명한 것은?

① 동일한 엔진회전수에서 변속기의 변속비가 크면 클수록 구동력은 커지며 주행속도는 줄어든다.
② 동일한 엔진회전수에서 타이어의 편평비를 작게 하면 구동력은 작아진다.
③ 동일한 변속비와 엔진회전수에서 타이어의 직경을 크게 하면 주행속도는 높아진다.
④ 동일한 엔진회전수에서 변속기의 감속비를 크게 하면 주행속도는 줄어든다.

03. 타이어의 회전 반경이 0.3m인 자동차에서 타이어의 회전수가 800rpm으로 달릴 때 회전토크가 15kgf·m이라면 구동력은?

① 45kgf
② 50kgf
③ 60kgf
④ 70kgf

$F=\frac{T}{R}$ [F : 구동력, T : 구동축의 회전력, R : 바퀴의 반경]

$\therefore \frac{15}{0.3}=50kgf$

04. 자동차가 72km/h의 속도로 일정하게 주행한다. 이때 주행저항이 112.5kgf이고, 구동륜의 유효반경이 30cm이면 구동토크는 몇 kgf·m인가?

① 22.5
② 33.75
③ 45
④ 56.3

$T=FR$ [T : 구동토크, F : 주행저항, R : 구동륜의 유효반경]

$\therefore 112.5kgf \times 0.3m = 33.75kgf-m$

05. 자동차의 주행속도가 90km/h일 때 구동출력이 130PS라면 이때의 구동력은?

① 390kgf
② 290kgf
③ 190kgf
④ 490kgf

$F=\frac{75\times H_{PS}}{V}$ [F : 구동력, H_{PS} : 구동출력, V : 주행속도]

$\therefore \frac{75\times 130PS\times 3600}{90\times 1000}=390kgf$

06. 어떤 소형버스의 총중량이 1600kgf이다. 이 자동차가 평탄한 도로를 50km/h로 주행할 때 구름저항(kgf)은?(단, 구름저항 계수 0.02, 공기저항은 무시한다.)

① 444
② 1600
③ 32
④ 6172

$Rr = \mu r \times W$ [Rr : 구름저항, μr : 구름저항 계수, W : 차량총중량]

$\therefore\ 0.02 \times 1600kgf = 32kgf$

07. 차량총중량이 3000kgf인 차량이 오르막길 구배 20°에서 80km/h로 정속 주행할 때 구름저항(kgf)은?(단, 구름저항 계수 0.023)

① 23.59
② 64.84
③ 69.00
④ 25.12

$Rr = \mu r \times W \times \cos a$ [Rr : 구름저항, μr : 구름저항 계수, W : 차량총중량, $\cos a$: 오르막 구배 각도]

$\therefore\ 0.023 \times 3000 \times \cos 20° = 64.84kgf$

08. 중량이 8,000kgf인 자동차가 36km/h의 속도로 5%의 구배 길을 올라가고 있다. 이때 기관출력이 72PS이면 자동차의 구름저항은 몇 kgf인가?(단, 공기저항은 무시하며, 동력전달 효율 100%, 노면과 타이어 사이의 미끄럼은 없는 것으로 한다.)

① 120kg
② 130kgf
③ 140kgf
④ 150kgf

① 구름저항=총 주행저항-구배저항

② 총 주행저항= $\dfrac{72PS \times 75 \times 3.6}{36} = 540kgf$

③ 구배저항= $8000kgf \times \dfrac{5}{100} = 400kgf$

$\therefore\ 540 - 400 = 140kgf$

09. 차량 총중량 4000kgf의 차량이 구배 6%의 자갈길을 30km/h의 속도로 올라갈 때(구름저항/구배저항)의 값은 얼마인가?(단, 구름저항 계수 : 0.04이다.)

① $\dfrac{1}{2}$
② $\dfrac{2}{3}$
③ $\dfrac{4}{3}$
④ 2

구름저항/구배저항 $\therefore\ \dfrac{0.04}{0.06} = \dfrac{2}{3}$

10. 25°의 언덕길은 몇 %의 구배인가?

① 32%
② 42%
③ 57%
④ 67%

sin 25° = 0.422=42%

11. 다음에서 공기저항(Ra) 공식을 바르게 표시한 것은?(단, c : 차체형상 계수, ρ : 공기밀도, g : 중력 가속도, A : 자동차의 전면 투영면적, V : 자동차의 공기에 대한 상대속도)

① $Ra = c\frac{\rho}{2g}AV^2$
② $Ra = \frac{1}{c}\frac{\rho}{2g}AV^2$
③ $Ra = c\frac{\rho}{2g}\frac{A}{V^2}$
④ $Ra = c\frac{\rho}{2g}AV$

공기저항 $Ra = c\frac{\rho}{2g}AV^2$으로 나타낸다.

12. 어떤 자동차가 평탄한 아스팔트 포장도로를 80km/h로 주행하고 있을 때 공기저항은?(단, 차량총중량 1600kgf, 전면 투영면적 1.8m², 공기저항 계수 0.005이다.)

① 4.44kgf
② 8.0kgf
③ 28.8kgf
④ 57.6kgf

$Ra = \mu a \times A \times V^2$ [Ra : 공기저항, μa : 공기저항 계수, A : 전면투영 면적, V : 주행속도(km/h)]

$\therefore 0.005 \times 1.8 \times 80^2 = 57.6kgf$

13. 차량 총중량 2TON의 자동차가 10도의 구배 길을 올라갈 때의 등판저항은?(단, 노면과의 마찰계수는 0.01이다.)

① 약 350kgf
② 약 35kgf
③ 약 200kgf
④ 약 20kgf

$Rg = W \times \tan\theta$ [Rg : 등판저항, W : 차량총중량, $\tan\theta$: 구배]

$\therefore 2000kgf \times \tan 10° = 352kgf$

14. 차량총중량 2ton인 자동차가 등판저항이 약 350kgf로 언덕길을 올라갈 때 언덕길의 구배는 얼마인가?

① 10°
② 11°
③ 12°
④ 13°

$Rg = W \times \tan\theta$ [Rg : 등판저항, W : 차량총중량, $\tan\theta$: 구배]에서 $\tan\theta = \frac{W}{Rg}$

$\therefore \frac{2000}{350} = 5.7$ 따라서 $\tan 5.7 = 0.100 \times 100 = 10°$

15. 무게 2ton인 화물차량이 20° 경사 길을 올라갈 때의 전주행 저항은?(단, 구름저항계수 : 0.2)

① 약 560kg
② 약 1084kgf
③ 약 1560kgf
④ 약 2025kgf

① $Rr = \mu r \times W$ [Rr : 구름저항, μr : 구름저항 계수, W : 차량중량]

$\therefore$ 0.2×2000kgf=400kgf

② $Rg = W \times \sin\theta$ [Rg : 구배저항, W : 차량중량, $\sin\theta$: 구배]

$\therefore$ 2000×sin20°=684kgf

③ 전주행저항=Rr(구름저항)+(Rg)구배저항

$\therefore$ 400kgf+684kgf=1084kgf

16. 차량중량 3260kgf의 자동차가 10°의 경사진 도로를 주행할 때의 전주행 저항은 약 얼마인가?(단, 구름저항 계수는 0.023이다.)

① 586kgf ② 641kgf
③ 712kgf ④ 826kgf

① $Rr = \mu r \times W \quad \therefore\ 0.023 \times 3260 = 74.98kgf$

② $Rg = W \times \sin\theta \quad \therefore\ 3260 \times \sin 10° = 566.09kgf$

③ 전주행저항= Rr(구름저항) + (Rg)구배저항 $\therefore\ 74.98 + 566.09 = 641.07kgf$

17. 평탄한 도로를 90km/h로 달리는 승용차의 총 주행저항은 약 얼마인가?(단, 총중량 1145kgf, 투영면적 1.6m², 공기저항계수 0.03kgf/s²/m⁴, 구름저항계수 0.015)

① 57.18kgf ② 47.18kgf
③ 37.18kgf ④ 67.18kgf

① $Rr = \mu r \times W \quad \therefore\ 0.015 \times 1145kgf = 17.18kgf$

② $Ra = \mu a \times A \times v^2 \quad \therefore\ 0.03 \times 1.6 \times 25^2 = 30kgf$ [90km/h=25m/s]

④ 총 주행저항= $17.18 + 30 = 47.18kgf$

18. 캐러밴(caravan)을 견인하는 승용차가 60km/h의 속도로 약간 경사진 언덕길을 주행하고 있다. 이때 구동력에 대항하여 캐러밴에 작용하는 저항은 구름저항 110N, 공기저항 700N, 그리고 등판저항이 220N이다. 캐러밴 커플링에 부하된 구동력의 크기는?

① 1030N ② 920N
③ 81N ④ 330N

구동력의 크기=구름저항(110N)+공기저항(700N)+등판저항(220N)=1030N

19. 기관의 최대토크 15kgf·m, 총감속비 28, 차량의 총중량 3500kgf, 구동바퀴의 유효회전반경 0.38m, 동력전달 효율 90%의 조건을 가진 자동차의 구배능력은?

① 0.125 ② 0.269
③ 0.469 ④ 0.284

구배능력= $\frac{0.9 \times E_T \times Tr}{W \times r} - 0.015$ [E_T : 기관토크, Tr : 총감속비, W : 차량 총중량, r : 바퀴 유효 회전반경]

$\therefore\ \frac{0.9 \times 15 \times 28}{3500 \times 0.38} - 0.015 = 0.269$

20. 자동차가 300m를 통과하는데 20초 걸렸다면 이 자동차의 속도는?

① 54km/h ② 60km/h
③ 80km/h ④ 108km/h

자동차의 속도= $\frac{300 \times 3600}{20 \times 1000} = 54km/h$

21. 고속도로에서 216km를 주행하는데 2시간 15분이 소요되었다. 이때 평균 주행속도는 몇 m/s인가?

① 약 96 ② 약 26.7
③ 약 100.5 ④ 약 7.74

① 216km=216000m

② 2시간 15분=135분=8100초

$\therefore \dfrac{216000m}{8100\text{sec}} = 26.7m/s$

22. 어떤 자동차가 60km/h의 속도로 평탄한 도로를 주행하고 있다. 이때 변속비가 3, 종 감속비가 2이고, 구동바퀴가 1회전하는데 2m 진행할 때, 3km 주행하는데 소요되는 시간은?

① 1분　　② 2분

③ 3분　　④ 4분

60km/h를 분속으로 환산하면 1km/min이므로 3km를 주행하는데 3분이 소요된다.

23. 총중량 7.5ton의 차량이 36km/h의 속도로 1/50 구배의 언덕길을 올라갈 때 1초 동안 진행속도(m/s)는?

① 8　　② 10

③ 12　　④ 20

1초 동안 진행속도(m/s) = $\dfrac{36 \times 1000}{3600} = 10m/s$

24. 변속비가 2 : 1, 종감속비가 4 : 1, 구동바퀴의 유효 반지름이 250mm인 자동차의 엔진 회전속도가 1500rpm이다. 이때 이 자동차의 시속은?

① 17.7km/h　　② 8.8km/h

③ 35.7km/h　　④ 187.5km/h

$V = \pi D \times \dfrac{E_N}{Rt \times Rf} \times \dfrac{60}{1000}$ [V : 자동차의 시속(km/h), D : 타이어 지름(m), E_N : 기관 회전수(rpm), Rt : 변속비, Rf : 종감속비]

$\therefore 3.14 \times 0.25 \times 2 \times \dfrac{1500}{2 \times 4} \times \dfrac{60}{1000} = 17.7km/h$

25. 변속비가 1.25 : 1, 종감속비가 4 : 1, 구동륜의 유효반경 30cm, 엔진회전수는 2700rpm일 때 차속은?

① 약 53km/h　　② 약 58km/h

③ 약 61km/h　　④ 약 65km/h

$V = \pi D \times \dfrac{E_N}{Rt \times Rf} \times \dfrac{60}{1000}$

$\therefore 3.14 \times 0.3 \times 2 \times \dfrac{2700}{1.25 \times 4} \times \dfrac{60}{1000} = 61km/h$

26. 제3속의 감속비 1.5, 종감속 구동 피니언 기어의 잇수 5, 링 기어의 잇수 22, 구동바퀴 타이어의 유효반경 280mm인 자동차의 엔진 회전속도가 3300rpm으로 직진 주행하고 있을 때 주행속도는 약 얼마인가?

① 약 53km/h　　② 약 59km/h

③ 약 63km/h　　④ 약 69km/h

① $Rf = \dfrac{Rz}{Pz}$

$\therefore\ \frac{22}{5} = 4.4$

② $V = \pi D \times \frac{E_N}{Rt \times Rf} \times \frac{60}{1000}$

$\therefore\ 3.14 \times 0.28 \times 2 \times \frac{3300}{1.5 \times 4.4} \times \frac{60}{1000} = 52.75km/h$

27. 자동차의 변속기에 있어서 3속의 변속비 1.25 : 1이고, 종감속비가 4 : 1인 자동차의 엔진 rpm이 2700일 때 구동륜의 동하중 반경 30cm인 이 차의 차속은?

① 53km/h
② 58km/h
③ 61km/h
④ 65km/h

$V = \pi D \times \frac{En}{Rt \times Rf} \times \frac{60}{1000}$

$\therefore\ 3.14 \times 0.3 \times 2 \times \frac{2700}{1.24 \times 4} \times \frac{60}{1000} = 61km/h$

28. 액슬축의 회전수가 900rpm이고, 바퀴의 유효 반지름이 300mm일 때 자동차의 시속은?

① 약 92km/h
② 약 102km/h
③ 약 112km/h
④ 약 122km/h

$V = \pi D \times \frac{E_N}{Rt \times Rf} \times \frac{60}{1000}$

$\therefore\ 3.14 \times 0.3 \times 2 \times 900 \times \frac{60}{1000} = 102km/h$

29. 자동차의 제원에 의하면 타이어의 유효반경이 36cm이었다. 타이어가 500rpm의 속도로 회전하고 있을 때 자동차의 속도는?

① 18.84m/s
② 28.84m/s
③ 38.84m/s
④ 10.84m/s

① $V = \pi D \times \frac{En}{Rt \times Rf} \times \frac{60}{1000}$

$\therefore\ 3.14 \times 0.36 \times 2 \times 500 \times \frac{60}{1000} = 67.8km/h$

② $\frac{67.8 \times 1000}{3600} = 18.84m/s$

30. 엔진 회전속도 3600rpm, 변속(감속)비 2 : 1, 타이어 유효반경이 40cm인 자동차의 시속이 90km/h이다. 이 자동차의 종감속비는?

① 1.5 : 1
② 2 : 1
③ 3 : 1
④ 4 : 1

$V = \pi D \times \frac{En}{Rt \times Rf} \times \frac{60}{1000}$ 에서

$Rf = \frac{\pi D \times E_n \times 60}{Rt \times V \times 1000}$

$\therefore\ \frac{3.14 \times 0.4 \times 2 \times 3600 \times 60}{2 \times 90 \times 1000} = 3$

31. 120km/h의 속도로 주행 중인 자동차에서 총 감속비는 4.83, 구동륜 회전속도는 1031rpm, 타이어의 동하중 원주는 1940mm일 때 엔진의 회전속도는?(단, 슬립은 없는 것으로 본다.)

① 약 1,237rpm
② 약 1,959rpm
③ 약 4,980rpm
④ 약 2,620rpm

$E_N = \frac{V \times Tr \times 1000}{Td \times 60}$ [E_N : 기관 회전수(rpm), V : 자동차의 시속(km/h), Tr : 총감속비, Td : 타이어의 동하중 원주]

$\therefore \frac{120 \times 4.83 \times 1000}{1.94 \times 60} = 4980rpm$

32. 자동차가 출발하여 100m에 도달할 때의 속도가 60km/h이다. 이 자동차의 가속도는 약 얼마인가?

① $1.4m/s^2$
② $5.6m/s^2$
③ $6.0m/s^2$
④ $16.7m/s^2$

$\alpha = \frac{V_2^2 - V_1^2}{2S}$ [α : 가속도, V_2 : 나중속도, V_1 : 처음속도, S : 주행한 거리]

$\therefore \frac{16.67^2}{2 \times 100} = 1.38m/s^2$ [단, 60km/h=16.67m/s]

33. 공차질량이 300kgf인 경주용 자동차가 $8m/s^2$의 등가속도로 가속중일 때의 가속력은?

① 68.75N
② 68.75kg
③ 2400N
④ 2400kg

$F = ma$[F : 가속력, m : 공차질량, a : 등가속도]

34. 자동차 공차시 또는 적재 상태의 전·후 축중을 구할 때 무엇을 이용하는가?

① 파스칼의 원리
② 애커먼 장토 원리
③ 평형방정식
④ 쿨롱의 법칙

공차 또는 적재상태의 전·후 축중을 구할 때에는 평형방정식을 이용한다.

35. 자동차의 최고속도를 증가시키는 일반적인 방법이 아닌 것은?

① 자동차의 중량을 감소시킨다.
② 총감속비를 낮게 한다.
③ 자동차의 구동력을 작게 한다.
④ 자동차 전면의 투영 면적을 최소화한다.

최고속도를 증가시키는 방법

① 자동차의 구동력을 크게 한다.
② 자동차의 중량을 감소시킨다.
③ 총감속비를 낮게 한다.
④ 자동차 전면의 투영 면적을 최소화한다.

2. 제동성능

01. 지름 30cm인 브레이크 드럼에 작용하는 힘이 600N이다. 마찰계수가 0.3이라 하면 이 드럼에 작용하는 토크는?

① 17N.m　② 27N.m
③ 32N.m　④ 36N.m

$Tb=\mu Pr$ [Tb : 브레이크 토크, μ : 마찰계수, P : 브레이크 드럼에 작용하는 힘, r : 브레이크 드럼의 반지름]

$\therefore \frac{0.3\times 600N\times 30cm}{2\times 100}=27N\cdot m$

02. 브레이크 드럼의 지름은 25cm, 마찰계수가 0.28인 상태에서 브레이크슈가 745N의 힘으로 브레이크 드럼을 밀착시키면 브레이크 토크는?

① 82N.m　② 12N.m
③ 21N.m　④ 26N.m

$Tb=\mu Pr \quad \therefore \frac{0.28\times 745N\times 25cm}{2\times 100}=26N\cdot m$

03. 주행 중 급제동에 의해 모든 바퀴가 고정된 경우 제동거리를 산출하는 식으로 옳은 것은?(단, L : 제동거리, V : 차속, μ : 타이어와 노면사이의 마찰계수, g : 중력가속도)

① $L=\frac{V^2}{2\mu g}$　② $L=\frac{V}{2\mu g}$
③ $L=\frac{g}{2\mu V}$　④ $L=\frac{\mu}{2Vg}$

04. 주행속도 80km/h의 자동차에 브레이크를 작용시켰을 때 제동거리는 약 얼마인가?(단, 단, 차륜과 도로면의 마찰계수는 0.2이다.)

① 80m　② 126m
③ 156m　④ 160m

$S=\frac{v^2}{2\mu g}$ [S : 제동거리, v : 제동초속도, μ : 마찰계수, g : 중력가속도(9.8m/s²)]

$\therefore \frac{22.2^2}{2\times 0.2\times 9.8}=126m$ [80km/h=22.2m/s]

05. 주행속도가 120km/h인 자동차에 브레이크를 작용시켰을 때 제동거리는 몇 m가 되겠는가?(단, 바퀴와 도로 면의 마찰계수는 0.25이다.)

① 22.67　② 226.7
③ 33.67　④ 336.7

$S=\frac{v^2}{2\mu g} \quad \therefore \frac{33.3^2}{2\times 0.25\times 9.8}=226.7m$ [120km/h=33.3m/s]

06. 제동력이 350kgf이다. 이 차량의 차량중량이 1000kgf이라면 제동저항 계수는?(단, 노면 마찰계수 등 기타 조건은 무시한다.)

① 0.25
② 0.35
③ 2.5
④ 4.0

$$\text{제동저항계수} = \frac{\text{제동력}}{\text{차량중량}}$$

$$\therefore \frac{350}{1000} = 0.35$$

07. 다음과 같은 제원을 가진 차량의 제동거리는?

[제원]
차량중량(kgf) : 6380(전축중 : 2580, 후축중 : 3800)
승차정원 : 55명
최고속도 75km/h
제동초속도 : 30km/h
회전부분 상당중량 : 5%
제동력(kgf) : 전좌 1000, 전우 950, 후좌 1400, 후우 1250

① 5.15m
② 50.25m
③ 38.25m
④ 3.825m

$S = \frac{V^2}{254} \times \frac{W + W'}{F}$ [S : 제동거리, V : 제동초속도, W : 차량중량, W' : 회전부분 상당중량, F : 제동력]

$$\therefore \frac{30^2}{254} \times \frac{6380 + (6380 \times 0.05)}{1000 + 950 + 1400 + 1250} = 5.15m$$

08. 차량중량이 2800kgf인 자동차를 제동초속도 50km/h에서 제동시험을 하였더니 19m에서 완전정지 하였다. 이때 작용한 제동력은 얼마인가?(단, 회전부분의 상당중량은 무시한다.)

① 1260kgf
② 1370kgf
③ 1450kgf
④ 1530kgf

$S = \frac{V^2}{254} \times \frac{W + W'}{F}$ 에서 $F = \frac{V^2 \times (W + W')}{254S}$

$$\therefore F = \frac{9.84 \times 2800}{19} = 1450kgf$$

09. 중량이 2400kgf인 화물자동차가 80km/h로 정속주행 중 제동을 하였더니 50m에서 정지하였다. 이때 제동력은 차량중량의 몇 %인가?(단, 회전부분 상당중량 7%)

① 46
② 54
③ 62
④ 71

① $S = \frac{V^2}{254} \times \frac{W + W'}{F}$ 에서 $F = \frac{V^2 \times (W + W')}{254S}$

$$\therefore \frac{80^2 \times (2400 + 2400 \times 0.07)}{254 \times 50} = 1294kgf$$

② $\frac{1294}{2400} \times 100 = 54\%$

10. 공주거리에 대한 설명으로 맞는 것은?

① 정지거리에서 제동거리를 뺀 거리
② 제동거리에서 정지거리를 뺀 거리
③ 정지거리에서 제동거리를 더한 거리
④ 제동거리에서 정지거리를 곱한 거리

공주거리란 정지거리에서 제동거리를 뺀 거리이다.

11. 제동초속도 70km/h인 소형 승용차에 제동을 걸기 위해 공주 한 시간이 0.2초라면 공주거리는?

① 2.7m
② 3.0m
③ 3.2m
④ 3.9m

$S_3 = \frac{Vt}{3.6}$ [V : 제동초속도, t : 공주시간]

$\therefore \frac{70 \times 0.2}{3.6} = 3.9m$

12. 자동차의 제동정지 거리는 다음 중 어느 것인가?

① 반응시간+답체시간+과도제동+제동시간
② 답체시간+답입시간+제동시간
③ 공주거리+제동거리
④ 답체시간+공주거리

정지거리는 공주거리+제동거리이다.

13. 차량중량 1000kgf, 최고속도 140km/h의 자동차를 브레이크 시험한 결과 주제동력이 총 720kgf이었다. 이 자동차가 50km/h에서 급제동하였을 때, 정지거리는 몇 m인가?(단, 공주시간은 0.1초, 회전부분 상당중량은 차량중량의 5%이다)

① 1.574
② 15.74
③ 7.87
④ 78.7

$S_2 = \frac{V^2}{254} \times \frac{W + W'}{F} + \frac{Vt}{3.6}$ [S_2 : 정지거리, V : 제동초속도, W : 차량중량, W' : 회전부분상당중량, F : 제동력, t : 공주시간]

$\therefore \frac{50^2}{254} \times \frac{1000 + (1000 \times 0.05)}{720} + \frac{50 \times 0.1}{3.6} = 15.74m$

14. 브레이크 테스트(brake tester)에서 주 제동장치의 제동능력 및 조작력 기준을 설명한 내용으로 틀린 것은?

① 측정 자동차의 상태는 공차상태에서 운전자 1인을 승차한 상태이어야 한다.
② 제동능력은 최고속도가 매시 80km/h 미만이고 차량총중량이 차량중량의 1.5배 이하인 자동차는 각 축의 제동력 합은 차량총중량의 40% 이상이어야 한다.
③ 좌 · 우 바퀴의 제동력 차이는 당해 축중의 6% 이하이어야 한다.
④ 제동력 복원은 브레이크 페달을 놓을 때에 제동력이 3초 이내에 축중의 20% 이하로 감소되어야 한다.

좌 · 우 바퀴의 제동력 차이는 당해 축중의 8% 이하이어야 한다.

15. 승용차를 제외한 기타 자동차의 주차 제동능력 측정 시 조작력 기준으로 적합한 것은?

① 발 조작식 : 60kgf 이하, 손 조작식 : 40kgf 이하

② 발 조작식 : 70kgf 이하, 손 조작식 : 50kgf 이하

③ 발 조작식 : 50kgf 이하, 손 조작식 : 30kgf 이하

④ 발 조작식 : 90kgf 이하, 손 조작식 : 30kgf 이하

주차 제동장치의 조작력 기준

구분		기준
측정시 조작력	승용 자동차	발 조작식의 경우 : 60kgf이하
		손 조작식의 경우 : 40kgf이하
	기타 자동차	발 조작식의 경우 : 70kgf이하
		손 조작식의 경우 : 50kgf이하

16. 운행자동차의 제동장치의 제동능력 검사 시 좌·우 바퀴의 제동력 차이 기준은?

① 당해 축중의 8% 이상　② 당해 축중의 8% 이하

③ 당해 축중의 20% 이상　④ 당해 축중의 20% 이하

운행자동차의 주 제동장치는 좌우바퀴에 작용하는 제동력의 차이가 당해 축중의 8% 이하이어야 한다.

17. 80km/h로 주행하던 자동차가 브레이크를 작동하기 시작해서 10초 후에 정지하였다면 감속도는?

① $3.6m/s^2$　② $4.8m/s^2$

③ $2.2m/s^2$　④ $6.4m/s^2$

$\alpha = \frac{V_2 - V_1}{t}$ [α : 감속도, V_2 : 나중 속도, V_1 : 처음속도, t : 주행한 시간]

$\therefore \frac{80 \times 1000}{10 \times 3600} = 2.2m/s^2$

18. 4륜 자동차 질량이 1500kg, 전륜 1개 제동력이 2500N, 후륜 1개 제동력이 2000N인 자동차에서 제동 감속도는?

① $5m/s^2$　② $6m/s^2$

③ $7m/s^2$　④ $8m/s^2$

$a = \frac{F \times g}{m \times g}$ [α : 제동감속도, F : 제동력의 총합, g : 중력가속도, m : 자동차의 질량]

$\therefore \frac{[(2500 \times 2) + (2000 \times 2)] \times 9.8}{1500 \times 9.8} = 6m/s^2$

19. 자동차의 질량은 1500kg, 1개 차륜 당 전륜 제동력은 3400N, 후륜 제동력은 1100N일 때 제동감속도는?

① $3m/s^2$　② $4m/s^2$

③ $5m/s^2$　④ $6m/s^2$

① $F = 2(Tf + Tr)$ [F : 총제동력, Tf : 전륜 제동력, Tr : 후륜 제동력]

$\therefore 2 \times (3400N + 1100N) = 9000N$

② $a = \frac{F}{m}$ [a : 제동감속도, m : 자동차의 질량]

$\therefore \frac{9000N}{1500kg} = \frac{9000kg \cdot m/s^2}{1500kg} = 6m/s^2$

20. 중량 1800kgf의 자동차가 120km/h의 속도로 주행 중 0.2분 후 30km/h로 감속하는데 필요한 감속력은?

① 약 382kgf ② 약 764kgf
③ 약 1775kgf ④ 약 4590kgf

$F = \frac{W \times (V_2 - V_1)}{t \times g}$ [F : 감속력, W : 중량, V_1, V_2 : 주행속도, t : 소요시간, g : 중력가속도]

$\therefore \frac{1800 \times (120 - 30) \times 1000}{0.2 \times 60 \times 9.8 \times 3600} = 382.6kgf$

21. 총질량 22000kg인 화물자동차가 6.72m/s²의 감속도로 제동되고 있다. 이때 제동력의 크기는?

① 약 3273.8kN ② 약 3273.8kgf
③ 약 147.8kN ④ 약 147.8kgf

$a = \frac{F}{m}$ [a : 제동감속도, m : 자동차의 질량]에서 $F = a \times m$

$\therefore \frac{22000 \times 6.72}{1000} = 147.8\text{kN}$

22. 총중량 1톤인 자동차가 72km/h로 주행 중 급제동을 하였을 때 운동에너지가 모두 브레이크 드럼에 흡수되어 열로 되었다면 그 열량은?(단, 노면의 마찰계수는 1이다.)

① 47.79kcal ② 52.30kcal
③ 54.68kcal ④ 60.25kcal

① $E = \frac{Gv^2}{2g}$ [E : 운동 에너지 G : 차량총중량, v : 주행속도(m/s), g : 중력 가속도]

$\therefore \frac{1000 \times 20^2}{2 \times 9.8} = 20408kgf \cdot m$

② 1kgf·m=1/427kcal이므로 $\frac{20408}{427} = 47.79kcal$

23. 사고 후에 측정한 제동궤적(skid mark)은 48m이였다. 브레이크 시스템, 타이어 그리고 노면의 상태를 고려하여 추정할 경우, 사고 당시의 제동 감속도는 6m/s²이다. 이와 같은 조건으로부터 제동시 주행속도는?

① 144km/h ② 43.2km/h
③ 86.4km/h ④ 57.6km/h

$S = \frac{V^2}{2 \times 3.6^2 \times \alpha}$ [S : 제동거리, V : 제동할 때의 주행속도, α : 감속도]에서 $48 = \frac{V^2}{2 \times 3.6^2 \times 6}$

$\therefore V = \sqrt{48 \times 2 \times 3.6^2 \times 6} = 86.4km/h$

[제 3 편]

새시 정비

제4장

동력전달장치

4-1 클러치(clutch)

클러치는 기관과 변속기사이에 설치되어 있으며(기관 플라이휠 뒷면에 부착됨), 동력전달장치로 전달되는 기관의 동력을 연결하거나 차단한다.

1. 클러치의 필요성과 구비조건

[1] 클러치의 필요성

① 기관을 시동할 때 무부하 상태로 하기 위함이다.

② 변속기의 기어를 변속할 때 기관의 동력을 일시 차단하기 위함이다.

③ 관성운전을 하기 위함이다.

[2] 클러치의 구비조건

① 회전관성이 작을 것

② 동력전달이 확실하고 신속할 것

③ 방열이 잘되어 과열되지 않을 것

④ 회전부분의 평형이 좋을 것

⑤ 동력을 차단할 경우에는 신속하고 확실할 것

2. 클러치의 작동

[1] 기관의 동력을 차단할 때(클러치 페달을 밟으면)

클러치 페달을 밟으면 릴리스 베어링이 다이어프램 스프링(또는 릴리스 레버)을 밀기 때문에 압력판이 뒤쪽으로 이동한다.

이때 압착되어 있던 클러치판이 플라이휠과 압력판에서 분리되어 기관의 동력이 변속기로 전달되지 않는다.

[2] 기관의 동력을 전달할 때(클러치 페달을 놓으면)

클러치 페달을 놓으면 다이어프램 스프링(또는 클러치 스프링)의 장력에 의하여 압력판이 클러치판을 플라이휠에 압착시켜 함께 회전하도록 한다.

클러치판은 변속기 입력축의 스플라인에 설치되어 있으므로 클러치판이 회전하면 기관의 동력이 변속기로 전달된다.

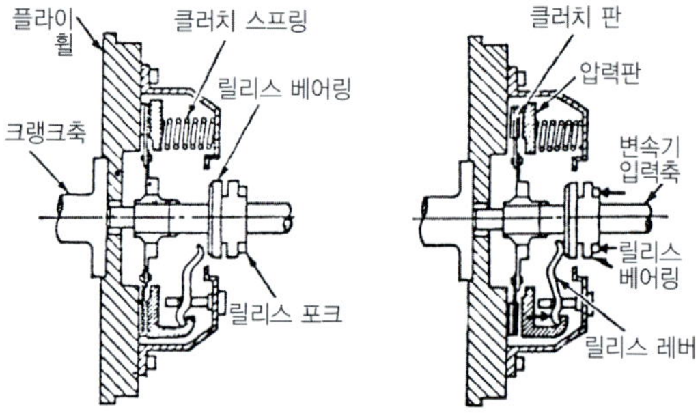

(a) 동력을 전달할 때 (b) 동력을 차단할 때

클러치 작동

3. 클러치의 구조

클러치는 클러치판, 압력판, 다이어프램 스프링(코일 스프링에서는 클러치 스프링, 릴리스 레버), 클러치 하우징 등과 이들이 설치되는 기관 플라이휠 및 변속기 입력축 등으로 구성된다.

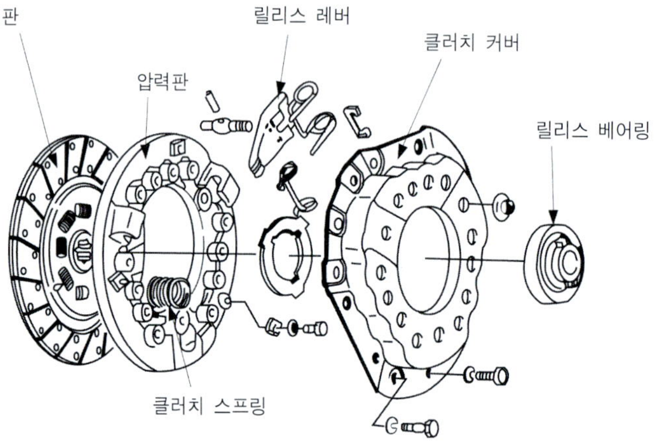

(a) 코일 스프링형식 클러치

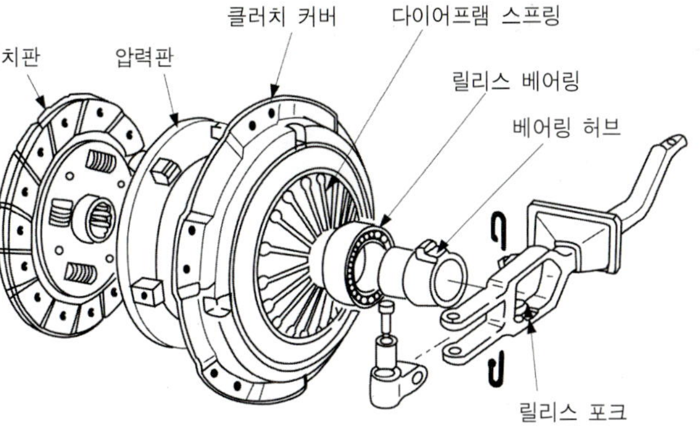

(b) 다이어프램 스프링형식 클러치

클러치 구성부품

[1] 클러치판(clutch disc)

클러치판은 플라이휠과 압력판 사이에 끼워지며 기관의 동력을 변속기 입력축을 통하여 변속기로 전달하는 마찰판이다.

구조는 원형 강철판의 가장자리에 마찰물질로 된 라이닝(또는 페이싱 ; lining or facing)이 리벳으로 설치되고, 중심부분에는 허브(hub)가 있으며 그 내부에 변속기 입력축을 끼우기 위한 스플라인(spline)이 파져있다.

또 허브와 클러치 강철판 사이에는 비틀림 코일 스프링(damper spring)이 설치된다. 비틀림 코일 스프링(댐퍼 스프링 또는 토션 스프링이라고도 부름)은 클러치판이 플라이휠에 접속될 때 회전충격을 흡수한다.

그리고 클러치 강철판은 파도모양의 스프링으로 되어 있으므로 클러치를 급속히 접속시켰을 때 이 스프링이 변형되어 동력전달을 원활히 하는 쿠션 스프링(cushion spring)이 있다.

쿠션 스프링은 클러치판의 편마멸, 변형, 파손 등의 방지를 위해 둔다. 또 클러치 라이닝은 마찰계수가 알맞아야 하고, 내마멸성, 내열성이 크며 온도변화에 따른 마찰계수 변화가 없어야 한다.

예전에는 석면을 주재료로 한 것을 사용하였으나 최근에는 금속제 라이닝을 사용하기도 한다. 라이닝의 마찰계수는 0.3~0.5 정도이다.

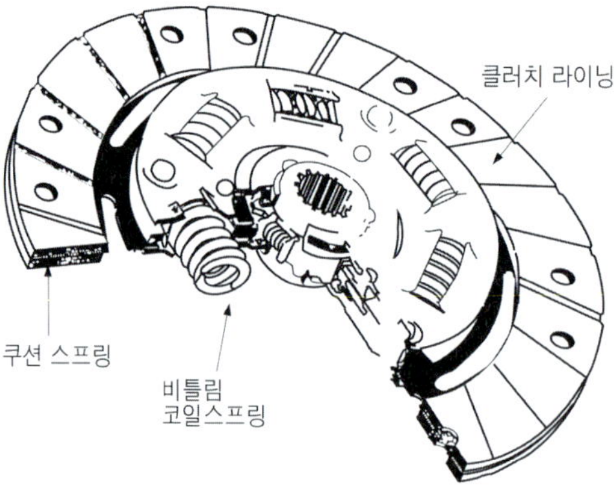

클러치판의 구조

[2] 변속기 입력축(클러치 축)

변속기 입력축은 클러치판이 받은 기관의 동력을 변속기로 전달하며, 축의 스플라인 부분에 클러치판 허브의 스플라인이 끼워져 클러치판이 길이방향으로 미끄럼 운동을 한다.

앞 끝은 플라이휠 중앙부에 설치된 파일럿 베어링(pilot bearing)에 의해 지지되고, 뒤끝은 볼 베어링(ball bearing)에 의해 변속기 케이스에 지지된다.

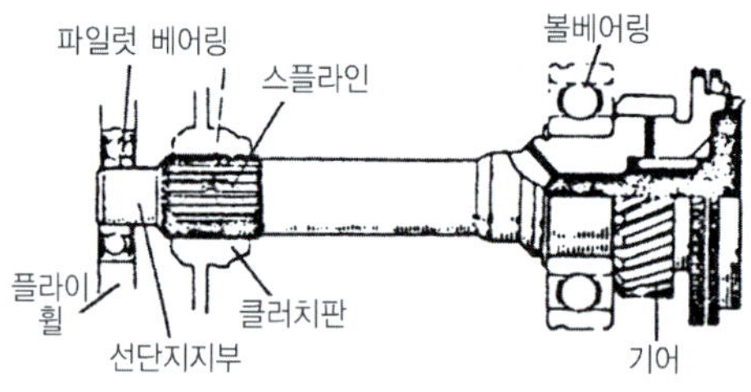

변속기 입력축의 구조

[3] 압력판(pressure plate)

압력판은 다이어프램 스프링(또는 클러치 스프링)의 장력으로 클러치판을 플라이휠에 압착시킨다. 클러치판과의 접촉면은 정밀 다듬질되어 있고 뒷면에는 코일 스프링 형식에서는 스프링 시트와 릴리스 레버 설치부분이 마련되어 있다.

또 압력판과 플라이휠은 항상 회전하므로 동적 평형이 잡혀 있어야 한다.

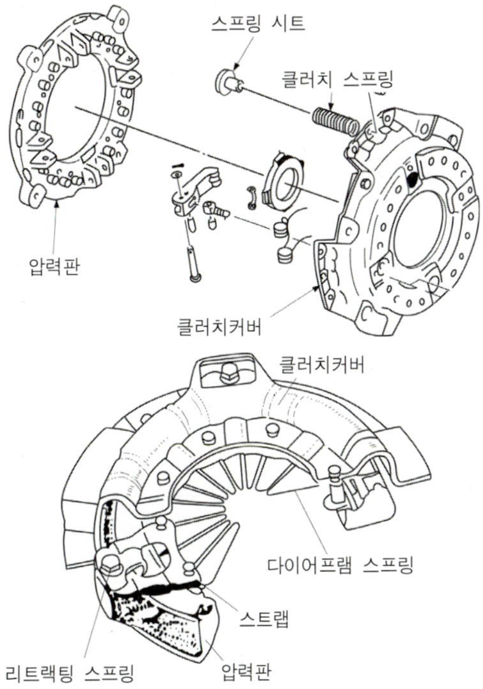

압력판의 구조

[4] 릴리스 레버(release lever)

릴리스 레버는 코일 스프링 형식에서 릴리스 베어링의 힘을 받아 압력판을 움직이는 작용을 하며, 이 레버의 높이가 서로 다르면 자동차가 출발할 때 진동을 일으키는 원인이 된다.

[5] 클러치 스프링(clutch spring)

클러치 스프링은 클러치 커버와 압력판 사이에 설치되며, 페달을 놓았을 때 압력판에 압력을 발생시킨다. 사용되고 있는 스프링에 따라 분류하면 코일 스프링형식, 다이어프램 스프링형식 등이 있다. 여기서는 다이어프램 스프링(막 스프링)형식의 클러치에 대해 설명하도록 한다. 이 형식은 코일 스프링 형식의 릴리스 레버와 코일 스프링 역할을 동시에 하는 접시 모양의 다이어프램 스프링을 사용하고 있다.

(1) 다이어프램 스프링 형식의 구조 및 설치상태

다이어프램 스프링의 바깥쪽 끝은 압력판과 접촉하며, 피벗 링(pivot ring)에 의해 지지된다. 중앙의 핑거(finger)는 약간 볼록하게 되어 있으며, 바깥쪽 끝 약간 떨어진 부분에 피벗 링을 사이에 두고 클러치 커버에 설치되어 이 피벗 링을 지점으로 하여 압력판을 눌러 준다.

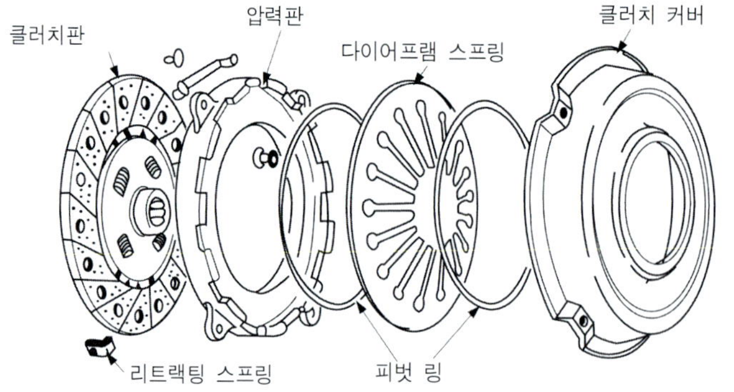

다이어프램 스프링 형식의 구조

(2) 다이어프램 스프링형식의 작동

클러치 페달을 밟으면 릴리스 베어링에 의해 스프링 핑거 부분에 압력이 가해져 전체 다이어프램 스프링이 안쪽으로 구부러지면서 압력판을 뒤로 잡아당겨 클러치판을 플라이휠로부터 분리시킨다.

클러치 페달을 놓아 스프링 핑거부분의 압력이 풀리면 다이어프램 스프링이 원위치 되어 클러치판이 플라이휠에 압착된다.

(3) 다이어프램 스프링 형식의 특징

① 압력판에 작용하는 힘이 일정하다.

② 원판형으로 되어 있어 평형이 좋다.

③ 구조가 간단해 다루기 쉽다.

④ 클러치 페달 조작력이 작아도 된다.

⑤ 라이닝이 어느 정도 마멸되어도 압력판에 가해지는 압력의 변화가 없다.

⑥ 고속운전에서 원심력을 받지 않아 스프링 장력이 감소하는 경향이 없다.

[6] 클러치 커버(clutch cover)

클러치 커버는 압력판, 다이어프램 스프링(코일 스프링형식에서는 릴리스 레버, 클러치 스프링) 등이 조립되어 플라이휠에 함께 설치된다. 그리고 코일 스프링 형식에서는 릴리스 레버의 높이를 조정하는 스크루가 설치되어 있다.

4. 클러치 조작기구

클러치 조작 기구에는 클러치 페달, 페달의 조작력을 릴리스 포크로 전달하는 부분, 릴리스 포크 및 릴리스 베어링 등으로 구성되고, 페달 조작력 전달방법에는 기계식과 유압식이 있다.

[1] 클러치 페달(clutch pedal)

클러치 페달은 밟는 힘을 감소시키기 위해 지렛대 원리를 이용하며, 설치방법에 따라 펜던트형(pendant type)과 플로어형(floor type)이 있다.

페달을 밟은 후부터 릴리스 베어링이 다이어프램 스프링(또는 릴리스 레버)에 닿을 때까지 페달이 이동한 거리를 자유간극(또는 유격)이라고 하며 자유간극이 너무 적으면 클러치가 미끄러지며, 이 미끄럼으로 인하여 클러치판이 과열되어 손상된다.

반대로 자유간극이 너무 크면 클러치 차단이 불량하여 변속기의 기어를 변속할 때 소음이 발생하고 기어가 손상된다.

따라서 페달의 자유간극은 기계식 클러치 페달의 경우에는 20~30mm, 유압식 클러치 페달의 경우에는 6~10mm 정도가 좋으며 자유간극 조정은 클러치 링키지에서 한다.

클러치가 미끄러지면 페달 자유간극부터 점검 · 조정한다.

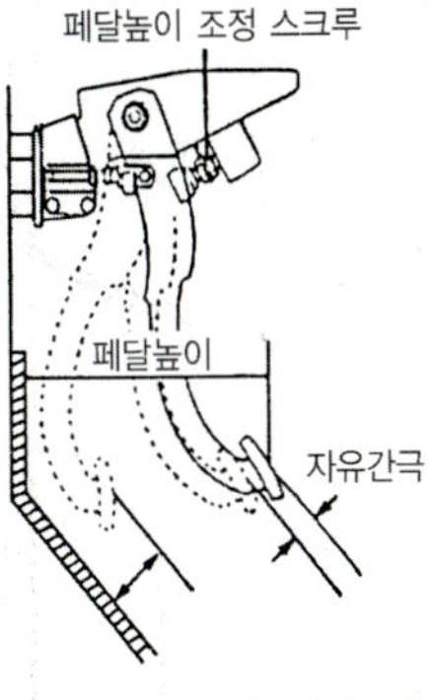

클러치 페달의 자유간극

[2] 릴리스 포크(release fork)

릴리스 포크는 릴리스 베어링 칼라에 끼워져 릴리스 베어링에 페달의 조작력을 전달한다.

구조는 요크와 핀 고정부분이 있으며 끝 부분에는 리턴스프링을 두어 페달을 놓았을 때 신속히 원위치가 되도록 한다.

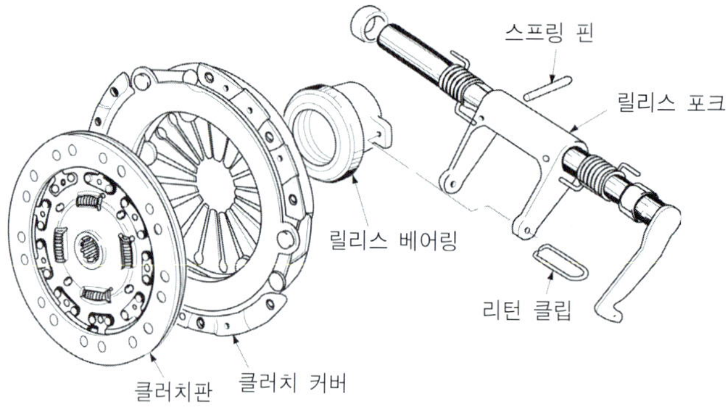

릴리스 포크의 구조

[3] 릴리스 베어링(release bearing)

릴리스 베어링은 페달을 밟았을 때 릴리스 포크에 의하여 변속기 입력축 길이 방향으로 이동하여 회전 중인 다이어프램 스프링(또는 릴리스 레버)을 눌러 기관의 동력을 차단한다. 릴리스 베어링은 스러스트 볼(thrust ball) 베어링이 내장되어 있는 케이스로 구성되며 베어링 칼라에 압입된다.

릴리스 베어링의 종류에는 앵귤러 접속형, 볼 베어링형, 카본형 등이 있으며 대개 영구주유 방식(oilless bearing)이므로 솔벤트 등의 세척제 속에 넣고 세척해서는 안 된다.

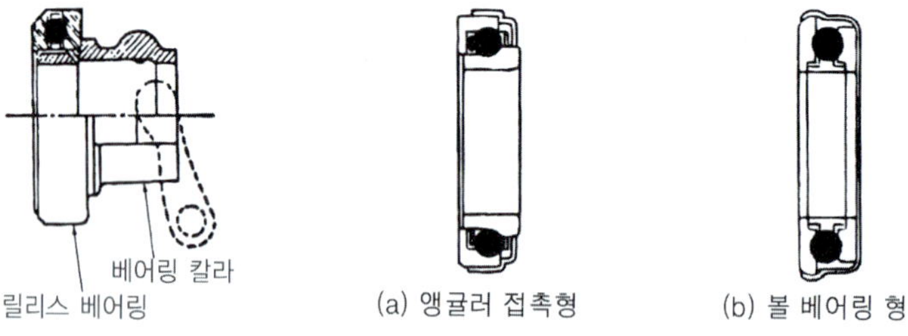

릴리스 베어링의 구조와 종류

[4] 페달 조작력 전달방식

(1) 기계식 클러치

페달 밟는 힘을 케이블을 거쳐 릴리스 포크로 전달하여 릴리스 베어링을 이동시키는 방식이다.

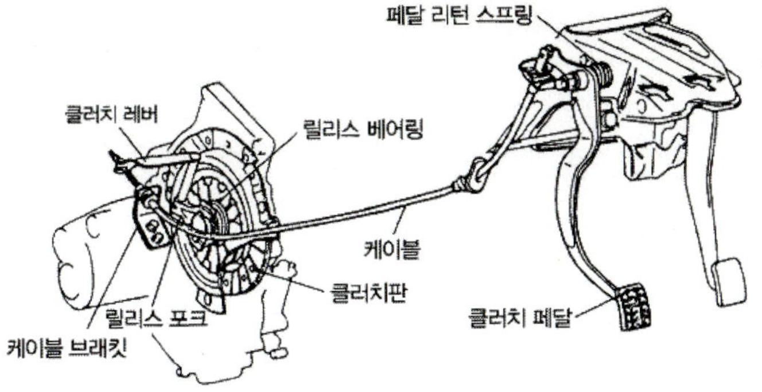

기계방식 클러치의 구조

(2) 유압식 클러치

페달을 밟으면 유압이 발생하는 마스터 실린더, 이 유압을 받아서 릴리스 포크를 이동시키는 릴리스 실린더 등으로 구성되며, 이들 사이를 오일 파이프로 연결한다.

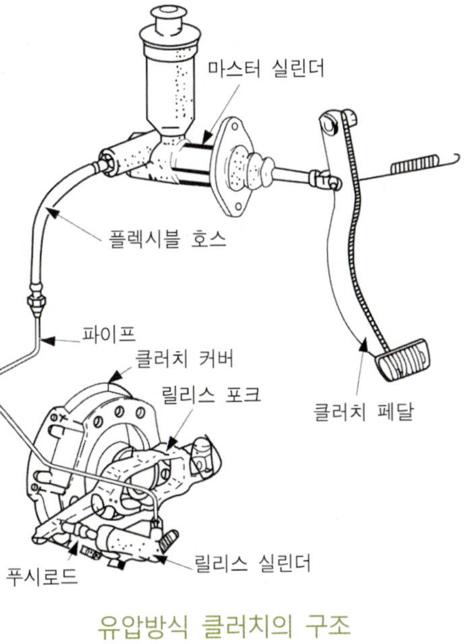

유압방식 클러치의 구조

① 마스터 실린더(master cylinder) : 실린더의 보디는 알루미늄 합금이며, 위쪽에는 오일탱크가 있고 그 내부에 피스톤, 피스톤 컵, 리턴스프링 등이 조립되어 있다. 작동은 클러치 페달을 밟으면 푸시로드가 피스톤을 밀어 유압을 발생시켜 릴리스 실린더로 보낸다. 반대로 페달을 놓으면 피스톤은 리턴스프링 장력으로 제자리로 복귀하고, 릴리스 실린더로

보내졌던 오일이 리턴구멍을 거쳐 오일탱크로 복귀한다.

② **릴리스 실린더(slave cylinder, 슬레이브 실린더)** : 마스터 실린더에서 보내 준 유압을 피스톤과 푸시로드에 작용하여 릴리스 포크를 미는 작용을 한다. 또 릴리스 실린더에는 유압 회로 내에 침입한 공기를 배출시키기 위한 블리더 스크루가 있다.

③ **유압식 클러치의 특징**

㉮ 마찰이 작기 때문에 클러치 페달을 밟는 힘이 작아도 된다.

㉯ 클러치 조작이 신속하게 이루어진다.

㉰ 기관과 클러치 페달의 설치 위치를 자유롭게 정할 수 있다.

㉱ 구조가 복잡하고, 오일이 누출되거나 공기가 유입되면 조작이 어렵다.

5. 클러치 용량

[1] 클러치 용량

클러치 용량이란 클러치가 전달할 수 있는 회전력의 크기이며, 일반적으로 사용 기관 회전력의 1.5~2.5배 정도이다. 클러치 용량이 너무 크면 클러치가 플라이휠에 접속될 때 기관이 정지되기 쉬우며, 반대로 너무 작으면 클러치가 미끄러져 클러치판의 라이닝 마멸이 촉진된다.

[2] 클러치가 미끄러지지 않을 조건

$$Tfr \geq C$$

여기서,

T : 클러치 스프링 장력

f : 클러치판의 평균 반지름

r : 클러치판과 압력 판 사이의 마찰계수

C : 기관 회전력

4-2 수동변속기

기관의 회전력은 회전속도의 변화에 관계없이 항상 일정하지만 그 출력은 회전속도에 따라서 크게 변화하는 특징이 있다. 자동차가 필요로 하는 구동력은 도로의 상태, 주행속도, 적재하중 등에 따라 변화하므로 변속기는 이에 대응하기 위해 기관의 출력을 자동차의 주행속도에 알맞게 회전력과 속도로 바꾸어서 구동바퀴로 전달하는 장치이다.

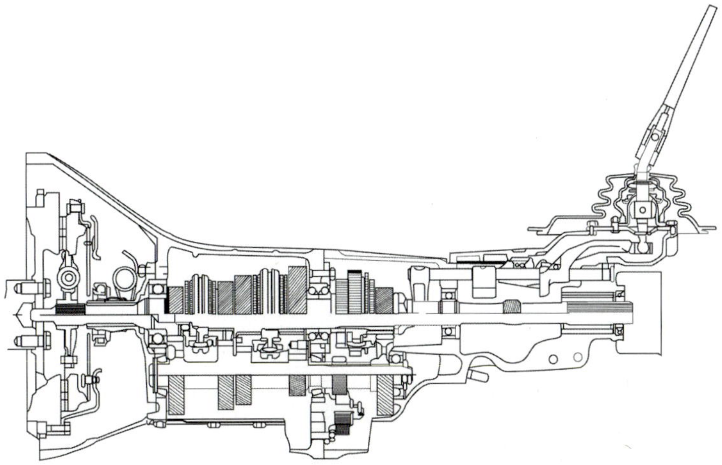

수동 변속기(FR구동 방식)의 구조

1. 변속기의 필요성

① 기관을 시동할 때 무부하 상태로 한다.

② 회전반향을 역으로 하기 위함이다(후진을 가능하게 한다.).

③ 자동차가 발진할 때 중량에 의한 관성으로 인해 큰 구동력이 필요하기 때문이다.

④ 기관의 회전력을 변환시켜 바퀴에 전달한다(기관의 회전력을 증대).

⑤ 정차할 때 기관의 공전운전을 가능하게 한다.

2. 변속기의 구비조건

① 신속 · 정숙 · 확실하게 작동되어야 한다.

② 소형 · 경량이고 고장이 없으며 다루기 쉬워야 한다.

③ 단계가 없이 연속적으로 변속되고, 전달효율이 좋아야 한다.

④ 조작이 용이하고 확실해야 한다.

⑤ 강도, 내구성 및 신뢰성이 좋고 정비가 쉬워야 한다.

⑥ 동력전달 효율이 좋고 경제적, 능률적이어야 한다.

⑦ 주행상태에 응하여 회전속도와 회전력의 변환이 빠르고 연속적이어야 한다.

3. 변속기의 분류

[1] 점진 기어방식 변속기

운전 중 제1속에서 직접 톱기어(top gear ; 최고속 기어)로 또는 톱기어에서 제1속으로 변속이 불가능한 방식이다.

[2] 선택 기어방식 변속기

(1) 활동 기어방식(sliding gear type; 섭동 기어방식)

주축(main shaft)과 부축(count shaft))이 서로 평행하며 주축에 설치된 각 기어는 스플라인에 끼워져 축 방향으로 미끄럼 운동을 할 수 있다.

변속할 때 변속레버의 조작으로 주축에 설치된 기어 1개를 선택하여 미끄럼 운동시켜 부축 기어에 물려 동력을 전달한다.

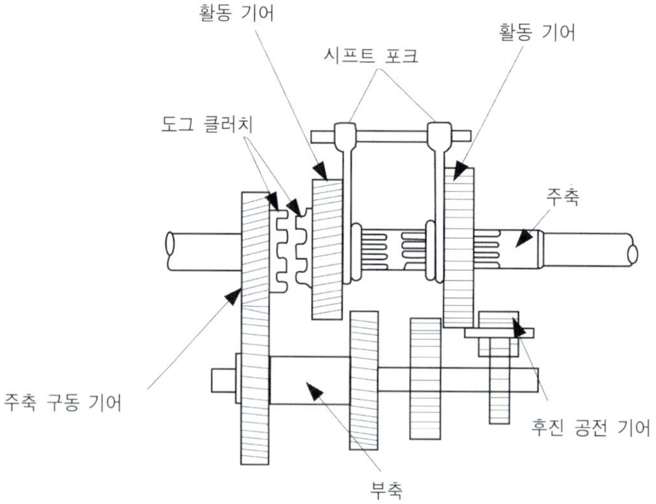

활동 기어방식 변속기

(2) 상시 물림방식(constant mesh type)

주축기어와 부축기어가 항상 물려있는 상태로 작동하며, 주축에 설치된 모든 기어는 공회전(idle)한다.

변속할 때 주축의 스플라인에 설치된 도그클러치(dog clutch or clutch gear)가 변속레버에 의하여 이동해 공회전하고 있는 주축기어 안쪽의 도그 클러치에 끼워져 주축기어에 동력을 전달한다.

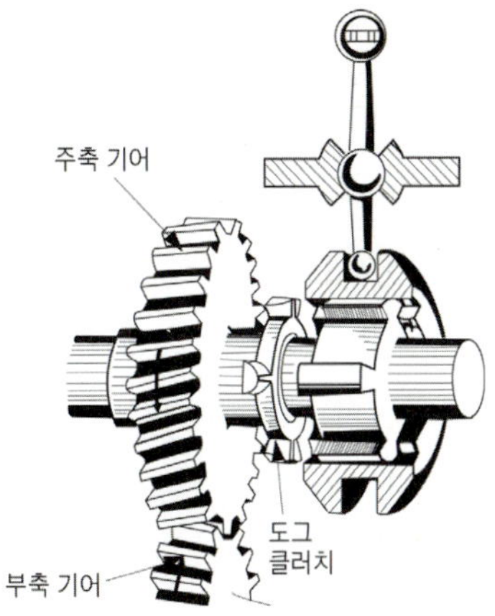

상시 물림방식 변속기

(3) 동기 물림방식(synchro mesh type)

① **동기 물림방식의 구조** : 상시 물림방식에서는 도그클러치가 물릴 때 서로간의 회전속도가 일치하지 않으면 소음이 발생하며, 심한 경우에는 기어가 파손되기도 한다. 이러한 단점을 해소하기 위해 상시 물림방식 변속기의 도그클러치 대신 싱크로메시 기구(동기물림장치)를 조립한 방식이다. 싱크로메시 기구의 구성은 클러치 허브, 클러치 슬리브, 싱크로나이저 링과 키로 이루어져 있다.

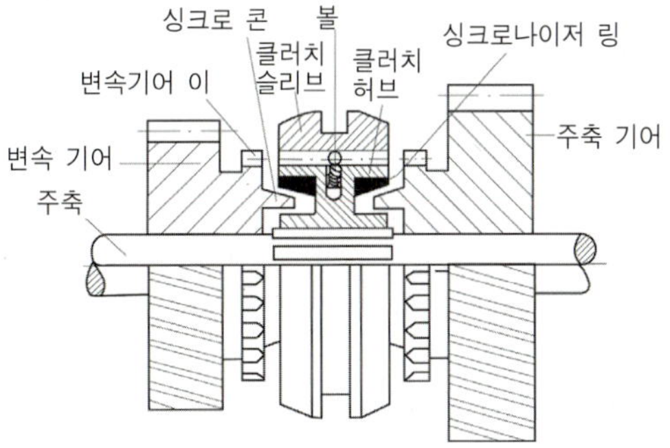

동기 물림방식 변속기

㉮ **클러치 허브(clutch hub)** : 변속기 주축의 스플라인에 끼워지며, 싱크로나이저 키가 3개 정도 들어있고, 그 바깥둘레에는 스플라인을 통하여 클러치 슬리브가 끼워진다.

㉯ **클러치 슬리브(clutch sleeve)** : 슬리브 바깥둘레에는 시프트포크(shift fork)가 끼워지는 홈이 파져 있고, 앞뒤로 미끄럼운동을 하여 싱크로나이저 키를 싱크로나이저 링 쪽으로 밀어주어 클러치 작용을 한다.

㉰ **싱크로나이저 링(synchronizer ring)** : 주축기어의 콘(cone)부분에 끼워지며, 기어를 변속할 때 시프트포크가 슬리브를 미끄럼 운동을 시키면 콘 부분과 접촉하여 클러치 작용을 한다. 그리고 클러치 작용이 원활하게 실행되도록 안쪽 면에 나사를 두고 있다.

㉱ **싱크로나이저 키(synchronizer key)** : 키 뒷면에는 돌기가 있고, 클러치 허브에 마련된 3개의 홈에 끼워져 싱크로나이저 스프링(키 스프링)에 의해 항상 클러치 슬리브의 안쪽 면에 압착되어 있다. 또 그 양끝은 일정한 간격을 두고 싱크로나이저 링에 끼워져 있고, 클러치 슬리브를 고정하여 기어 물림이 빠지지 않도록 한다.

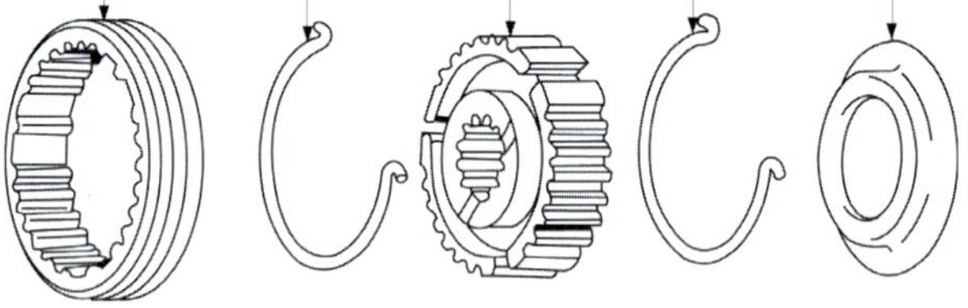

싱크로 메시 기구의 구성

② **동기 물림방식의 작용** : 변속을 위해 클러치 페달을 밟고 변속레버를 중립으로 하면 주축은 바퀴의 구동력에 의해 회전하지만 주축 위에서 자유롭게 회전하는 각단 기어의 회전속도는 매우 낮아져 주축과 주축기어 사이에는 회전속도 차이가 일어난다.

이때 변속레버를 조작하면 클러치 슬리브는 주축기어 쪽으로 밀리면서 싱크로나이저 키를 매개로 하여 싱크로나이저 링의 안쪽 마찰 면이 주축기어의 콘(cone)부분과 밀착된다. 이 순간 클러치 슬리브, 싱크로나이저 링 및 주축기어는 서로 회전속도가 다르기 때문에 싱크로나이저 링과 주축기어의 콘 부분사이에서 마찰력이 발생한다.

이 마찰력에 의해 싱크로나이저 링은 싱크로나이저 키의 간극만큼 회전이 늦은 상태에서 동기작용을 시작한다. 클러치 슬리브가 계속하여 주축기어 쪽으로 밀려가면 클러치 슬리브의 체임버(chamber)부분과 싱크로나이저 링이 직접 접촉하며, 이때 클러치 슬리브와 주축기어사이에 회전속도 차이가 있으면 클러치 슬리브는 싱크로나이저 링 때문에 주축기어 쪽으로 이동할 수 없게 된다.

따라서 변속레버의 조작력, 즉 클러치 슬리브를 주축기어 쪽으로 미는 힘이 직접 싱크로나이저 링으로 전달되며 동기작용은 계속되어 주축기어와 클러치 슬리브의 회전속도가 같아지면 마찰력이 더 이상 작용하지 않는다.

회전속도가 같아져 마찰력이 발생하지 않으면 클러치 슬리브는 싱크로나이저 링을 거쳐 주축기어의 변속기어(shift gear)와 물린다. 싱크로나이저 링은 두 기어, 즉 클러치 슬리브와 주축기어의 회전속도가 같아질 때까지 클러치 슬리브와 주축기어의 물림을 방지한다.

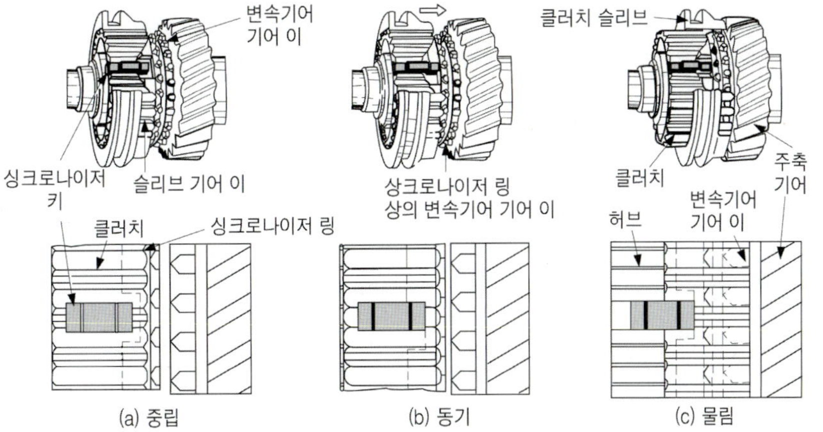

싱크로메시 기구의 작용

4. 변속기 조작기구

변속기 조작 기구에는 변속레버를 익스텐션 하우징(extension housing) 위에 설치하고 시프트포크(shift fork)의 선택으로 변속하는 직접 조작방식과 조향 칼럼에 변속레버를 설치하고 변속기와 변속레버를 별도로 설치한 후 그 사이를 링크나 와이어(wire)로 연결하여 조작하는 원격 조작방식이 있다.

또 변속기 조작 기구에는 시프트레일(shift rail)에 각 기어를 고정시키기 위한 홈을 두고 이 홈에는 기어가 빠지는 것을 방지하기 위해 로킹 볼(locking ball)과 스프링을 두며, 또 하나의 기어가 물려 있을 때 다른 기어는 중립에서 이동하지 못하도록 하여 기어의 2중 물림을 방지하는 인터로크(inter lock)가 설치되어 있다.

로킹 볼과 인터로크

5. 수동 트랜스 액슬(manual trans axle)

트랜스 액슬은 앞 기관 앞바퀴 구동방식(FF) 자동차에서 종감속 기어와 차동장치를 일체로 제작한 것이다. 조작방법, 구조 및 작동은 뒷바퀴 구동방식(FR) 변속기와 거의 같으며 특징은 다음과 같다.

① 실내 유효공간이 넓다.

② 자동차의 경량화로 인해 연료 소비율이 감소한다.

③ 가로방향에서 받는 바람에 대한 안전성 및 직진 성능이 좋다.

④ 방향 안전성이 우수하며, 험한 도로를 주행할 때 안전성이 좋다.

⑤ 제동할 때 안전성이 우수하다.

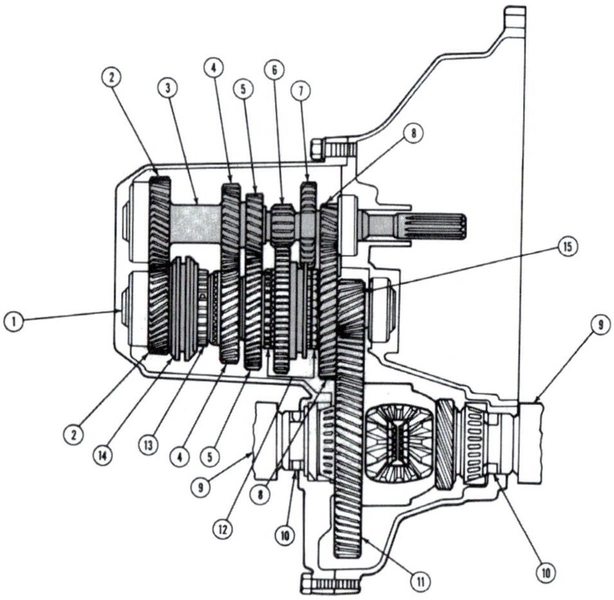

범례

① 주축
② 4단기어
③ 입력 클러스터
④ 3단기어
⑤ 2단기어
⑥ 후진기어
⑦ 후진 공전 기어
⑧ 1단기어
⑨ 중간축
⑩ 차동장치
⑪ 종감속 링기어
⑫ 1/2단 싱크로나이저 블록커 링
⑬ 3/4단 싱크로나이저 허브
⑭ 3/4단 싱크로나이저 슬리브
⑮ 피니언

트랜스 액슬의 단면도

4-3 자동변속기 유압 및 제어장치

자동변속기는 기관에서 발생한 동력을 단속하는 클러치와 회전속도 및 회전력을 변화시키는 변속기의 작용이 자동적으로 이루어지도록 만든 것으로 일반적으로 토크컨버터와 유성기어 형식 변속기를 조합한 것을 주로 사용한다.

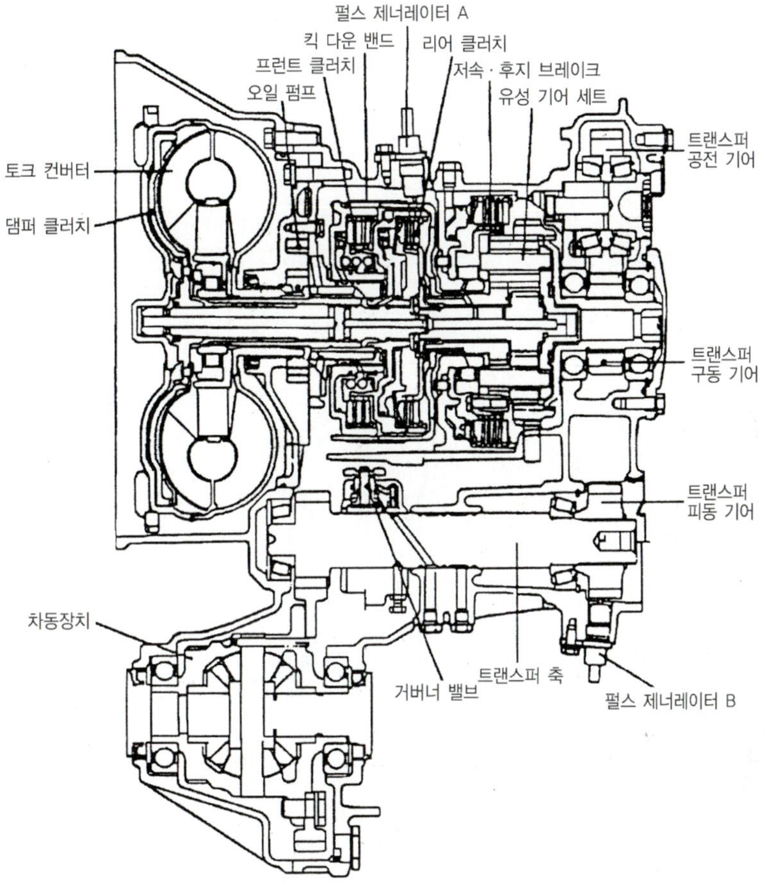

자동 변속기의 구조

1. 자동변속기의 특징

① 기어변속 중 기관 작동정지(stall)가 감소하여 안전운전이 가능하다.

② 저속에서의 구동력이 커 등판 출발이 쉽고 최대 등판능력도 크다.

③ 오일이 충격 완화작용을 하므로 기관수명이 길어진다.

④ 구조가 복잡하고 가격이 비싸다.

⑤ 수동변속기에 비해 연료소비율이 10% 정도 많다.

⑥ 자동차를 밀거나 끌어서 시동할 수 없다.

2. 자동변속기의 구조

[1] 유체클러치(Fluid Clutch)

(1) 유체클러치의 구조

크랭크축에 펌프(또는 임펠러 pump or impeller)를, 변속기 입력축에 터빈(또는 러너 ; turbine or runner))을 설치하고 오일의 맴돌이 흐름(와류)를 방지하기 위한 가이드 링(guide ring)을 둔다.

유체클러치는 크랭크축의 비틀림 진동을 완화하는 장점이 있다.

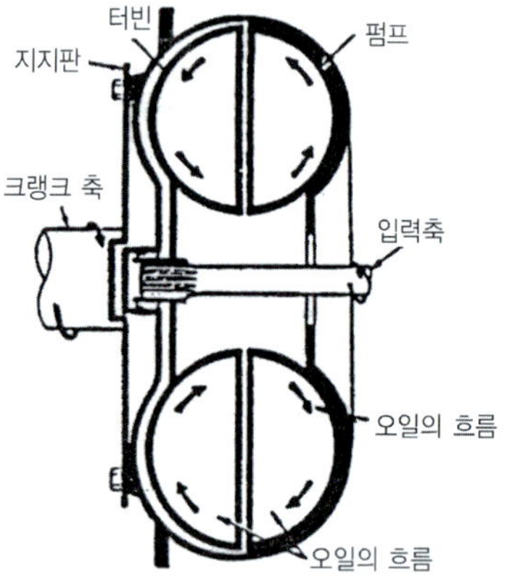

유체클러치의 구조

(2) 유체클러치의 특성

펌프와 터빈사이의 회전력 변환비율은 미끄럼 때문에 1 : 1이며, 미끄럼 값은 2~3%, 전달효율은 최대 98% 정도이다. 유체클러치의 특성은 속도비율 감소와 함께 회전력이 증가하며, 속도비율 0에서 최댓값이 된다. 이 점을 스톨 포인트(stall point)라 한다.

또 유체클러치는 구동 쪽(크랭크축)과 피동 쪽(변속기 출력축)의 회전속도에 따라 클러치 효율이 현저하게 달라진다.

[2] 토크컨버터(Torque Converter)

(1) 토크컨버터의 구조

펌프 · 터빈 및 스테이터로 구성된다. 펌프는 크랭크축에, 터빈은 변속기 입력축 스플라인에 연결되고, 스테이터는 오일의 흐름 방향을 바꾸어 출력축의 회전력을 증대시킨다. 또 클러치 점(clutch point ; 스테이터가 회전을 시작하는 시점)이상 되면 펌프 및 터빈과 같은 방향 · 같은 회전속도로 회전한다.

펌프와 터빈에 설치된 가이드 링(guide ring)은 오일의 충돌에 의한 효율저하를 방지한다. 유체클러치에서 속도의 감소는 회전력의 감소를 의미하지만 토크컨버터에서의 속도 감소는 회전력의 증가를 의미한다.

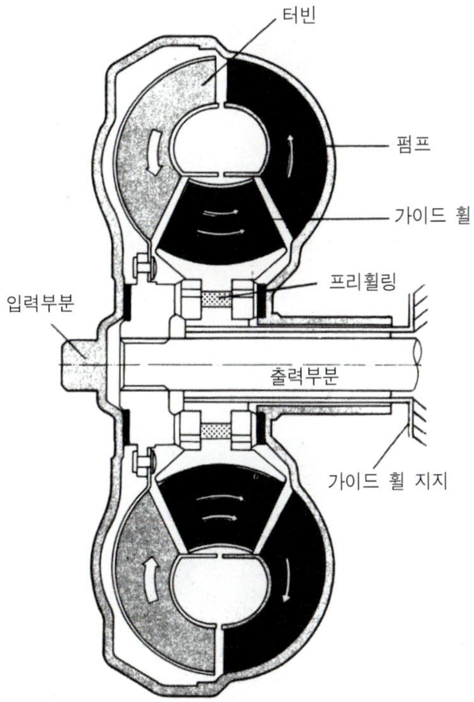

토크컨버터의 구조

(2) 토크컨버터의 성능

① 유체충돌의 손실은 속도비율 0.6~0.7 에서 가장 작다.

② 속도비율 0에서 회전력 변환비율이 가장 크다.

③ 스테이터가 공회전을 시작할 때까지 회전력 변환비율은 직선적으로 감소된다.

④ 클러치 점(clutch point) 이상의 속도비율에서는 회전력 변환비율이 1이 된다.

⑤ 회전력 변환비율은 2~3 : 1이다.

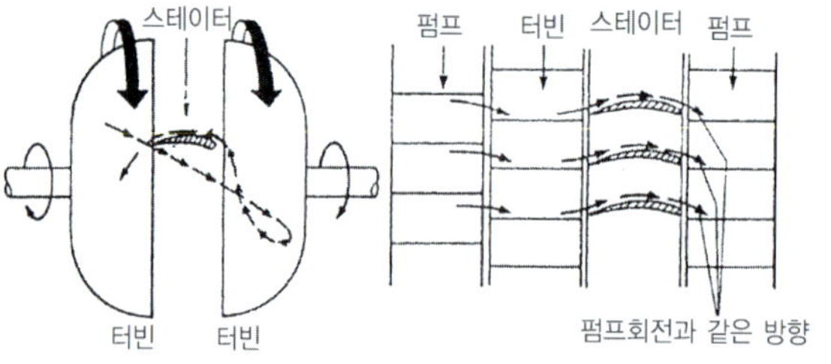

토크컨버터의 오일 흐름

[3] 댐퍼(로크 업) 클러치(Damper Clutch or lock up clutch)

자동차의 주행속도가 일정 값에 도달하면 토크컨버터의 펌프와 터빈을 기계적으로 직결시켜 미끄러짐에 의한 손실을 최소화하여 정숙성을 도모하는 장치이며, 터빈과 토크컨버터 커버사이에 설치된다.

동력전달 순서는 기관→프론트 커버→댐퍼 클러치→변속기 입력축이다. 그리고 댐퍼 클러치가 작용하지 않는 범위는 다음과 같다.

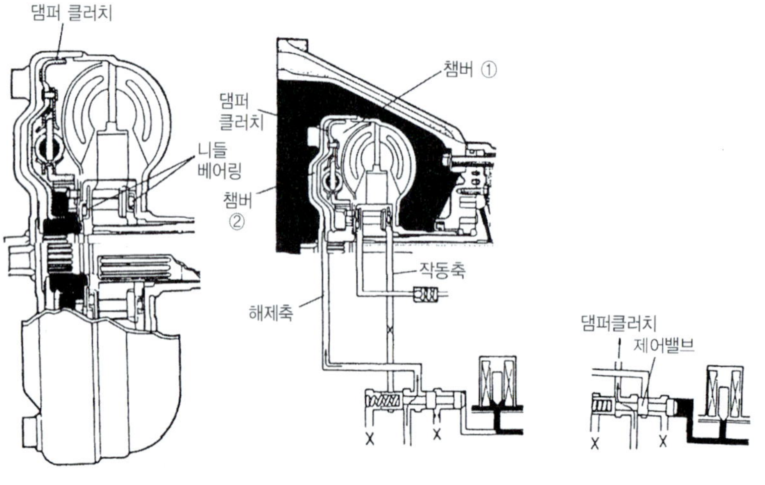

댐퍼 클러치 설치위치

① 제1속 및 후진일 때

② 기관 브레이크가 작동될 때

③ 오일의 온도가 60℃ 이하일 때

④ 기관의 냉각수 온도가 50℃ 이하일 때

⑤ 제3속에서 제2속으로 시프트다운(shift down ; 하향변속)될 때

⑥ 기관의 회전속도가 800rpm 이하일 때

⑦ 기관의 회전속도가 2,000rpm 이하에서 스로틀 밸브의 열림이 클 때

[4] 유성기어 장치

유성기어(유성 피니언), 선 기어, 링 기어, 유성기어 캐리어로 구성되며, 클러치 및 브레이크에 의해 요소를 고정 및 해제시켜 자동으로 변속이 이루어진다.

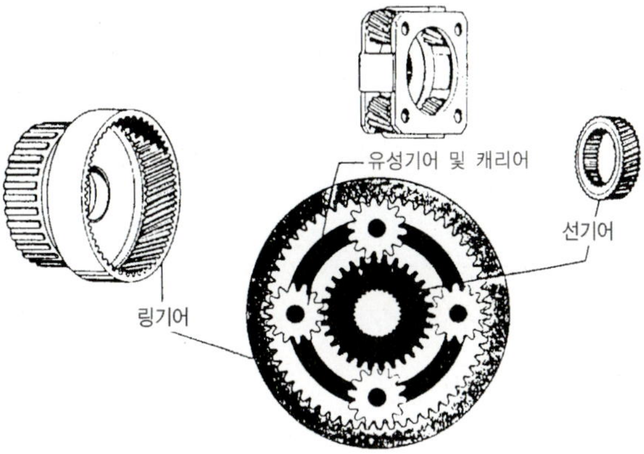

유성기어 장치의 기본구조

(1) 유성기어의 작동

① **링 기어의 증속** : 선 기어를 고정하고 유성기어 캐리어를 구동한다. 이때 링 기어의 증속은 다음의 공식으로 산출한다.

$$N = \frac{A+D}{D} \times n$$

여기서,

N : 링 기어의 회전속도

A : 선 기어의 잇수

D : 링 기어의 잇수

n : 유성기어 캐리어의 회전속도

② **선 기어의 증속** : 링 기어 고정하고 유성기어 캐리어를 구동한다.

③ **유성기어 캐리어의 감속** : 선 기어를 고정하고 링 기어를 구동하거나, 링 기어를 고정하고 선 기어를 구동한다.

④ **링 기어의 역전 감속 및 증속** : 유성기어 캐리어를 고정하고 선 기어를 구동하면 링 기어는 역전 감속한다. 그리고 선 기어의 역전 증속은 유성기어 캐리어를 고정하고 링 기어를 구동한다.

⑤ **직결** : 링 기어, 선 기어, 유성기어 캐리어 중에서 2개의 요소를 동시에 고정시키고 구동하면 입력축과 출력축이 직결된다.

(2) 유성기어의 종류

① **단순 유성기어(single planetary gear)형식** : 선 기어와 링 기어 사이에 1개의 유성기어(유성 피니언)로 구성된 싱글 피니언 형식(single pinion type)과 2개의 유성기어로 구성된 더블 피니언 형식(double pinion type)이 있다.

② **복합 유성기어(compound planetary gear)**

㉮ **심프슨(Simpson)형식** : 싱글 피니언만으로 구성되어 있고 선 기어를 공동으로 사용한다. 유성기어 캐리어를 같은 간격으로 3개의 피니언에 조립하며 비분해 형식이다. 앞 유성기어 캐리어에는 출력축 기어가 결합되고, 공전기어와 링 기어가 조립되어 이 3개의 기어가 일체로 회전한다.

그리고 피니언의 안쪽에는 선 기어, 바깥쪽에는 뒤 클러치 드럼의 내접기어가 조립되며, 뒤 유성기어 캐리어에는 원웨이 클러치 인너 레이스(one way clutch inner race)가 결합되고 저속 & 후진 브레이크 구동판이 결합되어 있어 저속 & 후진 브레이크의 구동판이 일체로 되어 회전한다. 또 피니언 안쪽에는 선 기어, 바깥쪽에는 구동 허브의 내접기어가 조립된다.

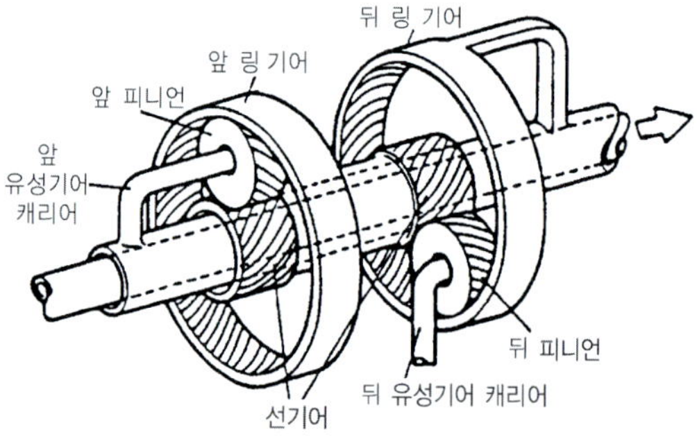

심프슨 형식 유성기어의 구성

㉯ **라비뇨(Ravigneaux)형식** : 싱글 피니언과 더블 피니언을 조합한 것이며, 롱 피니언(long pinion)을 공용으로 사용한다.

구성은 내접기어(internal gear), 라지 선 기어(large sun gear), 스몰 선 기어(small sun gear), 숏 피니언(short pinion), 유성기어 캐리어로 되어 있다.

일반적으로 스몰 선 기어, 라지 선 기어, 유성기어 캐리어를 입력으로, 링 기어를 출력으로 사용한다.

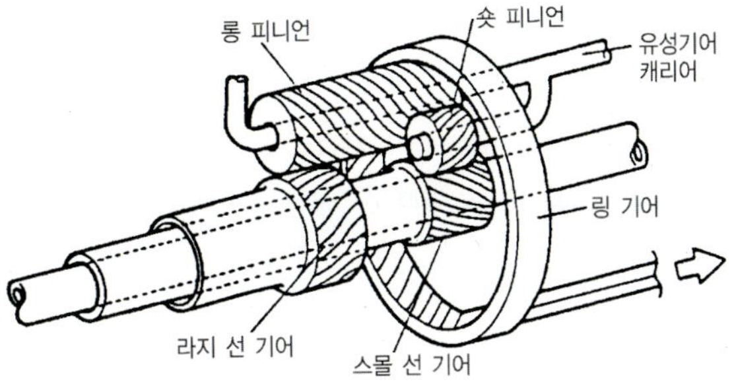

라비뇨 형식 유성기어의 구성

3. 자동변속기의 제어요소

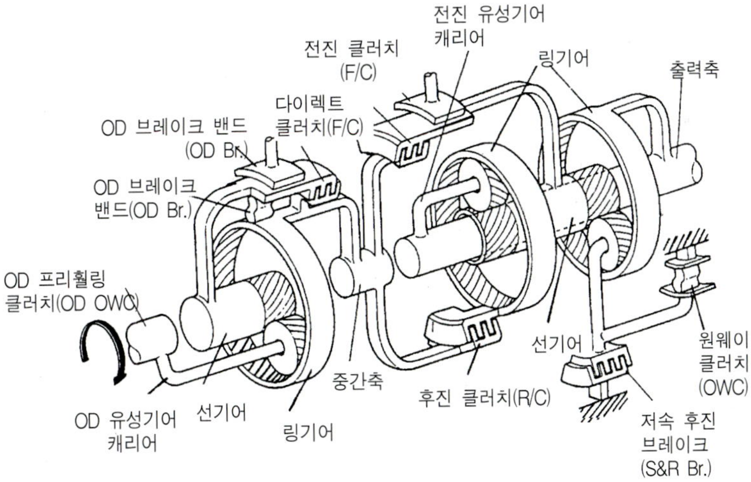

자동변속기 제어요소

[1] 엔드 클러치(end clutch)

엔드 클러치는 제3속 및 오버 드라이브로 주행할 때 구동력을 유성기어 캐리어로 전달한다.

[2] 앞 클러치(front clutch)

앞 클러치는 제3속 및 후진에서 구동력을 후진 선 기어(reverse sun gear)로 동력을 전달한다.

[3] 뒤 클러치(rear clutch)

뒤 클러치는 제1~3속에서 구동력을 전진 선 기어(forward sun gear)로 전달한다.

[4] 저속 및 후진 브레이크(Low & reverse brake)

저속 및 후진 브레이크는 L 레인지의 제1속 및 후진에서 유성기어 캐리어를 고정한다.

[5] 킥다운 브레이크(kick down brake)

킥다운 브레이크는 제2속 및 오버 드라이브로 주행할 때 킥다운 브레이크 드럼을 고정하여 유성 기어 장치의 선 기어를 고정한다.

【참고】

킥다운(kick down) : 가속페달을 전(全)스로틀 부근까지 밟는 것에 의하여 강제로 시프트다운(하향 변속)되는 현상

[6] 원웨이 클러치(일방향 클러치, 프리휠링 ; One way clutch or free wheeling)

원웨이 클러치는 D 레인지 또는 2속 레인지의 제1속으로 주행할 때 유성기어 캐리어의 역방향 회전력을 차단한다.

4. TCU(자동변속기용 컴퓨터)의 제어

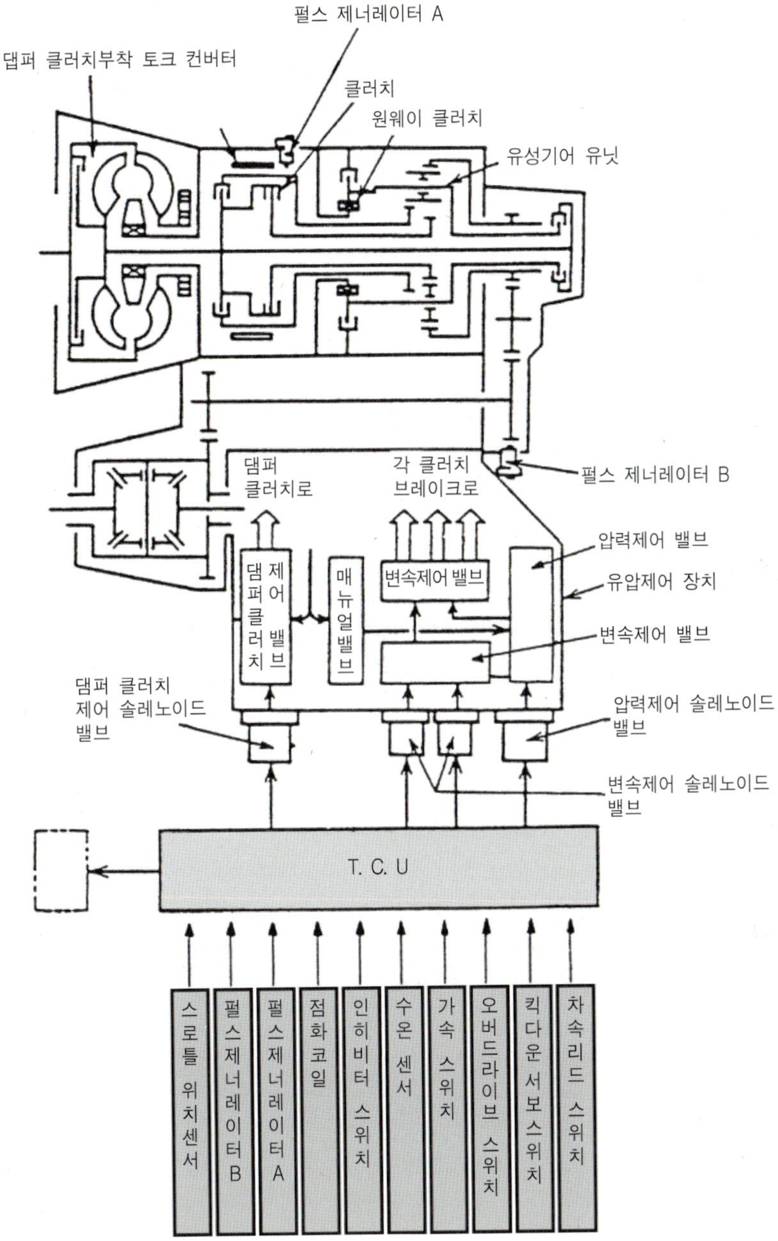

자동변속기의 전자제어장치 구성도

[1] 댐퍼 클러치 제어

(1) 댐퍼 클러치 제어방법

댐퍼 클러치제어 솔레노이드 밸브(DCCSV ; Damper Clutch Control Solenoid Valve)가 35Hz 이상에서 댐퍼 클러치를 작동시킨다.

(2) 댐퍼 클러치 제어용 센서

① **오일온도(유온) 센서** : 댐퍼 클러치의 해제영역을 판정하기 위하여 ATF(자동변속기 오일) 온도를 검출한다.

② **가속페달 스위치(Accelerator Switch)** : 댐퍼 클러치의 해제영역을 판정하기 위하여 가속 페달 스위치의 ON, OFF를 검출한다.

③ **스로틀 위치 센서(Throttle Position Sensor)** : 댐퍼 클러치의 작동영역을 판정하기 위하여 스로틀 밸브의 열림 정도를 검출한다.

④ **에어컨 릴레이(Air con relay)** : 스로틀 밸브 열림 정도의 보정을 위하여 에어컨 릴레이의 ON, OFF를 검출한다.

⑤ **점화 펄스(Ignition pulse)** : 스로틀 밸브의 열림 정도를 보정하고 댐퍼 클러치의 작동영역을 판정하기 위해서 기관의 회전속도를 검출한다.

⑥ **펄스 제너레이터 B (Pulse Generator B)** : 댐퍼 클러치의 작동영역을 판정하기 위해서 트랜스퍼 구동기어의 회전속도를 검출한다.

[2] 변속패턴의 제어(Shift Pattern Control)

(1) 변속패턴 제어방법

변속패턴 제어는 각 센서에서 입력된 신호를 연산하여 변속제어 솔레노이드 밸브(SCSV ; Shift Control Solenoid Valve)를 제어한다.

(2) 변속패턴 제어용 센서

① **인히비터 스위치(inhibitor switch)** : 변속패턴의 선택을 위해 변속레버의 위치를 검출한다. 인히비터 스위치는 변속레버의 위치가 P와 N 레인지에서만 기관시동이 가능하도록 하고, 다른 레인지에서는 기관의 시동이 되지 않도록 하는 스위치이며, 변속레버를 후진위치로 하면 후퇴등을 점등시킨다.

② **펄스제너레이터 B** : 변속패턴에 따른 변속단계로 하기 위해서 트랜스퍼 구동기어의 회전속도를 검출한다.

③ **파워 · 이코노미 및 홀드스위치(Power Economy & Hold switch)** : 운전자의 의지에 의해서

주행조건에 가까운 변속특성을 얻기 위해서 파워 · 이코노미 및 홀드스위치의 ON, OFF를 검출한다.

④ **오버드라이브 스위치(Over drive switch)** : 운전자의 의지에 따라 오버드라이브 모드의 선택을 검출한다. 오버드라이브 스위치를 OFF로 하면 제3속까지 변속이 되고, ON으로 하면 제4속까지 변속이 된다.

⑤ **가속페달 스위치** : 크리프(creep) 영역을 판정하기 위하여 가속페달 스위치의 ON, OFF를 검출한다.

⑥ **오일온도(유온) 센서** : 냉간 상태에서의 변속패턴을 보정하기 위해서 ATF의 온도를 검출한다.

[3] 변속할 때의 유압제어

(1) 유압 제어방법

각 센서에서 입력된 신호를 연산하여 주행상태에 따른 변속시기를 결정하여 각각의 변속에 알맞은 유압특성을 얻도록 압력제어 솔레노이드 밸브(PCSV : Pressure Control Solenoid Valve)를 제어한다.

(2) 유압제어용 센서

① **펄스제너레이터 A(Pulse Generator A)** : 변속할 때 유압제어를 위하여 킥다운 드럼(kick down drum)의 회전속도를 검출한다.

② **파워 · 이코노미 및 홀드스위치(power · economy & hold switch)** : 운전자의 의지에 의해서 주행조건에 가까운 변속특성을 얻기 위해 파워 · 이코노미 및 홀드 스위치의 ON, OFF를 검출한다.

③ **킥다운 서보 스위치(Kick Down Servo switch)** : 변속할 때 유압제어 시간을 제어하기 위하여 킥다운 밴드가 작동하기 시작하는 시점을 검출한다.

④ **스로틀 위치 센서** : 변속패턴에 따른 변속제어 솔레노이드 밸브(SCSV)를 제어하기 위하여 스로틀 밸브의 열림 정도를 검출한다.

⑤ **에어컨 릴레이** : 스로틀 밸브 열림 정도의 보정을 위하여 에어컨 릴레이의 ON, OFF를 검출한다.

⑥ **점화펄스** : 스로틀 밸브의 열림 정도를 보정하기 위해 공전할 때 기관의 회전속도를 검출한다.

[4] 유압제어밸브

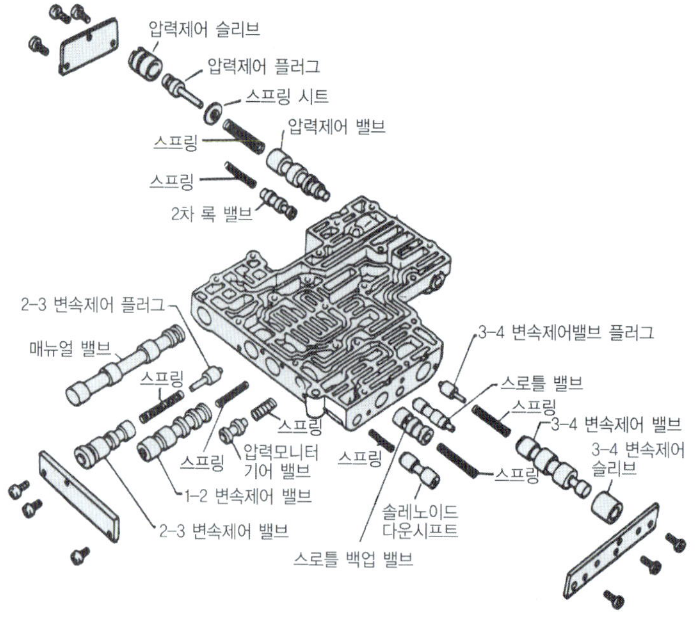

(a) 위 밸브 보디

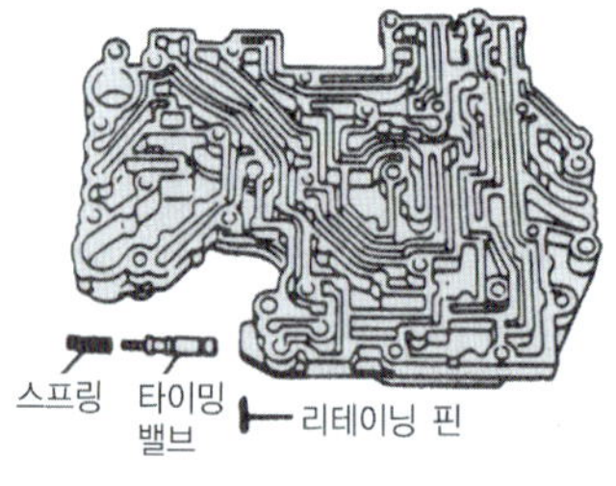

(b) 아래 밸브 보디

밸브보디의 구조

(1) 레귤레이터 밸브(Regulator valve)

레귤레이터 밸브는 위 밸브보디에 설치되며, 오일펌프에서 발생된 유압을 라인압력으로 조절한다. 라인압력은 스로틀 밸브를 완전히 열고 기관 회전속도를 2,500rpm으로 하였을 때 제4속 자동변속기는 8.6~9.0 kgf/cm² 정도이다.

(2) 토크컨버터 제어밸브(TCCV, torque converter control valve)

토크컨버터 제어밸브는 위 밸브보디에 설치되며, 오일을 토크컨버터 및 각 윤활부분으로 공급하기 위한 압력으로 조절한다.

(3) 댐퍼 클러치 제어밸브(DCCV, damper clutch control valve)

댐퍼 클러치 제어밸브는 아래 밸브보디에 설치되며, 유압을 댐퍼 클러치의 작동 쪽과 해제 쪽에 공급한다.

(4) 댐퍼 클러치 제어 솔레노이드 밸브(DCCSV, damper clutch control solenoid valve)

댐퍼 클러치 제어 솔레노이드 밸브는 아래 밸브보디에 설치되며, TCU의 전기적인 듀티 신호를 유압으로 변환시켜 댐퍼 클러치를 작동 또는 해제시키는 댐퍼 클러치 제어밸브로 공급 또는 차단한다.

(5) 리듀싱 밸브(Reducing valve ; 감압 밸브)

리듀싱 밸브는 아래 밸브보디에 설치되며, 라인압력을 근원으로 하여 항상 라인압력보다 낮은 압력으로 조절한다. 또 압력제어 솔레노이드 밸브(PCSV), 댐퍼 클러치 솔레노이드 밸브(DCCSV)로부터 제어압력을 만들어 압력제어 밸브(PCV)와 댐퍼 클러치 제어밸브(DCCV)를 작동시킨다.

(6) 매뉴얼 밸브(manual valve)

매뉴얼 밸브는 아래 밸브보디에 설치되며, 변속레버의 조작에 의해 각 레인지의 유압회로를 변환시켜 라인압력을 공급하거나 배출시킨다. 즉, 변속레버의 움직임에 따라 P, R, N, D, 2, L 등 각 레인지로 변환하여 유압회로를 변경시킨다.

(7) 변속제어 밸브(SCV, shaft control valve)

변속제어 밸브는 위 밸브보디에 설치되며, 변속제어 솔레노이드 밸브(SCSV) A & B에 의해서 조절되는 라인압력에 의해서 각 변속단계에 맞는 위치로 이동되어 유압을 공급한다. 즉, 유성기어를 자동차의 주행속도나 기관의 부하에 따라 변환시킨다.

(8) 변속제어 솔레노이드 밸브 A & B(SCSV A & B, shaft control solenoid valve)

변속제어 솔레노이드 밸브는 TCU의 제어신호에 의해 ON, OFF되며, 변속제어 밸브(SCV)에 작용하는 라인압력을 조절한다. 즉, 변속제어 밸브를 각 변속단계에 알맞은 위치로 이동시켜 유압회로를 변환한다.

(9) 압력제어 밸브(PCV, pressure control valve)

압력제어 밸브는 위 밸브보디에 설치되며, 기관이 작동될 때에는 토크컨버터로 오일을 보내고 기관의 작동이 정지되면 토크컨버터로 오일이 역류하는 것을 방지한다.

(10) 압력제어 솔레노이드 밸브(PCSV, pressure control solenoid valve)

압력제어 솔레노이드 밸브는 밸브보디에 설치되며 TCU의 듀티 신호(35Hz)를 유압으로 변환시킨다. 또 각 작동요소를 제어하는 압력조절 밸브로 유압을 공급하거나 차단한다.

(11) N - R 제어밸브(N-R control valve)

N-R 제어밸브는 위 밸브보디에 설치되며, 변속레버를 “N” 레인지에서 “R”(또는 “P”에서 “R”) 레인지로 변환할 때 충격을 방지한다. 또 저속 & 후진 브레이크에 작용하는 유압을 제어한다.

(12) 1 - 2속 변속밸브(1-2 shift valve)

1-2속 변속밸브는 위 밸브보디에 설치되며, 변속제어 밸브에서 제어된 라인압력으로 작동한다. 또 제1속에서 제2속으로 시프트 업(shift-up)에서는 라인압력의 흐름을 제어하고, 후진에서 저속 & 후진 브레이크의 유압회로를 제어한다.

(13) 2 - 3속 및 3 - 4속 변속밸브

2-3속 및 3-4속 변속밸브는 위 밸브보디에 설치되며, 프런트 클러치, 리어 클러치, 킥다운 서보의 해제 쪽에 작용하는 유압을 조절한다.

(14) N - D제어밸브(N-D control valve)

N-D제어밸브는 위 밸브보디에 설치되며, 변속레버를 “N” 레인지에서 “D” 레인지로 변환할 때 충격을 방지한다. 또 “D” 레인지로 변환할 때에만 압력제어 밸브에서 제어된 유압을 리어 클러치에 공급하며, “D” 레인지로 변속된 후에는 라인압력이 리어 클러치에 공급된다.

(15) 엔드 클러치 밸브(End clutch valve)

엔드 클러치 밸브는 아래 밸브보디에 설치되며 엔드 클러치에 공급되는 라인압력의 공급 시기를 제어한다.

(16) 리어 클러치 유압배출 밸브

리어 클러치 유압배출 밸브는 위 밸브보디에 설치되며, 제3속에서 제4속으로 시프트 업(shift up)을 할 때는 리어 클러치에 작동하는 유압을 배출한다. 또 제4속에서 제3속으로 시프트다운(shift down)을 할 때는 리어 클러치에 공급되는 유압의 공급시간을 제어하여 충격 발생을 방지한다.

(17) 스로틀 밸브(throttle valve)

스로틀 밸브의 열림 정도에 따라 라인압력을 스로틀 압력으로 변환시키며, 스로틀 압력은 레귤레이터 밸브로 유도되어 라인압력을 조절한다.

(18) 킥다운 밸브(kick down valve)

킥다운 밸브는 기관의 스로틀 밸브 축에 연결되어 스로틀 밸브의 열림 정도에 따라서 연동되어 작동한다. 또 킥다운 될 때 라인압력을 각 변속제어 밸브에 공급하여 변속시점을 지연시킨다.

5. ATF(Automatic Transmission Fluid ; 자동변속기 오일)

[1] ATF의 기능

① 토크컨버터의 작동유체로서 변속기로 동력을 전달한다.

② 기어, 베어링 등에 윤활을 한다.

③ 클러치 및 브레이크 밴드의 작동유 역할과 윤활을 한다.

④ 유압장치의 작동유로 작용한다.

[2] ATF의 구비조건

① 고착 방지성능 및 내모성이 있을 것

② 점도지수가 높고, 청정성이 있을 것

③ 기포가 발생되지 않을 것

④ 산화 안정성(방청성)이 있을 것

⑤ 실(seal) 및 냉각계통의 재질에 안정성이 있을 것

⑥ 유성이 좋고, 점도가 낮을 것

⑦ 비점이 높고, 비중이 클 것

⑧ 융점은 낮고, 착화점이 높을 것

⑨ 윤활성과 내산성이 클 것

4-4 무단변속기 유압 및 제어장치

1. 무단변속기(CVT)의 특징

① 벨트를 이용해 변속이 이루어지므로 동력성능이 향상되며, 변속충격이 적다.

② 변속패턴에 따라 운전하여 연료소비율이 향상된다.

③ 운전 중 용이하게 감속비를 변화시킬 수 있다.

④ 동력전달 장치 통합제어의 기초가 된다.

⑤ 큰 동력을 전달할 수 없다

2. 무단변속기의 구조

[1] 토크컨버터(torque converter)

토크컨버터는 기관의 동력을 변속기로 전달하는 유체 동역학적 동력전달장치이다.

[2] 오일펌프(oil pump)

오일펌프는 토크컨버터 뒤나 변속기 케이스의 맨 뒤쪽에 설치되며, 배출압력은 유압제어 장치와 연결되어 있어 기관 회전속도와 관계없이 일정하게 유지된다.

[3] 전진 및 후진장치

전진 및 후진 클러치는 가변풀리와 벨트에 의해 결정되므로 별도의 변속장치가 필요 없다. 그러나 후진을 하여야 하기 때문에 후진을 위한 별도의 전·후진장치가 필요하며 유성기어를 사용한다.

[4] 가변 풀리

가변 풀리는 변속비율이 제어되는 부분은 풀리이다. 즉, 지름이 다른 2개의 풀리가 벨트를 통해 서로 연결되어 있으며, 각 풀리에는 벨트가 설치되어 지름을 변경할 수 있도록 되어 있다.

4-5 스마트 크루즈 제어장치

1. 스마트 크루즈 제어장치의 개요

스마트 크루즈 제어장치(smart cruise control system)는 조향핸들의 오른쪽 아래에 있는 "CRUISE" 스위치에 의해 작동 대기상태가 된다. 운전자가 설정한 주행속도와 차간거리를 유지하면서 주행하는 장치이다.

이 장치는 정속주행을 할 수 있고 스위치의 작동을 통해 설정속도를 높이거나 낮출 수 있다. 즉 정상주행 조건에서 설정된 속도를 유지하는 주행속도 조정 장치이다. 정속주행 중에 브레이크 페달을 밟거나 변속레버를 변속하면 정속주행은 자동 해제된다.

구성부품은 크루즈 제어 스위치, 트랜스 액슬(trans axle) 레인지 스위치, 브레이크 스위치, 주차 브레이크 스위치, 차속 센서, 컴퓨터, 전자 스로틀 제어(ETC, electronic throttle control) 전동기, ABS(anti lock brake system)/VDC(vehicle dynamic control) ECU(제

어유닛) 등이다. 트랜스 액슬 레인지 스위치와 브레이크 스위치는 크루즈 제어장치의 해제 신호를 보낸다.

크루즈 제어장치는 최저속도 40km/h 이하에서는 장치 동작을 방지하는 최저속도 한계 값을 지니고 있으며, 또 최고속도 180km/h 이상에서도 장치의 동작을 방지하는 최고속도 한계 값을 가지고 있다. 크루즈 제어장치의 작동은 조향핸들에 위치한 크루즈 제어 스위치의 조정에 따라 제어된다.

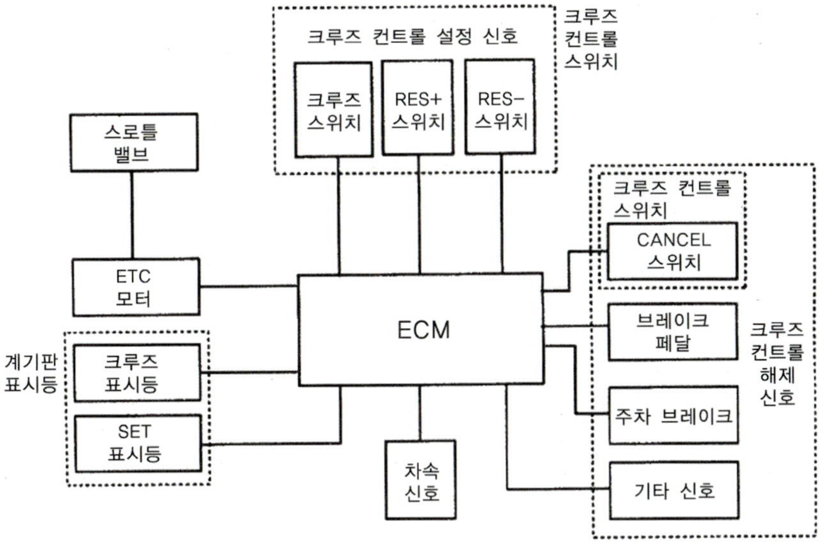

스마트 크루즈 제어장치의 구성

2. 스마트 크루즈 제어장치의 스위치

[1] 크루즈(CRUISE) 스위치

크루즈 제어장치의 메인 스위치이며, ON, OFF 할 수 있다. ON 상태에서는 계기판에 “CRUISE”가 점등된다.

[2] 세트(SET) 스위치

(1) 스마트 크루즈 제어장치의 설정

SET 스위치 레버를 내려서 크루즈 제어장치를 설정한 순간의 계기판이 가리키는 속도가 설정속도가 된다.

(2) 설정속도 감소

크루즈 제어장치가 설정된 상태에서 "SET" 스위치 레버를 내리면 설정속도가 감소한다.

(3) 설정속도 감소 스위치 조작방법

"SET" 스위치 레버를 짧게 내리면 설정속도가 1km/h씩 감소되고, 길게 내리면 설정속도가 10의 배수로 감소된다. 또 운전자가 가속페달을 밟아서 차량 주행속도가 SET 속도보다 높으면 그때의 주행속도가 SET 속도가 된다.

[3] 리셋(RES) 스위치

(1) 스마트 크루즈 제어장치의 재설정

크루즈 제어장치 자동해제 조건에 의해 해제된 경우 RES 스위치 레버를 올리면 해제되기 전의 설정속도로 다시 설정할 수 있다.

(2) 설정속도 증가

크루즈 제어장치가 설정된 상태에서 "RES" 스위치 레버를 올리면 설정속도가 증가한다.

(3) 설정속도 증가 스위치 조작방법

RES 스위치 레버를 짧게 올리면 설정속도가 1km/h씩 증가하며, 길게 올리면 설정속도가 10의 배수로 증가한다.

[4] 캔슬(CANCEL) 스위치

크루즈 제어장치가 설정된 상태에서 CANCEL 스위치 레버를 내리면 설정이 해제된다.

[5] 거리단계 설정 스위치

(1) 목표거리 단계변경

스마트 크루즈 제어 차량이 전방 차량과 유지하는 거리를 운전자가 조절하는 기능이다. 거리설정은 초기 값이 4단계로 되어 있으며 운전자가 변경할 수 있다.

(예) 4단→3단→2단→1단→4단

(2) 목표거리 조절기능

목표거리 단계에 따라 유지하는 거리는 절대거리가 아니라 전방 차량의 주행속도에 따른 상대거리를 유지하게 된다. 스마트 크루즈 제어 차량이 전방 차량과 거리를 유지할 때 전방 차량과 동일한 주행속도로 주행하면서 거리를 일정하게 유지하는 기능이다.

전방 차량과 추종속도가 90km/h이면 4단계에서 약 52.5m, 3단계에서 약 40m, 2단계에서 약 30m, 1단계에서 약 25m의 차간거리를 유지하며 전방 차량을 따라간다.

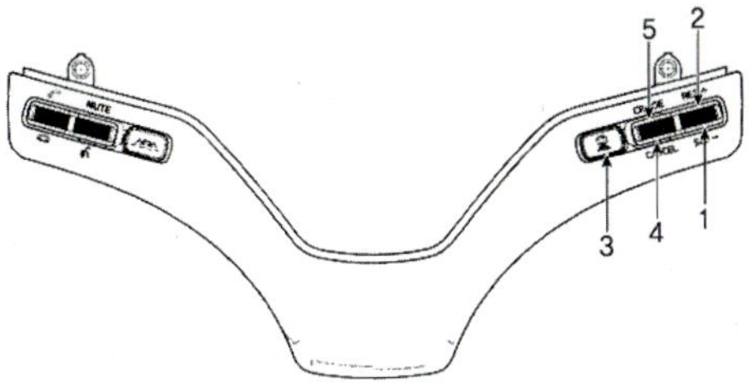

1. SET 스위치
2. RES 스위치
3. SCC 스위치
4. CANCEL 스위치
5. CRUISE 스위치

스마트 크루즈 제어 스위치

3. 스위치를 이용한 주행속도 설정방법

① "CRUISE" 스위치 레버를 위로 올리면 계기판에 "CRUISE" 표시등이 점등된다.

② 운전자가 원하는 주행속도까지 가속페달을 밟는다. 다만, 40km/h 이상 180km/h 이하에서만 설정이 가능하다.

③ 원하는 주행속도에 도달하면 "SET" 스위치 레버를 아래로 내리면 계기판에 "SET" 표시등이 점등된다.

④ 설정한 주행속도가 유지되며, 이때 가속페달에서 밟을 뗀다.

⑤ 설정한 주행속도를 유지하며, 주행을 한다.

⑥ 전방에 다른 차량이 있을 경우 거리 유지를 위한 주행속도가 줄어들 수 있다.

4. 스마트 크루즈 제어장치를 사용할 때 주의사항

① 주변차량이나 도로사정에 의하여 전방 차량을 감지함에 있어 오차가 발생할 수 있다.

② 커브길이나 또는 오르막이나 내리막길에서는 같은 차로에 있는 차량을 인식하지 못해 설정 주행속도까지 급하게 가속되거나 갑자기 인식하여 급하게 감속될 수 있다. 따라서 커브길이나 오르막 및 내리막길에서는 적절한 설정속도를 선택하고 필요한 경우에는 브레이크 페달을 밟아 주행속도를 조절하여야 한다.

③ 다른 차로에 있는 차량이 감지되어 주행속도에 영향을 줄 수 있으므로 필요한 경우에는 주행속도를 조정하여야 한다. 이런 경우에는 주위의 교통상황을 확인한 후 가속페달을 밟아 불필요한 감속을 방지할 수 있다.

④ 차로를 변경할 때

㉮ 옆 차로의 차량이 같은 차로로 차선을 변경할 때 센서의 감지범위 안으로 들어올 때까지 전방차량을 인식하지 못할 수 있다.

㉯ 갑자기 끼어드는 차량은 센서가 늦게 인식할 수 있으므로 주의를 기울여야 한다.

㉰ 같은 차로로 진입한 차량의 주행속도가 운전자의 차량 주행속도보다 느릴 경우에는 주행속도를 감속시켜 차간거리를 유지한다.

㉱ 같은 차로로 진입한 차량의 주행속도가 운전자의 차량 주행속도보다 빠를 경우에는 일정기리 이내에 있다고 하더라도 계속 정속주행을 하게 된다.

⑤ 차량 인식 : 같은 차로에 있다고 하더라도 센서의 감지범위를 벗어나 있는 다음과 같은 차량은 인식하지 못할 수 있다.

㉮ 오토바이, 자전거, 경운기 등의 소형 차량

㉯ 한쪽으로 치우쳐 주행하는 차량

㉰ 주행속도가 매우 낮은 차량이나 급격하게 감속하는 차량

㉱ 정치한 차량

㉲ 후면부분이 작은 차량(화물을 싣지 않은 트레일러 등)

⑥ 주행속도를 직접 조절하여야 하는 경우

다음과 같은 상황에서는 선행 차량을 정확하게 인식하지 못할 수 있으므로 필요한 경우 주행속도를 직접 조절한다.

㉮ 트렁크에 과도하게 짐을 실어 차량이 앞쪽이 들려있는 경우

㉯ 조향핸들을 조작중일 경우

㉰ 차로의 한쪽으로 주행할 경우

㉱ 차로 폭이 좁거나 굴곡이 심한 도로를 주행할 경우

⑦ 스마트 크루즈 제어를 사용하지 않을 때에는 반드시 OFF 시켜 오조작으로 인하여 주행속도가 설정되는 것을 방지한다. OFF 시켰을 경우에는 계기판의 “CRUISE” 표시등이 소등되었는지를 확인한다.

⑧ 주행속도를 설정할 때에는 법규로 정해진 규정 속도이내로 설정한다.

⑨ 스마트 크루즈 제어는 주행이 원활한 도로에서만 사용한다. 아래의 상황에서는 사용하지 않도록 한다.

㉮ 고속도로 인터체인지, 톨게이트 부근

㉯ 지하철 공사현장, 주차장

㉰ 차선근접 가드레일

㉱ 비 · 눈 및 얼음 등으로 미끄러운 도로

㉲ 급커브길

㉳ 경사가 급한 오르막길이나 내리막길

㉴ 기상상태가 좋지 않거나 시야확보가 어려운 경우(안개, 눈, 비, 모래바람 등)

㉵ 바람이 많이 부는 도로

㉶ 경고음이 빈번하게 발생하는 도로

⑩ 예기치 못한 상황이 발생하였을 때 사고의 위험이 있으므로 도로 및 주행상태에 지속적으로 주의를 기울인다.

⑪ 비상상황 발생으로 차량을 정지시켜야 할 경우에는 반드시 브레이크를 사용한다.

⑫ 차량의 주행속도와 도로조건 등에 따라 안전거리를 유지한다. 고속으로 주행할 때 차간거리가 가깝게 설정할 경우 매우 위험하다.

⑬ 전방에 정차된 차량이나 보행자, 마주 오는 차량 등에 대해서는 차량이 이에 대처할 수 없으므로 항상 전방을 주시하여 예기치 못한 상황에 대처할 수 있도록 주의를 기울인다.

⑭ 스마트 크루즈 제어는 운전자를 위한 편의장치이므로 차량의 통제에 대해서는 운전자 스스로의 판단에 의해 이루어져야 한다. 스마트 크루즈 제어에만 의존할 경우 사고의 위험이 있다.

⑮ 전방의 차량이 차로를 자주 변경할 경우 운전자 차량의 반응속도가 느려질 수 있다. 전방을 주시하여 위험한 상황에 대처할 수 있도록 주의를 기울인다.

⑯ 전방 차량을 감지하여 차간거리를 유지하는 중 보행자가 진입하면 위험상황이 발생할 수 있으므로 주의한다.

⑰ 교차로에서 전방 차량이 사라진 경우 가속할 수 있으므로 전방 차량 사라짐 경고가 발생할 때 전방상황을 고려하여 운전한다.

⑱ 정지유지 상태에서 전방 차량이 빠져 나가는 경우 정지 차량을 대상으로 선정하지 않아 재출발할 때 충돌위험이 있으므로 주의한다.

⑲ 차량높이가 높거나 적재물이 차량 후면으로 돌출되어 있는 차량을 따라갈 경우 위험상황이 발생할 수 있으므로 주의한다.

5. 스마트 크루즈 제어장치의 제어

[1] 정속주행

전방에 차량이 없으면 운전자가 설정한 주행속도로 정속주행을 한다.

[2] 감속제어

설정속도보다 주행속도가 느린 전방 차량이 감지되면 감속제어를 한다.

[3] 가속제어

전방의 차량이 사라지면 설정된 주행속도로 다시 가속되어 정속주행을 한다.

[4] 차간거리 제어

설정된 거리단계에 따라 전방 차량과 거리를 유지하며 전방 차량과 동일한 주행속도로 주행한다.

[5] 정체구간 제어

스마트 크루즈 제어 기능으로 일정거리를 유지하던 전반 차량이 정차를 하게 되면 전방 차량 뒤에 정차를 하고, 전방 차량이 출발을 하면 다시 거리를 유지하면서 따라간다. 다만, 정차 후 3초 이후에는 가속페달을 발거나 "RES/+" 버튼을 누르면 재출발한다.

[6] 커브 길에서의 기능 및 성능

① 센서가 차량을 인식하는 각도는 제한적이므로 전방 차량을 인식하지 못하는 경우나 옆 차로의 차량을 인식하는 경우가 발생할 수 있다.

② 스마트 크루즈 제어 차량은 커브에서 빠른 속도로 설정되어 있으면 차량이 옆으로 밀리는 경우가 발생하므로 커브 길에서는 전방에 차량이 없더라도 주행속도가 줄어든다. 이때는 브레이크 제어는 하지 않는다.

③ 직선 도로에서 전방 차량을 따라가다가 전방 차량이 커브에 진입하면 스마트 크루즈 제어 차량은 목표 주행속도를 따라가기 위해 가속할 수 있다.

④ 커브 길에서 전방 차량을 추종 제어하다가 전방 차량이 사라지면 설정 주행속도로 가속하지 않고 전방 차량을 따라가던 주행속도를 유지한다. 그 이유는 가속을 하여 거리가 가까워지면 다시 감속을 하는 등 반복적인 가·감속을 방지하기 위함이다. 이런 경우도 스마트 크루즈 제어 차량이 차로를 바꾸거나 운전자가 가속페달을 밟으면 가속을 한다.

[7] 경고기능

전방의 차량이 감속이나 끼어들기 등으로 인해 스마트 크루즈 제어 차량이 감속할 경우 운전자에게 경고를 하는 기능이다.

① 스마트 크루즈 제어 차량이 장치 내에서 충분히 감속하는 경우에는 경보를 하지 않는다.

② 스마트 크루즈 제어 차량의 장치 내에서 감속이 불충분하여 운전자의 감속이 필요한 경우에는 계기판 내 표시부분 점멸 및 부저 경고음이 발생하며, 브레이크 페달을 밟을 때까지 경보 및 감속을 유지한다.

③ 30km/h 이하에서 전방 차량과의 거리제어 중 전방 차량이 옆 차로로 사라지면 경고음이 울리면서 계기판에 경고화면이 나타난다. 새롭게 나타난 정차차량이나 물체가 있으면 충돌할 수 있으니 직접 주행속도를 조절한다.

[8] 운전자 가속기능

스마트 크루즈 제어장치가 감속제어 중이라도 운전자가 가속페달을 밟으면 차량은 가속된다. 가속을 하면 설정한 주행속도보다 빠르게 주행할 수 있으므로 표시부분이 점멸한다.

[9] 스마트 크루즈 제어 동작조건

① 주행속도가 0~180km/h 범위(다만, 30km/h 미만에서는 전방 차량이 있을 경우에만 작동하여 차간거리 제어를 수행한다.

② 변속기어 D단 또는 스포츠 모드

③ VDC(vehicle dynamic control, 자세제어 장치) OFF 스위치 OFF

④ 주차 브레이크 해제

⑤ CRUISE 스위치 ON(CRUISE 점등)

위 상태에서 "SET-"나 "RES/+" 스위치로 장치를 동작시킨다.

[10] 스마트 크루즈 제어 해제조건

① ON/OFF 스위치 및 CANCEL 스위치 ON

② 브레이크 페달을 밟았을 때

③ 운전석 도어가 열리는 경우

④ 차량의 주행속도가 180km/h 이상으로 가속된 경우

⑤ 급경사에서 정차할 경우

⑥ 스마트 크루즈 제어의 정차동작이 5분 이상 계속되거나 정차 및 주행이 장시간 반복될 경우

⑦ 스마트 크루즈 제어 정차동작 중 전방 차량이 원거리에 정차한 후 운전자 차량의 스마트 크루즈 제어 재출발 시도가 있을 경우

⑧ 변속기어 N, R, P 단

⑨ VDC/TCS(Traction Control System)/ABS(Anti lock Brake System) 동작(경고음, 계기판 문구)

⑩ 가속페달을 60초 이상 지속적으로 밟을 경우

⑪ VDC OFF 스위치 ON(VDC OFF 점등)

⑫ 주차 브레이크 동작

⑬ 장치가 고장 났거나(경고등 점등), 커버에 이상이 있는 경우(경고등 점등)

⑭ 센서 커버가 심하게 오염된 경우

[11] 크루즈 제어 기능

운전자의 조작에 의하여 차간거리를 유지하지 않고 일정한 주행속도만 유지하는 크루즈 제어 기능을 이용할 수 있다. 스마트 크루즈 제어를 사용하고 있지 않은 상태에서(크루즈 표시등이 들어온 상태) 차간거리 조작 스위치를 2초 이상 길게 누르면 크루즈 제어 기능 또는 스마트 크루즈 제어 기능을 선택할 수 있다. 크루즈 제어 기능을 사용할 때 운전자가 적절하게 브레이크 조작을 하지 않으면 전방 차량과 추돌할 수 있다.

6. ETC(Electronic Throttle Control) 전동기

스로틀 밸브를 전자적으로 제어하는 장치이며, ETC 전동기, 스로틀 밸브 및 스로틀 위치 센서로 구성된다. 가속페달과 연결된 케이블로 스로틀 밸브를 제어하는 기존의 스로틀 장치와는 달리 전자 가속페달 모듈에 설치된 가속페달 위치 센서 신호에 따라 컴퓨터가 ETC 전동기를 작동시켜 스로틀 밸브의 개폐를 제어한다.

4-6 드라이브라인 및 동력배분장치

1. 드라이브 라인(drive line)

드라이브 라인은 앞 기관 뒷바퀴 구동(FR)차량에서 변속기의 출력을 종감속 기어로 전달하는 부분이며 슬립이음, 자재이음, 추진축 등으로 구성된다.

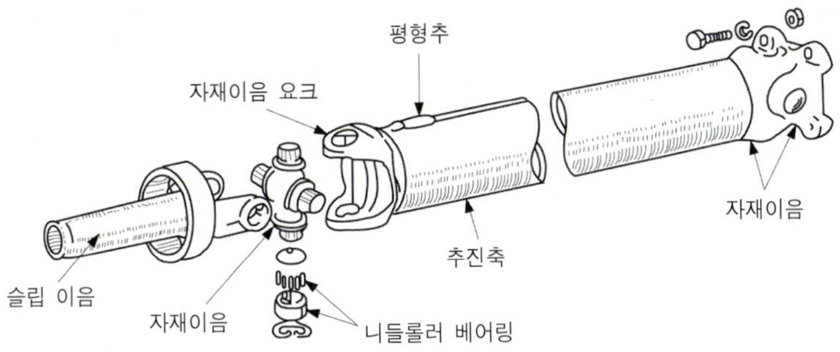

드라이브 라인의 구성

[1] 슬립이음(slip joint)

슬립이음은 변속기 주축 뒤끝에 스플라인을 통하여 설치되며, 뒷차축의 상하운동에 따라 변속기와 종감속 기어사이에서 길이변화를 수반하게 되는데 이때 추진축의 길이변화를 가능하도록 한다.

[2] 자재이음(universal joint)

자재이음은 변속기와 종감속 기어사이의 구동각도 변화를 주는 장치이며, 종류에는 십자형 자재이음, 플렉시블 이음, 볼 엔드 트러니언 자재이음, 등속도 자재이음 등이 있다.

(1) 십자형 자재이음(훅 조인트)

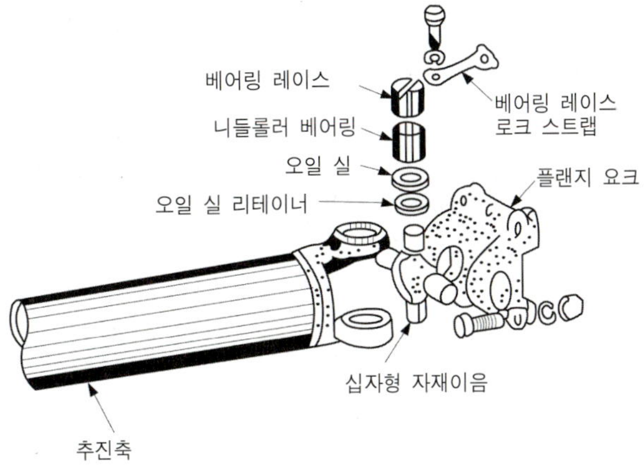

십자형 자재이음의 구조

중심부분의 십자축과 2개의 요크(yoke)로 구성되며 십자축과 요크는 니들롤러 베어링(needle roller bearing)을 사이에 두고 연결된다. 그리고 십자형 자재이음은 변속기 주축이 1회전하면 추진축도 1회전하지만 그 요크의 각속도는 변속기 주축이 등속도(等速度)회전하여도 추진축은 90° 마다 변동하여 진동을 일으킨다.

이 진동을 감소시키려면 각도를 12~18° 이하로 하여야 하며 추진축의 앞 · 뒤에 자재이음을 두어 회전속도 변화를 상쇄시켜야 한다.

(2) 플렉시블 이음(flexible joint)

3가닥의 요크사이에 가죽이나 경질고무로 만든 커플링(coupling)을 끼우고 볼트로 조인 것이다. 플렉시블 이음은 마찰부분이 없어 주유가 필요 없으며 작동이 정숙하다. 그러나 구동축과 피동축의 경사각이 3~5° 이상 되면 진동을 일으키기 쉬워 동력전달효율이 저하한다.

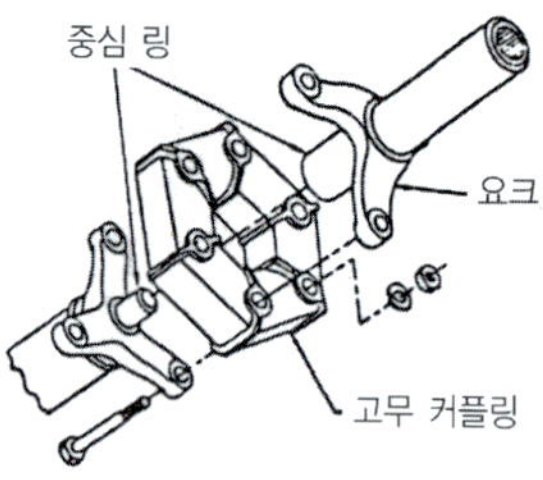

플렉시블 이음

(3) 등속도 자재이음(CV joint)

일반적인 자재이음에서는 동력전달 각도 때문에 추진축의 회전 각속도가 일정하지 않아 진동을 수반하는데 이 진동을 방지하기 위해 개발된 것이다.

부등속 자재이음 즉, 십자형 자재이음에서는 십자축이 회전과 동시에 요동운동을 하며, 또 피동축에 대한 유효 반지름이 변화하므로 부등속이 발생한다.

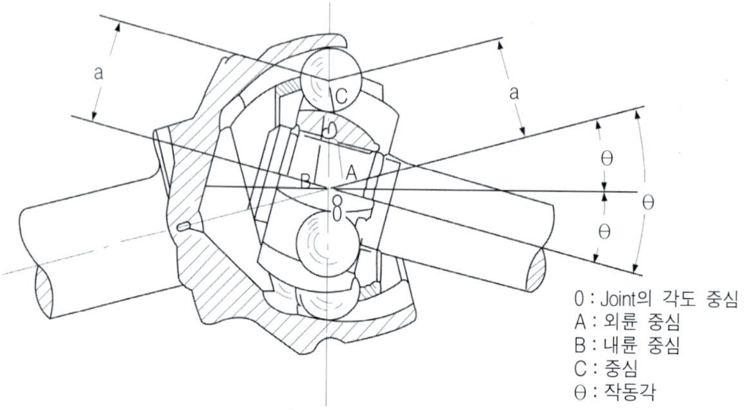

등속도 자재이음의 등속성

그러나 등속도 자재이음(Constant Velocity universal joint)은 구동축과 피동축의 접촉점이 항상 굴절각도의 2등분선 상에 위치하므로 등속도 회전을 할 수 있다. 등속도 자재이음은 드라이브 라인의 각도변화가 큰 경우에 사용하며, 동력전달효율은 높으나 구조가 복잡하다. 등속도 자재이음은 주로 앞바퀴 구동방식(FF)차량의 앞 차축에서 사용된다.

종류에는 버필드 자재이음, 트리포드 자재이음, 더블 오프셋 자재이음 등이 있다.

① **버필드 자재이음(birfiled joint type)** : 인너 레이스(inner race), 아웃터 레이스(outer race), 볼(steel ball) 및 볼 케이지(ball cage)로 구성된다. 인너 레이스는 바깥쪽이 둥글게 되어 있으며 그 위에 같은 간격으로 6개의 안내 홈을 가지고 있다. 아웃터 레이스는 안쪽이 둥글게 되어 있고 그 위에 인너 레이스 홈에 대응하는 위치에 6개의 안내 홈이 있으며 이들의 홈에 6개의 볼이 들어 있다.

특히, 축 방향의 전위(轉位)가 불가능한 형식은 굴절각도가 47°까지 가능하며, 축 방향 전위가 가능한 형식에서는 축 방향의 길이변화가 가능한 대신 굴절각도는 20°로 제한된다. 주로 앞바퀴 구동방식 차량에서 구동축의 바깥쪽 자재이음으로 사용된다.

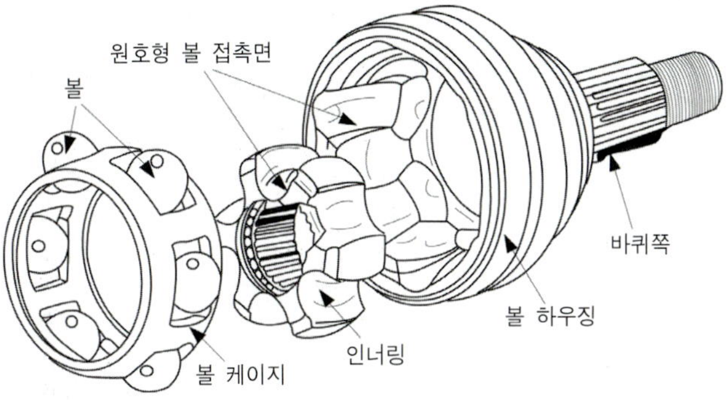

버필드형 자재이음의 구조

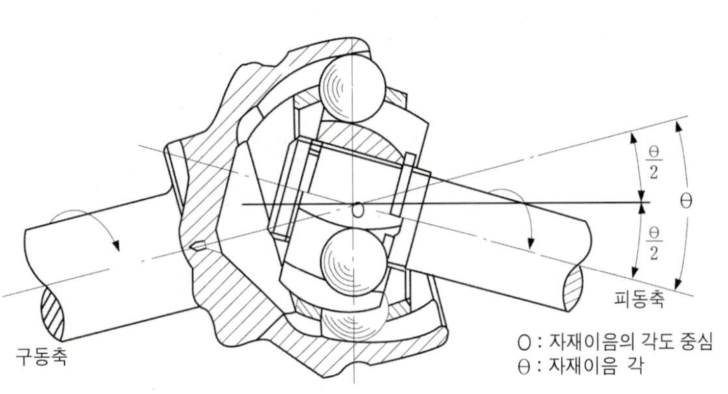

버필드형 자재이음의 굴절각도

② **트리포드 자재이음(tripod joint type)** : 주로 추진축과 뒷차축의 자재이음으로 사용되며, 굴절각도는 22°, 길이방향 전위가 약 30mm까지 가능하다. 최근에는 앞바퀴 구동방식 차량에서 트랜스 액슬 쪽 자재이음으로 사용된다. 트러니언 자재이음(trunion joint)이라고도 부른다.

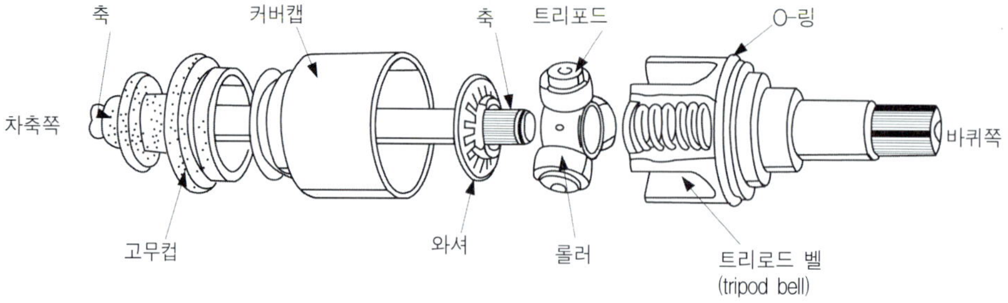

트리포드 자재이음의 구조

③ **더블 오프셋 자재이음(double off-set joint type)** : 축 방향의 전위가 가능하며 구조는 버필드 자재이음과 같으나 볼 케이지에 끼워진 볼이 아웃터 레이스 안쪽 면의 직선상의 레일에서 미끄럼 운동을 할 수 있다. 굴절각도는 20°까지, 축 방향 길이변화는 약 30mm까지 가능하다. 주로 앞바퀴 구동방식 차량에서 구동축의 트랜스 액슬 쪽 자재이음으로 사용된다.

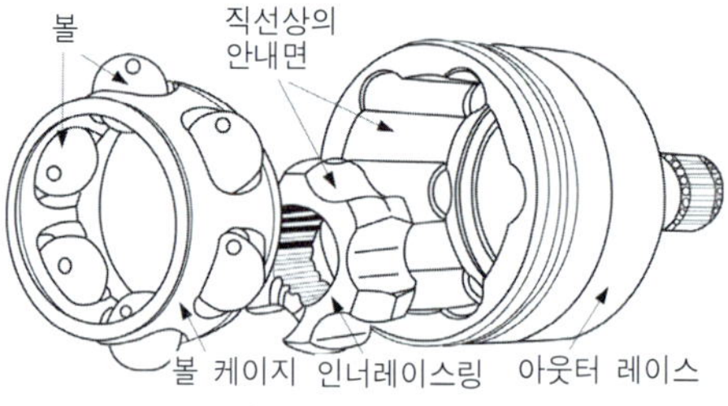

더블 오프셋 자재이음의 구조

[3] 추진축(propeller shaft)

추진축은 강한 비틀림을 받으면서 고속 회전하므로 이에 견딜 수 있도록 속이 빈 강철 파이프(steel pipe)를 사용한다. 그리고 회전평형을 유지하기 위해 평형추(balance weight)가 부착되어 있으며 또 그 양쪽에는 자재이음의 요크가 있다. 또 축간거리가 긴 차량에서는 추진축을 2~3개로 분할하고, 각 축의 뒷부분을 센터베어링(center bearing)으로 프레임에 지지하고, 또 대형 차량의 추진축에는 비틀림 진동을 방지하기 위한 토션 댐퍼(torsion damper)를 둔다.

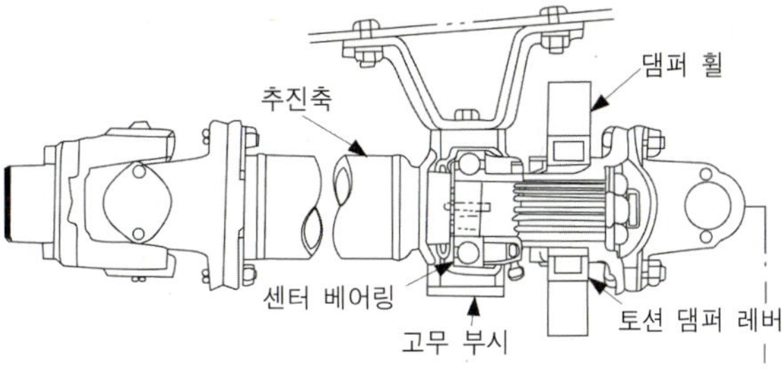

토션 댐퍼의 구조

【참고】

추진축은 끊임없이 변화하는 기관의 동력을 받으면서 고속 회전하므로 비틀림 진동을 일으키거나, 또 축이 구부러지면 기하학적인 중심과 질량 중심이 일치하지 않아 휠링(whirling)이라는 굽음 진동을 일으킨다.

2. 종감속 기어(final reduction gear)

종감속 기어는 추진축의 회전력을 직각으로 전달하며 기관의 회전력을 마지막으로 감속시켜 구동력을 증가시킨다. 구조는 구동 피니언과 링 기어로 되어 있으며, 종류에는 웜과 웜기어(worm & worm gear), 베벨기어(bevel gear), 하이포이드 기어(hypoid gear)가 있으며 현재는 주로 하이포이드 기어를 사용하므로 이 기어에 대해서만 설명하기로 한다.

[1] 하이포이드 기어(hypoid gear)

링 기어의 중심보다 구동 피니언의 중심이 10~20% 정도 낮게 설치된 스파이럴 베벨기어의 오프셋(off-set ; 편심)기어이며, 장점 및 단점은 다음과 같다.

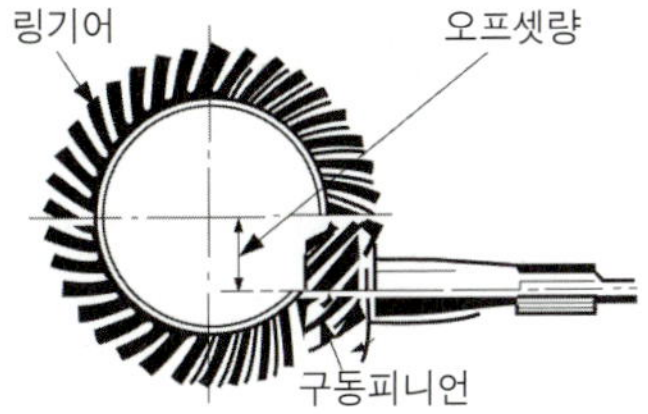

하이포이드 기어의 구조

(1) 하이포이드 기어의 장점

① 구동피니언의 오프셋에 의해 추진축 높이를 낮출 수 있어 자동차의 중심이 낮아져 안전성이 증대된다.

② 동일 감속비, 동일치수의 링 기어인 경우에 스파이럴 베벨기어에 비해 구동 피니언을 크게 할 수 있어 강도가 증대된다.

③ 기어 물림비율이 커 회전이 정숙하다.

(2) 하이포이드 기어의 단점

① 기어 이의 폭 방향으로 미끄럼 접촉을 하므로 압력이 커 극압 윤활유를 사용하여야 한다.

② 제작이 어렵다.

[2] 종감속비

종감속비는 링 기어의 잇수와 구동 피니언의 잇수 비율로 나타낸다.

$$종감속비 = \frac{링기어\ 잇수}{구동피니언의\ 잇수}$$

종감속비는 나누어서 떨어지지 않는 값으로 하는데 그 이유는 특정의 이가 항상 물리는 것을 방지하여 이의 편마멸을 방지하기 위함이다. 또 종감속비는 기관의 출력, 차량중량, 가속성능, 등판능력 등에 따라 정해지며, 종감속비를 크게 하면 가속성능과 등판능력은 향상되나 고속성능이 저하한다.

그리고 변속비×종감속비를 총 감속비라 한다. 이에 따라 변속 기어가 톱(top)기어이면 기관의 감속은 종감속 기어에서만 이루어진다.

3. 차동장치(differential gear system)

[1] 차동장치의 개요

차동장치는 자동차가 선회할 때 양쪽 바퀴가 미끄러지지 않고 원활하게 선회하려면 바깥쪽 바퀴가 안쪽 바퀴보다 더 많이 회전하여야 하며, 또 울퉁불퉁한 노면을 주행할 경우에도 양쪽 바퀴의 회전속도가 달라져야 한다.

즉 차동장치는 노면의 저항을 적게 받는 구동바퀴 쪽으로 동력이 더 많이 전달되도록 하며, 차동 사이드 기어, 차동 피니언, 피니언 축 및 차동기어 케이스 등으로 구성된다.

① 차동기어 케이스 : 종감속 기어의 링 기어와 같은 속도로 회전한다.

② 차동 피니언 축 : 차동기어 케이스에서 차동 피니언을 지지한다.

③ 차동 피니언 : 직진 주행할 때는 공회전하고 선회할 때에는 자전(自轉)을 하며, 선회할 때

에는 좌우의 사이드 기어의 회전속도를 변화시킨다.

④ **차동 사이드 기어** : 차동 피니언과 맞물려 있으며, 중앙부분의 스플라인은 차축과 접속되어 있으며, 직진할 때 좌우의 사이드 기어는 차동기어 케이스와 동일하게 회전한다.

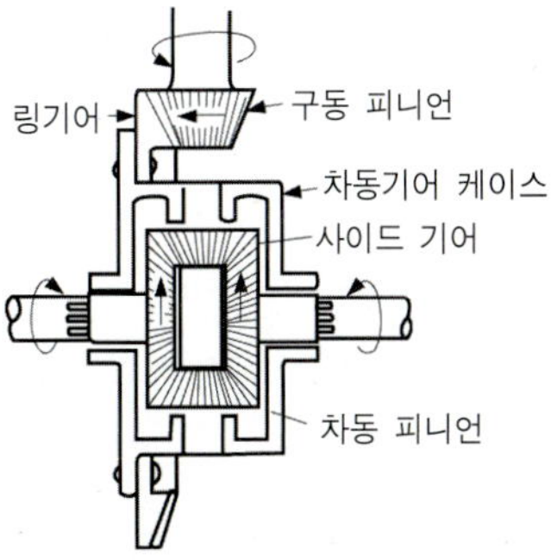

차동장치의 구성도

[2] 차동장치의 원리

차동장치의 원리는 래크와 피니언의 원리를 응용한 것이며, 양쪽의 래크 위에 동일한 무게를 올려놓고 핸들을 들어 올리면 피니언에 걸리는 저항이 같기 때문에 피니언이 자전을 하지 못하므로 래크 A와 B를 들어 올린다.

그러나 래크 B의 무게를 가볍게 하고 피니언을 들어 올리면 래크 B를 들어 올리는 쪽으로 피니언이 자전을 하며 양쪽 래크가 올라간 거리를 합하면 피니언을 들어 올린 거리의 2배가 된다.

이 원리를 이용하여 양쪽 래크를 베벨기어로 바꾸고 여기에 좌우 양쪽의 차축(axle)을 연결한 후 차동 피니언을 종감속 기어의 링 기어로 구동시킨다.

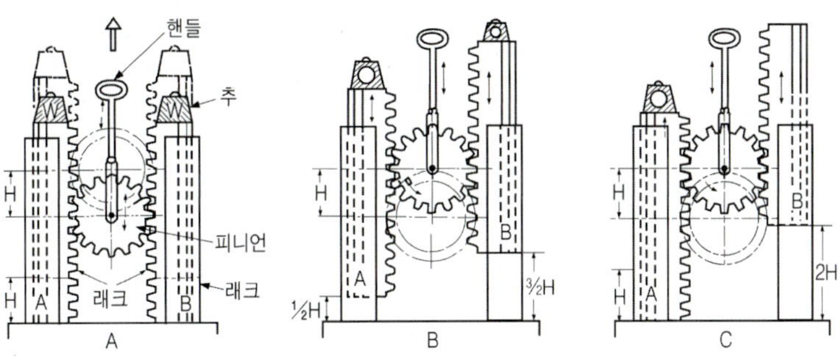

차동장치의 원리

[3] 차동장치의 작동

차동장치의 작용은 자동차가 평탄한 도로를 직진할 때는 좌우 구동바퀴의 회전저항이 동일하기 때문에 좌우 사이드 기어는 동일한 회전속도로 차동 피니언의 공회전에 따라 움직여 전체가 하나의 덩어리가 되어 회전한다.

차동작용은 좌우 구동바퀴의 회전저항 차이에 의해 발생되고, 바퀴는 통과하는 노면의 길이에 따라서 회전하므로 곡선도로를 선회할 때 안쪽 바퀴는 바깥쪽 바퀴보다 저항이 증대되어 회전속도가 감소되며 그 분량만큼 반대쪽 바퀴를 가속시키게 된다.

① 한쪽 사이드 기어가 고정된 경우(가령, 왼쪽 바퀴가 진흙탕 등에 빠졌을 경우)에는 차동 피니언이 공회전하려면 고정된 사이드 기어(오른쪽)위를 굴러가지 않으면 안 되기 때문에 자전을 시작하여 저항이 작은 왼쪽 사이드 기어만을 구동한다.

② 양쪽 구동바퀴를 잭으로 들고 한쪽 바퀴를 손으로 돌리면 차동 피니언이 공회전을 하지 않기 때문에 다른 쪽 바퀴는 반대방향으로 회전한다.

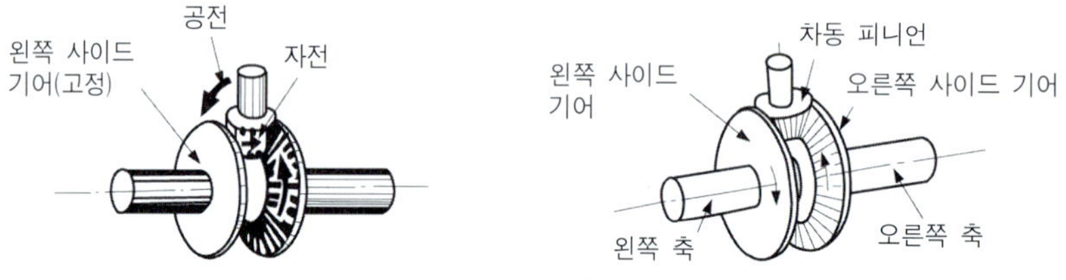

차동장치의 작용

4. 자동제한 차동장치(LSD ; Limited Slip Differential System)

일반적인 차동장치는 자동차가 선회할 때에 반드시 필요한 장치이나 때로는 불편한 경우도 있다.

가령 한쪽 바퀴가 진흙탕에 빠진 경우에는 한쪽 바퀴는 노면에서 저항을 받고 진흙탕에 빠진 바퀴는 저항을 받지 않으므로, 노면 쪽의 바퀴에는 동력이 전달되지 않고 진흙탕에 빠진 바퀴만 공회전하여 자동차는 주행하지 못하게 된다.

이와 같은 경우 차동장치의 작용을 정지시키면, 진흙탕에서 빠져 나올 수 있기 때문에 사용한다.

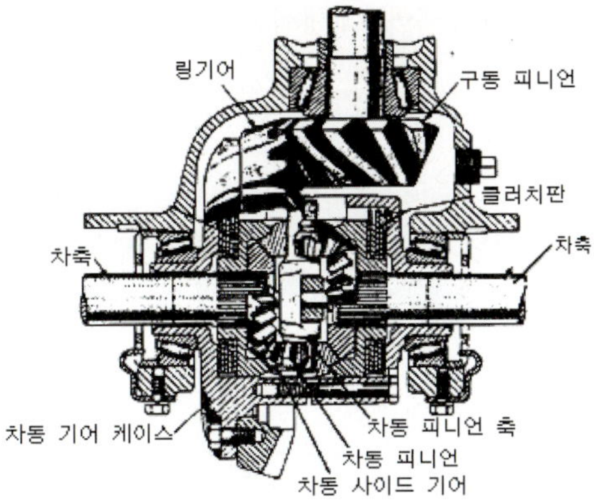

자동제한 차동장치의 구조

[1] 자동제한 차동장치의 구비조건

① 좌 · 우 바퀴의 회전속도 차이를 보정하여야 한다.

② 한쪽 바퀴가 미끄러지면 자동적으로 공전을 방지하여 반대쪽 바퀴에 구동력을 전달하여야 한다.

③ 차동 제한력은 진동과 소음이 적은 상태로 작용하여야 한다.

④ 차동 제한력의 발생 특성은 변화가 적어야 한다.

⑤ 구조가 간단하고, 취급이 쉽고, 고장이 적어야 한다.

[2] 자동제한 차동장치의 특징

① 미끄러운 노면에서 출발이 쉽다.

② 요철 노면을 주행할 때 자동차의 후부 흔들림이 방지된다.

③ 가속을 하거나 선회할 때 바퀴의 공전을 방지한다.

④ 타이어 미끄러짐을 방지하므로 수명이 연장된다.

⑤ 급속하게 직진 주행을 할 때 안전성이 좋다.

5. 차축(axle shaft)

차축은 바퀴를 통하여 차량의 중량을 지지하는 축이며, 구동축과 유동축이 있다. 구동축은 종감속 기어에서 전달된 동력을 바퀴로 전달하고 노면에서 받는 힘을 지지한다.

앞바퀴 구동방식의 앞차축, 뒷바퀴 구동방식의 뒷차축, 4바퀴 구동방식의 앞 · 뒷차축이 구동축에 속한다. 유동축은 차량을 중량만 지지하므로 구조가 간단하다.

여기서는 뒷바퀴 구동방식의 구동축에 대해서만 설명하기로 한다.

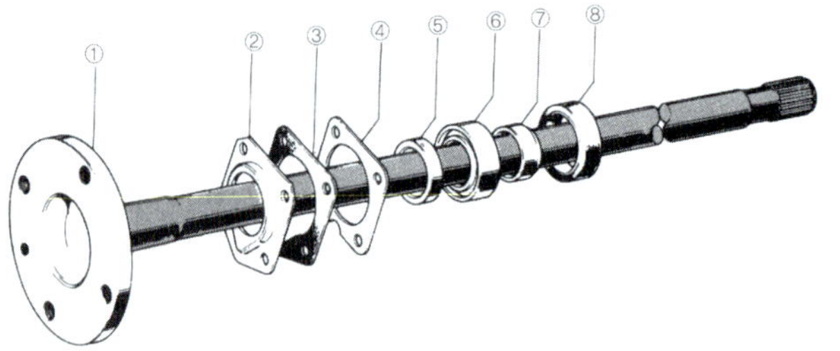

① 뒤 차축　② 베어링 리테이너
③ 개스킷　④ 심
⑤ 스페이서　⑥ 베어링
⑦ 베어링 칼라　⑧ 오일 실

차축의 구조

[1] 뒷차축의 지지방식

차동장치를 거쳐 전달된 동력을 뒷바퀴로 전달하며, 차축의 끝부분은 스플라인을 통하여 차동 사이드 기어에 끼워지고, 바깥쪽 끝에는 구동바퀴가 설치된다. 뒷차축 지지방식에는 전부동형, 반부동형, 3/4부동형 등 3가지가 있다.

(1) 전부동형(full floating type)차축

안쪽은 차동 사이드 기어와 스플라인으로 결합되고, 바깥쪽은 차축허브와 결합되어 차축 허브에 브레이크 드럼과 바퀴가 설치된다.

차축허브에 2개의 베어링이 끼워지며 동력전달은 종감속 기어→차동장치→차축→차축허브→바퀴 순서로 이루어지며 차축은 동력만 전달한다. 이에 따라 바퀴를 빼지 않고도 차축을 빼낼 수 있다.

그리고 차량에 가해지는 하중 및 충격과 바퀴에 작용하는 작용력 등은 차축 하우징이 받는다.

(2) 반부동형(semi floating type)차축

구동바퀴가 직접 차축 바깥쪽에 설치되며, 차축의 안쪽은 차동 사이드 기어와 스플라인으로 결합되고, 바깥쪽은 리테이너(retainer)로 고정시킨 허브베어링(hub bearing)과 결합된다. 이에 따라 내부 고정 장치를 풀지 않고는 차축을 빼낼 수 없다.

뒷바퀴 구동방식 승용 자동차에서 주로 사용된다. 반부동형은 차량 하중의 1/2을 차축이 지지한다.

(3) 3/4 부동형 차축

차축 바깥쪽 끝에 차축허브를 두고, 차축 하우징에 1개의 베어링을 두고 허브를 지지하는 방식이다. 3/4 부동식은 차축이 차량하중의 1/3을 지지한다.

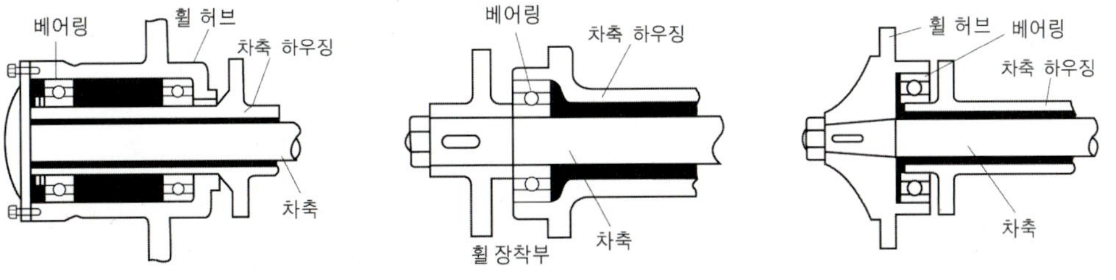

뒷차축 지지방식

[2] 차축 하우징(axle housing)

차축 하우징은 종감속 기어, 차동장치 및 차축을 포함하는 튜브 모양의 고정축이며 중간에는 종감속 기어와 차동장치의 지지를 위해 둥글게 되어 있고, 양끝에는 플랜지 판이나 현가 스프링 지지부분이 있다.

차축 하우징의 종류에는 벤조형, 분할형, 빌드업형 등 3가지가 있다.

(1) 벤조형

차동기어 캐리어를 차축 하우징에 떼어낼 수 있게 된 것으로 종감속 기어의 조정 및 다루기가 쉽다.

(2) 분할형

하우징을 몇 개의 부분으로 제작한 후 각각을 수직되게 접합한 것으로 종감속 기어와 차동기어장치를 견고하게 지지할 수 있으나 제작 및 다루기가 복잡하다.

(3) 빌드업형

하우징 내부가 복잡하고 기계가공이 어려워 현재는 거의 사용하지 않는다.

출제 예상 문제

1. 클러치(Clutch)와 수동변속기(Manual Transmission)

01. 수동변속기에서 클러치의 필요성이 아닌 것은?

① 기관을 무부하 상태로 하기 위해서
② 변속기의 기어 바꿈을 원활하게 하기 위해서
③ 관성운전을 하기 위해서
④ 회전토크를 증가시키기 위해서

클러치의 필요성은 기관을 무부하 상태로 하기 위해 변속기의 기어 바꿈을 원활하게 하기 위해, 관성운전을 하기 위함이다.

02. 클러치판에 구성되어 있는 비틀림 코일 스프링의 역할은?

① 클러치판의 밀착을 더 크게 한다.
② 압력판과 마찰판의 마멸을 크게 한다.
③ 클러치판 중심부 스플라인의 마모를 방지한다.
④ 클러치가 접속될 때 회전충격을 흡수한다.

클러치판의 비틀림 코일 스프링은 클러치가 접속될 때 회전충격을 흡수한다.

03. 수동변속기 차량의 클러치 디스크에서 클러치 연결 동작 시에 유연성을 보장하고 평면 압착이 가능하게 해줌으로 동력전달을 확실하게 해 주는 것은?

① 페이싱 리벳
② 토션 댐퍼
③ 쿠션 스프링
④ 피벗 링

쿠션 스프링은 클러치 라이닝과 라이닝 사이에 파도 모양의 스프링으로 되어 있으며 클러치를 급속히 접속시켰을 때 이 스프링이 변형되어 동력전달을 원활히 하는 작용을 하고, 클러치판의 편마멸, 변형, 파손 등의 방지를 위해 둔다.

04. 수동변속기에서 클러치 작동 중 동력을 차단하였을 경우 플라이휠과 같이 회전하는 부품은?

① 클러치판
② 압력판
③ 변속기 입력축
④ 릴리스 포크

클러치 작동 중 동력을 차단하였을 때 압력판은 플라이휠과 함께 회전한다.

05. 자동차의 마찰클러치에서 다이어프램(diaphragm)스프링 형식의 부품이 아닌 것은?

① 클러치 커버
② 릴리스레버
③ 릴리스 베어링
④ 압력판

다이어프램 스프링 형식은 다이어프램이 코일 스프링 클러치의 스프링과 릴리스레버의 역할을 한다.

06. 클러치의 자유간극에 관한 설명 중에서 맞는 것은?

① 자유간극이 너무 적으면 동력차단이 제대로 이루어지지 않아 변속소음이 일어날 수 있다.

② 유압식 클러치의 마스터실린더 피스톤 컵이 마모되면 클러치 페달의 자유간극은 더욱 커진다.

③ 클러치의 자유간극이 너무 크면 클러치 페이싱의 마모를 촉진시킨다.

④ 페달을 밟은 후부터 릴리스 레버가 다이어프램 스프링을 밀어 낼 때까지의 거리를 자유간극이라고 한다.

클러치 페달의 유격(자유간극)

① 클러치 페달의 유격(자유간극)이란 클러치 페달을 밟지 않은 상태에서 릴리스 베어링과 릴리스레버 접촉면 사이의 간극이다.

② 자유간극이 너무 적으면 클러치 페이싱의 마모를 촉진시킨다.

③ 클러치의 자유간극이 너무 크면 동력차단이 제대로 이루어지지 않아 변속소음이 일어날 수 있다.

07. 클러치 유격을 바르게 설명한 것은?

① 클러치 페달을 밟지 않은 상태에서 릴리스 베어링과 릴리스레버 접촉면 사이의 간극을 말한다.

② 클러치 페달을 밟지 않은 상태에서 릴리스 베어링이 왕복한 거리를 말한다.

③ 클러치 페달을 밟지 않은 상태에서 페달이 올라온 거리를 말한다.

④ 클러치 페달을 밟은 상태에서 릴리스 베어링의 축방향 움직인 거리를 말한다.

08. 클러치의 전달효율에 관한 설명으로 틀린 것은?

① 전달효율은 클러치의 출력 회전력에 비례한다.

② 전달효율은 엔진의 발생 회전력과 엔진의 회전수에 비례한다.

③ 전달 효율은 클러치로 들어간 동력에 반비례한다.

④ 전달 효율은 클러치에서 나온 동력에 비례한다.

클러치의 동력전달 효율

① 엔진의 회전수에 비례한다.

② 클러치에서 나온 동력에 비례한다.

③ 클러치로 들어간 동력에 반비례한다.

④ 클러치 출력 회전수에 비례한다.

09. 클러치 스프링의 장력을 T, 클러치판과 압력판 사이의 마찰계수를 f, 클러치판의 평균반경을 r이라 하고, c를 엔진의 회전력이라 하였을 때 클러치가 미끄러지지 않기 위한 조건식은?

① $Tfr \geq c$

② $Tfr \leq c$

③ $T < \frac{c}{fr}$

④ $T > frc$

클러치가 미끄러지지 않기 위한 조건 : $Tfr \geq c$

10. 마찰클러치에 대한 설명으로 틀린 것은?

① 클러치 릴리스 베어링과 릴리스레버 사이의 유격은 없어야 한다.
② 클러치 디스크의 비틀림 코일 스프링은 회전충격을 흡수한다.
③ 다이어프램식은 코일 스프링식에 비해 구조가 간단하고 단속 작용이 유연하다.
④ 클러치 조작 기구는 케이블식 외에 유압식을 사용하기도 한다.

클러치 페달의 유격이 없으면 클러치가 미끄러진다.

11. 자동차 수동변속기에 있는 단판 클러치에서 마찰면의 외경이 24cm, 내경이 12cm이고, 마찰계수가 0.3이다. 클러치 스프링이 9개이고, 1개의 스프링에 각각 313.6N의 장력이 작용하고 있다면 클러치가 전달 가능한 토크는?

① 약 75.2N.m
② 약 152.4N.m
③ 약 380.8N.m
④ 약 660.6N.m

$Tc = \frac{(D+d) \times P \times n \times \mu}{2}$ [Tc : 클러치 전달토크, D : 외경, d : 내경, P : 클러치에 작용하는 장력, n : 스프링 수, μ : 마찰계수]

$\therefore \frac{(24+12) \times 313.6 \times 9 \times 0.3}{2 \times 100} = 152.4N{\cdot}m$

12. 마찰면의 바깥지름이 300mm, 안지름 150mm인 단판 클러치가 있다. 작용하중이 800kgf일 때 클러치 압력판의 압력은?

① 0.51kgf/cm²
② 1.51kgf/cm²
③ 2.51kgf/cm²
④ 3.15kgf/cm²

$P = \frac{W}{A_1 - A_2}$ [P : 클러치 압력판의 압력, W : 작용하중, A_1 : 마찰면의 바깥쪽 단면적, A_2 : 마찰면의 안쪽 단면적]

$\therefore \frac{800}{(0.785 \times 30^2) - (0.785 \times 15^2)} = 1.51kgf/cm^2$

13. 기관의 회전력이 14.32kgf·m 이고 2500rpm으로 회전하고 있다. 이때 클러치에 의해 전달되는 마력은?(단, 클러치의 미끄럼은 없다)

① 40PS
② 50PS
③ 60PS
④ 70PS

$C_{PS} = \frac{TR}{716}$ [C_{PS} : 클러치에 의해 전달되는 마력, T : 기관의 회전력, R : 기관의 회전속도]

$\therefore \frac{14.23 \times 2500}{716} = 50PS$

14. 엔진 회전수 2500rpm에서 회전력이 40kgf·m이다. 이때 클러치의 출력 회전수가 2100rpm이고, 출력 회전력이 35kgf·m라면 클러치의 전달효율(%)은?

① 52.2
② 73.5
③ 87.5
④ 96.0

$\eta C = \frac{Cp}{Ep} \times 100$ [ηC : 클러치의 전달효율, Cp : 클러치의 출력, Ep : 엔진의 출력]

$\therefore \ \dfrac{2100 \times 35}{2500 \times 40} \times 100 = 73.5\%$

15. 변속기의 1단 기어를 선정할 때 우선적으로 고려해야 할 사항은?

① 차량의 최대 등판능력

② 엔진의 최고 회전수

③ 일반적으로 등판능력이 최소 10% 이내

④ 차량의 목표 최고속도

변속기의 1단 기어를 선정할 때 우선적으로 고려해야 할 사항은 차량의 최대 등판능력이다.

16. 동기물림방식 수동변속기에서 입력축과 출력축의 회전속도를 신속하게 일치시켜 기어물림이 원활하게 이루어지게 하는 장치는?

① 싱크로 메시 기구 ② 도그 클러치

③ 시프트 포크 ④ 슬라이딩 기어

싱크로 메시(동기물림) 기구는 수동변속기에서 기어가 물릴 때 입력 기어와 출력축의 회전속도를 동기시켜 기어의 물림이 부드럽게 이루어지도록 하는 기구이다.

17. 수동변속기에서 변속 시 서로 다른 기어속도를 동기화시켜 치합이 부드럽게 이루어지도록 하는 것은?

① 록킹 볼 장치 ② 이퀄라이저

③ 앤티 롤 장치 ④ 싱크로 메시 기구

18. 변속기에서 싱크로메시 기구가 작동하는 시기는?

① 변속기어가 물릴 때 ② 변속기어가 풀릴 때

③ 클러치 페달을 놓을 때 ④ 클러치 페달을 밟을 때

19. 수동변속기에서 동기물림(synchro-mesh type)방식에 관한 설명으로 틀린 것은?

① 변속조작 시 소리가 나는 단점이 있다.

② 일정부하형은 완전 동기 되지 않아도 변속기어가 물릴 수 있다.

③ 변속조작 시 더블 클러치 조작이 필요 없다.

④ 관성고정형은 완전 동기 되지 않으면 변속기어가 물릴 수 없다.

동기물림 변속기는 변속조작 할 때 소리가 나지 않는다.

20. 수동변속기의 동기치합식에서 기어의 콘부와 직접 마찰하여 기어의 회전수와 주축의 회전수를 같게 하는 부품은?

① 클러치 허브 ② 클러치 슬리브

③ 싱크로나이저 링 ④ 싱크로나이저 키

싱크로나이저 링(synchronizer ring)은 주축기어의 원뿔부분(cone)에 끼워져 있으며, 기어를 변속할 때 시프트포크가 클러치 슬리브를 미끄럼 운동시키면 원뿔부분과 접촉하여 클러치 작용을 한다. 클러치 작용이 유효하게 이루어지도록 안쪽 면에 나사 홈이 파져 있다.

21. 수동변속기에서 기어변속 시 기어가 2중으로 물리는 것을 방지하는 장치는?

① 록킹 볼 ② 인터록 볼
③ 포핏 플러그 ④ 시프트 포크

록킹 볼은 변속기어가 빠지는 것을 방지하고 인터록은 기어가 2중으로 물리는 것을 방지한다.

22. FR형식 차량의 동력전달 경로로 맞는 것은?

① 변속기→추진축→종 감속장치→바퀴
② 변속기→액슬축→종 감속장치→바퀴
③ 클러치→추진축→변속기→바퀴
④ 클러치→차동장치→변속기→바퀴

FR(Front Engine Rear Drive, 앞 엔진 뒷바퀴 구동)형식 차량의 동력전달 경로는 클러치→변속기→추진축→종 감속장치(차동장치)→바퀴 순서이다.

23. 전륜구동형(FF) 차량의 특징이 아닌 것은?

① 추진축이 필요하지 않으므로 구동손실이 적다.
② 조향방향과 동일한 방향으로 구동력이 전달된다.
③ 후륜 구동에 비해 빙판 언덕길 주행에 유리하다.
④ 후륜 구동에 비해 오버스티어링 현상이 크다.

전륜구동형 차량의 특징은 ①, ②, ③항 이외에
① 실내유효 공간이 넓고, 자동차의 경량화로 인해 연료소비율이 감소한다.
② 방향안전성이 우수하며, 험한 도로를 주행할 때 안전성이 좋다.
③ 가로방향에서 받는 바람에 대한 안전성 및 직진성능이 좋다.
④ 제동할 때 안전성이 우수하다.
⑤ 고속선회에서 언더스티어링 현상이 발생한다.

24. 그림과 같은 기어 변속기에서 감속비율은?

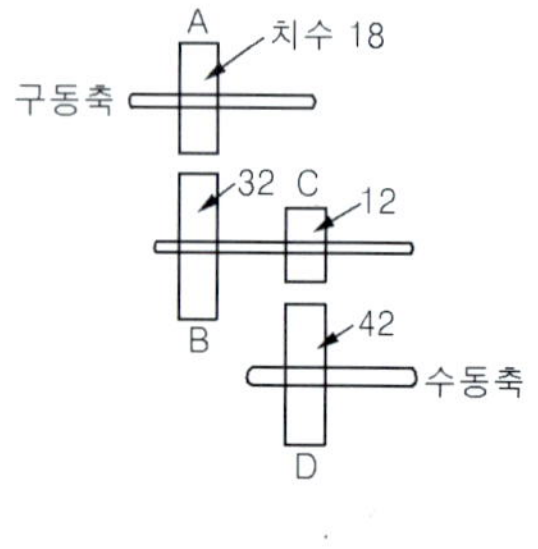

① 6.22 ② 1.78
③ 3.50 ④ 2.33

$$변속비 = \frac{부축기어의\ 잇수}{주축기어의\ 잇수} \times \frac{주축기어의\ 잇수}{부축기어의\ 잇수}$$

$$\therefore \frac{32}{18} \times \frac{42}{12} = 6.22$$

25. 변속기 입력축과 물리는 카운터 기어의 잇수가 45개, 출력축 2단 기어의 잇수가 29개, 입력축 기어 잇수가 32개, 출력과 물리는 카운터 기어의 잇수가 25개이다. 이 변속기의 변속비는?

① 1.63:1
② 1.99:1
③ 2.77:1
④ 3.05:1

변속비 $= \dfrac{\text{카운터 기어의 잇수}}{\text{출력축 기어의 잇수}} \times \dfrac{\text{출력축 기어의 잇수}}{\text{카운터 기어의 잇수}}$

$\therefore \dfrac{45}{32} \times \dfrac{29}{25} = 1.63$

26. 수동변속기에서 입력축의 회전 토크가 150kgf·m이고, 입력회전수가 1000rpm일 때 출력축에서 1000kgf·m의 토크를 내려면 출력축의 회전수는?

① 1670rpm
② 1500rpm
③ 667rpm
④ 150rpm

$O_N = \dfrac{I_T \times I_N}{O_T}$ [O_N : 출력축의 회전수, I_T : 입력축의 회전토크, I_N : 입력축의 회전수, O_T : 출력축의 회전토크]

$\therefore \dfrac{150kgf{\cdot}m \times 1000rpm}{1000kgf{\cdot}m} = 150rpm$

27. 기관의 동력을 주행 이외의 용도에 사용할 수 있도록 한 동력인출(power take off) 장치가 아닌 것은?

① 윈치 구동장치
② 차동기어 장치
③ 소방차 물 펌프 구동장치
④ 덤프트럭 유압펌프 구동장치

동력인출(power take off) 장치에는 윈치 구동장치, 소방차 물 펌프 구동장치, 덤프트럭 유압펌프 구동장치 등이 있다.

2. 자동 및 무단변속기

01. 유체클러치와 마찰클러치의 차이점에 대한 설명 중 틀린 것은?

① 유체클러치는 마찰클러치에 비해 동력전달이 매끄럽다.

② 마찰클러치는 기계식 변속기에, 유체클러치는 자동변속기에 적합하다.

③ 유체클러치는 마찰클러치에 비해 동력 전달효율이 낮다.

④ 마찰클러치에는 비틀림 코일 스프링이 설치되어, 유체클러치보다 비틀림 진동을 잘 흡수한다.

마찰클러치에는 비틀림 코일 스프링이 설치되어 클러치판이 플라이휠에 접속될 때 비틀림 진동을 흡수하지만 유체클러치보다 못하다.

02. 유체클러치 오일의 구비조건이 아닌 것은 어느 것인가?

① 점도가 클 것
② 착화점이 높을 것
③ 내산성이 클 것
④ 비점이 높을 것

유체클러치 오일의 구비조건

① 유성이 좋고, 점도가 낮을 것
② 비점이 높고, 비중이 클 것
③ 융점은 낮고, 착화점이 높을 것
④ 윤활성과 내산성이 클 것

03. 유체클러치 내의 가이드 링의 역할은?

① 토크 변환율 증가
② 터빈의 회전속도 증가
③ 유체의 미끄럼을 방지
④ 오일의 와류를 방지하여 전달효율 증가

유체클러치 가이드 링은 오일의 와류를 방지하여 전달효율을 증가시킨다.

04. 유체클러치에서 스톨 포인트에 대한 설명으로 가장 거리가 먼 것은?

① 펌프는 회전하나 터빈이 회전하지 않는 점이다.
② 스톨 포인트에서 회전력비가 최대가 된다.
③ 속도비가 '0'인 점이다.
④ 스톨 포인트에서 효율이 최대가 된다.

스톨 포인트란 펌프는 회전하나 터빈이 회전하지 않는 점. 즉 속도비가 '0'인 점이며, 회전력 비율은 최대가 되지만 효율은 최소가 된다.

05. 자동변속기 차량에서 유체의 운동에너지를 이용하여 토크를 전달시켜 주는 장치는?

① 유성기어
② 록업 장치
③ 토크컨버터
④ 댐퍼 클러치

토크컨버터는 유체의 운동에너지를 이용하여 토크를 전달시켜 주는 장치이다.

06. 1단 2상 3요소식 토크컨버터의 주요 구성요소에 해당되는 것은?

① 임펠러, 터빈, 스테이터
② 클러치, 터빈 축, 임펠러
③ 임펠러, 스테이터, 클러치
④ 터빈, 유성기어, 클러치

토크컨버터는 엔진 크랭크축과 연결된 펌프(임펠러), 변속기 입력축과 연결된 터빈(러너), 오일의 흐름방향을 바꾸어 주는 스테이터로 되어 있다.

07. 유체클러치와 자동변속기에 사용되는 토크컨버터의 기능 중 구별되는 것은?

① 토크증대 기능 ② 동력전달 기능

③ 입력은 펌프 임펠러 ④ 출력은 터빈 런너

토크컨버터에는 스테이터가 설치되어 있어 토크를 증대시킬 수 있으나 유체클러치에는 스테이터가 없기 때문에 토크를 증대시킬 수 없다.

08. 유체클러치와 토크변환기의 설명 중 틀린 것은?

① 유체클러치의 효율은 속도비 증가에 따라 직선적으로 변화되나, 토크변환기는 곡선으로 표시된다.

② 토크변환기는 스테이터가 있고, 유체클러치는 스테이터가 없다.

③ 토크변환기는 자동변속기에 사용된다.

④ 유체클러치에는 원웨이 클러치 및 록업 클러치가 있다.

09. 엔진 플라이휠과 직결되어 엔진 회전수와 동일한 속도로 회전하는 토크컨버터의 부품은?

① 터빈 런너 ② 펌프 임펠러

③ 스테이터 ④ 원웨이 클러치

토크컨버터의 펌프 임펠러는 엔진 플라이휠과 직결되어 엔진 회전수와 동일한 속도로 회전한다.

10. 기관속도가 일정할 때 토크컨버터의 회전력이 가장 큰 경우는?

① 터빈의 속도가 느릴 때 ② 임펠러의 속도가 느릴 때

③ 항상 일정함 ④ 변환비가 1 : 1일 경우

기관 회전속도가 일정할 경우 터빈의 속도가 느릴 때 토크컨버터의 회전력이 가장 크다.

11. 자동변속기 토크컨버터에서 스테이터의 일방향 클러치가 양방향으로 회전하는 결함이 발생되었을 때 차량에서 발생할 수 있는 현상은?

① 전진이 불가능하다.

② 출발은 어려운데 고속주행은 가능하다.

③ 후진이 불가능하다.

④ 출발은 가능한데 고속 주행이 어렵다.

자동변속기 토크컨버터에서 스테이터의 일방향 클러치가 양방향으로 회전하는 결함이 발생되면 출발은 어려우나 고속주행은 가능하다.

12. 자동변속기 토크컨버터의 스테이터가 정지하는 경우는?

① 터빈이 정지하고 있을 때 ② 터빈 회전속도가 펌프속도와 같을 때

③ 터빈 회전속도가 펌프속도 2배일 때 ④ 터빈 회전속도가 펌프속도 3배일 때

토크컨버터의 터빈이 정지하고 있을 때 스테이터도 정지한다.

13. 자동변속기의 토크컨버터에서 클러치 포인트일 때 스테이터, 터빈, 펌프의 속도와 방향은?

① 같은 속도와 반대방향으로 회전

② 펌프와 터빈만 다른 속도 같은 방향 회전

③ 스테이터, 펌프, 터빈이 같은 속도 같은 방향으로 회전

④ 모두 다른 방향 틀린 속도 회전

토크컨버터는 클러치 포인트에서 스테이터, 펌프, 터빈은 같은 속도, 같은 방향으로 회전한다.

14. 속도비가 0.4이고, 토크비가 2인 토크컨버터에서 펌프가 4000rpm으로 회전할 때, 토크컨버터의 효율은?

① 20% ② 40%

③ 60% ④ 80%

$\eta t = Sr \times Tr$ [ηt : 토크컨버터 효율, Sr : 속도비, Tr : 토크비]

$\therefore\ 0.4 \times 2 = 0.8 = 80\%$

15. 전자제어 자동변속기의 댐퍼클러치 작동에 대한 설명으로 옳은 것은?

① 작동은 오버드라이브 솔레노이드 밸브의 듀티율로 결정된다.

② 페일세이프 모드에서 토크 확보를 위해 댐퍼클러치를 동작시킨다.

③ 급가속 시는 토크 확보를 위해 댐퍼클러치를 동작시킨다.

④ 스로틀 포지션 센서 개도와 차속의 상황에 따라 작동과 비작동이 반복된다.

댐퍼클러치는 터빈과 토크컨버터 커버사이에 설치되어있으며 자동차의 주행속도가 일정 값에 도달하면 토크컨버터의 펌프와 터빈을 기계적으로 직결시켜 미끄러짐에 의한 손실을 최소화하여 정숙성을 도모하는 장치이며, 스로틀 포지션 센서 개도와 차속의 상황에 따라 작동과 비작동이 반복된다.

16. 자동변속기 차량에서 토크컨버터 내부에 있는 댐퍼 클러치의 접속해제 영역으로 틀린 것은?

① 기관의 냉각수 온도가 낮을 때

② 공회전 운전 상태일 때

③ 토크비가 1에 가까운 고속 주행일 때

④ 제동 중일 때

댐퍼 클러치가 작동되지 않는 조건

① 제1속 및 후진 및 엔진 브레이크가 작동될 때

② ATF의 유온이 65℃ 이하, 냉각수 온도가 50℃ 이하일 때

③ 제3속에서 제2속으로 시프트 다운될 때

④ 엔진 회전수가 800rpm 이하일 때

⑤ 엔진이 2000rpm 이하에서 스로틀 밸브의 열림이 클 때

17. 댐퍼 클러치의 작동조건이 될 수 있는 것은?

① 제1속 및 후진 시 ② 공회전 시

③ 3→2 시프트다운 시 ④ 냉각수 온도가 80℃ 이상일 때

18. 자동변속기에서 댐퍼클러치의 작동내용으로 거리가 먼 것은?

① 클러치 점 이후에서 작동을 시작한다.

② 토크비가 1에 가까운 고속구간에서 작동한다.

③ 펌프와 터빈을 직결상태로 하여 미끄럼 손실을 최소화 시킨다.

④ 제1속 및 후진 시에 작동한다.

댐퍼클러치는 클러치 점 이후 즉 토크비가 1에 가까운 고속영역에서 펌프와 터빈을 직결상태로 하여 미끄럼 손실을 최소화 시킨다.

19. 자동변속기 차량의 변속과 록-업 작동의 기초신호는 무엇인가?

① 펄스제너레이터와 차속 센서

② 스로틀 센서와 차속 센서

③ 펄스제너레이터와 스로틀 센서

④ 펄스제너레이터와 유온 센서

자동변속기의 변속과 록-업 작동의 기초신호는 펄스제너레이터와 스로틀 포지션 센서이다.

20. 전자제어 자동변속기에서 댐퍼 클러치가 공회전시에 작동된다면 나타날 수 있는 현상으로 옳은 것은?

① 엔진시동이 꺼진다.

② 1단에서 2단으로 변속이 된다.

③ 기어 변속이 안 된다.

④ 출력이 떨어진다.

댐퍼클러치가 공회전 상태에서 작동되면 엔진시동이 꺼진다.

21. 다음 중 자동변속기와 관계가 없는 것은?

① 전진클러치
② 역전 및 고속 클러치
③ 유성기어장치
④ 프로펠러 샤프트

22. 자동변속기의 변속기어 위치(select pattern)에 대하여 올바른 것은?(단, P: 주차위치, R: 후진위치, D: 전진위치, 2.1: 저속 전진위치)

① P-R-N-D-2-1
② P-N-D-P-2-1
③ R-N-P-D-2-1
④ P-N-R-D-2-1

자동변속기의 변속기어 위치는 P-R-N-D-2-1이다.

23. 자동변속기에 관한 설명으로 옳은 것은?

① 매뉴얼 밸브가 전진 레인지에 있을 때 전진클러치는 항상 정지된다.

② 토크변환기에서 유체의 충돌손실 속도비가 0.6~0.7일 때 토크가 가장 적다.

③ 유압 제어회로에 작용되는 유압은 엔진의 오일펌프에서 발생된다.

④ 토크변환기의 토크 변환비는 날개가 작을수록 커진다.

24. 자동변속기의 변속제어 시스템에서 주요변수와 가장 거리가 먼 것은?

① 토크컨버터 유압

② 기관의 부하

③ 자동차 주행속도

④ 선택레버의 위치

변속제어 시스템의 주요변수는 기관의 부하, 주행속도, 선택레버의 위치 등이다.

25. 전자제어식 자동변속기에서 컴퓨터로 입력되는 요소가 아닌 것은?

① 차속 센서

② 스로틀 포지션 센서

③ 유온 센서

④ 압력조절 솔레노이드 밸브

TCU의 입력신호에는 스로틀 포지션 센서, 수온 센서, 펄스 제너레이터 A & B(입력 및 출력축 속도 센서), 엔진 회전속도 신호, 가속페달 스위치, 킥다운 서보 스위치, 오버드라이브 스위치, 차속 센서, 인히비터 스위치 신호 등이 있다.

26. 자동변속기의 전자제어 장치 중 TCU에 입력되는 신호가 아닌 것은?

① 스로틀 센서 신호
② 엔진회전 신호
③ 액셀러레이터 신호
④ 흡입공기 온도의 신호

27. 전자제어 자동변속기에 사용되는 센서가 아닌 것은?

① 차속 센서
② 스로틀 포지션 센서
③ 차고 센서
④ 펄스 제너레이터 A, B

28. 자동변속기 차량에서 TPS(Throttle Position Sensor)에 대한 설명으로 옳은 것은?

① 변속시점과 관련 있다.

② 주행 중 선회 시 충격흡수와 관련 있다.

③ 킥다운(kick down)과는 관련 없다.

④ 엔진 출력이 달라져도 킥 다운과 관계없다.

TPS(스로틀 포지션 센서)는 변속시점, 킥다운 등과 관련 있다.

29. 전자제어 자동변속기 차량에서 스로틀 포지션 센서의 출력이 80%밖에 나오지 않는다면 다음 중 어느 시스템의 작동이 안 되는가?

① 오버드라이브

② 2속으로 변속불가

③ 3속에서 4속으로 변속불가

④ 킥다운

스로틀 포지션 센서의 출력이 80%밖에 나오지 않는다면 킥 다운의 작동이 안 된다.

30. 전자제어 자동변속장치 중 변속 시 유압제어를 위해 킥다운 드럼 회전수를 검출하는 구성부품은?

① 인히비터 스위치　　② 킥다운 서보 스위치
③ 펄스제너레이터-A　　④ 펄스제너레이터-B

① 펄스 제너레이터-A : 자기 유도형 발전기로 변속할 때 유압제어의 목적으로 킥다운 드럼의 회전수(입력축 회전수)를 검출한다. 킥다운 드럼의 16개구멍을 통과할 때의 회전수 변화에 의해서 기전력을 발생한다.

② 펄스 제너레이터-B : 자기 유도형 발전기로 주행속도를 검출을 위해 트랜스퍼 드라이브 기어의 회전수를 검출한다. 트랜스퍼 드라이브 기어 이의 높고 낮음에 따른 변화에 의해서 기전력이 발생한다.

31. 각 변속위치(shift position)를 TCU로 입력하는 것은?

① 인히비터 스위치　　② 오버드라이브 유닛
③ 이그니션 펄스　　④ 킥다운 서보

인히비터 스위치는 각 변속위치(shift position)를 TCU로 입력한다. 즉, 변속패턴의 선택을 위하여 변속레버(시프트 포지션)의 위치를 검출한다.

32. 전자제어 자동변속기에서 각 시프트 포지션을 TCU로 출력하는 기능을 가진 구성품은?

① 액셀 스위치　　② 인히비터 스위치
③ 킥다운 서보 스위치　　④ 오버 드라이브 스위치

33. 전자제어 자동변속기에서 컨트롤유닛의 제어 기능으로 틀린 것은?

① 거버너 제어　　② 변속점 제어
③ 댐퍼클러치 제어　　④ 라인압력 가변제어

34. 자동변속기의 자동 변속시점을 결정하는 가장 중요한 요소는?

① 엔진 스로틀 개도와 차속
② 엔진 스로틀 개도와 변속시간
③ 매뉴얼 밸브와 차속
④ 변속모드 스위치와 변속시점

변속시점은 스로틀 밸브의 개도(스로틀 위치 센서의 신호)와 차속(차속 센서의 신호)을 기준으로 한다.

35. 자동변속기에서 시프트 업 또는 시프트다운이 일어나는 변속 점은 무엇에 의해 결정되는가?

① 매뉴얼 밸브와 감압밸브　　② 스로틀 밸브 개도와 차속
③ 스로틀 밸브와 감압밸브　　④ 변속레버와 차속

36. 자동변속기 차량에서 변속패턴을 결정하는 가장 중요한 입력신호는?

① 차속 센서와 인히비터 스위치
② 차속 센서와 스로틀 포지션 센서
③ 엔진회전수와 유온 센서
④ 인히비터 스위치와 스로틀 포지션 센서

37. 전자식 자동변속기 차량에서 변속시기와 가장 관련이 있는 신호는?

① 엔진온도 신호 ② 스로틀 개도 신호
③ 엔진토크 신호 ④ 에어컨 작동신호

38. 자동변속기의 변속선도에 히스테리시스(hysteresis) 작용이 있는 이유로 적당한 것은?

① 변속점 설정 시 속도를 감속시켜 안전을 유지하기 위해서
② 변속점 부근에서 주행할 경우 변속이 빈번하게 일어나 불안정함으로 방지하기 위해서
③ 증속될 때 변속점이 일치하지 않는 것을 방지하기 위해서
④ 감속시 연료의 낭비를 줄이기 위해서

자동변속기의 변속선도에 히스테리시스 작용이 있는 이유는 변속시점 부근에서 주행할 경우 변속이 빈번하게 일어나 불안정함으로 방지하기 위함이다.

39. 자동변속기에서 밸브보디의 구성품이 아닌 것은?

① 스로틀 밸브
② 솔레노이드 밸브
③ 압력조정 밸브
④ 브레이크 밸브

40. 자동변속기의 유압장치인 밸브보디의 솔레노이드 밸브를 설명한 것으로서 틀린 것은?

① 댐퍼클러치 솔레노이드 밸브(DCCSV)는 토크컨버터의 댐퍼클러치에 유압을 제어하기 위한 것이다.
② 압력조절 솔레노이드 밸브(PCSV)는 변속시 독단적으로 압력을 조절하며 반드시 독립제어에 사용되어야 한다.
③ 변속조절 솔레노이드 밸브(SCSV)는 변속시에 작용하는 밸브로서 주로 마찰요소(클러치, 브레이크)에 압력을 작용토록 한다.
④ PCSV와 SCSV는 변속시 같이 작용하며 변속 시의 유압충격을 흡수하는 기능을 담당하기도 한다.

압력제어 밸브와 솔레노이드 밸브는 후진 클러치를 제외한 각 요소에 1조씩 설치되어 있다. 저속 & 후진, 언더 드라이브용 압력제어 밸브는 클러치 유압이 해제될 때 유압이 급격히 떨어지는 것을 방지하여 클러치 대 클러치(clutch to clutch)제어를 할 때 입력축 회전속도의 상승률을 억제한다. 그리고 오버드라이브, 2차 압력제어 밸브는 저속 & 후진, 언더 드라이브용 압력제어 밸브와 기능이 같다. 그리고 솔레노이드 밸브는 자동변속기 컴퓨터의 신호에 의하여 듀티 제어되어 전기신호를 유압으로 변환하여 각 클러치 및 브레이크를 작동시킨다.

41. 자동변속기의 유량 듀티 제어를 위해서 압력조절 솔레노이드 밸브(PCSV)가 작동되는 시기는?

① D-1단
② D-2단
③ D-3단
④ R(후진)

자동변속기의 유량 듀티 제어를 위한 압력조절 솔레노이드 밸브(PCSV)가 작동되는 시기는 D-1단이다.

42. 앞 엔진 뒤 구동 자동차용 자동변속기에 사용되고 있는 어큐뮬레이터의 역할을 바르게 설명한 것은?

① 1단→2단, 2단→1단으로 시프트 한다.

② 브레이크 또는 클러치 작동시 변속충격을 흡수한다.

③ 2단→3단, 3단→2단으로 시프트 한다.

④ P.R.L 레인지에서 No.3 브레이크 작동시 충격을 완화한다.

어큐뮬레이터는 브레이크 또는 클러치가 작동할 때 변속충격을 흡수한다.

43. 전자제어 자동변속기에서 주행 중 가속페달에서 발을 떼면 나타날 수 있는 현상은?

① 스쿼트 ② 킥다운

③ 노즈 다운 ④ 리프트 풋 업

① 킥다운(kick down) : 자동변속기 장착 차량에서 가속페달을 스로틀 밸브가 완전히 열릴 때까지 갑자기 밟았을 때 강제적으로 다운 시프트 되는 현상. 즉 가속페달을 급격히 밟으면 한 단계 낮은 단으로 변속되는 현상을 말한다.

② 리프트 풋 업(lift foot up) : 전자제어 자동변속기에서 주행 중 가속페달에서 발을 뗄 때 나타나는 현상이다.

44. 자동변속기 장착 차량에서 가속페달을 스로틀 밸브가 완전히 열릴 때까지 갑자기 밟았을 때 강제적으로 다운 시프트 되는 현상을 무엇이라고 하는가?

① 킥다운 ② 시프트 아웃

③ 스로틀다운 ④ 블로 다운

45. 자동변속기 관련 장치에서 가속페달을 급격히 밟으면 한 단계 낮은 단으로 변속되는 것과 가장 관계 있는 것은?

① 거버너 밸브

② 매뉴얼 밸브

③ 킥다운 스위치

④ 프리휠링

46. 유성기어식 자동변속기의 특성이 아닌 것은?

① 솔레노이드 밸브를 제어하여 변속시점과 과도특성을 제어한다.

② 록업 클러치를 설치하여 연료소비량을 줄일 수 있다.

③ 수동변속기에 비해 구동토크가 적다.

④ 변속 단을 1단 증가시키기 위한 오버드라이브를 둘 수 있다.

자동변속기의 특성은 ①,②,④항 이외에 토크컨버터를 두고 있기 때문에 수동변속기에 비해 구동토크가 크다.

47. 자동변속기 내부에서 링 기어와 캐리어가 1개씩, 직경이 다른 선 기어 2개, 길이가 다른 피니언 기어가 2개로 조합되어 있는 복합 유성기어 형식은?

① 심프슨기어 형식 ② 윌슨기어 형식

③ 라비뇨기어 형식 ④ 레펠레티어기어 형식

유성기어 형식

① 라비뇨 형식 : 크기가 서로 다른 2개의 선 기어를 1개의 유성기어 장치에 조합한 형식이며, 링 기어와 유성기어 캐리어를 각각 1개씩만 사용한다.

② 심프슨 형식(Simpson type) : 2세트의 단일 유성기어 장치를 연이어 접속시키며 1개의 선 기어를 공동으로 사용하는 형식이다.

48. 복합 유성기어 장치에서 링 기어를 하나만 사용한 유성기어 장치는?

① 2중 유성기어 장치 ② 평행 축 기어방식

③ 라비뇨(ravigneauxr) 기어장치 ④ 심픈슨(simpson) 기어장치

49. 단순 유성기어 장치를 2세트 연이어 접속한 라비뇨 기어(ravigneaux gear)의 구조에 대한 설명이다. 맞는 것은?

① 선 기어가 1개뿐이다.

② 선 기어와 링 기어가 각각 2개씩이다.

③ 캐리어가 2개이다.

④ 링 기어가 1개뿐이다.

50. 2세트의 단순 유성기어 장치를 연이어 접속시키되 선 기어를 공동으로 사용하는 기어 형식은?

① 라비뇨식 ② 심프슨식

③ 벤딕스식 ④ 평행축 기어방식

51. 싱글 피니언 유성기어장치에서 유성기어 캐리어를 고정하고 선 기어를 구동하였을 때 링 기어 출력을 얻는 목적으로 옳은 것은?

① 역전을 할 목적으로 활용된다.

② 속도를 증속시킬 목적으로 활용된다.

③ 속도변화가 없도록 직결시킬 목적으로 활용된다.

④ 속도를 감속시킬 목적으로 활용된다.

유성기어장치에서 유성기어 캐리어를 고정하고 선 기어를 구동하면 링 기어는 역전된다.

52. 다음 자동변속기의 선 기어 고정, 링 기어 증속, 캐리어 구동조건에서 변속비를 구하면?(단, 선 기어 잇수 : 20, 링 기어 잇수 : 80)

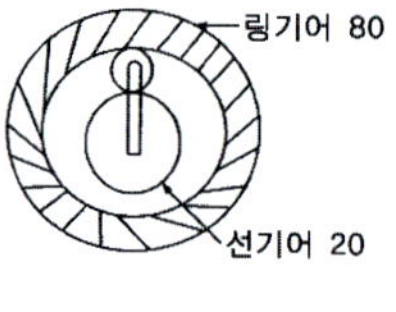

① 1.25 ② 0.2

③ 0.8 ④ 5

$Rt = \frac{Rz}{Sz + Rz}$ [Rt : 변속비, Rz : 링 기어 잇수, Sz : 선 기어 잇수] $\therefore \frac{80}{20+80} = 0.8$

53. 유성기어에서 링 기어 잇수가 50, 선 기어 잇수가 20, 유성기어 잇수가 10이다. 링 기어를 고정하고 선 기어를 구동하면 감속비는 얼마인가?

① 0.14　　② 1.4
③ 2.5　　④ 3.5

$Rt = \frac{Sz + Rz}{Sz}$ [Rt : 감속비, Sz : 선 기어 잇수, Rz : 링 기어 잇수]

$\therefore \frac{20+50}{20} = 3.5$

54. 유성기어 장치를 2조로 사용하고 있는 자동변속기에서 선 기어 잇수 20, 링 기어 잇수 80일 때 총 변속비는?(단, 제1유성기어 : 링 기어 구동, 선 기어 고정, 제2유성기어 : 링 기어 고정, 선 기어 구동)

① 1.25　　② 5
③ 6.25　　④ 16

$Rt = \frac{Sz + Rz}{Sz} + \frac{Sz + Rz}{R_z}$ [Rt : 총변속비, Sz : 선 기어 잇수, Rz : 링 기어 잇수]

$\therefore \left(\frac{20+80}{20}\right) + \left(\frac{20+80}{80}\right) = 6.25$

55. A의 잇수는 90, B의 잇수가 30일 때 A를 고정하고 D를 오른쪽으로 3회전 할 경우 B의 회전수는?

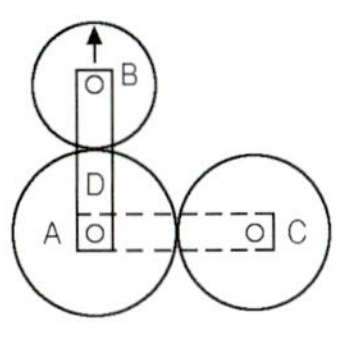

① 왼쪽으로 18회전　　② 왼쪽으로 12회전
③ 오른쪽으로 18회전　　④ 오른쪽으로 12회전

$\frac{B-D}{D} = \frac{A'}{B'} = \frac{B-3}{-3} = \frac{90}{30}$　$\therefore B = +12$

56. 자동변속기 오일의 구비조건이 아닌 것은?

① 기포가 발생하지 않을 것　　② 점도지수 변화가 클 것
③ 침전물 발생이 적을 것　　④ 저온 유동성이 좋을 것

자동변속기 오일의 구비조건은 ①,③,④항 이외에 점도지수가 크고, 청정성이 있을 것

57. 자동변속기 오일의 구비조건이 아닌 것은?

① 유성이 좋을 것　　② 내산성이 작을 것
③ 점도가 적당할 것　　④ 비중이 클 것

58. 무단변속기(CVT)의 구동방식이 아닌 것은?

① 스테이터 조합형　　② 벨트 드라이브식
③ 트랙션 드라이브식　　④ 유압모터/펌프 조합형

59. 승용차용으로 적당하지 않는 무단변속기의 형식은?

① 금속 벨트식 ② 금속 체인식

③ 트랙션 드라이브식 ④ 유압모터/펌프의 조합식

유압모터/펌프의 조합형은 농기계나 상업 장비에서 사용한다.

60. 무단변속기의 장점과 가장 거리가 먼 것은?

① 내구성이 향상된다.

② 동력성능이 향상된다.

③ 변속패턴에 따라 운전하여 연비가 향상된다.

④ 파워트레인 통합제어의 기초가 된다.

무단변속기는 벨트를 통하여 변속이 이루어지며, 특징은 변속충격이 적고, 동력성능이 향상되며, 운전 중 용이하게 감속비를 변화시킬 수 있고, 변속패턴에 따라 운전하여 연비가 향상되며, 파워트레인 통합제어의 기초가 되는 장점이 있으나 큰 동력을 전달할 수 없고, 내구성이 적은 단점이 있다.

61. 무단변속기 차량의 CVT ECU에 입력되는 신호가 아닌 것은?

① 스로틀포지션 센서 ② 브레이크 스위치

③ 라인압력 센서 ④ 킥다운 서보 스위치

CVT ECU로 입력되는 센서에는 오일온도 센서, 유압센서(라인압력 센서), 스로틀포지션 센서, 브레이크 스위치, 회전속도 센서 등이 있다.

62. 자동 정속주행 장치에 해당되지 않는 부품은?

① 차속 센서(Speed Sensor)

② 클러치 스위치(Clutch Switch)

③ 복귀 스위치(Resume Switch)

④ 크랭크앵글 센서(Crank Angle Sensor)

63. 일반적인 오토크루즈 컨트롤 시스템(Auto cruise control system)에서 정속주행 모드의 해제조건으로 틀린 것은?

① 주행 중 브레이크를 밟을 때

② 수동변속기 차량에서 클러치를 차단할 때

③ 자동변속기 차량에서 인히비터 스위치를 P나 N 위치에 놓았을 때

④ 주행 중 차선변경을 위해 조향하였을 때

정속주행 모드가 해제되는 경우

① 주행속도가 40km/h 이하일 때

② 주행 중 브레이크 페달을 밟을 때

③ 수동변속기 차량에서 클러치를 차단할 때

④ 자동변속기 차량에서 인히비터 스위치를 P나 N 위치에 놓았을 때

64. 자동차 동력전달장치에서 오버드라이브는 어느 것을 이용하는 것인가?

① 기관의 회전속도 ② 기관의 여유출력

③ 차의 주행저항 ④ 구동바퀴의 구동력

오버드라이브 장치는 기관의 여유출력을 이용한 장치이며, 추진축의 회전속도를 크랭크축의 회전속도보다 빠르게 하는 장치이다.

65. 오버드라이브(over drive) 장치에 대한 설명으로 틀린 것은?

① 기관의 여유출력을 이용하기 때문에 기관의 회전속도를 약 30% 정도 낮추어도 그 주행속도를 유지할 수 있다.

② 자동변속기에서도 오버드라이브가 있어 운전자의 의지(주행속도, TPS 개도량)에 따라 그 기능을 발휘하게 된다.

③ 속도가 증가하기 때문에 윤활유 소비가 많고 연료소비가 증가하기 때문에 운전자는 이 기능을 사용하지 않는 것이 유리하다.

④ 기관의 수명이 향상되고 또한 운전이 정숙하게 되어 승차감도 향상된다.

오버드라이브 장치

① 평탄한 도로를 주행할 때 약 20% 정도의 연료가 절약된다.

② 기관의 수명이 향상되고 또한 운전이 정숙하게 되어 승차감도 향상된다.

③ 기관의 여유출력을 이용하기 때문에 기관의 회전속도를 약 30% 정도 낮추어도 그 주행속도를 유지할 수 있다.

④ 자동변속기에서도 오버드라이브가 있어 운전자의 의지(주행속도, TPS 개도량)에 따라 그 기능을 발휘하게 된다.

66. 싱글 피니언 유성기어장치를 사용하는 오버 드라이브장치에서 선기어가 고정된 상태에서 링 기어를 회전시키면 유성기어 캐리어는?

① 회전수는 링 기어보다 느리게 된다.

② 링 기어와 함께 일체로 회전하게 된다.

③ 반대방향으로 링 기어 보다 빠르게 회전하게 된다.

④ 캐리어는 선 기어와 링 기어 사이에 고정된다.

선기어가 고정된 상태에서 링 기어를 회전시키면 유상기어 캐리어의 회전수는 링 기어보다 느려진다.

3. 드라이브라인과 동력배분장치

01. 변속기와 차동장치를 연결하며 두 축 간의 충격의 완화와 각도변화를 융통성 있게 동력 전달하는 기구는?

① 드라이브 샤프트(drive shaft)

② 유니버설 조인트(universal joint)

③ 파워 시프트(power shift)

④ 크로스 멤버(cross member)

유니버설 조인트(자재이음)는 변속기와 차동장치를 연결하며, 두 축 간의 충격의 완화와 각도변화를 융통성 있게 동력 전달하는 기구이다.

02. 가죽을 겹친 가용성 원판을 넣고 볼트로 고정한 축 이음은?

① 플렉시블 조인트 ② 등속 조인트

③ 훅 조인트 ④ 트러니언 조인트

플렉시블 조인트는 가죽을 겹친 가용성 원판을 넣고 볼트로 고정한 축 이음이다.

03. 다음 중 플렉시블 자재이음의 종류가 아닌 것은?

① 사일런트 블렉 조인트

② 다각형레버 조인트

③ 이중 십자형 자재이음

④ 하드디스크

이중 십자형 자재이음은 CV 자재이음의 한 종류이다.

04. 등속 자재이음의 등속원리를 바르게 설명한 것은?

① 구동축과 피동축의 접촉점이 축과 만나는 각의 2등분선 상에 있다.

② 횡축과 종축의 접촉점이 축과 만나는 각의 2등분선 상에 있다.

③ 구동축과 피동축의 접촉점이 구동축 선 위에 있다.

④ 횡축과 종축의 접촉점이 종축의 선 위에 있다.

등속원리는 구동축과 피동축의 접촉점이 축과 만나는 각의 2등분선 상에 있다.

05. 자동차 동력전달 계통의 이음 중 구동축과 회전축의 경사각이 30° 이상에서 동력전달이 가능한 이음은?

① 버필드 이음

② 플렉시블 이음

③ 슬립 이음

④ 십자형 자재이음

버필드 이음은 앞바퀴 구동방식 차량의 구동축의 바깥쪽 자재이음으로 사용되며, 자재이음 중 구동축과 회전축의 경사각이 30° 이상에서도 동력전달이 가능하다.

06. 앞바퀴 구동 승용차에서 드라이브 샤프트가 변속기 측과 차륜 측에 2개의 조인트로 구성되어 있다. 변속기 측에 있는 조인트는?

① 더블 오프셋 조인트(double offset joint)
② 버필드 조인트(birfield joint)
③ 유니버설 조인트(universal joint)
④ 플렉시블 조인트(flexible joint)

더블 오프셋 조인트는 앞바퀴 구동 승용차 드라이브 샤프트의 변속기 쪽에 있는 조인트이다.

07. 추진축의 토션 댐퍼가 하는 일은?

① 완충작용　　② 토크(torque) 전달
③ 회전력 상승　　④ 전단력 감소

토션 댐퍼는 앞 추진축 끝 부분에 센터 베어링과 함께 설치되어 추진축의 비틀림 진동을 흡수하는 작용을 한다.

08. 추진축의 센터 베어링에 관한 설명으로 틀린 것은?

① 볼 베어링을 고무제의 베어링 베드에 설치한다.
② 베어링 베드의 외주를 다시 원형 강판으로 감싼다.
③ 차체에 고정할 수 있는 구조이다.
④ 분할방식 추진축을 사용할 때는 설치되지 않는다.

센터 베어링은 분할방식 추진축을 사용할 때 설치한다.

09. 추진축이 기하학적 중심과 질량적 중심이 일치하지 않을 때 일어나는 현상은?

① 롤링(rolling) 진동　　② 요잉(yawing) 진동
③ 휠링(whirling) 진동　　④ 피칭(pitching) 진동

추진축이 기하학적 중심과 질량적 중심이 일치하지 않을 때 일어나는 현상을 휠링 진동이라 한다.

10. 추진축에서 공명진동이 발생하는 회전속도를 무엇이라 하는가?

① 최고 회전속도　　② 최대응력 회전속도
③ 고유진동 회전속도　　④ 위험 회전속도

추진축에서 공명진동이 발생하는 회전속도를 위험 회전속도라고 한다.

11. 추진축의 외경 90mm, 내경 80mm, 길이가 1000mm인 경우 위험 회전수?(단, 재질은 강관이다.)

① 1150rpm　　② 5732rpm
③ 14450rpm　　④ 17149rpm

$Pc = 0.12 \times 10^9 \times \dfrac{\sqrt{D^2 + d^2}}{L^2}$ [Pc : 추진축의 위험 회전속도, D : 추진축의 외경, d : 추진축의 내경, L : 추진축의 길이]

$\therefore\ 0.12 \times 10^9 \times \dfrac{\sqrt{90^2 + 80^2}}{1000^2} = 14449.9$

12. 어떤 엔진을 다이나모미터에 걸고 전부하 상태로 변속기를 제3속(감속비 1.5)에 넣고 운전했는데 추진축의 회전수가 800rpm이었다. 엔진의 발생토크는?(단, 엔진의 전부하시의 성능은 다음과 같다.)

회전수(rpm)	1000	1200	1400	1600	1800	2000
출력(ps)	60	67	82	88	102	108
토크(kgf·m)	42.5	43	42.8	42.3	41.5	40.5

① 40.kgf·m5
② 41.5kgf·m
③ 42.5kgf·m
④ 43kgf·m

$E_N = Rt \times P_N$ [E_N : 엔진 회전수, Rt : 변속비, P_N : 추진축 회전수]

$\therefore\ 1.5 \times 800rpm = 1200rpm$ 따라서 도표 상에서 엔진 회전수 1200rpm일 때의 발생 토크는 43kgf·m이다.

13. 어떤 기관의 해체정비를 완료하였다. 동력계에 설치하여 성능을 조사한 결과 변속기를 제2속에 넣고 운전하였을 때 추진축에 전달되는 토크가 60kgf·m, 추진축의 회전수가 1000rpm이었다. 이때 엔진의 회전수는 얼마인가?(단 변속기의 제2속 변속비는 1.5이다.)

① 100rpm
② 1200rpm
③ 1500rpm
④ 1400rpm

$E_N = Rt \times P_N$ [E_N : 엔진 회전수, Rt : 변속비, P_N : 추진축 회전수]

$\therefore\ 1.5 \times 1000rpm = 1500rpm$

14. 어떤 기관의 축 출력은 5000min^{-1}에서 75kW 이고 구동륜에서 측정한 출력이 64kW이면 동력전달장치의 총 효율은?

① 약 0.853%
② 약 85.3%
③ 약 15%
④ 약 58.9%

$\eta t = \frac{E_{kW}}{W_{kW}} \times 100$ [ηt : 동력전달 장치의 총 효율, E_{kW} : 기관의 축 출력, W_{kW} : 구동륜에서 측정한 출력]

$\therefore\ \frac{64kW}{75kW} \times 100 = 85.3\%$

15. 동력전달 장치에 사용되는 종 감속장치의 기능으로 틀린 것은?

① 회전토크를 증가시켜 전달한다.
② 회전속도를 감소시킨다.
③ 필요에 따라 동력전달 방향을 변환시킨다.
④ 축 방향 길이를 변화시킨다.

종 감속장치의 기능은 엔진의 회전속도를 감소시켜 회전토크를 증가시켜 바퀴로 전달하며, 필요에 따라 동력전달 방향을 변환시킨다.

16. 자동차 종 감속장치에 주로 사용되는 기어형식은?

① 하이포이드 기어
② 더블헬리컬 기어
③ 스크루 기어
④ 스퍼 기어

종 감속장치에서 주로 사용하는 기어형식은 하이포이드 기어이다.

17. 후륜구동 차량의 종감속 장치에서 구동피니언과 링 기어 중심선이 편심되어 추진축의 위치를 낮출 수 있는 것은?

① 베벨 기어
② 스퍼 기어
③ 웜과 웜기어
④ 하이포이드 기어

하이포이드 기어는 구동피니언과 링 기어 중심선이 편심되어 추진축의 위치를 낮출 수 있다.

18. 자동차의 종감속장치인 하이포이드 기어의 장점이 아닌 것은?

① 추진축 높이를 낮출 수 있다.
② 기어 물림률이 커 회전이 정숙하다.
③ 무게중심이 낮아져 안전성이 증대된다.
④ 기어 이의 폭 방향으로 미끄럼 접촉을 하므로 압력이 작다.

하이포이드 기어는 ①,②,③항 이외에 구동 피니언을 크게 할 수 있어 강도가 증가되는 장점이 있으며, 기어 이의 폭 방향으로 미끄럼 접촉을 하므로 압력이 커 극압 윤활유를 사용하여야 하는 단점이 있다.

19. 종 감속기어에 사용되는 하이포이드 기어의 장점에 해당되는 것은?

① 구동 피니언을 크게 할 수 있어 강도가 증가된다.
② 기어 물림율을 적게 하여 회전이 정숙하다.
③ 구동 피니언의 오프셋에 의해 추진축 높이를 높게 한다.
④ 주행성은 향상되나 안전성은 나빠진다.

20. 종감속비를 결정하는 요소가 아닌 것은?

① 차량중량
② 제동성능
③ 가속성능
④ 엔진의 출력

종감속비는 엔진의 출력, 자동차의 중량, 자동차의 최고속도, 앞지르기 및 가속성능, 연료소비율 및 배출가스, 등판능력 등에 의해 결정된다.

21. 종감속 기어비가 자동차 성능에 영향을 미치는 인자가 아닌 것은?

① 자동차의 최고속도
② 추월 가속성능
③ 연료소비율 및 배출가스
④ 제동능력

22. 자동차의 1단 감속비가 3.33 : 1이고, 뒤 차축 기어장치의 감속비가 4.11 : 1일 때 총 감속비는 얼마인가?

① 16.39 : 1
② 7.44 : 1
③ 13.69 : 1
④ 12 : 1

$Tr = Rt \times Rf$ [Tr : 총감속비, Rt : 변속비, Rf : 종감속비]

∴ 3.33×4.11=13.69

23. 변속기에 제3속의 감속비가 1.5이고 종 감속장치의 구동 피니언의 잇수가 7, 링 기어의 잇수가 35일 때 제3속의 총 감속비는?

① 1.5 ② 5.0

③ 7.5 ④ 16.3

① $Rf = \frac{Rz}{Pz}$ [Rf : 종감속비, Rz : 링 기어의 잇수 Pz : 구동 피니언의 잇수]

$\therefore \frac{35}{7} = 5$

② $Tr = Rt \times Rf$

$\therefore 1.5 \times 5 = 7.5$

24. 자동차가 요철이 심한 노면을 주행할 때 좌우 구동륜의 구동토크를 균등하게 분배하는 것은?

① 현가장치

② 차동장치

③ 4WS(wheel steering)장치

④ ABS(anti-lock brake system)장치

차동장치는 자동차가 선회할 때 양쪽 바퀴가 미끄러지지 않고 원활하게 선회하려면 바깥쪽 바퀴가 안쪽 바퀴보다 더 많이 회전하여야 하며, 또 울퉁불퉁한 도로면을 주행할 때에도 양쪽 바퀴의 회전속도가 달라져야 한다. 즉, 차동장치는 도로면의 저항을 적게 받는 구동 바퀴 쪽으로 동력이 전달될 수 있도록 한다.

25. 동력전달장치에서 차동기어장치의 구조 및 작동에 대한 설명으로 틀린 것은?

① 래크와 피니언 기어의 원리를 이용하여 좌우 바퀴의 회전수를 변화시킨다.

② 피니언 기어, 피니언 축, 사이드 기어로 구성되어 있다.

③ 피니언 기어는 직진주행 시 자전하고 선회 시 공전한다.

④ 사이드 기어는 차동 피니언 기어와 맞물려 있다.

자동차가 평탄한 도로를 직진할 때에는 좌우 구동바퀴의 회전저항이 같기 때문에 좌우 사이드 기어는 동일한 회전속도로 차동 피니언의 공전(空轉)에 따라 전체가 1개의 덩어리가 되어 회전한다. 그러나 차동작용은 좌우 구동 바퀴의 회전저항 차이에 의해 발생하고, 바퀴를 통과하는 도로면의 길이에 따라 회전하므로 곡선도로를 선회할 때 안쪽 바퀴는 바깥쪽 바퀴보다 저항이 증대되어 회전속도가 감소하며 그 분량만큼을 바깥쪽 바퀴를 가속시킨다.

26. 베벨(bevel)기어식 종감속/차동장치가 장착된 자동차가 급커브를 천천히 선회하고 있을 때 차동 케이스내의 어떤 기어들이 자전하고 있는가?

① 외측 차동 사이드 기어들만

② 차동 피니언들만

③ 차동 피니언과 차동 사이드 기어 모두

④ 외 · 내측 차동 사이드 기어들만

차동작용은 좌우 구동바퀴의 회전저항 차이에 의해 발생하므로 커브를 돌 때 안쪽 바퀴는 바깥쪽 바퀴보다 저항이 커져 회전속도가 감소하며, 감소한 분량만큼 반대쪽 바퀴를 가속하게 되는데 이때 차동 피니언과 차동 사이드 기어 모두 자전을 한다.

27. 엔진 회전속도가 2,418rpm인 자동차의 변속비 및 종감속비가 각각 2.5, 6.2일 때 오른쪽 바퀴의 회전속도가 186rpm이면 왼쪽 바퀴의 회전속도는 몇 rpm인가?

① 126　　② 156
③ 252　　④ 312

$Tn_1 = \frac{En}{Rt \times Rf} \times 2 - Tn_2$ [Tn : 바퀴 회전수, En : 엔진 회전수, Rt : 변속비, Rf : 종감속비]

$\therefore \frac{2418}{2.5 \times 6.2} \times 2 - 186 = 126rpm$

28. 엔진회전수가 2000rpm으로 주행 중인 자동차에서 수동변속기의 감속비가 0.8이고, 차동장치 구동피니언의 잇수가 6, 링 기어의 잇수가 30일 때, 왼쪽바퀴가 600rpm으로 회전한다면 오른쪽 바퀴의 회전속도는?

① 400rpm　　② 600rpm
③ 1000rpm　　④ 2000rpm

① $Rf = \frac{Rz}{Pz}$　$\therefore \frac{30}{6} = 5$

② $Tn_1 = \frac{En}{Rt \times Rf} \times 2 - Tn_2$ [Tn : 바퀴 회전수, En : 엔진 회전수, Rt : 변속비, Rf : 종감속비]

$\therefore \frac{2000}{0.8 \times 5} \times 2 - 600 = 400rpm$

29. 기관 회전수가 2000rpm, 변속비가 2 : 1, 종 감속비가 5 : 1인 자동차가 선회주행을 하고 있을 때 자동차 좌측바퀴가 10km/h 속도로 주행한다면 우측바퀴의 속도는?(단, 바퀴의 원둘레 : 120cm)

① 10.2km/h
② 14.6km/h
③ 18.8km/h
④ 20.2km/h

$Tn_1 = \frac{En \times tr}{Rt \times Rf} \times 2 - Tn_2$ [Tn : 바퀴속도 , En : 엔진 회전수, tr : 바퀴 원둘레, Rt : 변속비, Rf : 종 감속비

$\therefore \frac{2000 \times 0.12 \times 60}{2 \times 5 \times 100} \times 2 - 10 = 18.8km/h$

30. 종감속 기어의 구동 피니언 잇수가 8, 링 기어의 잇수가 48 인 자동차가 직선으로 달릴 때, 추진축의 회전수가 1800rpm이다. 이 자동차가 회전할 때 안쪽바퀴가 250rpm하면 바깥 바퀴는 몇 회전하는가?

① 150rpm　　② 250rpm
③ 350rpm　　④ 450rpm

① $Rf = \frac{Rz}{Pz}$　$\therefore \frac{48}{8} = 6$

② $Tn_1 = \frac{Pn}{Rf} \times 2 - Tn_2$ [Tn : 바퀴 회전수, Pn : 추진축 회전수]

$\therefore \frac{1800}{6} \times 2 - 250 = 350rpm$

31. 차동제한 장치(differential lock system)에 대한 설명으로 틀린 것은?

① 수렁을 지날 때 양쪽 바퀴에 구동력을 전달한다.

② 선회 시 바깥쪽의 바퀴는 회전하게 하고 안쪽 바퀴는 회전을 하지 못하게 하는 장치이다.

③ 논 슬립(non-slip)장치 또는 논 스핀(non-spin)장치가 있다.

④ 미끄러운 노면에서 출발이 용이하다.

차동제한 장치의 종류에는 논 슬립형식과 논 스핀형식이 있으며, 수렁을 지날 때 양쪽 바퀴에 구동력을 전달하므로 미끄러운 노면에서 출발이 용이하다.

32. 자동 차동제한 장치(LSD)의 특징 설명으로 틀린 것은?

① 미끄러지기 쉬운 모랫길이나 습지 등과 같은 노면에서 출발이 용이

② 타이어의 수명을 연장

③ 직진주행 시에는 좌우바퀴의 구동력 오차로 인하여 안정된 주행

④ 요철노면 주행 시 후부의 흔들림을 방지

자동 차동제한 장치(LSD)의 특징은 ①, ②, ④항 이외에

① 토크비례식과 회전속도 감응형식 등이 있다.

② LSD는 차동장치에 차동제한 기구를 추가시킨 것이다.

③ 눈길 및 빗길 등에서 미끄러지는 것을 최소화하기 위한 장치이다.

④ 타이어 수명을 연장하며, 고속 직진주행 할 때 안전성이 양호하다.

33. 차동제한 장치(limited slip differential)에 대한 설명으로 틀린 것은?

① 차동장치에 차동제한 기구를 추가시킨 것이 LSD이다.

② 눈길 및 빗길 등에서 미끄러지는 것을 최소화하기 위한 장치이다.

③ 직진주행을 더욱 원활하게 하기 위한 장치이다.

④ 토크비례식과 회전속도 감응형식 등이 있다.

34. 바퀴를 빼지 않고도 액슬 축을 빼낼 수 있는 차축 지지방식은?

① 1/4부동식

② 전부동식

③ 3/4부동식

④ 반부동식

전부동식의 안쪽은 차동 사이드기어와 스플라인으로 결합되고, 바깥쪽은 차축허브와 결합되어 차축허브에 브레이크 드럼과 바퀴가 설치된 형식으로 바퀴를 빼지 않고도 차축을 뺄 수 있다.

35. 동력전달장치에서 종감속 기어의 조정 및 취급이 용이하고, 차동캐리어를 차축에서 분해할 수 있도록 한 형식은?

① 차축 하우징　　② 분할형 하우징

③ 벤조형 하우징　　④ 빌드업형 하우징

벤조형은 차동기어 캐리어를 차축 하우징에 떼어낼 수 있게 된 것으로 종감속 기어의 종정 및 다루기가 쉽다.

36. 4륜 구동방식(4WD)의 장점과 거리가 먼 것은?

① 등판성능 및 견인력 향상　　② 부드러운 발진 및 가속성능

③ 고속주행 시 직진안정성 향상　　④ 눈길, 빗길 선회 시 제동안정성 우수

4륜 구동방식의 특징

① 등판능력 및 견인력이 향상된다.

② 조향성능과 안전성이 향상된다.

③ 부드러운 발진 및 가속성능 및 제동력이 향상된다.

④ 고속으로 주행할 때 직진안정성이 향상된다.

⑤ 연료소비율이 크다.

37. 4WD시스템의 전기식 트랜스퍼(EST : Electric Shift Transfer)의 스피드 센서인 펄스 제네레이터 센서에 대한 설명으로 틀린 것은?

① 마그네틱 센서로서 교류전압이 발생한다.

② 회전속도에 비례하여 주파수가 변한다.

③ 컴퓨터는 주파수를 감지하여 출력축 회전속도를 검출한다.

④ 4L 모드 상태에서의 출력파형은 4H 모드에 비하여 시간 당 주파수가 많다.

4L 모드는 4륜구동 저속을 나타내며, 최대 견인할 때 사용하는 위치이다. 4H 모드는 4륜구동 고속을 나타내며, 진흙, 모래, 눈길을 주행할 때 사용한다. 4L 모드 상태에서의 출력 파형은 4H 모드에 비하여 시간당 주파수가 적다.

38. 기관의 토크는 1,500rpm에서 20.06kgf·m이다. 2단 변속비는 1.5 : 1이고 종감속 장치의 피니언 잇수는 10개, 링 기어의 잇수는 35개이다. 이때 구동차축에 전달되는 토크(kgf·m)는?

① 30.09　　② 70.21

③ 52.66　　④ 105.32

$T = E_T \times Rt \times Rf$ [T : 전달토크, E_T : 엔진토크, Rt : 변속비, Rf : 종감속비]

$\therefore\ 20.06 \times 1.5 \times \frac{35}{10} = 105.32 kgf{\cdot}m$

39. 자동차가 72km/h로 주행하기 위한 엔진의 실마력은?(단, 전 주행저항은 75kgf이고, 동력전달 효율은 0.8이다.)

① 20PS　　② 23PS

③ 25PS　　④ 30PS

$R_{PS} = \frac{Tdr \times v}{75 \times \eta}$ [R_{PS} : 엔진의 실마력, Tdr : 전 주행저항, v : 주행속도(m/s), η : 동력전달 효율]

$\therefore\ \frac{75 \times 20}{75 \times 0.8} = 25PS$[72km/h=20m/s

40. 어떤 자동차의 공차질량이 1510kg일 때 공차중량은?

① 약 14808N　　② 약 14808kg

③ 약 15100N　　④ 약 15100kg

1kg=9.80665N이므로 1510kg×9.80665=14808N

제5장

현가장치

5-1 일반적인 현가장치

현가장치는 주행 중 도로면으로부터 전달되는 충격이나 진동을 완화시켜 바퀴와 도로면의 점착성을 향상시키고 승차감을 향상시킨다.

현가장치는 주로 차체(body)와 차축사이에 설치되며, 스프링을 비롯하여 스프링의 자유진동을 흡수하여 승차감을 향상시키는 쇽업소버, 좌우 진동을 방지하는 스태빌라이저 등이 있다.

최근에는 컴퓨터로 조절하는 ECS(전자제어 현가장치)가 실용화되어 있다.

1. 현가장치의 구성부품

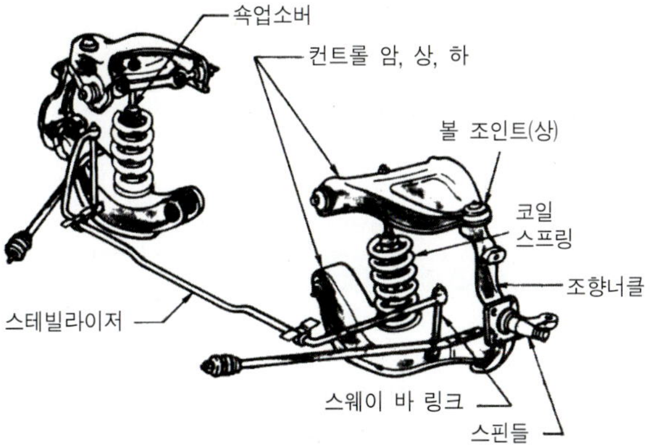

현가장치의 구성부품

[1] 스프링(spring)

스프링에는 판스프링(leaf spring), 코일 스프링(coil spring), 토션 바 스프링(torsion bar spring) 등의 금속제 스프링과 고무 스프링(rubber spring), 공기 스프링(air spring) 등의 비금속제 스프링 등이 있다.

(1) 판스프링(leaf spring)

스프링 강을 적당히 구부린 띠 모양으로 된 것을 몇 장 겹쳐서 그 중심에서 중심볼트

(center bolt)로 조인 것이다. 맨 위쪽에 길이가 가장 긴 주 스프링 판의 양끝에는 스프링 아이(spring eye)를 두고 섀클 핀을 통하여 차체에 설치한다.

그리고 스프링 아이 중심사이의 거리를 스팬(span), 판스프링의 휨량을 캠버(camber)라 한다. 판스프링을 차체에 설치한 부분을 브래킷 또는 행거(bracket or hanger)라 하며, 다른 끝은 섀클(shackle)이라고 한다.

섀클은 스팬의 길이 변화를 위하여 설치한다.

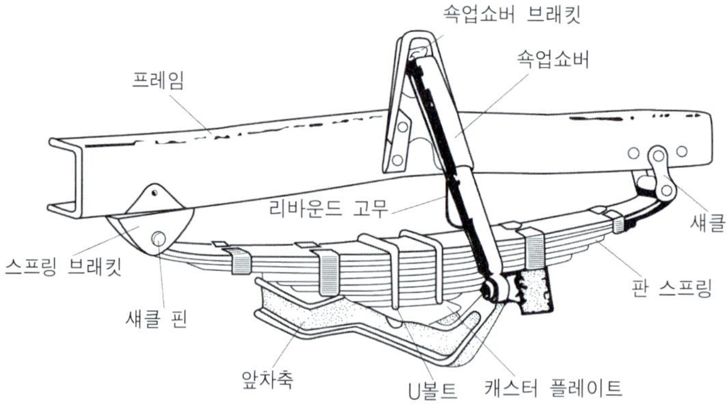

판스프링의 설치상태와 구조

(2) 코일 스프링(coil spring)

코일 스프링은 스프링 강을 코일 모양으로 제작한 것이며, 외부의 힘에 의해 변형되는 경우 판스프링은 구부러지면서 응력을 받으나 코일 스프링은 코일 1개 단면마다 비틀림에 의해 응력을 받는다.

미세한 진동에도 민감하게 작용하므로 현재의 승용차에서는 앞·뒷차축에서 모두 사용한다.

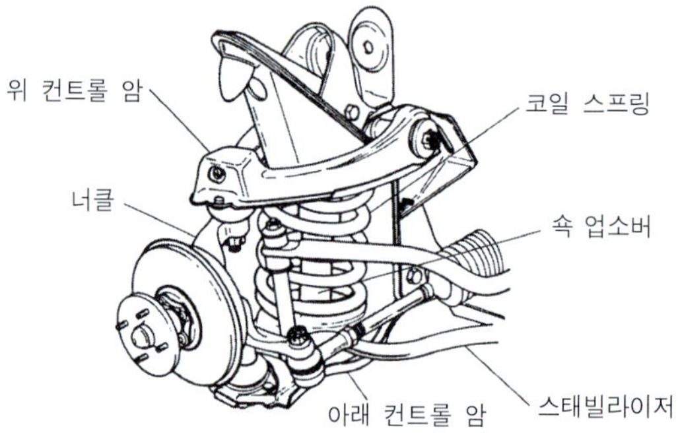

코일 스프링의 설치상태

(3) 토션바 스프링(torsion bar spring)

토션바 스프링은 막대를 비틀었을 때 탄성에 의해 본래의 위치로 복원하려는 성질을 이용한 스프링 강의 막대이다. 이 스프링은 단위중량 당의 에너지 흡수율이 매우 크며 가볍고 구조가 간단하다.

스프링의 힘은 막대(bar)의 길이와 단면적으로 정해지며 진동의 감쇠작용이 없어 쇽업소버를 병용하여야 하며 좌 · 우의 것이 구분되어 있다.

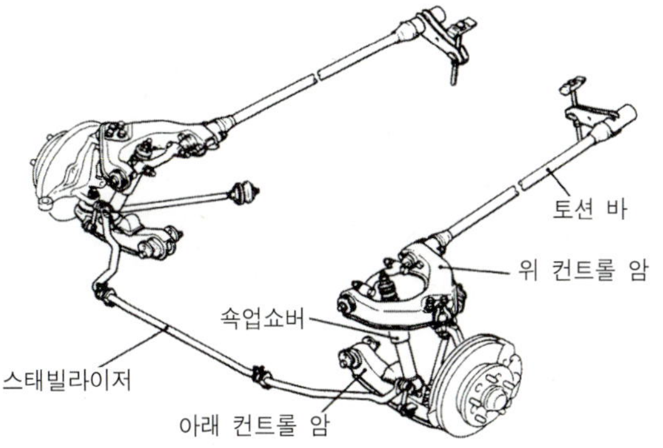

토션바 스프링의 설치상태

[2] 쇽업소버(shock absorber)

쇽업소버는 도로면에서 발생한 스프링의 진동을 흡수하여 승차감을 향상시키고 동시에 스프링의 피로를 감소시키기 위해 설치하는 기구이다.

쇽업소버는 스프링이 압축될 때에는 급격히 압축되고 늘어날 때는 천천히 작용하여 스프링의 상하 운동에너지를 열에너지로 변환시키는 일을 한다. 쇽업소버의 종류는 다음과 같다.

(1) 텔리스코핑 형(telescoping type) 쇽업소버

안내를 겸한 가늘고 긴 실린더의 조합으로 되어 있으며, 내부에는 차축과 연결되는 실린더와 차체에 연결되는 피스톤 로드가 있으며, 피스톤의 상하 실린더에는 오일이 가득 채워져 있다.

피스톤에는 오일이 통과하는 작은 구멍(오리피스 ; orifice)이 있고, 이 구멍에는 밸브가 설치되어 있다. 텔리스코핑형 쇽업소버의 종류에는 단동식과 복동식이 있다.

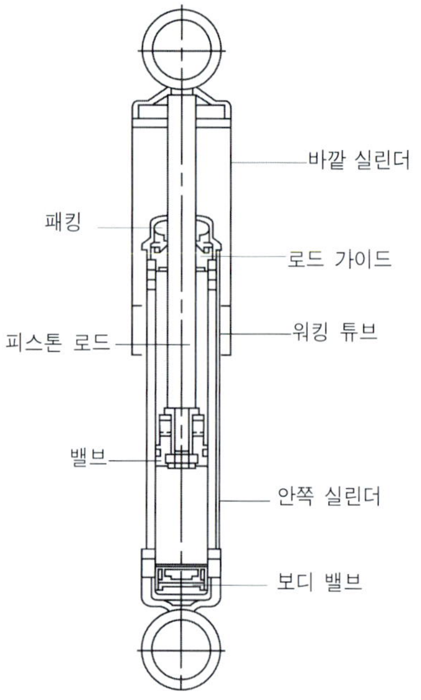

텔리스코핑형 쇽업소버

(2) 드가르봉 형(가스 봉입방식)쇽업소버

유압식의 일종으로 프리 피스톤(free piston)을 더 두고 있으며, 프리 피스톤의 위쪽에는 오일이 들어 있고, 아래쪽에는 고압(30kgf/cm^2)의 질소가스가 봉입되어 내부에 압력이 걸려 있다.

작동은 쇽업소버가 압축될 때 오일이 오일실 A(피스톤 아래쪽)의 유압에 의해 피스톤에 설치된 밸브의 바깥둘레가 열려 오일실 B로 들어온다.

이때 밸브를 통과하는 오일의 유동 저항으로 인해 피스톤이 하강함에 따라 프리 피스톤도 압력을 받는다. 쇽업소버의 작동이 정지하면 프리 피스톤 아래쪽의 질소가스가 팽창하여 프리 피스톤을 밀어 올려 오일실 A의 오일에 압력을 가한다.

그리고 쇽업소버가 늘어날 때에는 피스톤의 밸브는 바깥둘레를 지점으로 하여 오일실 B에서 A로 이동하지만 오일실 A의 압력이 낮아지므로 프리 피스톤이 상승한다. 또 늘어남이 정지하면 프리 피스톤은 원위치로 복귀한다.

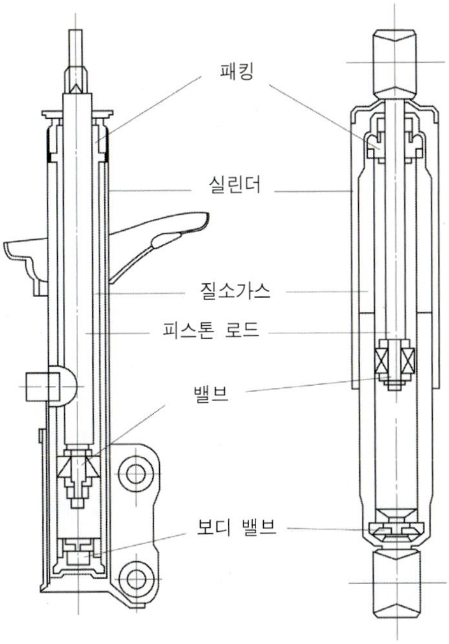

드가르봉형 쇽업소버의 구조

[3] 스태빌라이저(stabilizer)

스태빌라이저는 토션바 스프링의 일종이며, 양끝이 좌 · 우의 컨트롤 암에 연결되며 중앙부분은 차체에 설치되어 선회할 때 차체가 롤링(rolling ; 좌우 진동)하는 것을 방지하며, 차체의 기울기를 감소시켜 평형을 유지한다.

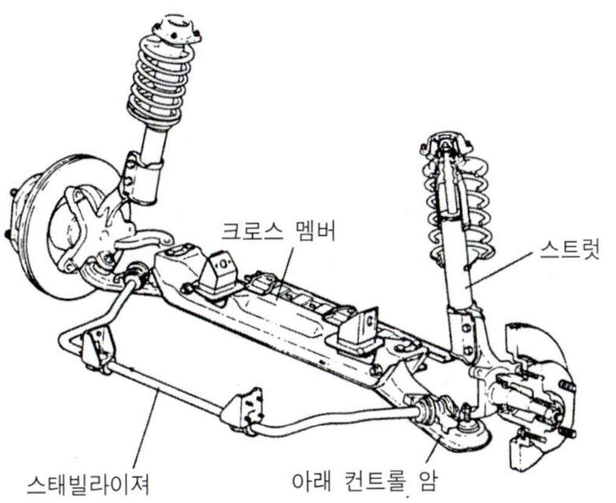

스태빌라이저의 설치상태

2. 현가장치의 종류

현가장치에는 구조상 일체차축 현가방식, 독립차축 현가방식, 공기 현가방식, 전자제어 현가방식(ECS) 등이 있다.

[1] 일체차축 현가방식

일체로 된 차축에 좌 · 우 바퀴가 설치되며, 차축은 스프링을 거쳐 차체(또는 프레임)에 설치된 형식이다. 일체차축 현가방식의 특징은 다음과 같다.

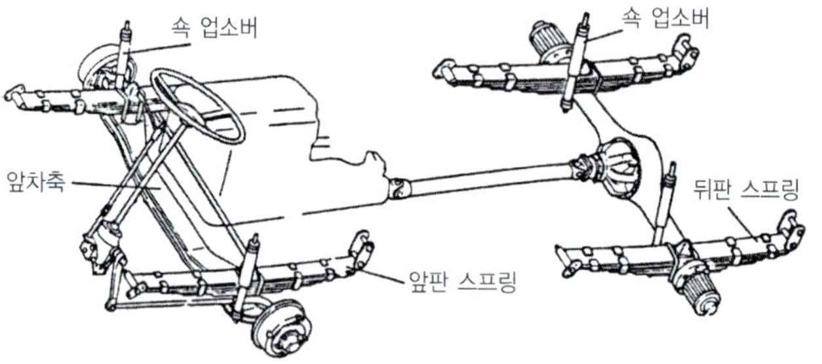

일체차축 현가방식의 구조

① 부품수가 적어 구조가 간단하다.

② 선회할 때 차체의 기울기가 적다.

③ 스프링 밑 질량이 커 승차감이 불량하다.

④ 앞바퀴에 시미(shimmy) 발생이 쉽다.

⑤ 스프링 정수가 너무 적은 것은 사용하기 어렵다.

[2] 독립차축 현가방식

차축을 분할하여 양쪽 바퀴가 서로 관계없이 움직이도록 하여 승차감과 안정성을 향상시킨 것이다. 독립차축 현가방식의 특징은 다음과 같다.

① 스프링 밑 질량이 작아 승차감이 좋다.

② 바퀴의 시미 현상이 적으며, 로드홀딩(road holding)이 우수하다.

③ 스프링 정수가 작은 것을 사용할 수 있다.

④ 구조가 복잡하므로 값이나 취급 및 정비 면에서 불리하다.

⑤ 볼 이음이 많아 그 마멸에 의한 휠 얼라인먼트가 틀려지기 쉽다.

⑥ 바퀴의 상하운동에 따라 윤거(tread)나 휠 얼라인먼트(wheel alignment)가 틀려지기 쉬워 타이어 마멸이 크다.

(1) 위시본형(wishbone type)

위 · 아래 컨트롤 암의 길이에 따라 평행사변형 형식과 SLA형식이 있다. 위시본 형식은 스프링이 피로하거나 약해지면 바퀴의 윗부분이 안쪽으로 움직여 부의 캠버가 된다.

① **평행사변형 형식** : 위 · 아래 컨트롤 암을 연결하는 4점이 평행사변형을 이루고 있으며, 바퀴가 상하운동을 하면 조향너클과 연결하는 2점이 평행이동을 하여 윤거가 변화하므로 타이어 마멸이 촉진된다. 그러나 캠버의 변화가 없으므로 선회주행에서 안전성이 증대된다.

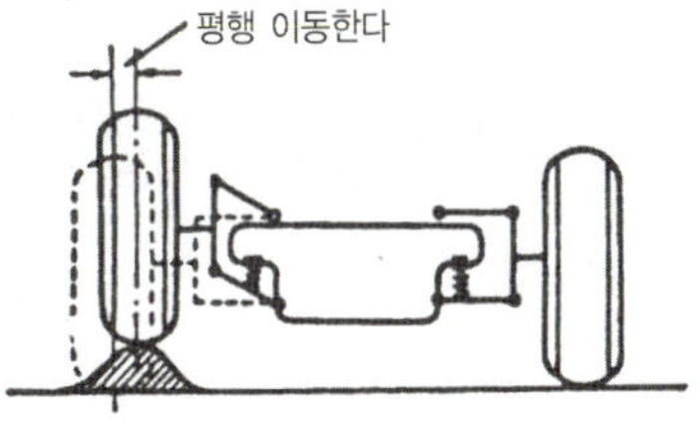

평행사변형 형식

② **SLA형식(short long arm type)** : 아래 컨트롤 암이 위 컨트롤 암보다 긴 것이며, 바퀴가 상하운동을 하면 위 컨트롤 암은 작은 원호를 그리고, 아래 컨트롤 암은 큰 원호를 그리게 되어 컨트롤 암이 움직일 때마다 캠버(camber)가 변화하는 결점이 있다.

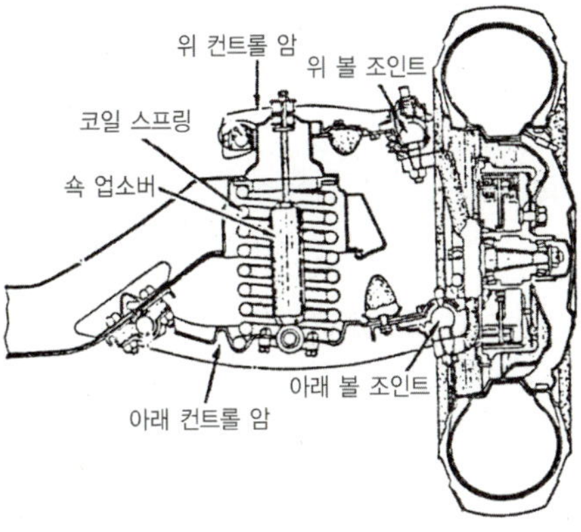

SLA 형식

③ **더블 위시본 형식(double wishbone type)** : 위시본 형식의 단점을 보완한 것으로, 일반적인 구조는 위시본 형식과 비슷하나 기관룸의 공간을 효율적으로 활용할 수 있다. 작동은 2개의 위 · 아래 컨트롤 암이 평행사변형 형식의 상하운동을 하는 원리이며, 맥퍼슨 형식

보다 상대적으로 강도가 크고, 바퀴가 상하운동을 하여도 캠버나 캐스터 등의 변화가 작으며, 승차감이 부드럽고, 조향안정성이 큰 장점이 있다.

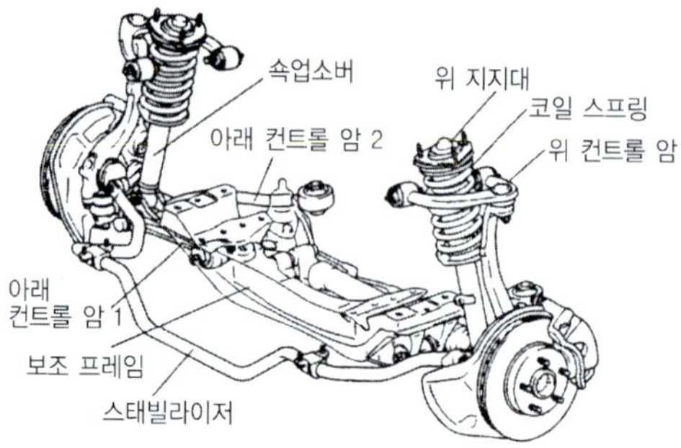

더블 위시본 형식

(2) 맥퍼슨 형식(Macpherson type)-스트럿 형식

조향너클과 일체로 되어 있으며, 쇽업소버가 내부에 들어 있는 스트럿(strut ; 기둥) 및 볼이음, 컨트롤 암, 스프링으로 구성된다. 스트럿 위쪽에는 현가지지를 통하여 차체에 설치되며 현가지지에는 스러스트 베어링(thrust bearing)이 들어 있어 스트럿이 자유롭게 회전할 수 있다.

그리고 아래쪽에는 볼 이음을 통하여 현가 암에 설치된다. 코일 스프링을 스트럿과 스프링 시트사이에 설치하며, 스프링 시트는 현가지지의 스러스트 베어링과 접촉되어 있다. 따라서 차량중량은 현가지지를 통하여 차체를 지지하고 조향할 때에는 조향너클과 함께 스러스트가 회전한다. 맥퍼슨 형식의 특징은 다음과 같다.

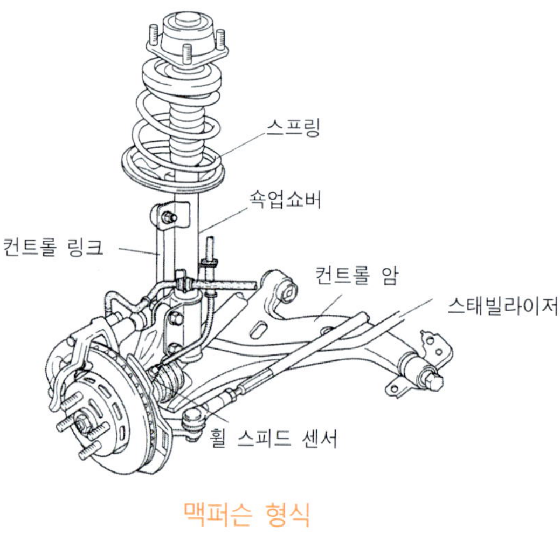

맥퍼슨 형식

① 구조가 간단해 마멸되거나 손상되는 부분이 적으며 정비작업이 쉽다.

② 스프링 밑 질량이 작아 로드홀딩(road holding)이 우수하다.

③ 기관룸의 유효체적을 크게 할 수 있다.

[3] 공기 현가장치(air suspension system)

(1) 공기 현가장치의 개요

압축공기의 탄성을 이용한 것이며, 공기 스프링, 레벨링 밸브, 공기탱크, 공기압축기로 구성된다. 이 형식의 특징은 다음과 같다.

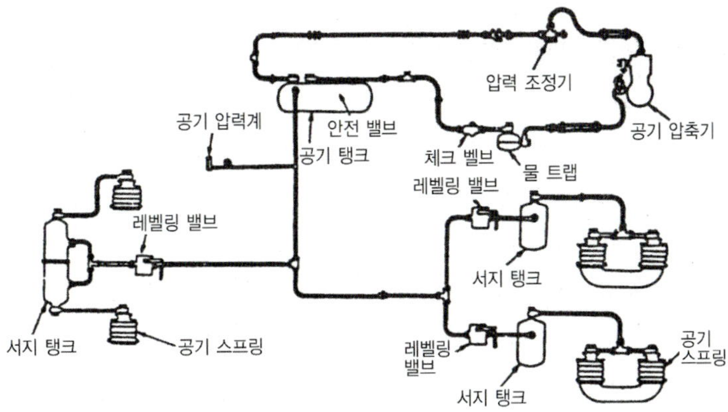

공기 현가장치 구성도

① 하중증감에 관계없이 차체높이를 항상 일정하게 유지하며 앞 · 뒤, 좌 · 우의 기울기를 방지할 수 있다.

② 스프링 정수가 자동적으로 조정되므로 하중의 증감에 관계없이 고유 진동수를 거의 일정하게 유지할 수 있다.

③ 고유 진동수를 낮출 수 있으므로 스프링 효과를 유연하게 할 수 있다.

④ 공기 스프링 자체에 감쇠 성능이 있으므로 작은 진동을 흡수하는 효과가 있다.

(2) 공기 현가장치의 구조 및 기능

① **공기압축기(air compressor)** : 기관의 크랭크축에 의해 V벨트로 구동되며 압축공기를 생산하여 공기탱크로 보낸다.

② **서지탱크(surge tank)** : 공기스프링 내부의 압력 변화를 완화하여 스프링 작용을 유연하며, 각 공기스프링 마다 설치한다.

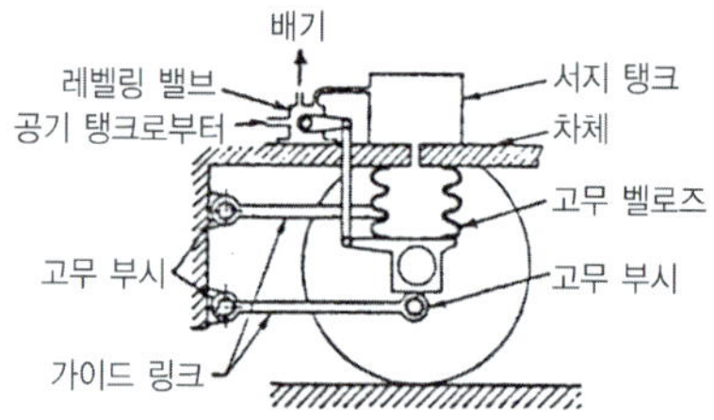

서지탱크와 공기스프링의 구조

③ **공기 스프링(air spring)** : 공기 스프링의 종류에는 벨로즈형(bellows type)과 다이어프램형(diaphragm type)이 있으며, 공기탱크와 스프링사이의 공기통로를 조정하여 도로 상태와 주행속도에 가장 적합한 스프링 효과를 얻도록 한다.

④ **레벨링 밸브(leveling valve)** : 공기탱크와 서지탱크를 연결하는 파이프 도중에 설치된 것이며, 자동차의 높이가 변화하면 압축공기를 스프링으로 공급하거나 배출시켜 차고(車高)를 일정하게 유지시킨다.

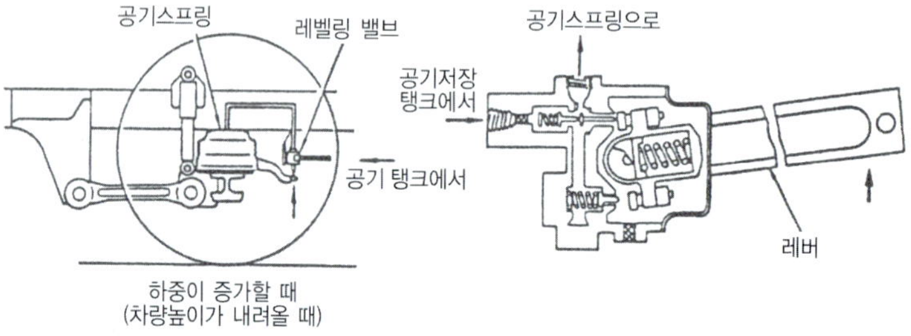

레벨링 밸브의 작동

3. 자동차의 진동 및 승차감

[1] 자동차 진동

자동차는 현가 스프링에 의해 지지되는 스프링 위 질량과 바퀴와 현가장치 사이에 있는 스프링 아래 질량으로 분류되며 각각의 고유진동에는 다음과 같은 것들이 있다.

(1) 스프링 위 질량 진동

① 바운싱(bouncing ; 상하 진동) : 차체가 Z축 방향과 평행운동을 하는 고유진동이다.

② 피칭(pitching ; 앞 · 뒤 진동) : 차체가 Y축을 중심으로 하여 회전운동을 하는 고유진동이다.

③ 롤링(rolling ; 좌우 진동) : 차체가 X축을 중심으로 하여 회전운동을 하는 고유진동이다.

④ 요잉(yawing ; 차체 뒷부분 진동) : 차체가 Z축을 중심으로 하여 회전운동을 하는 고유진동이다.

스프링 위 질량 진동

(2) 스프링 아래 질량 진동

① 휠 홉(wheel hop) : 차축이 Z방향의 상하평행 운동을 하는 진동이다.

② 휠 트램프(wheel tramp) : 차축이 X축을 중심으로 하여 회전운동을 하는 진동이다.

③ 와인드업(wind up) : 차축이 Y축을 중심으로 회전운동을 하는 진동이다.

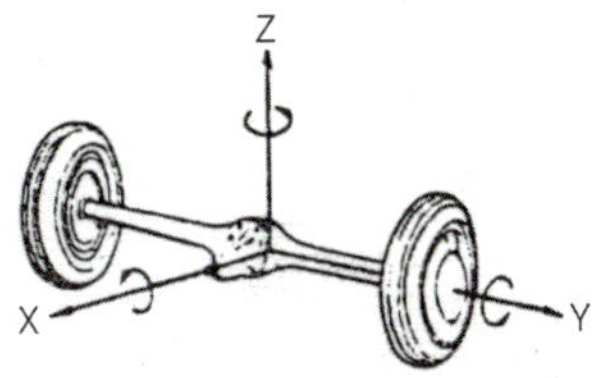

스프링 아래 질량 진동

[2] 진동수와 승차감

자동차에서 멀미나 피로를 느끼는 것은 자동차의 이상진동이 사람의 뇌에 작용하여 자율신경에 영향을 주기 때문이다. 사람이 걸어갈 때 머리의 상하진동은 60~70cycle/min이고 뛰어갈 때는 120~160cycle/min이라고 하며 일반적으로 60~120cycle/min의 상하진동을 할 때 가장 좋은 승차감을 얻을 수 있다고 한다.

진동수가 120cycle/min을 넘으면 딱딱해지고, 45cycle/min 이하에서는 멀미를 느끼게 된다.

5-2 전자제어 현가장치

컴퓨터, 각종 센서, 액추에이터 등을 설치하고 도로면의 상태, 주행조건, 운전자의 선택 등과 같은 요소에 따라 자동차의 높이와 현가특성(스프링 정수 및 감쇠력)이 컴퓨터에 의해 자동적으로 제어되는 현가장치이다. ECS는 다음과 같은 기능이 있다.

① 스프링상수와 감쇠력(댐핑력)을 제어한다.

② 조향핸들의 감도(조향조작력)를 제어한다.

③ 차고조정 및 자세를 제어한다.

④ 선회할 때 차체의 좌 · 우 진동을 억제한다.

⑤ 급제동할 때 노스다운(nose down)을 방지한다.

⑥ 급선회할 때 원심력 발생을 방지한다.

⑦ 제동할 때 차체의 전 · 후 진동을 억제한다.

⑧ 도로면상태에 따라 승차감을 조절한다.

⑨ 급출발할 때 차체의 전 · 후 진동을 억제한다.

1. 액티브 방식 ECS의 개요 및 장치의 구성

[1] 액티브 방식 ECS의 개요

액티브 방식 ECS(Active type Electronic Control Suspension)는 감쇠력 제어와 차고(차량 높이) 제어 기능이 있으며, 차량의 자세변화에 대처하여 자세를 바로 잡아줄 수 있는 자세제어가 추가된 장치이다.

쇽업소버의 감쇠력 제어는 액티브 방식 ECSⅡ의 경우는 소프트(soft), 오토 소프트(auto soft), 미디엄(medium), 하드(hard)로 제어되며, 액티브 방식 ECSⅢ는 슈퍼 소프트(super soft), 소프트(soft), 미디엄(medium), 하드(hard)의 4단계로 제어되며, 차고조절은 로우(low), 노멀(normal), 하이(high), 엑스트라 하이(extra high)의 4단계로 제어된다.

또 자세제어 기능은 앤티 롤(anti roll), 앤티 바운스(anti bounce), 앤티 피치(anti pitch), 앤티 다이브(anti dive), 앤티 스쿼트(anti squat) 등을 수행하며 구조가 복잡하고 값이 비싸기 때문에 일부 대형 고급승용차에서 사용된다.

[2] 액티브 방식 ECS 추가제어 기능

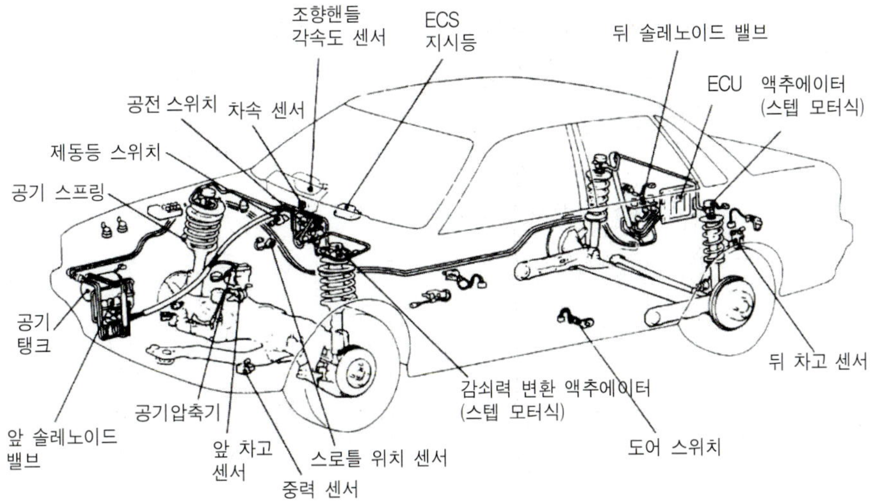

액티브 방식 ECS의 구성

(1) 프리뷰 제어(preview control)

차량 앞쪽에 있는 도로면의 돌기나 과속방지턱을 초음파로 검출하여 바퀴가 과속방지턱이나 돌기를 넘기 직전에 쇽업소버의 감쇠력을 최적으로 제어하여 승차감을 향상시킨다.

프리뷰 센서는 초음파에 의해 차량 앞쪽에 있는 도로면의 돌기나 과속방지턱을 검출하는 것으로 앞 범퍼 좌우에 2개가 설치된다. 돌기를 검출한 경우에는 쇽업소버의 감쇠력을 소프트(soft)로 제어하여 돌기를 넘을 때 충격을 흡수한다.

그리고 과속방지턱을 검출한 경우에는 쇽업소버의 감쇠력을 하드(hard)로 제어하여 과속방지턱을 통과할 때 쇽업소버의 스토퍼(stoper)가 접촉되는 것을 방지한다.

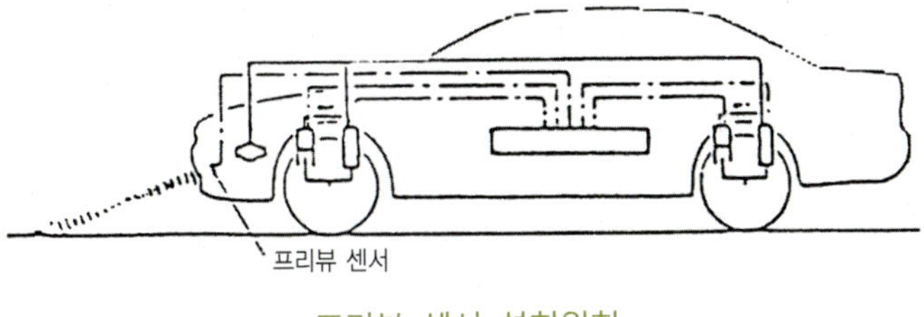

프리뷰 센서 설치위치

① **돌기 검출원리** : 진동자(압전 세라믹)에 펄스전압을 가하여 얻어지는 초음파는 바퀴 앞쪽의 도로 면으로 향해 200KHz 정도의 주파수를 발산한다. 바퀴 앞쪽에 돌기가 있으면 초

음파는 돌기에 의해 반사되어 수신기로 되돌아온다.

이때 되돌아오는 초음파의 세기로 전압이 발생되는 전자회로가 구성되어 있어 이 전압의 유무에 따라 앞쪽의 돌기 여부를 검출한다.

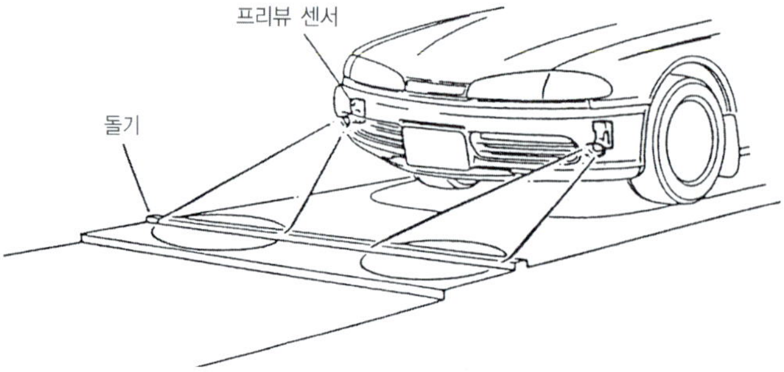

프리뷰 센서의 작용

② **과속방지턱 검출원리** : 편평하게 보이는 포장도로에서도 도로면에는 작은 요철이 있다. 이 요철에 의해 초음파가 반사되기 때문에 센서에는 약한 초음파가 되돌아오는 것으로 일반적인 주행에서도 센서 내부에는 미세한 전압이 발생된다.

그러나 바퀴 앞쪽에 과속방지턱이 있으면 센서로 되돌아오는 초음파가 차단되어 진동자에 의한 전압도 0V가 된다. 이것에 의해 앞쪽의 과속방지턱을 검출한다.

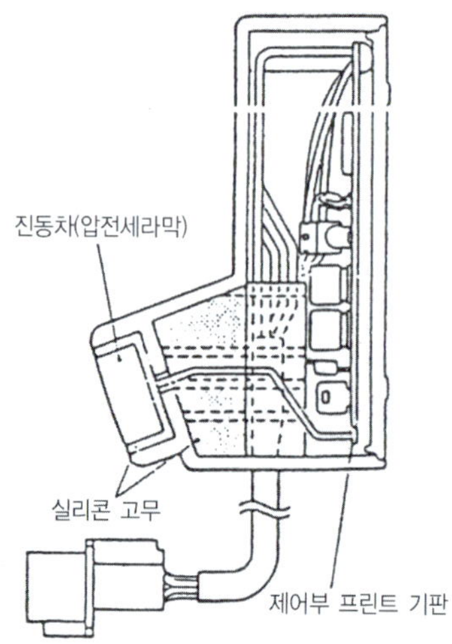

프리뷰 센서의 구조

(2) 퍼지 제어(fuzzy control)

① **도로면 대응제어** : 현가장치의 상하진동을 주파수로 분석하여 가볍게 뜨는 느낌과 거친 느낌의 정도를 판단하여 최적의 승차감을 얻도록 쇽업소버의 감쇠력을 퍼지 제어하여 상하 진동이 반복되는 주행조건에서도 우수한 승차감을 얻도록 한다.

② **등판 및 하강제어** : ECS-컴퓨터에서 도로면 경사각도 및 조향핸들의 조작횟수를 추정하여 운전 상황에 따른 조향특성을 얻기 위해 앞·뒷바퀴의 앤티 롤(anti roll) 제어시기를 조절한다.

경사진 도로에서 조향핸들 각속도가 클 때에는 앞바퀴의 앤티 롤 제어를 지연시켜 오버 스티어링(over steering)의 경향으로 한다. 지연량(시간)은 도로면의 경사정도와 주행속도를 기초로 퍼지 제어를 한다.

반대로 내리막 경사진 도로에서 조향핸들 각속도가 작을 때에는 뒷바퀴의 앤티 롤 제어를 지연시켜 언더 스티어링(under steering)의 경향으로 한다. 지연량(시간)은 도로 면의 내리막 경사 정도와 조향핸들 각속도 정도 및 주행속도를 기초로 퍼지 제어를 한다.

(3) 스카이 훅 제어(sky hook control)

스프링 위(차체)에 발생하는 상하방향의 가속도 크기와 주파수를 검출하여 상하 G(중력 가속도)의 크기에 대응하여 공기 스프링의 공기 흡·배기제어와 동시에 쇽업소버의 감쇠력을 하드로 제어하여 차체가 가볍게 뜨는 것을 감소시킨다.

뒷바퀴는 앞바퀴에 대하여 주행속도에 연동시켜 자연 제어되도록 한다.

2. 액티브 방식 ECS 입력요소의 기능 및 작동

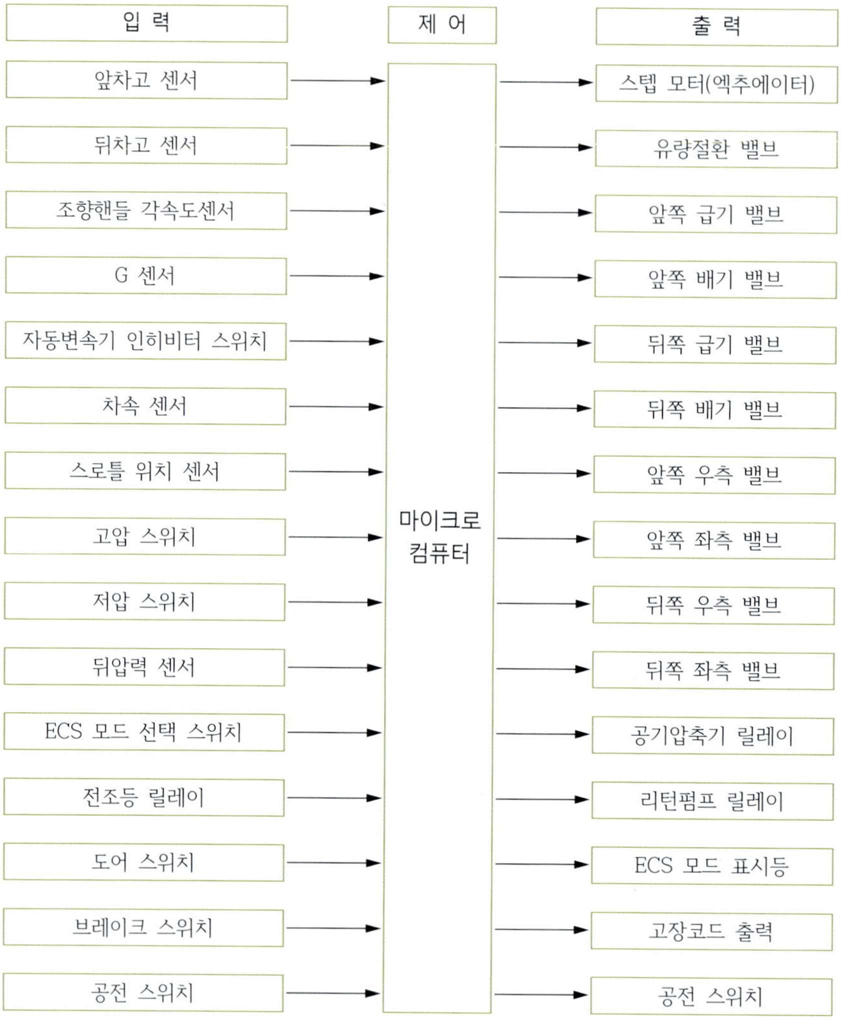

입 · 출력 다이어그램

[1] 차고(車高) 센서

(1) 차고 센서의 기능 및 구조

차고 센서는 레버로 연결된 로드와 센서보디로 구성되며, 앞쪽에 1개, 뒤쪽이 1개 총 2개가 설치된다. 앞차고 센서는 로워 암(lower arm)과 차체에, 뒤차고 센서는 뒷차축과 차체에 연결되어 차체의 상하 움직임에 따라 레버가 회전하므로 레버의 회전량으로 차량 높이를 감지한다.

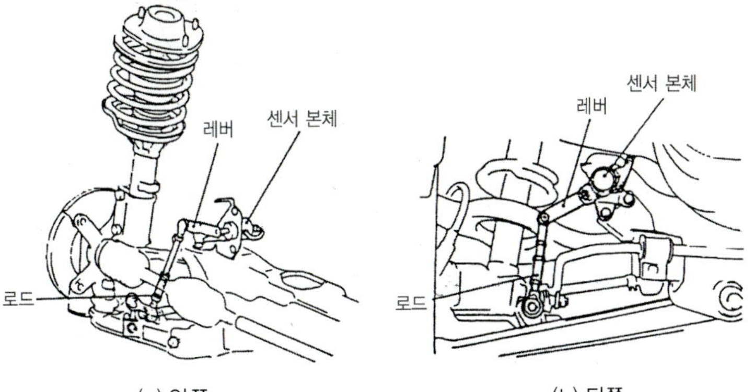

차고 센서의 설치위치

ECS-컴퓨터는 차고 센서의 회전량을 연산하여 현재의 차량 높이를 9단계까지 설정된 목표 차량 높이에 도달하도록 차량높이를 로우(Low), 노멀(Normal), 하이(High), 엑스트라 하이(Extra High)의 4단계로 제어한다. 차고 센서의 설치위치는 기존차량과 같으나 센서 몸체와 차량높이 검출방법이 변경되었다.

기존차량의 차고 센서는 포토 단속기 방식의 디지털 방식이었으나 액티브 프리뷰 ECS는 가변저항의 아날로그방식으로 차량높이를 더욱더 정밀하게 제어할 수 있다. 차고 센서의 기능은 다음과 같다.

① 차량높이를 검출한다.

② 자세제어 중 피칭 및 바운싱을 검출한다.

③ 스카이훅을 제어할 때 차체의 상하 중력 가속도를 검출한다.

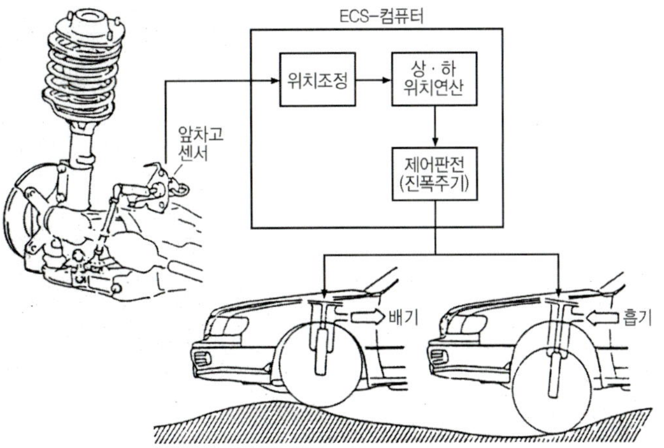

차고 센서의 기능

(2) 차고 센서의 작동원리

차고 센서의 작동원리는 다음과 같다. 레버에 설치된 디스크는 차량높이 변화에 따라 발광다이오드와 포토트랜지스터 사이에서 회전하며, 디스크의 슬릿(slit)을 통해 발광다이오드의 빛이 포토트랜지스터로 통과하여 발생된 출력에 의해 차량높이가 감지된다.

① 포토트랜지스터가 ON일 때 : 센서 출력전압은 0~0.5V(1)

② 포토트랜지스터가 OFF일 때 : 센서 출력전압은 4.5~5V(0)

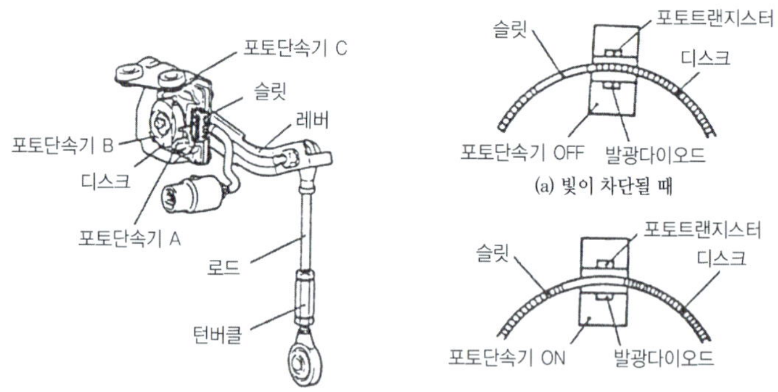

차고 센서의 작동원리

[2] 조향핸들 각속도 센서

(1) 조향핸들 각속도 센서의 기능

조향핸들 각속도 센서는 2개의 포토 단속기와 1개의 디스크로 구성되어 조향핸들의 아래쪽에 설치되며 포토 단속기는 조향칼럼 스위치에 고정되고 디스크는 조향축에 연결되어 조향핸들을 회전시키면 함께 회전한다.

이때 조향핸들을 일정하게 회전시키면 ECS-컴퓨터는 조향핸들 각속도 센서의 신호를 기준으로 선회여부를 판단하여 차체의 롤(roll)을 예측하여 앤티 롤로 제어한다.

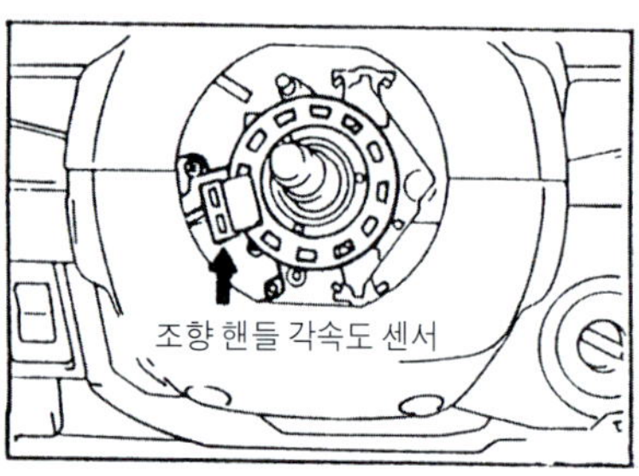

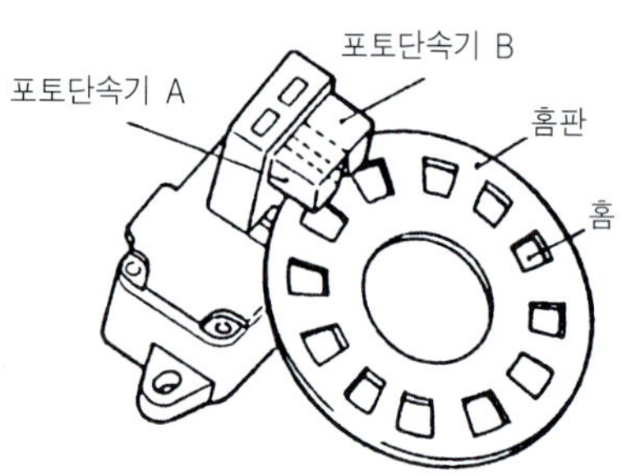

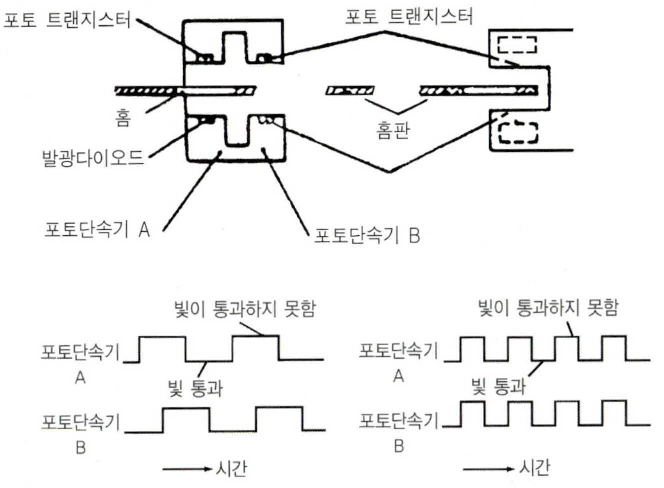

조향핸들 각속도 센서의 구조와 작용

(2) 조향핸들 각속도 센서의 작동

조향핸들 각속도 센서는 포토 단속기의 발광다이오드와 포토트랜지스터 사이에 설치된 디스크가 조향핸들의 회전운동에 따라 회전하면 발광다이오드의 빛이 포토트랜지스터 쪽으로 통과 여부에 따라 전기적인 신호 즉, 조향핸들 각속도에 의해 조향핸들의 회전속도 · 회전방향 및 회전 각도를 검출하여 ECS-컴퓨터에 입력한다.

① 포토트랜지스터가 ON일 때 : 센서 출력전압 1V 이하

② 포토트랜지스터가 OFF일 때 : 센서 출력전압 약 3.5V

[3] G센서(중력 가속도센서)

(1) G센서(gravity sensor) 기능

G센서는 기관룸 내의 차체 프레임에 설치된다. 차체의 롤(roll)제어를 위한 전용센서이며, 차체의 횡가속도 값과 좌우방향을 검출한다.

즉, 차량이 선회할 때 G센서 내부의 철심이 기울어진 쪽으로 이동하면서 2차 코일에 유도되는 전압의 크기와 방향이 크게 변화하는데 ECS-컴퓨터는 이 유도되는 전압의 변화량을 검출하여 차체가 기울어진 방향과 기울어진 정도를 검출하여 앤티 롤(anti roll)을 제어할 때 보정신호로 사용된다.

(2) G센서의 구조

G센서는 반도체를 이용한 게이지 방식의 센서이며, 구조는 아래 그림 (a)과 같이 케이스 내

부에 댐핑 오일(damping oil)이 들어있어 공전에 의한 진동을 방지한다. 피에조 확산저항을 그림 (b)와 같이 브리지 회로를 만들고 반도체 형식의 게이지를 형성한다. 이 센서가 가속도에 의한 변형을 받으면 피에조 저항 효과에 따라 저항 값이 변화되어 브리지 회로의 평형이 무너진다. 이때 브리지 회로에 전압을 가하여 불평형 분량을 전압으로 검출하여 가속도를 측정한다. 출력특성은 2.5V를 0G로 하여 가속도 방향에 따라서 그림 (c)와 같이 변화한다.

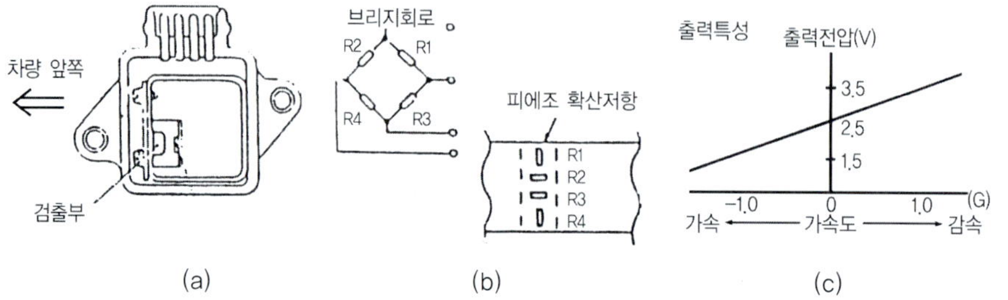

G 센서의 구조

(3) G센서 작동원리

G센서의 철심은 1차 코일과 2차 코일사이에서 움직이는데 교대로 역극성의 전압을 가하여 직렬로 된 철심이 중앙에 위치할 때 2차 코일에 유도되는 교류전압은 같아지고, 양쪽 코일로부터의 전압 파형은 역위상으로 되어 출력이 "0"이 된다. 철심의 위치가 중앙에서 어긋나면 좌우 코일의 유기전압에 차이가 발생하여 증폭기의 출력에 비례하는 전압이 발생한다.

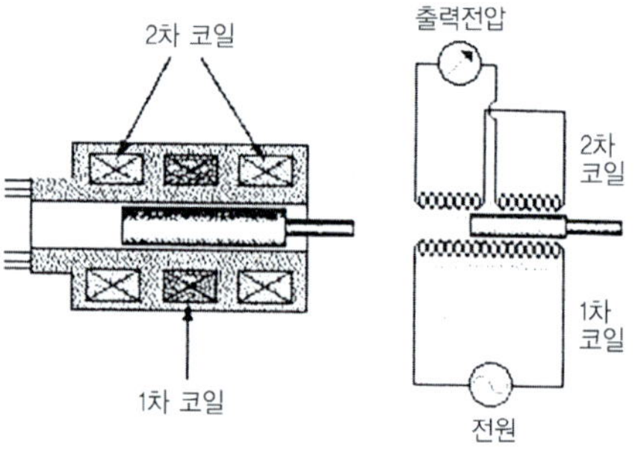

G 센서의 작동원리

[4] 인히비터 스위치

인히비터 스위치는 자동변속기 차량에 설치하며, 운전자가 변속레버를 P, R, D, D, 2, L 중 어느 위치로 선택, 이동하는지를 ECS-컴퓨터로 입력시키는 스위치이다. ECS-컴퓨터는 이 신호를 기준으로 변속레버를 P 또는 N레인지에서 D 또는 R레인지로 선택했을 때 발생되는 차체의 진동을 억제하기 위한 감쇠력 제어를 실행한다.

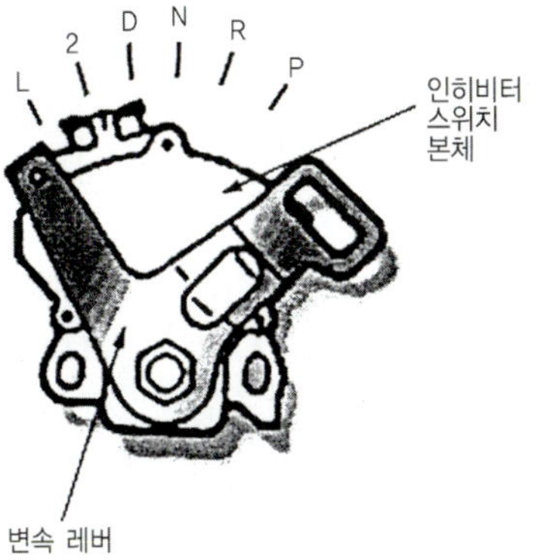

인히비터 스위치

[5] 차속 센서

차속 센서는 홀(hall)소자를 이용한 센서이다. 변속기의 출력축에 설치되며 차량의 주행속도를 ECS-컴퓨터로 입력시킨다. ECS-컴퓨터는 차속 센서의 신호를 기준으로 차량이 선회할 때의 롤(roll)의 양을 예측하여 제동할 때 차체가 앞쪽으로 기울어지는 다이브(dive)현상을 방지하는 앤티 다이브 제어, 출발할 때 차체 앞쪽이 들리는 스쿼트(squat)현상을 방지하는 앤티 스쿼트 제어 및 고속 안정성을 제어한다.

[6] 스로틀 위치 센서(throttle position sensor)

스로틀 위치 센서는 가속페달 케이블과 연결되며, 운전자가 가속페달을 밟는 양과 변화속도를 ECS-컴퓨터로 입력시킨다. ECS-컴퓨터는 스로틀 위치 센서의 신호를 기준으로 운전자의 가속 또는 감속의지를 판단하고 급 가속할 때 차량 앞쪽이 들리는 스쿼트 현상을 방지하는 앤티 스쿼트 제어의 주요 신호로 사용한다.

[7] 고압 스위치

공기를 쇽업소버 공기스프링에 공급하여 차량의 자세를 순간적으로 변화시키기 위해서는 많은 양의 압축공기를 필요로 하는데 액티브 방식 ECS에는 필요한 압축공기를 공급하기 위해 1개의 공기압축기와 2개의 공기탱크를 설치한다. 2개의 공기탱크는 공기압축기에서 압축된 공기를 저장해 두었다가 자세를 제어할 때 신속하게 압축공기를 쇽업소버의 공기스프링으로 공급하며, 고압탱크와 저압탱크로 분리되어 있다.

고압스위치는 고압탱크 쪽에 설치되어 있으며, 고압탱크 쪽의 공기압력이 너무 낮을 경우 자세제어를 할 때 신속한 공기의 공급이 어려우므로 고압탱크 내의 공기압력이 규정 값 이하로 저하되면 공기압축기를 작동시켜 고압탱크 내의 압력을 일정하게 유지시킨다. 고압스위치에 의해 유지되는 고압탱크 내의 공기압력은 7.6~9.5kgf/cm² 정도이다.

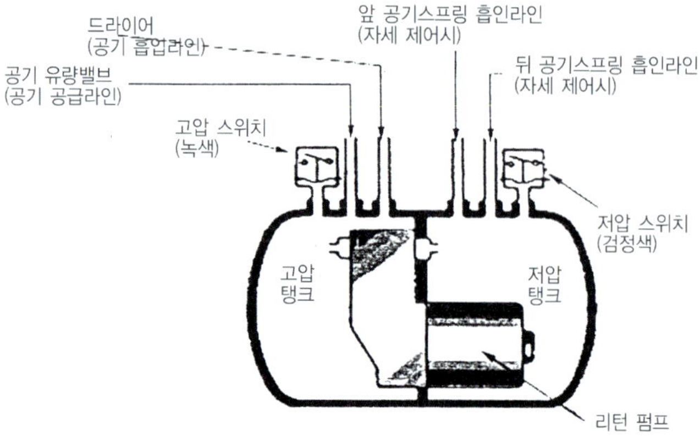

고압 및 저압스위치의 설치위치

[8] 저압 스위치

차량의 앞 · 뒤쪽에 설치된 공기탱크는 내부가 고압과 저압부분으로 나누어져 있다. 공기탱크 중간에는 리턴펌프(return pump)라 부르는 압축기가 설치되어 있으며, 리턴펌프가 작동하면 저압 쪽의 공기가 고압 쪽으로 공급된다. 즉 고압 쪽은 자세제어를 할 때 공기를 공급하고, 저압 쪽은 자세제어를 할 때 배출되는 공기를 저장하는 탱크이다.

만약, 공기탱크의 저압 쪽으로 배출되어 저장되는 공기가 많아 압력이 높아지면 자세를 제어할 때 쇽업소버에서 배출이 불량해져 자세제어가 어려워지므로 공기탱크의 저압 쪽 압력이 일정압력 이상 상승하면 저압스위치가 작동하면서 내부의 리턴펌프를 구동한다. 리턴펌프가 구동되면 저압 쪽의 공기는 고압 쪽으로 보내져 저압 쪽은 압력이 낮아진다. 이에 따라 저압스위치는 자세를 제어할 때 쇽업소버 공기스프링의 원활한 배기를 위해 저장탱크의 저압 쪽 압력을 일정(0.7~1.5kgf/cm²)하게 유지시킨다.

[9] 뒤 압력센서

뒤 압력센서는 뒤쪽 쇽업소버 내의 공기압력을 감지한다. 뒤쪽 쇽업소버 내의 공기압력은 뒷좌석 승차인원이나 트렁크의 화물 적재량에 따라 많은 변화가 일어나는데 ECS-컴퓨터는 뒤 압력센서의 신호로 차량 뒤쪽의 무게를 감지하여 무게에 따라 뒤 쇽업소버의 공기스프링에 급 · 배기를 할 때 급기시간과 배기시간을 다르게 한다.

또 승차인원이 과다하거나 화물 적재량이 많아서 뒤쪽 쇽업소버 공기스프링 내의 공기압력이 규정 값 이상으로 높아지면 자세를 제어할 때 뒤쪽 제어를 금지시킨다.

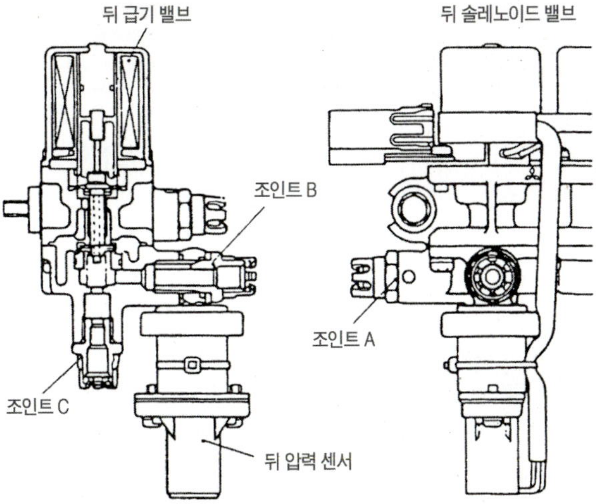

뒤 압력센서

[10] ECS모드 선택 스위치

ECS모드 선택 스위치는 운전자가 주행조건이나 도로면 상태에 따라 쇽업소버의 감쇠력 특성과 차량 높이를 변화시키고자 할 때 사용한다.

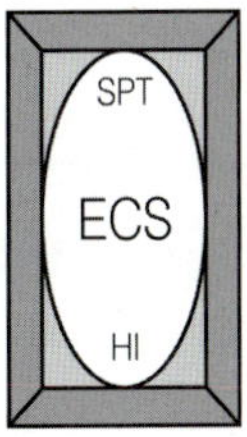

ECS모드 선택 스위치

"SPT"는 SPORT(스포츠)를, 줄여서 표기한 것이며, "SPT" 스위치를 한번 누르면 계기판에 "SPT" 표시등이 점등되면서 ECS 제어모드가 스포츠 모드로 변환된다. 스포츠 모드는 쇽업소버의 기본 감쇠력이 슈퍼 소프트(super soft)에서 미디엄(medium)으로 변환되고, 하드(hard)영역이 넓어져 승차감은 다소 저하되나 차체의 자세변화를 줄일 수 있기 때문에 구불구불한 도로를 주행하거나 경쾌한(sporty) 운전을 할 때 효과적이다.

"HI"는 HIGH(하이)를 줄여서 표기한 것이며, 주행속도 70km/h 이하에서 "HI" 스위치를 한번 누르면 계기판에 "HI" 표시등이 점등되면서 차량높이는 노멀(normal)상태보다 30mm 정도 높아진다. 이 모드는 비포장 도로 등을 주행할 때 사용하는 것이며, 주행속도가 70km/h를 초과하면 자동적으로 노멀(normal) 모드로 복귀된다.

또 오토(Auto)모드로 주행 중 주행속도가 10km/h 이하에서 "HI" 스위치를 연속하여 3회 누르고 3회째 3초 이상 스위치를 누르면 계기판에 엑스트라 하이(Extra High)표시등이 점등되면서 차량 높이는 노멀(normal)보다 50mm 더 높은 위치로 상승한다.

엑스트라 하이(Extra High)는 험한 도로를 주행할 때 차량의 아래 면과 도로면의 접촉을 방지할 때 사용한다. 주행속도가 10km/h를 초과하면 자동적으로 오토(Auto) 모드로 복귀하면서 차량 높이는 노멀(normal) 위치로 내려온다.

[11] 전조등 릴레이

운전자가 라이트 스위치를 작동하면 전조등 릴레이가 작동하며, 이 릴레이가 작동하면 축전지의 전기를 전조등으로 보내어 점등시킨다. 일반적으로 전조등은 야간주행에서만 작동하며, 전조등 릴레이 신호에 따라 ECS-컴퓨터는 고속주행 중 차량높이 제어를 다르게 한다.

즉 주행속도가 90km/h로 10초 이상을 유지하거나 100km/h를 초과하는 고속주행에서는 차량높이가 노멀(Normal)보다 10mm 낮은 로우(Low)로 내려온다.

로우(Low)위치라 하더라도 전조등이 작동하지 않는 주간에는 차량 앞쪽만 로우(Low)로 내리고 뒤쪽은 노멀(Normal) 위치를 그대로 유지시켜 공기저항을 감소시킨다. 그러나 전조등 릴레이 신호가 ESC-컴퓨터로 입력되어 전조등이 점등되었다고 판단되면 앞·뒤 모두 로우(Low)로 내려 전조등의 광도가 변화하는 것을 방지한다.

[12] 도어 스위치

도어스위치는 차량의 도어(door)가 열리고 닫히는 것을 감지하는 스위치이다. ECS-컴퓨터는 도어스위치의 신호로 차량에 승객의 승차 및 하차 여부를 판단하여 승·하차 할 때 차체의 흔들림을 방지하기 위해 쇽업소버의 감쇠력을 제어하며, 차량 높이가 하이(High) 또는 엑스트라 하이(Extra High) 상태일 때에는 승객이 승·하차할 때 편의를 위해 노멀(Normal) 위치로 내려준다.

[13] 공전(idle) 스위치

공전스위치는 운전자의 가속페달 조작여부를 감지하는 스위치이며, ECS-컴퓨터는 공전스위치의 신호에 의해 가속페달 조작여부를 판단한다. 이 신호에 의해 차량이 출발할 때 차체 앞쪽이 들리는 스쿼트 현상을 방지하기 위한 앤티 스쿼트 제어와 변속레버를 조작할 때 차체의 진동이 발생하는 현상을 방지하기 위한 앤티 시프트 스쿼트 제어(anti shift squat control)를 실행한다.

[14] 제동등 스위치

제동등 스위치는 운전자의 브레이크 페달 조작여부를 판단하여 ECS-컴퓨터로 입력시킨다.

ECS-컴퓨터는 브레이크 스위치 신호에 의해 운전자의 브레이크 페달 조작여부를 판단하고 제동할 때 차체가 앞쪽으로 숙여지는 다이브 현상을 방지하기 위해 앤티 다이브 제어를 실행한다.

[15] AC발전기 "L" 단자

AC발전기 "L" 단자신호는 기관의 가동여부를 판정하는데 사용한다. 이것은 공기압축기 작동빈도를 줄이기 위함이며, 기관가동 중 또는 주행속도가 3km/h 이상일 때 ECS가 작동하기 때문이다.

3. 액티브 방식 ECS 출력요소의 기능 및 작동

[1] 액추에이터

(1) 액추에이터의 기능

액추에이터(actuator)는 ECS-컴퓨터의 제어신호에 따라 쇽업소버 제어로드를 회전시켜 로터리 밸브를 구동시키기 위한 모터이다. 프리뷰 제어 및 퍼지제어에 대응하기 위하여 응답성능이 빠른 스텝 모터 방식(step motor type)의 액추에이터를 사용한다.

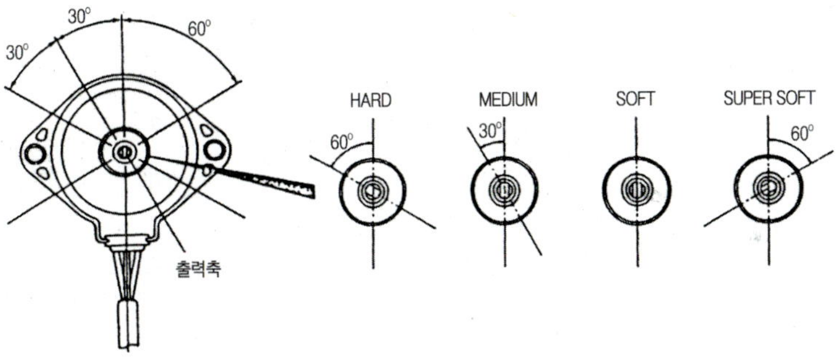

액추에이터의 기능

액추에이터는 영구자석의 로터를 중심으로 하여 주위에 6개의 코일(전자석)이 60° 간격으로 배치되어 있다. 3극 철심에 감긴 코일의 두 선을 [+]와 [-]로 하고 전압을 가하면 양쪽 2개의 자극코일에 N극의 자력, 다른 2개의 코일에 S극의 자력이 발생되어 로터를 회전시킨다.

액티브 프리뷰 ECS에서는 인가하는 전압을 다른 코일로 변환하여 아래 표와 같이 로터를 4단계로 변환하여 사용한다.

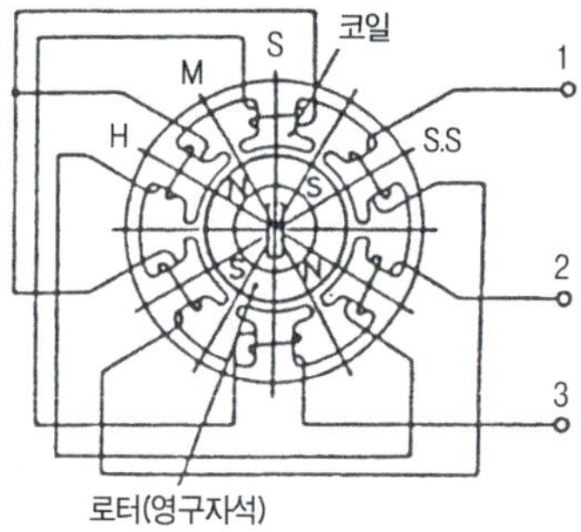

액추에이터의 작동도

	하이(Hard)	미디엄(Medium)	소프트(Soft)	슈퍼 소프트(Super Soft)
1	[-]	open	[+]	open
2	open	[-]	[-]	[+]
3	[+]	[+]	open	[-]

(2) 스텝모터의 구조

스텝모터는 각각의 쇽업소버 위쪽에 설치되어 있으며, ECS-컴퓨터의 신호에 의해 작동하여 쇽업소버의 감쇠력을 변화시킨다.

구조는 페라이트 계열의 영구자석으로 된 로터(회전자)와 스테이터(고정자), 그리고 코일 A, B로 구성되며, 코일에 직류전류가 흐르면 이때 발생하는 전자력으로 회전자를 끌어당겨 회전력을 발생한다.

ECS-컴퓨터는 차량이 운행 중 쇽업소버의 감쇠력을 변화시켜야 할 조건이 되면 스텝모터를 일정한 각도로 회전시키고, 스텝모터가 회전하면 스텝모터에서 쇽업소버 내부까지 연결된 제어로드(control rod)가 회전하면서 쇽업소버 내부의 오일회로가 크게 변화되어 감쇠력이 변화된다.

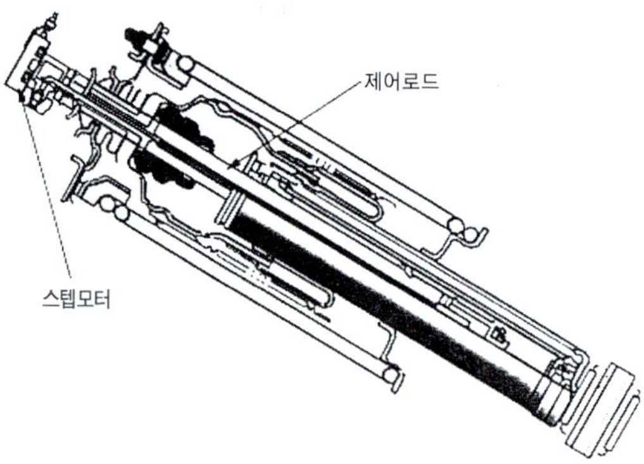

스텝 모터 설치위치

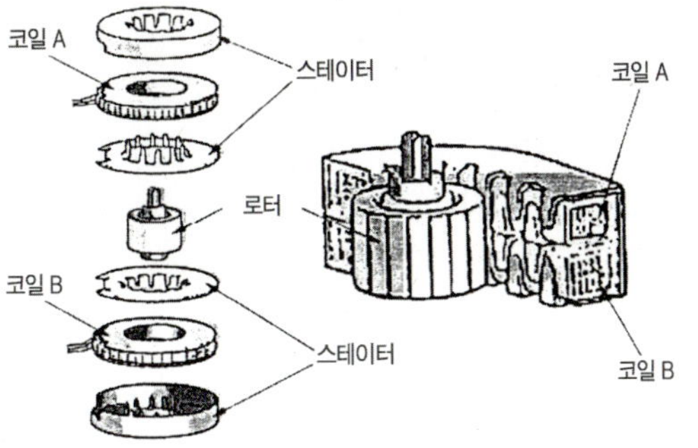

스텝모터의 분해도

(3) 스텝모터의 작동원리

아래 그림 (a)와 같이 전류를 A, B 각 상의 코일에 흐르게 하면, 플레밍의 오른손법칙에 따라 A1극, B1극이 N극으로, A2극, B2극이 S극으로 되어 로터의 N극과 S극을 각각 끌어당겨 그림 (a)와 같은 위치를 유지하며, 그림 (a)의 상태에서 그림 (b)와 같이 A상의 코일로 전류의 방향을 반대로 하면 A1극, B2극이 S극으로, A2극, B1극이 N극이 되면서 로터가 90° 반시계 방향으로 회전한다. 이렇게 코일에 흐르는 전류방향을 바꾸어 로터를 작동시킨다.

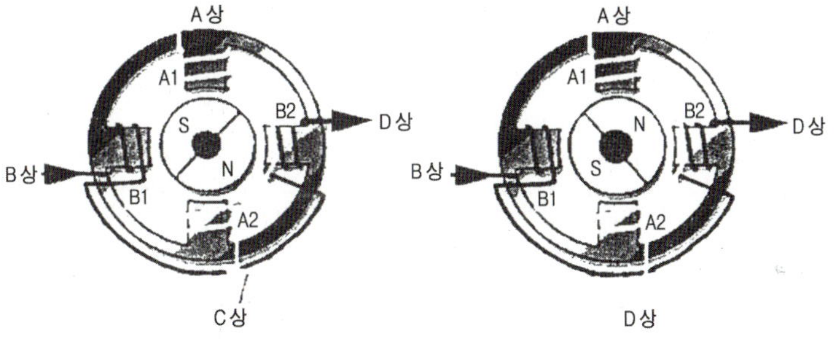

(a) 스테이터1 (b) 스테이터2

스텝모터의 작동원리 (1)

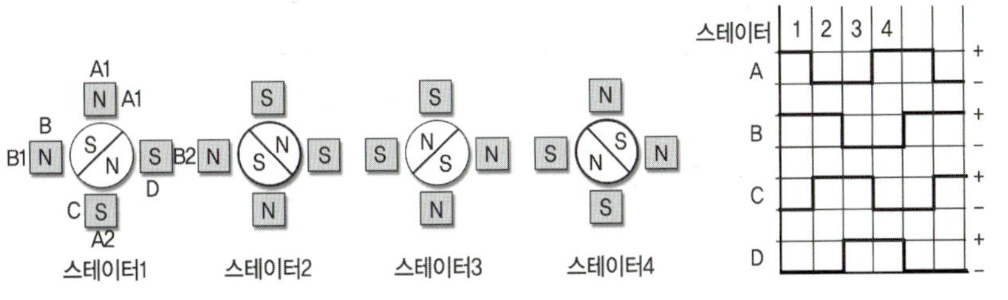

스텝모터의 작동원리 (2)

[2] 유량변환밸브

유량변환밸브는 차량높이를 제어하거나 자세를 제어할 때 공기스프링에 공기를 공급하는 앞뒤 공급밸브에 공기를 공급한다. 유량변환밸브에는 밸브의 작동에 관계없이 항상 열려 있는 공기통로가 1개가 있고, ECS-컴퓨터 제어신호에 의해 솔레노이드 밸브가 작동되어야 열리는 통로가 또 하나 있다.

차량높이를 상승시킬 때에는 항상 열려있는 공기통로(오리피스)로 공기가 공급되지만 차량의 자세를 제어할 경우나 급속하게 차량의 높이를 제어할 경우에는 신속한 제어가 필요하므로 ECS-컴퓨터가 솔레노이드 밸브를 작동시켜 많은 공기가 쇽업소버로 공급되도록 한다.

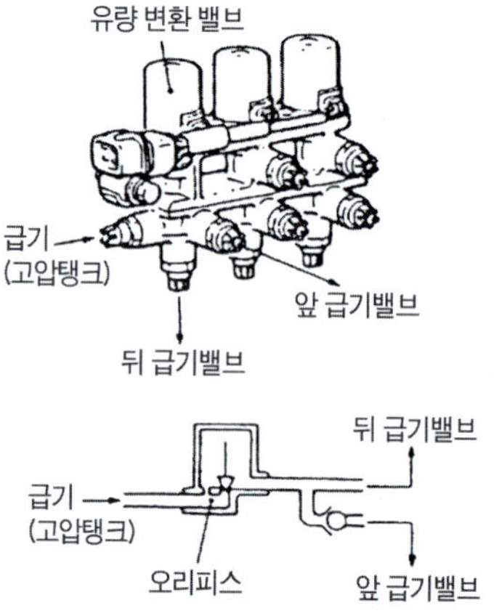

각종 밸브의 설치위치

[3] 앞 급기(공급)밸브

앞 급기밸브는 차량의 높이제어 또는 자세를 제어할 때 앞쪽의 좌우 스트럿(strut)공기 스프링에 공기를 공급하며, 공기를 공급할 때에는 ON으로, 배기를 할 때에는 OFF 된다. 그리고 공기의 역류를 방지하기 위해 체크 밸브(check valve)를 설치한다.

[4] 뒤 급기밸브

뒤 급기밸브는 차량높이의 상승제어 또는 자세를 제어할 때 뒤쪽의 좌우 스트럿(strut)공기 스프링에 공기를 공급하며, 앞 급기밸브와 마찬가지로 공기를 공급할 때에는 ON, 배기를 할 때에는 OFF 된다. 그리고 이 밸브에는 뒤 쇽업소버 공기스프링 내의 압력을 검출하는 뒤 압력센서를 설치한다.

[5] 앞 · 뒤 배기밸브

앞 · 뒤 배기밸브는 ECS-컴퓨터의 전기적 신호에 의해 작동되며, 앞뒤 · 좌우 쇽업소버의 공기를 대기 중으로 배출할 것인지, 아니면 저압탱크 쪽으로 보낼 것인지를 결정하여 공기를 배출한다. ECS-컴퓨터는 차량의 높이 제어 또는 자세제어를 할 때 조건에 따라 앞 · 뒤 배기 밸브를 작동시키게 되는데 차량높이를 하향으로 제어할 때 배출되는 공기는 대기 중으로 방출시키고, 자세제어를 할 때 배출되는 공기는 그 양이 많지 않기 때문에 저압탱크 쪽으로 보낸다.

[6] 앞뒤 · 좌우밸브

앞뒤 · 좌우밸브는 ECS-컴퓨터의 전기적 신호에 의해 작동되며, 앞뒤 · 좌우 쇽업소버의 공기스프링에 공기를 공급하거나 배출시킨다. ECS-컴퓨터는 차량높이 제어나 자세제어를 할 때 조건에 따라 앞뒤 · 좌우밸브를 작동시켜 쇽업소버의 공기스프링에 급 · 배기를 제어한다.

[7] 리턴펌프(return pump)와 릴레이

리턴펌프는 앞쪽에 있는 공기탱크에 설치되며, 리턴펌프 릴레이가 작동하면 구동된다. 차체의 자세를 제어할 때 쇽업소버에서 배출된 공기는 공기탱크 저압 쪽에 저장되며, 규정 값 이상으로 저압탱크의 압력이 상승하면 저압스위치 신호에 의해 리턴펌프 릴레이가 작동하면 리턴펌프가 구동되면서 공기탱크 안의 공기는 고압탱크로 보낸다. 그리고 리턴펌프 릴레이는 리턴펌프에 축전지 전원을 공급한다.

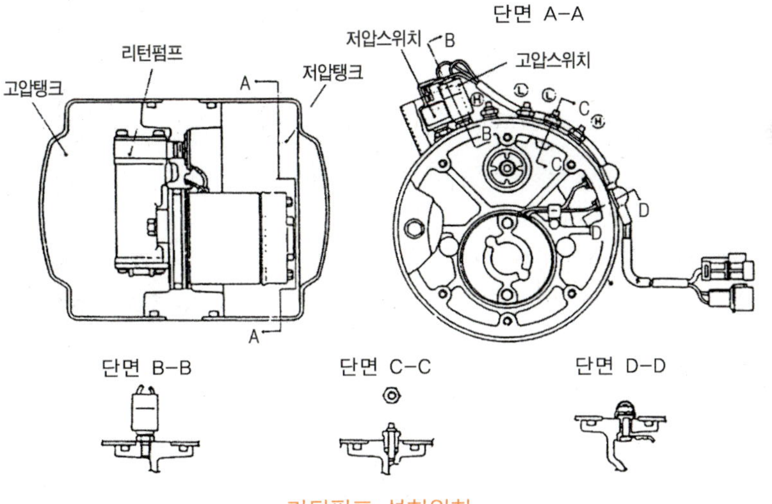

리턴펌프 설치위치

[3] 공기압축기와 릴레이

공기압축기는 자동변속기 위쪽에 설치되어 ECS-컴퓨터의 제어신호를 받아 작동하여 차량높이 제어 및 자세제어에 필요한 압축공기를 생성한다. 차량높이 제어용 배기밸브가 들어있으며, 고압탱크의 압력이 7.6kgf/cm² 이하일 때 작동하고, 9.5kgf/cm² 이상 되면 2초 후 정지한다. 그러나 리턴펌프가 작동중인 경우에는 공기압축기는 작동하지 않는다.

공기압축기의 구동회로에는 서모 스위치(thermo switch)를 설치하여 공기압축기 내부가 고온(160℃ 이상)이 될 때 전원을 차단하여 공기압축기를 보호하며, 고압스위치가 ON일 경우에만 작동하며 4분 이상을 구동하지 않는다.

공기압축기 릴레이는 공기압축기에 축전지 전원을 공급한다. 고압탱크의 공기압력이 규정 값 이하로 낮아지면 고압스위치가 작동하고, ECS-컴퓨터는 고압스위치의 작동신호를 기준으로 공기압축기 릴레이를 작동시켜 공기압축기를 구동한다. 따라서 공기압축기가 구동되면 압축공기가 고압탱크로 공급되어 압력이 규정 값으로 상승한다. 차량높이를 높일 때에는 ECS-컴퓨터가 직접 공기압축기 릴레이를 작동시켜 압축공기를 공기스프링에 공급하여 차량높이를 상승시킨다.

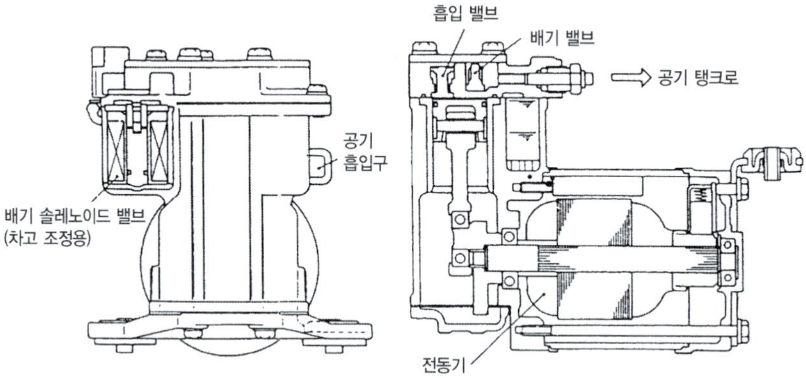

공기압축기의 구조

[4] ECS 지시등

ECS 지시등은 계기판에 설치되며, 하이(High), 엑스트라 하이(Extra High)의 2개 표시등으로 되어있다. 점화스위치를 ON시킨 후부터 기관 시동 후 약 0.5초까지 ECS 경고등이 점등된 후 ECS 계통이 정상일 경우 소등된다.

이때 ECS 계통에 고장이 발생된 경우에는 하이(High), 엑스트라 하이(Extra High)의 2개 표시등이 동시에 점멸하여 운전자에게 알려준다. 하이(High) 모드를 선택하면 ECS HI 표시등이 점등되고, 엑스트라 하이(Extra High) 모드를 선택하면 ECS EX-HI 표시등이 점등되며, ECS HI 표시등과 ECS EX-HI 표시등이 점등되지 않는 경우는 오토(Auto) 모드 상태이다.

4. 액티브 방식 ECS의 공기배관도 및 공기탱크의 기능

[1] 공기 배관도

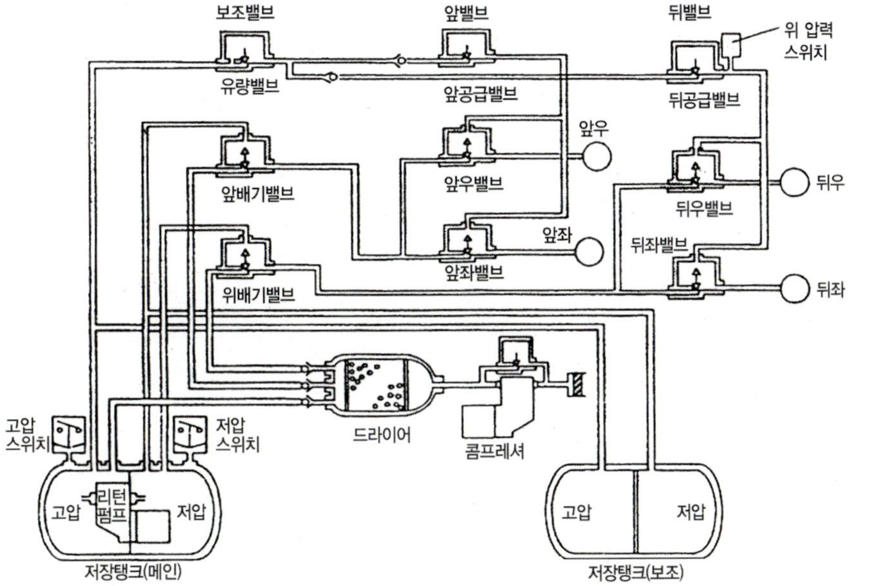

전체 공기 배관도

(1) 공기탱크(메인)

공기를 공급하는 고압탱크와 자세제어를 할 때 배출되는 공기를 저장하는 저압탱크 및 리턴 펌프로 구성된다.

(2) 공기탱크(보조)

고압탱크와 저압탱크로 구성되며, 메인 저장탱크와 병렬로 연결된다. 따라서 저장탱크 내의 압력은 앞뒤가 동시에 변화한다.

(3) 고압스위치

고압탱크 내의 압력이 설정 값 이하로 낮아지면 ON되어 공기압축기가 작동하고, 설정 값 이상으로 높아지면 OFF되어 공기압축기 작동이 정지된다. 따라서 고압탱크 내에는 압축공기가 저장된다.

(4) 저압스위치

저압탱크 내의 압력이 설정 값 이상으로 높아지면 OFF 되어 리턴펌프를 작동하고, 설정 값

이하로 낮아지면 ON 되어 리턴펌프의 작동이 정지된다.

(5) 공기압축기

고압스위치의 ON 신호에 의해 작동되며, 고압탱크 내에 공기를 저장한다. 공기압축기 내에 차량 높이 조정용 배기밸브를 내장하여 차량높이를 낮출 때 작동시켜 공기를 대기 중으로 방출한다.

(6) 드라이어

공기압축기와 공기탱크 사이에 설치되어 압축공기 중의 수분을 방습제에 의해 흡수하여 ECS 장치 내의 부식을 방지한다. 배기를 할 때 건조한 공기에 의해 흡수한 수분을 방출하기 때문에 수명이 반영구적이다.

(7) 보조밸브 어셈블리

유량변환밸브(자세제어, 급속하게 차량높이 제어를 할 때 ON), 앞 배기밸브(앞쪽 배기를 할 때 ON), 앞 공급밸브(자세제어를 할 때 좌우 공기스프링에 공기공급), 앞 좌측 공급밸브, 앞 우측 공급밸브로 구성된다.

(8) 앞 밸브 어셈블리

앞 공급밸브(자세를 제어할 때 좌우 공기스프링에 공기공급), 앞 좌측 공급밸브, 앞 우측 공급밸브로 구성된다.

(9) 뒤 밸브 어셈블리

뒤 공급밸브(자세를 제어할 때 좌우 공기스프링에 공기공급), 뒤 좌측 공급밸브, 뒤 우측 공급밸브로 구성된다.

[2] 공기탱크의 기능

차량 앞뒤에 설치된 공기탱크는 내부가 저압과 고압으로 나누어져 있으며, 공기압축기에서 생성하는 압축공기를 저장하는 역할과 자세제어를 할 때 공기스프링에 공기를 공급한다. 공기탱크 중간에는 리턴펌프가 설치되며, 리턴펌프가 작동하면 저압 쪽의 공기를 고압 쪽으로 공급한다.

고압탱크 쪽에는 고압스위치가 설치되어 공기탱크의 압력이 설정 값 이하로 낮아지면 공기압축기를 작동시켜 공기탱크 내의 압력을 유지하도록 한다. 저압탱크 쪽에는 저압스위치가 설치되어 공기탱크 내의 압력이 설정 값 이상으로 높아지면 리턴펌프를 작동시켜 공기탱크 내의 압력을 유지시킨다.

고압 쪽은 차체의 자세를 제어할 때 공기스프링에 공기를 공급하고 저압 쪽은 자세를 제어할 때 공기스프링에서 배출되는 공기를 저장하는 탱크이다. 만약, 공기탱크의 저압 쪽에 공기스프링에서 배출되어 저장되는 공기가 많아 압력이 높아지면 자세를 제어할 때 공기스프링에서 공기배출이 불량해져 자세제어가 어려워지므로 공기탱크의 저압 쪽 압력이 일정압력 이상으로 상승하면 저압스위치가 작동하면서 내부의 리턴펌프를 구동하여 고압 쪽으로 공급한다.

메인 공기탱크는 앞 우측 펜더 내부의 사이드 멤버 쪽에 설치되며, 보조 공기탱크는 뒤 트렁크 내부의 좌측 아래쪽에 설치한다. 메인 공기탱크와 보조 공기탱크는 모두 고압 쪽과 저압 쪽으로 나누어져 있으며 각각 메인 공기탱크의 고압과 보조 공기탱크의 고압, 메인 공기탱크의 저압과 보조 공기탱크의 저압으로 병렬로 연결된다.

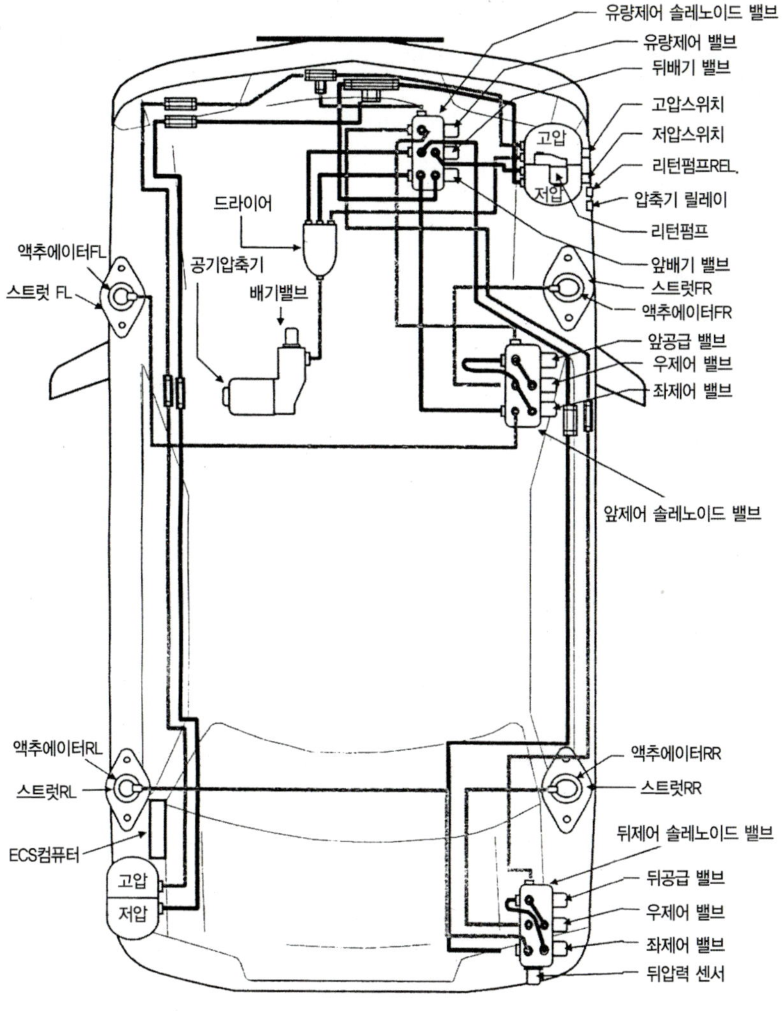

공기배관 연결도

[3] 차량높이를 제어할 때의 작동밸브 및 공기흐름

각종 센서와 스위치들이 차량높이를 높여야 하는 조건의 신호가 ECS-컴퓨터로 입력되면 공기탱크에 설치된 공기공급 솔레노이드 밸브와 앞뒤 차량높이 제어 공급밸브가 ECS-컴퓨터로부터 구동신호를 받아 밸브가 열려 압축공기가 공기스프링으로 공급된다.

따라서 압축공기가 공기스프링에 공급되면 공기 체임버(air chamber)의 체적이 증가하기 때문에 스트럿(쇽업소버)의 길이가 길어지므로 차량높이가 높아진다.

6. ECS의 자세 제어

컴퓨터는 각종 센서들로부터 보내 온 신호들을 이용하여 쇽업소버 감쇠력 제어용 액추에이터를 작동시키며, 자세제어는 다음과 같다.

【참고】

ECS 컴퓨터는 주행 안정성을 위해 다음과 같은 조건에서는 차량의 실제높이와 목표높이가 다르더라도 차량의 높이 조정이 이루어지지 않는다.

① 커브 길을 급선회할 때

② 급제동을 할 때

③ 급가속을 할 때

[1] 앤티 롤링 제어(Anti-rolling control)

선회할 때 자동차의 좌우 방향으로 작용하는 횡 가속도를 G센서로 감지하여 제어한다.

[2] 앤티 스쿼트 제어(Anti-squat control)

급출발 또는 급가속을 할 때에 차체의 앞쪽은 들리고, 뒤쪽이 낮아지는 노스 업(nose-up) 현상을 제어한다.

[3] 앤티 다이브 제어(Anti-dive control)

주행 중에 급제동을 하면 차체의 앞쪽은 낮아지고, 뒤쪽이 높아지는 노스다운(nose down) 현상을 제어한다.

[4] 앤티 피칭 제어(Anti – Pitching control)

자동차가 요철 도로면을 주행할 때 차고의 변화와 주행속도를 고려하여 쇽업소버의 감쇠력을 증가시킨다.

[5] 앤티 바운싱 제어(Anti-bouncing control)

차체의 바운싱은 G센서가 검출하며, 바운싱이 발생하면 쇽업소버의 감쇠력은 소프트(Soft)에서 미디엄(Medium)이나 하드(Hard)로 변환된다.

[6] 차속감응 제어(vehicle speed control)

자동차가 고속으로 주행할 때에는 차체의 안정성이 결여되기 쉬운 상태이므로 쇽업소버의 감쇠력은 소프트(Soft)에서 미디엄(Medium)이나 하드(Hard)로 변환된다.

[7] 앤티 쉐이크 제어(Anti-shake control)

사람이 자동차에 승하차할 때 하중의 변화에 따라 차체가 흔들리는 것을 쉐이크라고 하며, 자동차의 주행속도를 감속하여 규정 속도 이하가 되면 컴퓨터는 승·하차에 대비하여 쇽업소버의 감쇠력을 하드(Hard)로 변환시킨다.

출제 예상 문제

1. 일반적인 현가장치

01. 현가장치에서 승차감을 위주로 고려할 때의 방법으로 설명이 틀린 것은?

① 스프링 아래 질량은 가벼울수록 좋다.

② 스프링 상수는 낮을수록 좋다.

③ 스프링 위 질량은 가벼울수록 좋다.

④ 스프링 아래의 질량은 클수록 좋다.

현가장치에서 승차감을 위주로 고려할 때 스프링 아래의 질량이 클수록 승차감은 저하한다.

02. 주행 중 차량에 노면으로부터 전달되는 충격이나 전동을 완화하여 바퀴와 노면과의 밀착을 양호하게 하고 승차감을 향상시키는 완충 기구는?

① 코일 스프링, 겹판스프링, 토션바

② 코일 스프링, 토션바, 타이로드

③ 코일 스프링, 겹판스프링, 프레임

④ 코일 스프링, 너클 스핀들, 스태빌라이저

자동차에서 사용하는 스프링에는 판스프링, 코일 스프링, 토션 바 스프링 등의 금속스프링과 고무스프링, 공기스프링 등의 비금속 스프링 등이 있다.

03. 토션바 스프링에 대한 내용으로 틀린 것은?

① 단위 중량당의 에너지 흡수율이 대단히 크다.

② 스프링의 힘은 바의 길이와 단면적에 의해 결정된다.

③ 진동의 감쇠작용이 커서 쇽업소버를 병용할 필요가 없다.

④ 스프링은 좌 · 우로 사용되는 것이 구분되어 있다.

토션바 스프링의 특징

① 단위 중량당의 에너지 흡수율이 대단히 크다.

② 스프링의 힘은 바의 길이와 단면적에 의해 결정된다.

③ 스프링은 좌 · 우로 사용되는 것이 구분되어 있다.

④ 쇽업소버와 함께 사용하여야 한다.

04. 좌우 타이어가 동시에 상하운동을 할 때는 작용하지 않으며 차체의 기울기를 감소시키는 역할을 하는 것은?

① 토션 바　　② 컨트롤 암

③ 쇽업쇼버　　④ 스태빌라이저

스태빌라이저는 독립현가장치에서 사용하는 일종의 토션 바 스프링이며, 자동차가 선회할 때 롤링(rolling)을 작게 하고 빠른 평형상태를 유지시키는 작용을 한다.

05. 롤링 또는 선회 시 차체의 기울기를 최소로 하는 부품은?

① 스태빌라이저 ② 쇽업소버

③ 컨트롤 암 ④ 타이로드

06. 진동을 흡수하고 진동시간을 단축시키며, 스프링의 부담을 감소시키기 위한 장치는?

① 스태빌라이저 ② 공기스프링

③ 쇽업소버 ④ 비틀림 막대 스프링

쇽업소버는 도로면에서 발생한 스프링의 진동을 신속하게 흡수하여 승차감을 향상시키고 동시에 스프링의 피로를 감소시키기 위해 설치하는 기구이다.

07. 유압식 쇽업소버의 구조에서 오일이 상·하 실린더로 이동하는 작은 구멍의 명칭은?

① 밸브 하우징 ② 베이스 밸브

③ 오리피스 ④ 스텝 홀

오리피스란 쇽업소버의 구조에서 오일이 상·하 실린더로 이동하는 작은 구멍이다.

08. 다음 중 드가르봉식 쇽업소버와 관계없는 것은?

① 유압식의 일종으로 프리피스톤을 설치하고 위쪽에 오일이 내장되어 있다.

② 고압질소 가스의 압력은 약 30kgf/cm²이다.

③ 쇽업소버의 작동이 정지되면 프리 피스톤 아래쪽의 질소가스가 팽창하여 프리 피스톤을 압상시킴으로서 오일실의 오일이 감압한다.

④ 좋지 않은 도로에서 격심한 충격을 받았을 때 캐비테이션에 의한 감쇠력의 차이가 적다.

드가르봉식 쇽업소버의 특징

① 유압식의 일종으로 프리피스톤을 설치하고 위쪽에 오일이 내장되어 있다.

② 고압질소 가스의 압력은 약 30kgf/cm²이다.

③ 쇽업소버의 작동이 정지되면 프리피스톤 아래쪽의 질소가스가 팽창하여 프리 피스톤을 압상시키므로 오일실의 오일이 가압된다.

④ 좋지 않은 도로에서 격심한 충격을 받았을 때 캐비테이션에 의한 감쇠력의 차이가 적다.

⑤ 실린더가 하나로 되어 있기 때문에 방열효과가 좋다.

⑥ 장기간 작동되어도 감쇠효과가 저하되지 않는다.

⑦ 내부에 압력이 걸려있기 때문에 분해하는 것은 위험하다.

09. 자동차용 현가장치에서 드가르봉식 쇽업소버의 특징이 아닌 것은?

① 복동식 쇽업소버보다 구조가 복잡하다.

② 실린더가 하나로 되어 있기 때문에 방열효과가 좋다.

③ 내부에 압력이 걸려있기 때문에 분해하는 것은 위험하다.

④ 장기간 작동되어도 감쇠효과가 저하되지 않는다.

10. 일체식 차축 현가방식의 특징으로 거리가 것은?

① 앞바퀴에 시미 발생이 쉽다.

② 선회할 때 차체의 기울기가 크다.

③ 승차감이 좋지 않다.

④ 휠 얼라인먼트의 변화가 적다.

일체차축 현가장치의 특징

① 차축의 위치를 정하는 링크나 로드가 필요치 않아 부품수가 적고 구조가 간단하다.

② 선회할 때 차체의 기울기가 적다.

③ 스프링 밑 질량이 커 승차감이 불량하다.

④ 앞바퀴에 시미(shimmy)가 발생하기 쉽다.

⑤ 평행 판스프링 형식에서는 스프링 정수가 너무 적은 것은 사용하기 어렵다.

11. 앞 현가장치의 종류 중에서 일체식 차축 현가장치의 장점을 설명한 것은?

① 차축의 위치를 정하는 링크나 로드가 필요치 않아 부품수가 적고 구조가 간단하다.

② 트램핑 현상이 쉽게 일어날 수 있다.

③ 스프링 질량이 크기 때문에 승차감이 좋지 않다.

④ 앞바퀴에 시미현상이 일어나기 쉽다.

12. 독립현가장치에 대한 설명으로 맞는 것은?

① 강도가 크고 구조가 간단하다.

② 타이어와 노면의 접지성이 우수하다.

③ 앞바퀴에 시미(shimmy)가 일어나기 쉽다.

④ 스프링 아래 무게가 커서 승차감이 좋다.

독립 현가장치의 장점

① 스프링 밑 질량이 작아 승차감이 좋다.

② 바퀴의 구조상 시미를 잘 일으키지 않고 도로 노면과 로드홀딩이 우수하다.

③ 스프링의 상수가 작은 것을 사용할 수 있다.

④ 무게중심이 낮아 안전성이 향상된다.

⑤ 옆 방향 진동에 강하고 타이어의 접지성능 양호하다.

⑥ 휠 얼라인먼트 설계의 자유도가 크다.

⑦ 컨트롤 암 등을 이용하여 진동을 방지 할 수 있어 소음방지에도 유리하다.

13. 앞 현가장치의 분류 중 독립 현가장치의 장점이 아닌 것은?

① 자동차의 높이를 낮게 할 수 있으므로 안전성이 향상된다.

② 바퀴의 시미(shimmy) 현상이 적고 타이어와 노면의 접지성이 좋아진다.

③ 스프링 하부의 무게가 가벼우므로 승차감이 좋다

④ 차축의 구조가 간단하다.

14. 현가장치 중에서 독립 현가식의 분류에 해당되지 않는 것은?

① 위시본형　　② 공기스프링형
③ 맥퍼슨형　　④ 멀티링크형

독립현가 장치의 종류에는 위시본형, 더블 위시본형, 맥퍼슨형, 멀티링크형, 트레일링 링크형, 스위차축형 등이 있다.

15. 위시본식 독립 현가장치의 구조 및 작동에 관한 설명으로 틀린 것은?

① 코일 스프링과 쇽업소버를 조합시킨 형식이다.
② 스프링 아랫부분의 중량이 크기 때문에 승차감이 좋다.
③ 로어와 어퍼 컨트롤 암의 길이가 같은 것이 평행사변형식이다.
④ SLA형식(short/long arm type)은 장애물에 의해 바퀴가 들어 올려 지면 캠버가 변한다.

위시본 형식의 특징

① 코일 스프링과 쇽업소버를 조합시킨 형식이다.
② 로어와 어퍼 컨트롤 암의 길이가 같은 것이 평행사변형식이다.
③ SLA형식은 장애물에 의해 바퀴가 들어 올려 지면 부의 캠버가 된다.
④ 스프링 아랫부분의 중량이 작기 때문에 승차감이 좋다.

16. 자동차의 독립현가장치 중에서 쇽업소버를 내장하고 있으며 상단은 차체에 고정하고, 하단은 로어 컨트롤 암으로 지지하는 형식으로 스프링의 아래하중이 가볍고 앤티 다이브 효과가 우수한 형식은?

① 맥퍼슨 스트러트 현가장치
② 위시본 현가장치
③ 트레일링 암 현가장치
④ 멀티 링크 현가장치

맥퍼슨 스트러트 현가장치는 쇽업소버를 내장하고 있으며 상단은 차체에 고정하고, 하단은 로어 컨트롤 암으로 지지하는 형식으로 스프링의 아래하중이 가볍고 앤티 다이브 효과가 우수하다.

17. 맥퍼슨형 현가장치에 대한 설명 중 틀린 것은?

① 위시본형에 비해 구조가 간단하다.
② 스프링 밑 질량이 작아 노면과 접촉이 우수하다.
③ 스러스트가 조향시 회전한다.
④ 위 컨트롤과 아래 컨트롤 암 있다.

맥퍼슨형 현가장치는 조향장치와 조향너클이 일체로 되어 있으며, 쇽업소버가 들어 있는 스트럿(strut), 볼 조인트, 컨트롤 암, 스프링으로 구성되어 있고, 스러스트가 조향할 때 자유롭게 회전한다. 특징은 다음과 같다.

① 위시본형에 비해 구조가 간단하고 고장이 적으며, 수리가 쉽다.
② 스프링 밑 질량이 작아 노면과 접촉(로드홀딩)이 우수하다.
③ 기관실의 유효체적을 넓게 할 수 있다.
④ 진동흡수율이 커 승차감이 좋다.

18. 독립 현가장치에서 기관실의 유효면적을 가장 넓게 할 수 있는 형식은?

① 맥퍼슨 형식
② 위시본 형식
③ 트레일링 암 형식
④ 평행 판스프링 형식

19. 하중의 변화에 따라 스프링정수를 자동적으로 조정하며 고유진동수를 일정하게 유지할 수 있는 현가장치의 구성품은?

① 코일 스프링
② 판 스프링
③ 공기 스프링
④ 스태빌라이저

공기스프링은 공기의 탄성을 이용한 것이며, 다른 스프링에 비해 매우 유연한 탄성을 얻을 수 있고, 또 노면으로부터의 아주 작은 진동도 흡수할 수 있어 승차감이 우수하다.

20. 공기스프링의 특징이 아닌 것은?

① 유연성을 비교적 쉽게 얻을 수 있다.
② 약간의 공기누출이 있어도 작동이 간단하며, 구조가 간단하다.
③ 하중이 변해도 자동차 높이를 일정하게 유지할 수 있다.
④ 자동차에 짐을 실을 때나 빈차일 때의 승차감은 별로 달라지지 않는다.

공기스프링의 특징

① 고유진동을 낮게 할 수 있다.
② 스프링 효과를 유연하게 할 수 있다.
③ 공기스프링 그 자체에 감쇠성이 있어 작은 진동을 흡수하는 효과가 있다.
④ 하중이 변해도 자동차 높이를 일정하게 유지할 수 있다.
⑤ 자동차에 짐을 실을 때나 빈차일 때의 승차감은 별로 달라지지 않는다.

21. 공기식 현가장치에서 공기스프링 내의 공기압력을 가감시키는 장치로서 자동차의 높이를 일정하게 유지하는 것은?

① 레벨링 밸브
② 공기스프링
③ 공기압축기
④ 언로드 밸브

레벨링 밸브는 공기탱크와 서지탱크를 연결하는 파이프 도중에 설치된 것이며, 자동차의 높이가 변화하면 압축공기를 스프링으로 공급하거나 배출시켜 자동차 높이를 일정하게 유지시킨다.

22. 공기식 현가장치에서 벨로스형 공기스프링 내부의 압력변화를 완화하여 스프링 작용을 유연하게 해 주는 것은?

① 언로드 밸브
② 레벨링밸브
③ 서지탱크
④ 공기압축기

서지탱크는 공기스프링 내부의 압력변화를 완화시켜 스프링 작용을 유연하게 해주는 장치이며, 각 공기스프링 마다 설치되어 있다.

23. 자동차의 고유진동 현상 중에서 현가장치의 스프링 위 무게 진동현상으로 틀린 것은?

① 휠 트램프
② 바운싱
③ 롤링
④ 요잉

스프링 위 무게 진동현상에는 바운싱, 피칭, 롤링, 요잉이 있으며, 스프링 아래 무게 진동현상에는 휠 홉, 휠 트램프, 와인드업이 있다.

24. 아래 그림은 어떤 자동차의 뒤차축이다. 스프링 아래 질량의 고유진동 중 X축을 중심으로 회전하는 진동은?

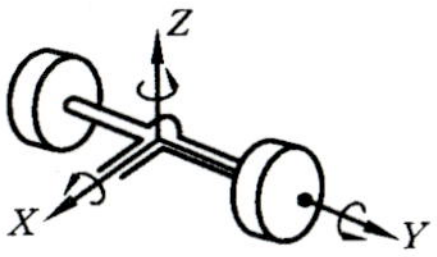

① 트램프
② 와인드업
③ 죠
④ 롤링

① 휠 홉(wheel hop) : 뒤차축이 Z방향의 상하 평행 운동을 하는 진동
② 트램프(tramp) : 뒤차축이 X축을 중심으로 회전하는 진동
③ 와인드업(wind up) : 뒤차축이 Y축을 중심으로 회전하는 진동

25. 일반적으로 주행 중 멀미를 느끼는 진동수는 약 몇 cycle/min인가?

① 45cycle/min 이하
② 45~90cycle/min
③ 90~135cycle/min
④ 135cycle/min 이상

진동수와 승차감
① 걸어가는 경우 : 60~70cycle/min
② 뛰어가는 경우 : 120~160cycle/min
③ 양호한 승차감 : 60~120cycle/min
④ 멀미를 느끼는 경우 : 45cycle/min 이하
⑤ 딱딱한 느낌의 경우 : 120cycle/min 이상

26. 일반적으로 가장 좋은 승차감을 얻을 수 있는 진동수는?

① 10cycle/min 이하
② 10~60cycle/min
③ 60~120cycle/min
④ 120~200cycle/min

2. 전자제어 현가장치

01. 전자제어 현가장치(ECS) 중 차고조절 제어 기능은 없고 감쇠력만을 제어하는 현가방식은?

① 감쇠력 가변식과 세미 액티브 방식 ② 감쇠력 가변식과 복합식
③ 세미 액티브 방식과 복합식 ④ 세미 액티브 방식과 액티브 방식

감쇠력 가변식과 세미 액티브 방식은 차고조절 제어 기능은 없고 감쇠력만을 제어하는 현가방식이다.

02. 전자제어 현가장치의 기능과 가장 거리가 먼 것은?

① 킥다운 제어 ② 차고조정
③ 스프링 상수와 댐핑력 제어 ④ 주행조건 및 노면상태 대응에 따른 제어

전자제어 현가장치의 기능은 차고(차량 높이)조정, 스프링상수와 댐핑력(쇽업소버의 감쇠계수)의 선택, 주행조건 및 노면상태 대응에 따른 제어이다.

03. 전자제어 현가장치는 무엇을 변화시켜 주행안정성과 승차감을 향상시키는가?

① 토인 ② 쇽업소버 감쇠계수
③ 윤중 ④ 타이어의 접지력

04. 전자제어 현가장치의 기능에 대한 설명 중 틀린 것은?

① 급제동을 할 때 노스다운을 방지할 수 있다.
② 급선회 할 때 원심력에 대한 차체의 기울어짐을 방지할 수 있다.
③ 노면으로부터의 차량높이를 조절할 수 있다.
④ 변속단 별 승차감을 제어할 수 있다.

전자제어 현가장치의 기능

① 급선회할 때 원심력에 의한 차량의 기울어짐을 방지하는 앤티 롤(anti roll)제어를 한다.
② 급제동할 때 앤티 다이브(anti dive, 노스다운)제어를 한다.
③ 급가속 할 때 앤티 스쿼트(anti squat)제어를 한다.
④ 비포장도로에서의 앤티 바운싱(anti bouncing)제어를 한다.
⑤ 차량의 정지 및 승객의 승하차 할 때 앤티 스쿼트(anti squat)제어를 한다.
⑥ 고속안정성을 제어한다.
⑦ 도로 노면상태에 따라 승차감을 조절한다.

05. 전자제어 현가장치에 대한 다음 설명 중 틀린 것은?

① 스프링 상수를 가변시킬 수 있다.
② 쇽업소버의 감쇠력 제어가 가능하다.
③ 차체의 자세제어가 가능하다.
④ 고속주행 시 현가특성을 부드럽게 하여 주행안전성이 확보된다.

전자제어 현가장치는 스프링 상수를 가변시킬 수 있고, 쇽업소버의 감쇠력 및 차체의 자세제어가 가능하다. 또 고속으로 주행할 때 차체의 높이를 낮추어 공기저항을 적게 하고 승차감 및 주행안정성을 향상시킨다.

06. 전자제어 현가장치(ECS)에 대한 설명 중 틀린 것은?

① 안정된 조향성을 준다.

② 차의 승차인원(하중)이 변해도 차는 수평을 유지한다.

③ 차량 정지시 감쇠력을 적게 한다.

④ 고속 주행시 차체의 높이를 낮추어 공기저항을 적게 하고 승차감을 향상시킨다.

전자제어 현가장치는 안정된 조향성능을 부여하고, 승차인원(하중)이 변화하여도 차량은 수평을 유지시키며, 차량이 정지할 경우에는 감쇠력을 높인다. 또 고속으로 주행할 때 차체의 높이를 낮추어 공기저항을 적게 하고 승차감을 향상시킨다.

07. 다음 중 전자제어 현가장치를 작동시키는데 관련된 센서가 아닌 것은?

① 파워오일 압력 센서

② 차속 센서

③ 차고 센서

④ 조향 각 센서

ECS-컴퓨터로 입력되는 신호에는 차속 센서, 차고 센서, 조향핸들 각속도 센서, 스로틀 포지션 센서, G센서, 전조등 릴레이 신호, 발전기 L단자 신호, 브레이크 압력 스위치 신호, 도어스위치 신호, 공기압축기 릴레이 신호 등이 있다.

08. 전자제어 현가장치(ECS)에 관계되는 구성부품이 아닌 것은?

① 차고 센서

② 중력 센서

③ 조향 휠 각속도 센서

④ 수온 센서

09. 전자제어 현가장치에서 롤 제어 전용 센서로서 차체의 횡가속도와 그 방향을 검출하는 센서는?

① AFS(air flow sensor)

② TPS(throttle position sensor)

③ W센서(weight sensor)

④ G센서(gravity sensor)

G센서는 자동차가 선회할 때 롤 제어를 하기 위한 전용의 센서이며, 차체의 횡가속도와 그 방향을 검출한다.

10. 전자제어 현가장치 부품 중에서 선회 시 차체의 기울어짐 방지와 가장 관계있는 것은?

① 도어 스위치

② 조향 휠 각속도 센서

③ 스톱램프 스위치

④ 헤드램프 릴레이

선회할 때 차체의 기울어짐 방지를 위해 조향 휠 각속도 센서를 두고 있다.

11. 전자제어 현가장치에서 차고는 무엇에 의해 제어되는가?

① 공기압력

② 코일 스프링

③ 진공

④ 특수고무

전자제어 현가장치에서 차고는 공기압력으로 조정한다. 즉 자동차의 주행속도가 규정 값 이상 되면 차고는 Low로, ECU가 노면상태가 불량함을 검출한 경우에는 High로 변환시킨다. 차고를 높일 경우에는 ECU가 공기공급 솔레노이드 밸브와 차고 제어 공기밸브를 열어 공기실에 압축공기를 공급하여 공기실의 체적과 쇽업소버의 길이를 증가시킨다.

12. 전자제어 현가장치에서 스프링상수 및 감쇠력 제어 기능과 차고 높이 조절기능을 하는 것은?

① 압축기 릴레이　　② 에어 액추에이터

③ 스트러트 유닛(쇼크 업소버)　　④ 배기 솔레노이드 밸브

스트러트 유닛(쇼크 업소버)에서 스프링상수 및 감쇠력 제어 기능과 차고 높이 조절을 한다.

13. 주행안정성과 승차감을 향상시킬 목적으로 전자제어 현가장치가 변화시키는 것으로 옳은 것은?

① 토인　　② 쇽업소버의 감쇠계수

③ 윤중　　④ 타이어의 접지력

전자제어 현가장치에서는 주행안정성과 승차감을 향상시킬 목적으로 쇽업소버의 감쇠계수를 변화시킨다.

14. 전자제어 현가장치(ECS)의 부품 중 차고조정 및 HARD/SOFT를 선택할 때 밸브개폐에 의하여 공기압력을 조정하는 것은?

① 앞 차고 센서　　② 앞 스트러트

③ 앞 솔레노이드 밸브　　④ 컴프레서

차고조정 및 HARD/SOFT를 선택할 때 앞 솔레노이드 밸브로 공기압력을 조정한다.

15. 공압식 전자제어 현가장치에서 컴프레서에 장착되어 차고를 낮출 때 작동하며, 공기 체임버 내의 압축공기를 대기 중으로 방출시키는 작용을 하는 것은?

① 배기 솔레노이드 밸브

② 압력스위치 제어 밸브

③ 컴프레서 압력변환 밸브

④ 에어 액추에이터 밸브

배기 솔레노이드 밸브는 공압식 전자제어 현가장치에서 컴프레서에 장착되어 차고를 낮출 때 작동하며, 공기 체임버 내의 압축공기를 대기 중으로 방출시킨다.

16. 공압식 전자제어 현가장치에서 저압 및 고압스위치에 대한 설명으로 틀린 것은?

① 고압스위치가 ON되면 컴프레서 구동조건에 해당된다.

② 고압스위치가 ON되면 리턴펌프가 구동된다.

③ 고압스위치는 고압탱크에 설치된다.

④ 저압스위치는 리턴펌프를 구동하기 위한 스위치이다.

저압탱크 쪽 압력이 규정 값 이상으로 상승하면 저압스위치가 작동하여 내부의 리턴펌프를 구동한다.

17. 복합식 전자제어 현가장치에서 고압스위치 역할은?

① 공기압이 규정 값 이하이면 컴프레서를 작동시킨다.

② 자세제어 시 공기를 배출시킨다.

③ 쇽업소버 내의 공기압을 배출시킨다.

④ 제동 시나 출발 시 공기압을 높여준다.

고압스위치는 공기압이 규정 값 이하로 되면 컴프레서를 구동시킨다.

18. 전자제어 현가장치(ECS)에서 목표 차고(車高)와 실제 차고(車高)가 다르더라도 차고(車高) 조정이 이루어지지 않는 경우는?

① 엔진시동 직후

② 주행 중 엔진 정지 시

③ 직진 경사로를 주행할 시

④ 커브길 급회전 시

목표 차고와 실제 차고가 다르더라도 커브 길을 급선회할 때, 급가속을 할 때, 급제동을 할 때 등에는 차고 조정이 이루어지지 않는다.

19. 전자제어 현가장치에서 노면의 상태 및 주행조건에 따른 자세변화에 대하여 제어하는 것과 거리가 먼 것은?

① 안티 롤 제어

② 안티 피치 제어

③ 안티 바운스 제어

④ 안티 트램핑 제어

자세제어에는 앤티 스쿼트, 앤티 다이브, 앤티 롤링, 앤티 바운싱, 앤티 세이크 등이 있다.

20. 전자제어 현가장치(ECS)의 자세제어 종류가 아닌 것은?

① 다이브 제어(dive)

② 스쿼드 제어(squat)

③ 롤 제어(rolling)

④ 요잉-제어(yawing)

21. 전자제어 현가장치에서 자세제어를 위한 입력신호로 틀린 것은?

① 차속 센서 ② 스로틀 포지션 센서

③ 조향 각 센서 ④ 충돌감지 센서

22. 전자제어 현가장치(ECS)시스템의 센서와 제어 기능의 연결이 맞지 않는 것은?

① 앤티 피칭 제어 - 상하가속도 센서

② 앤티 바운싱 제어 - 상하가속도 센서

③ 앤티 다이브 제어 - 조향 각 센서

④ 앤티 롤링 제어 - 조향 각 센서

23. 전자제어 현가장치에서 자동차가 선회할 때 원심력에 의한 차체의 흔들림을 최소로 제어하는 기능은?

① 앤티 롤링 ② 앤티 다이브

③ 앤티 스쿼트 ④ 앤티 드라이브

앤티 롤링제어란 자동차가 선회할 때 원심력에 의한 차체의 흔들림을 최소로 제어하는 기능이다.

24. 전자제어 현가장치의 기능에서 앤티 스쿼트 제어(anti squat control)에 대한 설명으로 맞는 것은?

① 요철이나 비포장도로 주행 시 차량의 상하운동을 제어하는 것이다.

② 급제동시 차량의 앞쪽이 낮아지는 현상을 제어하는 것이다.

③ 차량이 선회할 때 원심력에 의해 바깥쪽 바퀴는 낮아지고 안쪽바퀴는 높아지는 현상을 제어하는 것이다.

④ 급가속시 차량의 앞쪽이 들리는 현상을 제어하는 것이다.

앤티 스쿼트 제어란 급출발 또는 급가속을 할 때에 차체의 앞쪽은 들리고, 뒤쪽이 낮아지는 노스 업(nose-up) 현상을 제어한다.

25. 전자제어 현가장치의 제어 중 급출발 시 노즈 업 현상을 방지하는 것은?

① 앤티 다이브 제어　　② 앤티 스쿼트 제어

③ 앤티 피칭 제어　　④ 앤티 롤링 제어

26. 전자제어 현가장치에서 앤티-쉐이크(anti-shake)제어를 설명한 것은?

① 고속으로 주행할 때 차체의 안전성을 유지하기 위해 쇽업소버의 감쇠력의 폭을 크게 제어한다.

② 승차자가 승/하차 할 경우 하중의 변화에 의한 차체의 흔들림을 방지하기 위해 감쇠력을 딱딱하게 한다.

③ 주행 중 급제동할 때 차체의 무게중심 변화에 대응하여 제어하는 것이다.

④ 차량의 급출발할 때 무게 중심의 변화에 대응하여 제어하는 것이다.

앤티 쉐이크 제어는 사람이 자동차에 승하차할 때 하중의 변화에 따라 차체가 흔들리는 것을 쉐이크라 하며, 주행속도를 감속하여 규정 속도 이하가 되면 ECU는 승하차에 대비하여 쇽업소버의 감쇠력을 딱딱하게(Hard)하게 제어한다.

27. 전자제어 현가장치에서 안티 스쿼트(anti-squat) 제어의 기준신호로 사용되는 센서는?

① 프리뷰 센서

② G(수직 가속도) 센서

③ 스로틀포지션 센서

④ 브레이크 스위치 신호

안티 스쿼트 제어의 기준신호는 스로틀포지션 센서의 신호이다.

28. 주행 중에 급제동을 하면 차체의 앞쪽이 낮아지고, 뒤쪽이 높아지는 노스다운 현상이 발생하는데, 이것을 제어하는 것은?

① 앤티 다이브 제어

② 앤티 스쿼트 제어

③ 앤티 피칭 제어

④ 앤티 롤링 제어

앤티 다이브(anti dive)제어란 급제동을 할 때 자동차의 앞쪽이 내려가고, 뒤쪽이 높아지는 것을 방지하는 기능이다. 즉 노스다운(nose down)을 방지하는 제어이다.

29. 공압식 전자제어 현가장치에서 스캔 툴의 이용하여 강제 구동할 경우에 대한 설명으로 옳은 것은?

① 고속 좌회전 모드로 조작하는 경우 좌측은 올리고 우측은 내리는 제어를 한다.

② 급제동하는 모드로 조작하는 경우 앞축과 뒤축은 모두 Hard쪽으로 제어한다.

③ high 모드로 조작하면 차고는 상향제어 되면서 감쇠력은 Hard쪽으로 제어된다.

④ 차량속도가 고속모드인 경우 앞축과 뒤축 모두 차고를 올림 제어한다.

앤티 다이브(Anti-Dive) 제어의 감쇠력 전환

① 급제동을 할 때 앤티 다이브를 줄이기 위해 공기공급 및 배출과 동시에 감쇠력을 미디엄(Medium) 또는 하드(Hard)로 전환한다.

② 제동등 스위치가 ON으로 된 후 즉시 앞뒤 방향의 가속도가 규정 값 이상으로 될 때 앞쪽에는 규정시간 이상으로 공기를 공급하여 감쇠력은 AUTO모드일 경우에는 미디엄으로, 스포츠(Sport) 모드일 때에는 Hard로 한다.

③ 제동등 스위치 ON 상태에서 가속도가 더욱 더 증가하면 뒤쪽을 앞쪽과 동시에 공기를 배출하고, 감쇠력은 Sport 및 AUTO 모드일 경우에도 Hard로 제어한다.

④ 가속도가 규정 값 미만으로 내려가면 감쇠력을 약 1초 후에 처음으로 복귀시키고, 공기배출 또는 배출한 시간만큼 공기를 공급하여 앞쪽과 뒤쪽의 공기량을 제어전의 상태로 복귀시킨다.

제6장

조향장치

조향장치는 자동차의 진행방향을 운전자가 의도하는 바에 따라서 임의로 조작할 수 있는 장치이며 조향핸들을 조작하면 조향기어에 그 회전력이 전달되며 조향기어에 의해 감속하여 앞바퀴의 방향을 바꿀 수 있다.

6-1 조향장치의 개요

1. 조향장치의 원리

[1] 애커먼 장토방식(Ackerman-Jantoud type)

조향각도를 최대로 하고 선회할 때 선회하는 안쪽 바퀴의 조향각도가 바깥쪽 바퀴의 조향각도보다 크게 되며, 뒷차축 연장선상의 한 점 O를 중심으로 동심원을 그리면서 선회하여 사이드슬립 방지와 조향핸들 조작에 따른 저항을 감소시킬 수 있는 방식이다. 즉, 자동차를 직진상태로 하였을 때 킹핀과 타이로드 엔드와의 중심을 연결하는 선의 연장선 A와 B가 뒷차축 중심점 P에서 만난다. 이와 같이 하고 조향핸들을 회전시켰을 때 타이로드의 작용으로 양쪽 바퀴의 너클 스핀들 중심의 연장선 C와 D가 뒷차축의 중심선과 0점에서 만난다. 이에 따라 앞·뒷바퀴는 어떤 선회 상태에서도 중심이 일치되는 원(동심원)을 그릴 수 있다.

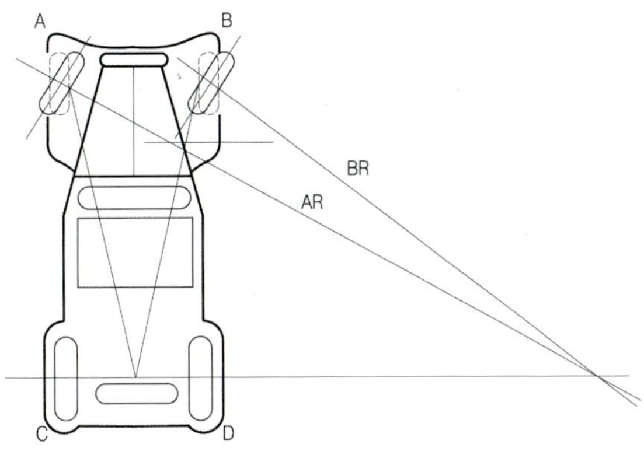

조향장치의 원리(애커먼 장토방식)

[2] 최소회전 반지름

조향각도를 최대로 하고 선회하였을 때 그려지는 동심원 중에서 가장 바깥쪽 바퀴가 그리는 원의 반지름(그림의 O에서 D 사이의 거리)이며 다음의 공식으로 산출된다.

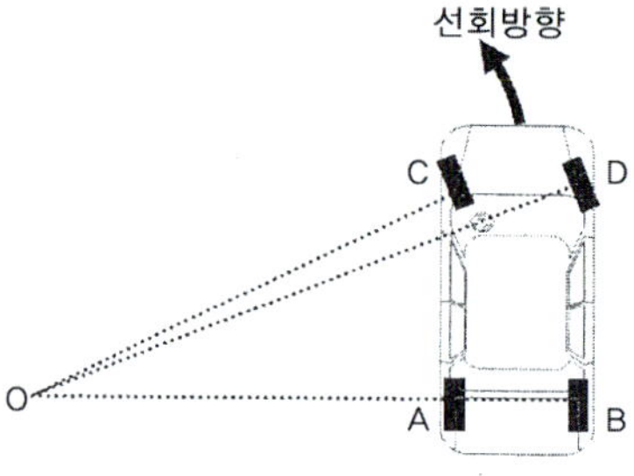

최소회전 반지름

$$R = \frac{L}{\alpha} + r$$

여기서,

R : 최소회전 반지름

L : 축간거리(축거)

α: 가장 바깥쪽 앞바퀴의 조향각도

r : 바퀴 접지면 중심과 킹핀과의 거리

2. 조향장치의 구비조건

① 조향조작이 주행 중의 충격에 영향을 받지 않을 것

② 조작이 쉽고, 방향변환이 원활하게 행해질 것

③ 회전 반지름이 작아서 좁은 곳에서도 방향 변환을 할 수 있을 것

④ 진행방향을 바꿀 때 섀시 및 보디 각 부분에 무리한 힘이 작용되지 않을 것

⑤ 고속주행에서도 조향핸들이 안정 될 것

⑥ 조향핸들의 회전과 바퀴 선회차이가 크지 않을 것

⑦ 수명이 길고 다루기나 정비하기가 쉬울 것

6-2 일반적인 조향장치의 구조

일체차축 방식의 조향장치는 조향핸들을 비롯하여 조향축, 조향기어, 피트먼 암, 드래그 링크, 타이로드, 조향너클 암 등으로 구성된다. 한편 독립차축 방식의 조향장치에는 드래그 링크가 없고 타이로드가 둘로 나누어져 있다.

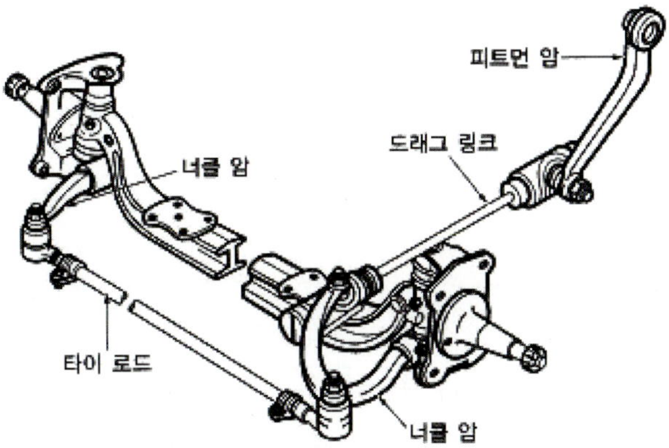

일체차축 방식의 조향장치

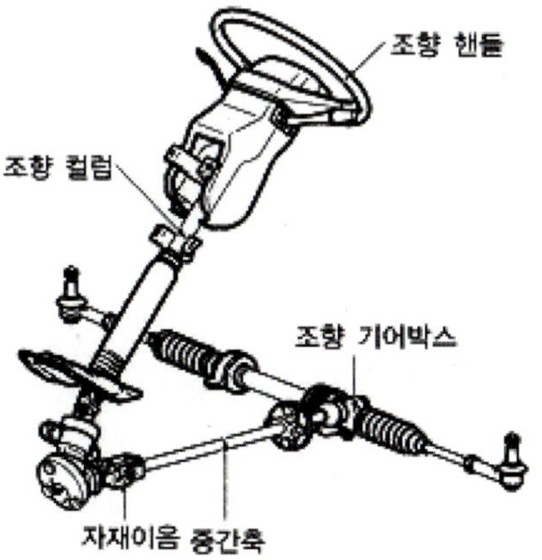

독립차축 방식의 조향장치

1. 조향핸들(또는 조향 휠)

림(rim), 스포크(spoke) 및 허브(hub)로 구성되며 스포크나 림 내부에는 강철이나 알루미늄 합금 심으로 보강되고, 바깥쪽은 플라스틱으로 성형한다. 조향핸들은 조향축에 테이퍼(taper)나 세레이션(serration) 홈에 끼우고 너트로 고정시킨다. 허브에는 경음기(horn)를 작동시키는 스위치가 부착되며, 최근에는 에어 백(Air bag)을 설치하여 충돌하였을 때 센서에 의해 질소가스 압력으로 팽창하는 구조로 된 것도 있다.

2. 조향축(steering shaft)

조향핸들의 회전을 조향 기어의 웜(worm)으로 전하는 축이며, 웜과 스플라인을 통하여 자재이음으로 연결한다. 또 조향기어와 축을 연결할 때 오차를 완화하고, 노면으로부터의 충격을 흡수하여 조향핸들로 전달되지 않도록 하기 위해 조향핸들과 축 사이는 탄성체 이음으로 되어있다. 조향축은 조향하기 쉽도록 35~50°의 경사를 두고 설치되며, 운전자 요구에 따라 알맞은 위치로 조절할 수 있다.

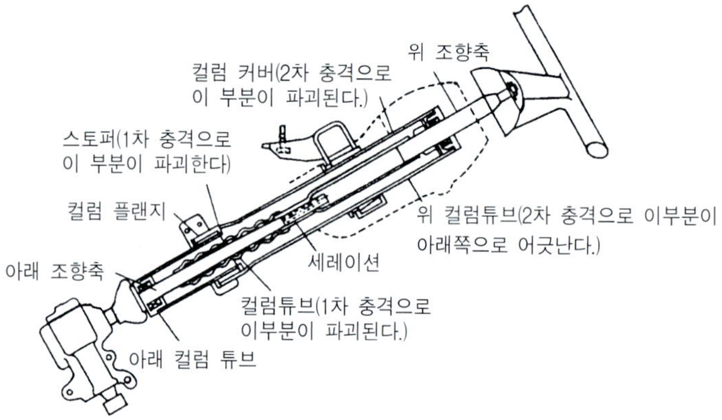

조향축

3. 조향기어(steering gear)

조향조작력을 증대시켜 앞바퀴로 전달하는 장치이며, 종류에는 웜 섹터형, 웜 섹터 롤러형, 볼-너트형, 캠-레버형, 래크와 피니언형, 스크루-너트형, 스크루-볼형 등이 있으며 현재 주로 사용되고 있는 형식은 볼-너트 형식과 래크와 피니언 형식이다. 그리고 조향기어에 요구되는 조건은 다음과 같다.

① 선회 반발력을 이겨낼 수 있는 조향력이 있을 것

② 선회할 때 조향핸들의 회전각도와 선회 반지름과의 관계를 감지할 수 있을 것

③ 복원성이 있을 것

④ 주행 중 받는 충격을 알맞은 반발력으로 조향핸들에 전달하여 충격 감각을 운전자에게 전달할 것

조향기어는 위의 조건을 만족시키기 위해 알맞은 감속비를 두며, 이 감속비를 조향 기어비라 하며 다음 공식과 같이 나타낸다.

$$조향기어비 = \frac{조향핸들이\ 회전한\ 각도}{피트먼\ 암이\ 움직인\ 각도}$$

[1] 볼-너트 형식 조향기어(ball-nut type)

나사와 너트사이에 여러 개의 볼(ball)을 넣은 것이며, 조향축의 회전은 볼의 구름접촉에 의해 너트로 전달된다. 따라서 큰 하중에 견딜 수 있으며, 마모가 적은 특성을 지닌다. 작동은 조향축이 회전하면 볼이 구르면서 나사의 홈 내부를 이동하여 너트의 끝에서 바깥쪽으로 나가 안내튜브를 거쳐 다시 나사 홈으로 들어온다. 볼은 2줄로 순환하며, 이 순환으로 너트가 직선운동을 하고 섹터(sector)는 원호운동을 한다. 너트의 양쪽 끝 부분은 볼 베어링으로 지지되며, 섹터 축에는 조정나사로 섹터 축을 움직여 백래시(back lash) 즉, 조향핸들의 유격을 조정할 수 있다.

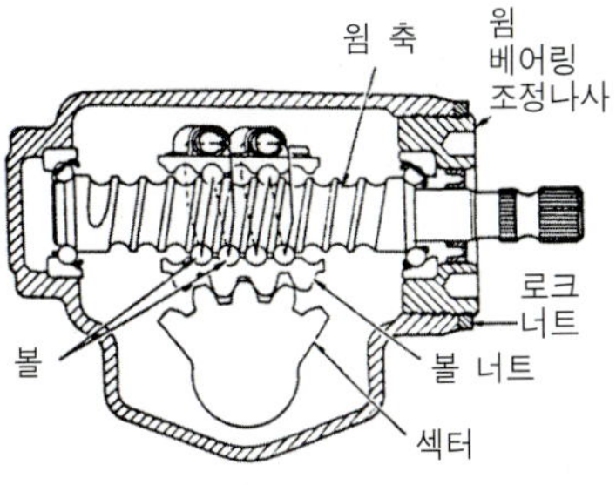

볼-너트 형식의 구조

[2] 래크와 피니언 형식 조향기어(rack and pinion type)

조향축 아래쪽 끝부분에 피니언과 래크가 결합된다. 작동은 래크는 피니언의 회전운동에 따라 조향기어박스 안에서 좌우로 직선운동을 하여 그 양끝의 로드를 거쳐 좌우의 조향 너클을 움직여 조향한다. 래크와 피니언 형식은 래크를 분할된 타이로드로 사용할 수 있으며, 특징은 다음과 같다.

① 설치공간을 적게 차지한다.

② 조향핸들의 회전운동을 래크를 이용하여 직접 직선운동으로 바꾼다.

③ 소형 · 경량이며 낮게 설치 할 수 있다.

④ 가변조향 기어비율이 가능하다.

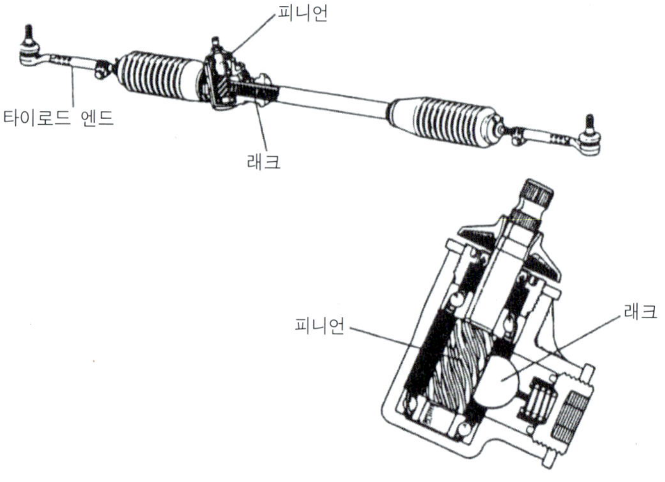

래크와 피니언 형식의 구조

4. 피트먼 암(pitman arm)

조향핸들의 움직임을 일체차축방식 조향기구에서는 드래그 링크로, 독립차축방식 조향기구에서는 센터링크로 전달하는 것이며 그 한쪽 끝에는 테이퍼의 세레이션(serration)을 통하여 섹터 축에 설치되고, 다른 한쪽 끝은 드래그 링크나 센터링크에 연결하기 위한 볼 이음으로 되어있다.

5. 드래그 링크(drag link)

일체차축방식 조향기구에서 피트먼 암과 너클 암(제3암)을 연결하는 로드이며, 드래그 링크는 앞바퀴의 상하운동으로 피트먼 암을 중심으로 한 원호운동을 한다. 또 양끝의 볼 이음부분에는 노면의 충격이 조향기어로 전달되지 않도록 스프링이 들어 있으며, 이 스프링의 위치와 드래그 링크의 설치방향을 바꾸어 조립하면 조향장치 각 부분에 무리한 힘이 가해지므로 주의해야 한다.

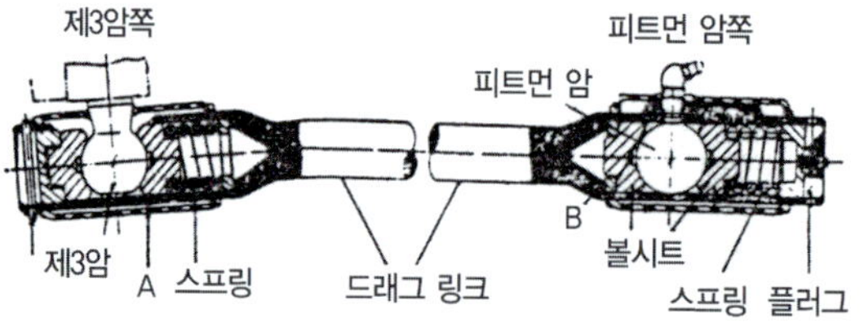

드래그 링크의 구조

6. 타이로드(tie-rod)

독립차축방식의 조향장치에서는 센터링크의 운동을 양쪽 너클 암으로 전달하며, 2개로 나누어져 볼 이음으로 각각 연결된다. 일체차축방식의 조향장치에서는 1개의 로드로 되어있고, 너클 암의 움직임을 반대쪽의 너클 암으로 전달하여 양쪽 바퀴의 관계를 바르게 유지시킨다. 또 타이로드의 길이를 조정하여 토인(toe-in)을 조정할 수 있다.

7. 너클 암(knuckle arm ; 제3암)

일체차축방식 조향기구에서 드래그 링크의 운동을 조향너클로 전달하는 기구이다.

8. 일체차축방식 조향기구의 앞차축과 조향너클

일체차축(ridge axle)방식의 앞차축은 강철을 단조한 I 단면의 빔이며, 그 양쪽 끝에는 스프링 시트가 용접되어 있고, 킹핀 설치부분에 킹핀을 통해 조향너클이 설치된다. 조향너클은 킹핀을 통해 앞차축과 연결되는 부분과 바퀴 허브가 설치되는 스핀들(spindle)부분으로 되어 있어 킹핀을 중심으로 회전하여 조향작용을 한다. 그리고 앞차축과 조향너클의 설치 방식에는 엘리옷형, 역엘리옷형, 마몬형, 르모앙형 등이 있다.

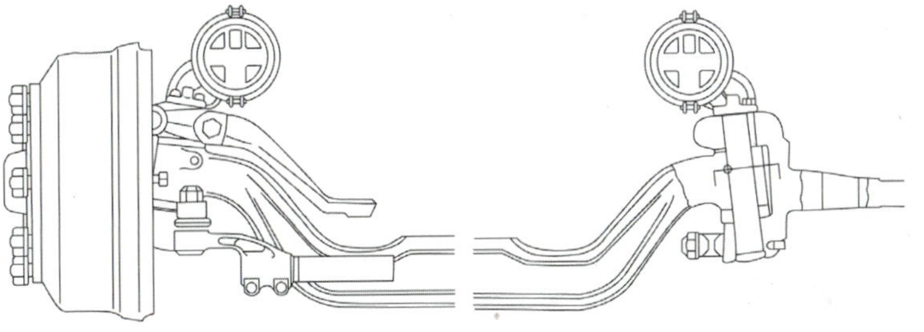

앞차축의 구조

[1] 엘리옷형(elliot type)

앞차축 양끝 부분이 요크(yoke)로 되어 있으며, 이 요크에 조향너클이 설치되고 킹핀은 조향너클에 고정된다.

[2] 역엘리옷형(revers elliot type)

조향너클에 요크가 설치된 것이며, 킹핀은 앞차축에 고정되고 조향너클과는 부싱을 사이에 두고 설치된다.

[3] 마몬형(marmon type)

앞차축 윗부분에 조향너클이 설치되며, 킹핀이 아래쪽으로 돌출되어 있다.

[4] 르모앙형(lemoine type)

앞차축 아랫부분에 조향너클이 설치되며, 킹핀이 위쪽으로 돌출되어 있다.

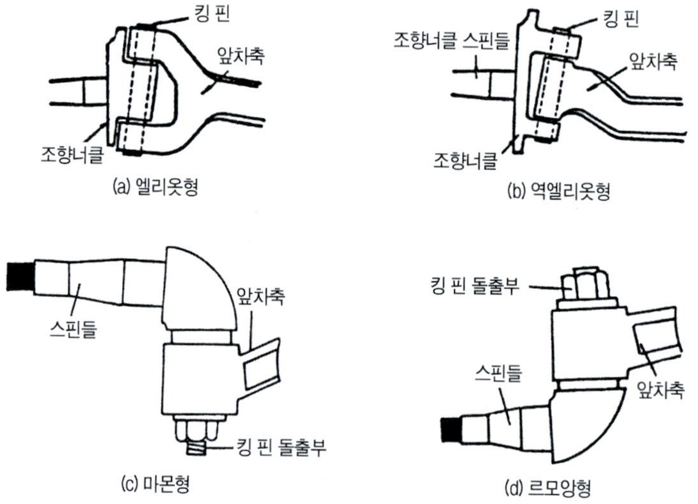

조향너클 설치방식

9. 킹핀(king pin)

일체차축방식 조향기구에서 앞차축에 대해 규정의 각도(킹핀 경사각)를 두고 설치되어, 앞차축과 조향 너클을 연결하며 고정 볼트에 의해 앞차축에 고정된다.

6-3 전자제어 조향장치

1. 동력조향장치의 개요

자동차의 대형화 및 저압타이어의 사용으로 앞바퀴의 접지압력과 면적이 증가되어 조향조작력이 증가되므로 신속하고 경쾌한 조향이 어렵다.

따라서 가볍고 원활한 조향조작을 하기 위해 기관의 동력으로 유압펌프를 구동하여 발생한 유압을 이용하는 배력장치를 설치하여 조향핸들의 조작력을 가볍게 하는 것이며, 동력조향장치의 장점은 다음과 같다.

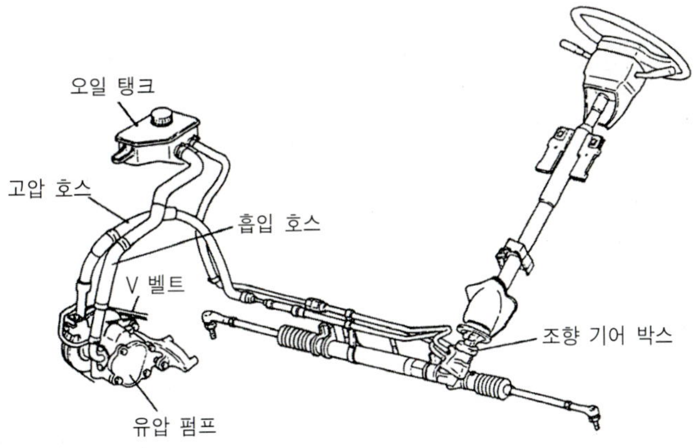

동력조향장치의 구성도

① 적은 힘으로 조향 조작을 할 수 있다.

② 조향 기어비를 조작력에 관계없이 선정할 수 있다.

③ 노면의 충격을 흡수하여 조향핸들에 전달되는 것을 방지한다.

④ 앞바퀴의 시미현상을 감쇠하는 효과가 있다.

2. 전자제어 동력조향장치(ECPS ; Electronic Control Power Steering)

[1] 전자제어 동력조향장치의 개요

자동차에서 가장 바람직한 조향조작력은 주행조건에 따라 최적의 조향조작력을 확보하여 주차를 하거나 저속으로 주행할 때에는 가볍고 부드러운 조향특성을, 중속 및 고속운전 영역에서는 안정성을 얻을 수 있도록 적당히 무거운 조향조작력이 필요하다.

이와 같은 상반되는 저 · 고속영역 두 조건의 요구특성을 만족시키기 위해 전자제어 동력조향장치(ECPS ; Electronic Control Power Steering)가 개발되었다.

(1) 전자제어 동력조향장치의 구비조건

① 소형 · 경량이고 구조가 간단할 것

② 작동이 원활하고, 고행주행 안정성이 있을 것

③ 내구성과 신뢰성이 클 것

④ 정숙성이 있을 것

⑤ 광범위한 사용조건에 대한 안정성이 있을 것

(2) 전자제어 동력조향장치의 장점

① 저속에서 편리하고 안정적인 조향조작이 가능하다.

② 고속으로 주행할 때 최적화된 안전한 조향이 가능하다.

③ 정밀한 밸브제어에 의한 정교하고 민감한 조향조작이 가능하다.

④ 필요에 따라서 고속주행 상태에서 안전한 유압의 지원이 가능하다.

⑤ 마이크로 프로세스의 프로그래밍에 의한 자동차 특성과의 최적화가 가능하다.

[2] 유압을 사용하는 전자제어 동력조향장치

(1) 유압을 사용하는 전자제어 동력조향장치의 개요

고속으로 주행할 때는 조향 안전성이 떨어져 불안하게 되므로 자동차의 주행속도가 증가할 수록 조향조작력은 무겁고 주행속도가 낮을수록 가볍게 할 필요가 있다.

이를 실현하기 위해 유압을 사용하는 전자제어 동력조향장치(ECPS)는 기관에 의해 구동되는 유압펌프의 유압을 동력원으로 사용하는 기존의 유압제어 동력조향장치(NPS : Normal Power Steering)에 유량을 제어하는 솔레노이드 밸브를 추가하여 주행속도의 변화에 대응하여 조향기어박스로 공급되는 유량을 적절하게 제어한다.

이 솔레노이드 밸브는 주행속도 및 조향핸들 각속도 센서의 정보를 입력받은 컴퓨터(EPSCM ; Electronic Power Steering Control Module)에 의해 제어된다.

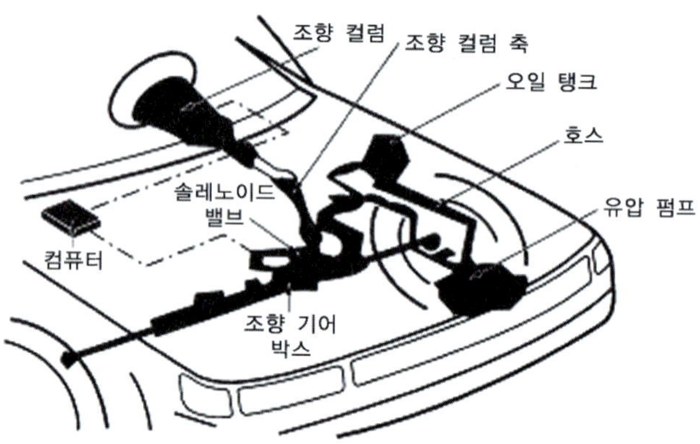

유압을 사용하는 전자제어 동력조향장치

(2) 유압을 사용하는 동력조향장치의 작동

승용차에서 주로 사용되는 래크와 피니언 형식(rack & pinion type)을 기준으로 설명하도록 한다. 조향기어박스는 래크와 피니언에 의해 좌우방향으로 조향된다.

래크와 피니언 어셈블리 좌우에는 동력실린더가 설치되어 있으며 운전자가 조향핸들을 조작하면 토션 스프링(torsion spring)이 오일회로의 방향을 바꿔주므로 유압펌프에서 형성된 유압이 해당 동력실린더로 작용하여 조향이 이루어진다.

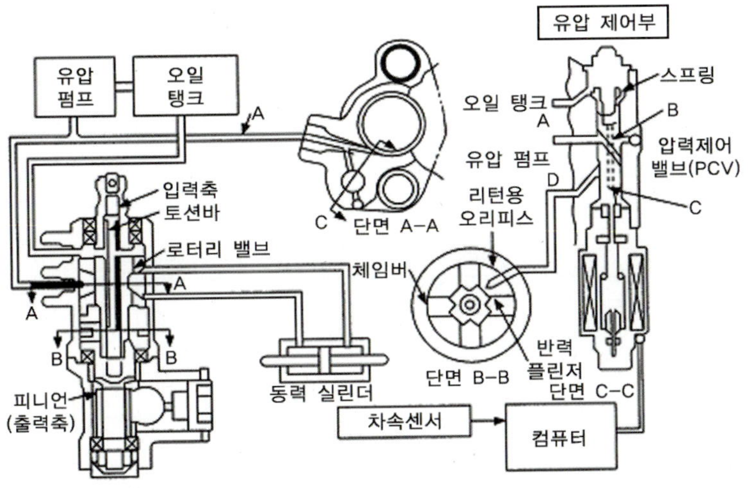

유압을 사용하는 동력조향장치의 구조

① **정차 및 저속으로 주행할 때** : 정차 또는 저속으로 주행(0~60km/h)할 때는 컴퓨터에서 솔레노이드 밸브로 약 1A의 전류를 공급하므로 솔레노이드 밸브에는 가장 큰 출력이 위쪽으로 작용한다. 이로 인해 압력제어밸브는 위쪽에 위치한 스프링을 압축하면서 상승하여 유압펌프의 유압이 작용하는 오일회로 A와 반력 플런저로 공급되는 오일회로 D를 차단하는 위치에 있으므로 반력 플런저에 작용하는 유압을 제어하면(이때의 유압은 0이다.) 반력 플런저가 입력 쪽을 누르는 힘이 없기 때문에 가장 경쾌한 조향조작력을 얻을 수 있다.

② **중속 및 · 고속으로 주행할 때** : 중속 및 고속으로 주행할 때에는 솔레노이드 밸브와 압력제어밸브는 오일회로 A에서 오일회로 D로의 통로를 연다. 이 상태에서 조향핸들을 통상적인 조향범위 내에서 조작하면 유압펌프의 토출압력은 저속 주행할 때와 같이 조향각도에 대해서 상승하기 때문에 조향조작력에 비례한 출력유압이 얻어져 중 · 고속 주행에서의 적절한 조향감각을 얻을 수 있다.

③ **고속으로 주행할 때** : 고속으로 주행할 때에는 솔레노이드 밸브 위쪽에 가해지는 유압이 주행속도의 증가에 따라 감소하므로 압력제어밸브가 아래쪽으로 이동하여 오일회로 B가 열리면서 오일회로 D로 오일이 공급되어 반력 플런저 뒤쪽을 밀게 되므로 플런저가 유압의 입력을 막아 토션 바와 피니언이 일체가 되도록 하여 조향조작력이 무거워진다.

따라서 험한 도로를 주행하거나 타이어가 펑크 난 경우 등 도로면에서 큰 반력이 작용하면 펌프의 토출압력이 일반적인 조향의 경우보다 상승하여 반력 플런저에 작용하는 유압을 규정 값 이하로 제어한다. 이에 따라 주행할 때 도로면에서 큰 힘이 작용한 경우에도 조향조작력을 일정 값 이하로 제어하여 험한 도로를 주행하더라도 조향핸들을 놓치는 일이 없다.

(3) 유압을 사용하는 동력조향장치의 종류

① **유량제어방식(속도감응 제어방식)** : 차속 센서 및 조향핸들 각속도 센서의 입력에 대응하여 컴퓨터가 유량제어용 솔레노이드 밸브의 전류를 제어하여 조향기어박스에 유압(유량)을 조절함에 따라 주행속도에 따른 최적의 조향조작력을 실현한다.

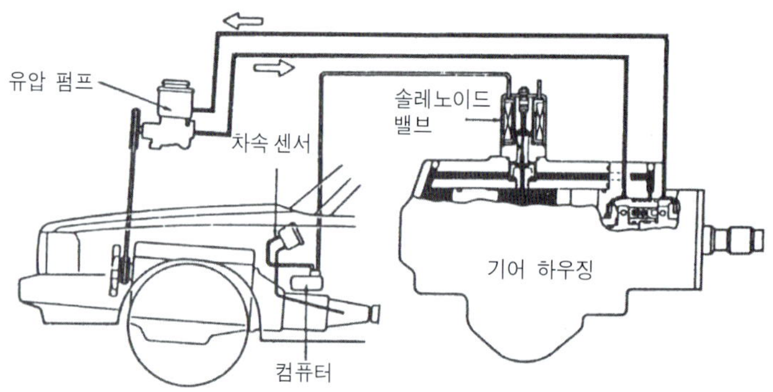

유량제어방식의 구조

② **실린더 바이패스 제어방식** : 조향기어박스에 동력실린더 양쪽을 연결하는 바이패스 밸브와 통로를 두고 주행속도의 상승에 따라 바이패스 밸브의 면적을 확대하여 동력실린더 작용압력을 감소시켜 조향조작력을 제어한다.

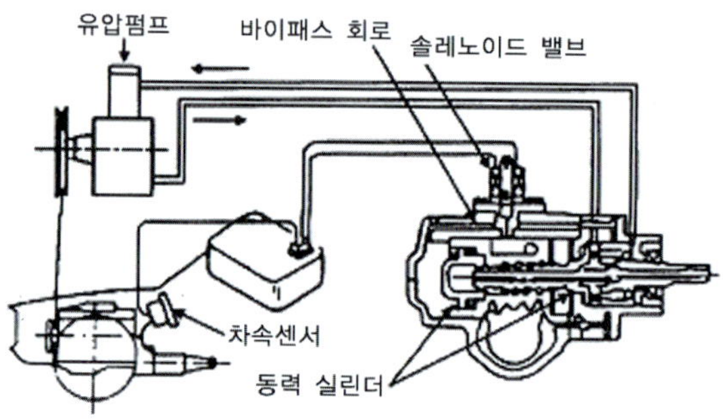

실린더 바이패스 제어방식

③ **유압반력 제어방식** : 동력조향장치의 밸브부분에 유압반력 제어장치를 두고 유압반력 제

어밸브에 의해 주행속도의 상승에 따라 유압 반력실(reaction chamber)에 도입하는 반력압력을 증가시켜 반력기구의 강성을 가변제어 하여 직접 조향조작력을 제어한다.

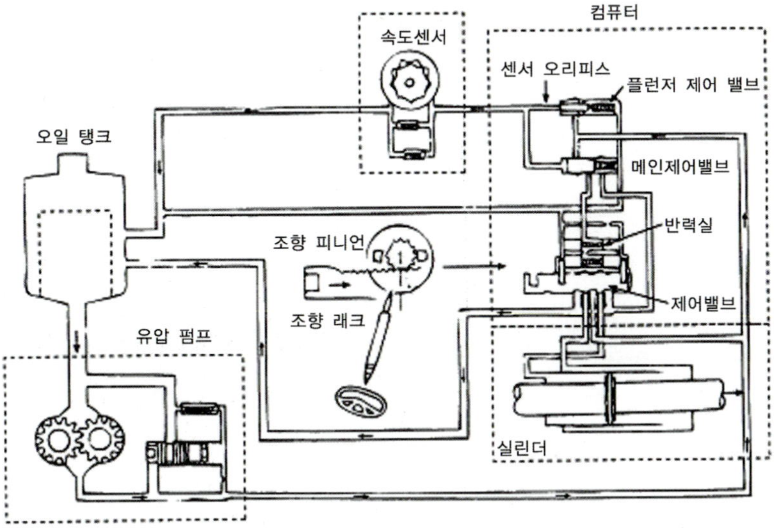

유압반력 제어방식

(4) 유압을 사용하는 동력조향장치 구성요소

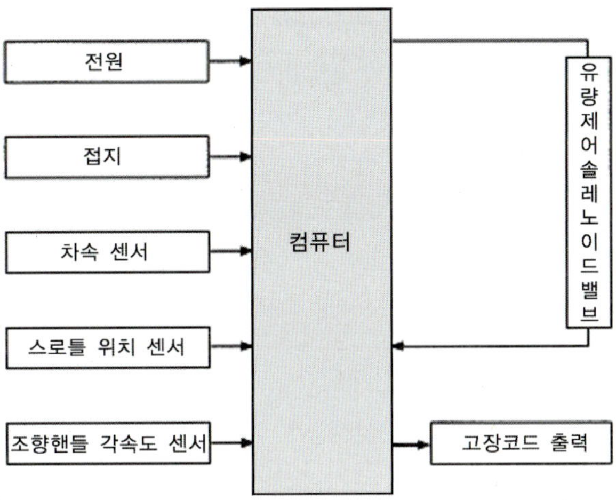

유압을 사용하는 동력조향장치 입·출력 구성도

① **컴퓨터** : 차속 센서, 스로틀 위치 센서, 조향핸들 각속도 센서로부터 정보를 입력받아 유량제어용 솔레노이드 밸브의 전류를 듀티 제어한다.

② **차속 센서** : 컴퓨터가 주행속도에 따른 최적의 조향조작력으로 제어할 수 있도록 주행속도를 입력한다.

③ **스로틀 위치 센서** : 운전자가 가속페달을 밟은 양을 검출하여 컴퓨터에 입력시켜 차속 센서의 고장을 검출하기 위해 사용된다.

④ **조향핸들 각속도 센서** : 조향각속도를 검출하여, 중속 이상 조건에서 급조향할 때 발생되는 순간적 조향핸들 걸림 현상인 캐치 업(catch up)을 방지하여 조향 불안감을 해소한다.

⑤ **유량제어용 솔레노이드 밸브** : 주행속도와 조향각도 신호를 기초로 하여 최적상태의 유량을 제어한다. 컴퓨터는 공회전 또는 저속으로 주행할 때 솔레노이드 밸브에 큰 전류를 공급하여 스풀밸브(spool valve)가 상승하도록 하고, 고속으로 주행할 때에는 적은 전류를 공급하여 스풀밸브가 하강하도록 하여 입력 및 바이패스(By-Pass)통로의 개폐를 조절한다.

이와 같이 솔레노이드 밸브에서 유량을 제어하기 때문에 저속으로 주행할 때에는 가벼운 조향조작력을, 고속으로 주행할 때에는 무거운 조향조작력이 되도록 변화시키는 기능을 한다.

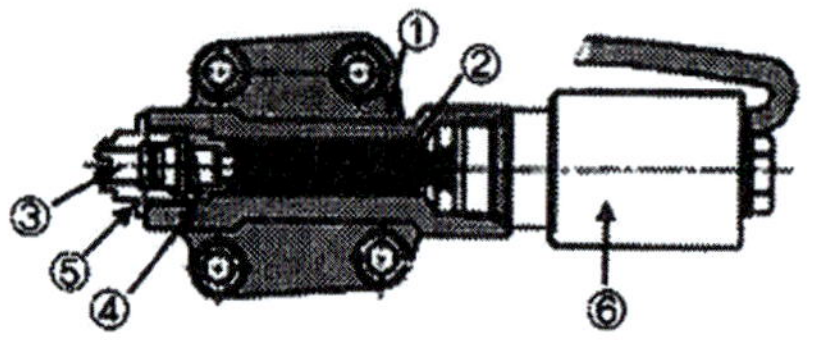

① 유량제어 밸브 하우징　② 스풀 밸브
③ 스프링 시트　④ 스프링
⑤ O-링　⑥ 솔레노이드 밸브

유량제어용 솔레노이드 밸브의 구조

[3] 전동기를 사용하는 동력조향장치

(1) 전동기를 사용하는 동력조향장치의 개요

전동기를 사용하는 동력조향장치는 자동차의 주행속도에 따라 조향핸들의 조향조작력을 전자제어로 전동기(motor)를 구동시켜 주차 또는 저속으로 주행할 때에는 조향조작력을 가볍게 하고, 고속으로 주행할 때에는 조향조작력을 무겁게 하여 고속주행 안정성을 제공한다.

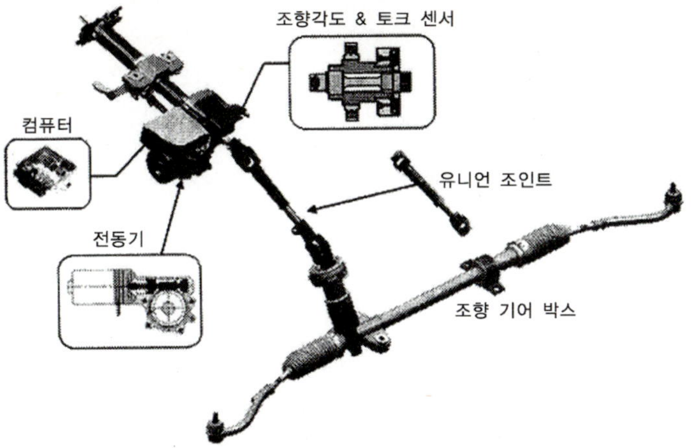

전동기를 사용하는 동력조향장치의 구성도

① 전동기를 사용하는 동력조향장치의 장점

㉮ 연료소비율이 향상된다.

㉯ 에너지 소비가 적으며, 구조가 간단하다.

㉰ 기관의 가동이 정지된 때에도 조향조작력 증대가 가능하다.

㉱ 조향특성 튜닝(tuning)이 쉽다.

㉲ 기관룸 레이아웃(ray-out) 설정 및 모듈화가 쉽다.

㉳ 유압장치가 없어 환경 친화적이다.

② 전동기를 사용하는 동력조향 장치의 단점

㉮ 전동기의 작동소음이 크고, 설치 자유도가 적다.

㉯ 유압제어 방식에 비하여 조향핸들의 복원력 낮다.

㉰ 조향조작력의 한계 때문에 중 · 대형차에는 사용이 불가능하다.

㉱ 조향성능을 향상시키고 관성력이 낮은 전동기의 개발이 필요하다.

(2) 전동기를 사용하는 동력조향장치의 종류

전동기를 사용하는 동력조향장치의 종류에는 칼럼 구동방식(column drive type), 피니언 구동방식(pinion drive type), 래크 구동방식(rack drive type)이 있다.

(3) 칼럼 구동방식 조향장치의 구성

전동기를 사용하는 동력조향장치에는 여러 종류가 있지만 그 제어방식이 비슷하므로 여기서는 칼럼 구동방식 조향장치를 위주로 설명하도록 한다.

입력부분은 센서들의 신호를 컴퓨터(EPSCM)로 입력시키며, 제어부분은 입력센서의 정보를 바탕으로 컴퓨터에 설정된 제어논리에 따라 출력부분을 제어한다.

출력부분은 컴퓨터의 신호를 받아 전동기를 구동하며 경고등 제어, 아이들 업 제어(idle up control), 자기진단 기능을 수행한다.

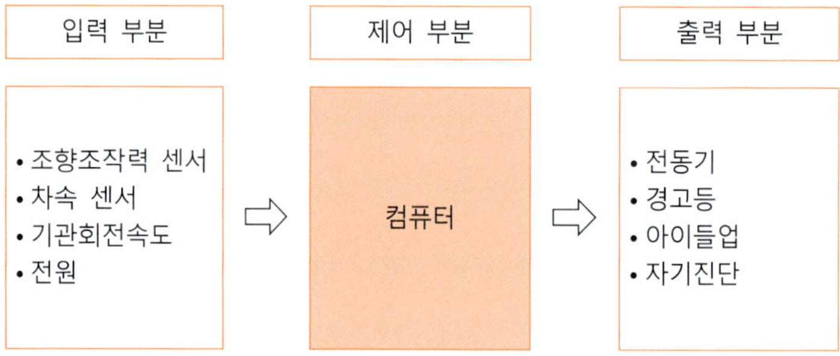

칼럼 구동방식의 입 · 출력 다이어그램

① **차속 센서** : 주행속도에 따라 최적의 조향조작력(고속으로 주행할 때에는 무겁고, 저속으로 주행할 때에는 가볍게 제어)을 실현하기 위한 기준신호로 사용된다.

② **기관 회전속도** : 전동기가 작동할 때 기관의 부하(발전기 부하)가 발생되므로 이를 보상하기 위한 신호로 사용된다.

③ **토크센서(조향조작력 센서)** : 조향칼럼과 일체로 되어있으며, 운전자가 조향핸들을 돌려 조향 칼럼을 통해 래크와 피니언 그리고 바퀴를 돌릴 때 발생하는 조작력을 측정한다.

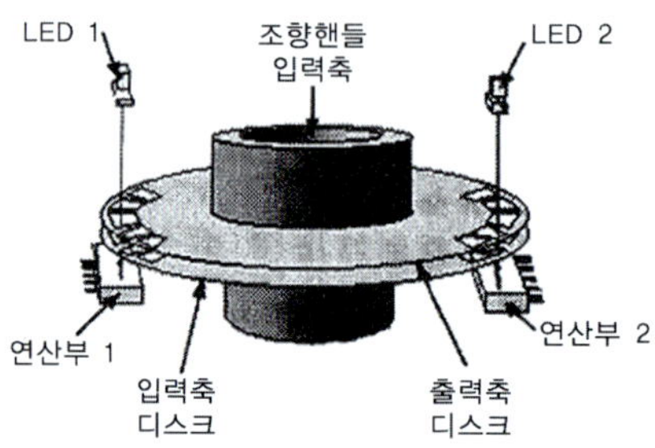

토크센서의 구조

④ **전동기 회전각도 센서** : 전동기 내에 설치되어 있으며, 전동기(Motor)의 로터(Rotor) 위치를 검출한다. 이 신호에 의해서 컴퓨터가 전동기 출력의 위상을 결정한다.

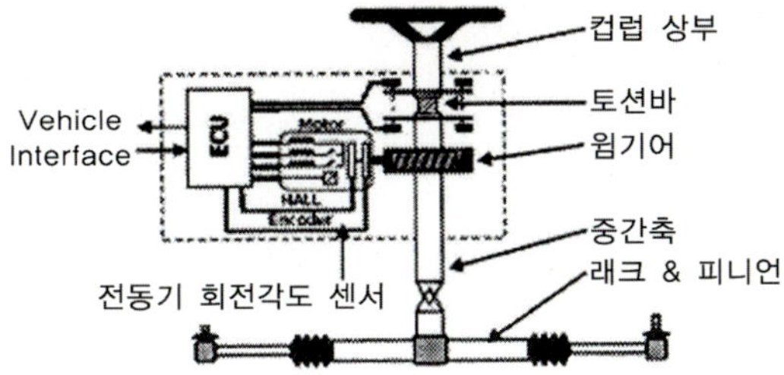

전동기 회전각도 센서의 구조

⑤ 전동기(motor) : 스테이터 쪽의 코일을 로터 쪽에 영구자석을 배치한 3상 직류 브러시리스(Brush less) 전동기와 로터 안쪽에 래크 축(rack shaft)과, 볼-너트(ball nut)를 설치하고, 너트의 회전(전동기의 회전)에 의해 래크 축과 일체로 된 볼-너트가 직선운동을 한다.

6-4 휠 얼라인먼트(wheel alignment)

자동차의 앞부분을 지지하는 앞바퀴는 어떤 기하학적인 관계를 두고 설치되어 있는데 이와 같은 앞바퀴의 기하학적인 각도 관계이며 캠버, 캐스터, 토인, 킹핀 경사각도(조향축 경사각도) 등이 있다.

그리고 휠 얼라인먼트의 역할은 다음과 같다.

① 조향핸들의 조작을 확실하게 하고 안전성을 준다.

② 조향핸들에 복원성을 부여한다.

③ 조향핸들의 조작력을 가볍게 한다.

④ 타이어 마멸을 최소로 한다.

1. 캠버(camber)

자동차를 앞에서 보면 앞바퀴가 수직선에 대해 어떤 각도를 두고 설치되어 있는데 이를 캠버라 하며 그 각도를 캠버각도라 한다. 캠버각도는 $+0.5 \sim +1.5°$ 정도이다.

그리고 바퀴의 윗부분이 바깥쪽으로 기울어진 상태를 정의 캠버(Positive camber), 바퀴의 중심선이 수직일 때를 0의 캠버(zero camber) 그리고 바퀴의 윗부분이 안쪽으로 기울어진 상태를 부의 캠버(Negative camber)라 한다.

캠버의 역할은 다음과 같다.

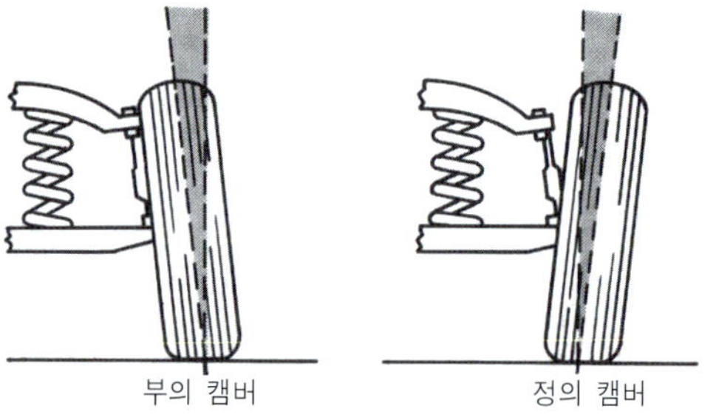

캠버

① 수직방향 하중에 의한 앞차축의 휨을 방지한다.

② 조향핸들의 조작을 가볍게 한다.

③ 하중을 받았을 때 앞바퀴의 아래쪽(부의 캠버)이 벌어지는 것을 방지한다.

2. 캐스터(caster)

자동차의 앞바퀴를 옆에서 보면 조향너클과 앞차축을 고정하는 킹핀(독립차축방식에서는 위·아래 볼 이음을 연결하는 조향축)이 수직선과 어떤 각도를 두고 설치되는데 이를 캐스터라 하며 그 각도를 캐스터 각도라 한다. 캐스터 각도는 +1~+3° 정도이다.

그리고 킹핀 윗부분(또는 위 볼 이음)이 자동차의 뒤쪽으로 기울어진 상태를 정의 캐스터, 킹핀의 중심선(또는 조향축)이 수직선과 일치된 상태를 0의 캐스터, 킹핀의 윗부분(또는 위 볼 이음)이 앞쪽으로 기울어진 상태를 부의 캐스터라 한다. 캐스터의 역할은 다음과 같다.

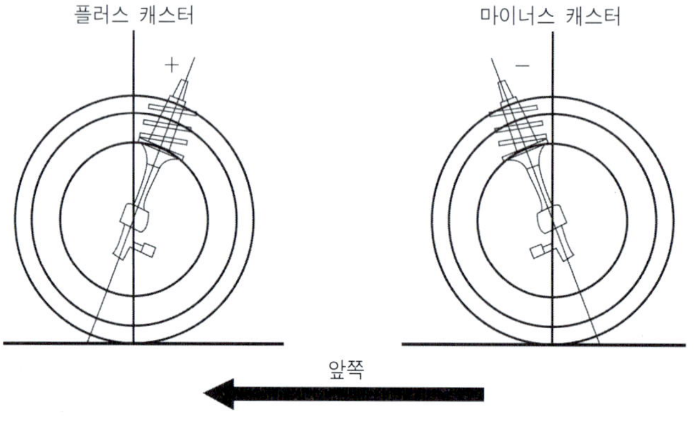

캐스터

① 주행 중 조향바퀴에 방향성을 부여한다.

② 조향 하였을 때 직진방향으로의 복원력을 준다.

3. 킹핀 경사각(또는 조향축 경사각)

자동차를 앞에서 보면 킹핀(독립차축방식에서는 위 · 아래 볼 이음)의 중심선이 수직에 대하여 어떤 각도를 두고 설치되는데 이를 킹핀 경사(또는 조향축 경사)라 하며 이 각도를 킹핀 경사각도(또는 조향축 경사각도)라 한다. 7~9° 정도 두며, 킹핀 경사각도의 역할은 다음과 같다.

① 캠버와 함께 조향핸들의 조작력을 가볍게 한다.

② 캐스터와 함께 앞바퀴에 복원성을 부여한다.

③ 앞바퀴가 시미(shimmy)현상을 일으키지 않도록 한다.

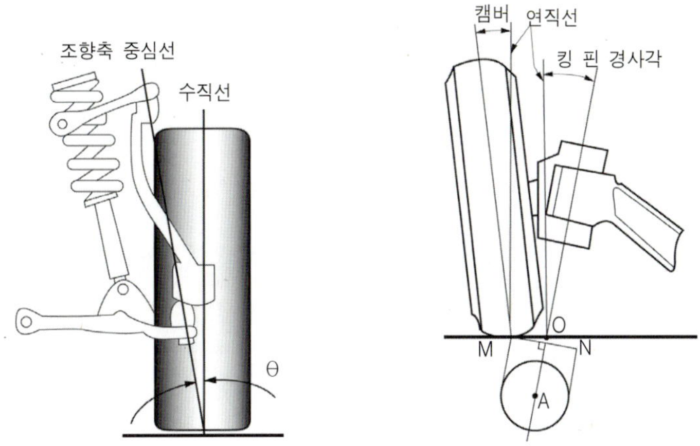

킹핀 경사각

4. 토인(toe-in)

자동차 앞바퀴를 위에서 내려다보면 바퀴 중심선 사이의 거리가 앞쪽이 뒤쪽보다 약간 좁게 되어 있는데 이것을 토인이라 하며 2~6mm 정도이다. 토인의 역할은 다음과 같다.

① 앞바퀴를 평행하게 회전시킨다.

② 앞바퀴의 사이드슬립과 타이어 마멸을 방지한다.

③ 조향 링키지 마멸에 따라 토 아웃(toe-out)이 되는 것을 방지한다.

④ 토인은 타이로드의 길이로 조정한다.

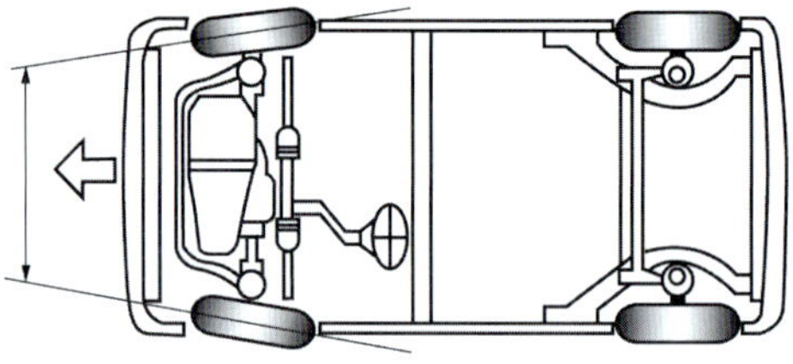

토인

5. 20° 선회할 때 토 아웃(toe-out on turning)

자동차가 선회할 때 애커먼 장토방식의 원리에 따라 모든 바퀴가 동심원을 그리려면 안쪽 바퀴의 조향각도가 바깥쪽 바퀴의 조향각도보다 커야 한다.

즉, 자동차가 선회할 경우에는 토 아웃이 되어야 하며 이 관계는 너클암, 타이로드 및 피트먼 암에 의해 결정된다.

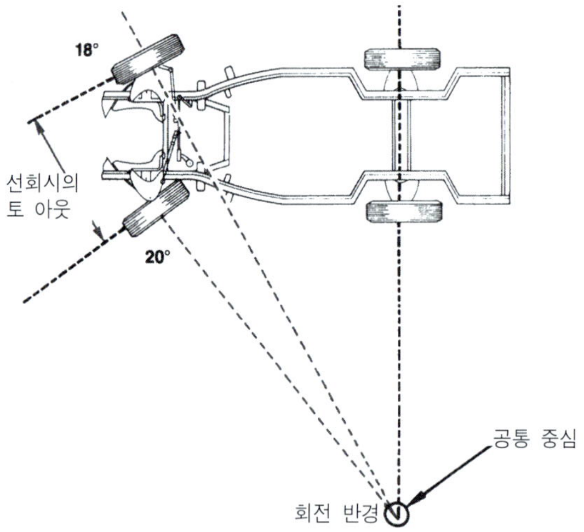

20° 선회할 때 토 아웃

출제 예상 문제

1. 일반적인 조향장치

01. 그림과 같이 선회중심이 0점이라면 이 자동차의 최소회전반경은?

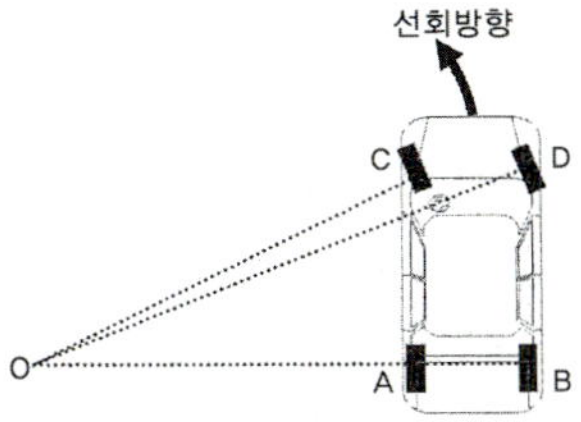

① 0~A
② 0~B
③ 0~C
④ 0~D

최소회전반경이란 조향각도를 최대로 하고 선회하였을 때 그려지는 동심원 중에서 가장 바깥쪽 바퀴가 그리는 원의 반지름이다.

02. 축거를 L(m), 최소회전 반경을 R(m), 킹핀과 바퀴 접지 면과의 거리를 T(m)라 할 때 조향 각 α를 구하는 공식은?

① $\sin\alpha = \frac{L}{R-T}$

② $\sin\alpha = \frac{L-T}{R}$

③ $\sin\alpha = \frac{T}{L}$

④ $\sin\alpha = \frac{R}{T}$

$R = \frac{L}{\sin\alpha} + T$ 에서 $\sin\alpha = \frac{L}{R-T}$

03. 축거가 3m, 바깥쪽 바퀴의 조향 각 30°, 바퀴 접지면 중심과 킹핀과의 거리가 30cm인 자동차의 최소회전 반경은?

① 4.3m
② 5.3m
③ 6.3m
④ 7.3m

$R = \frac{L}{\sin\alpha} + r$ [R : 최소회전 반경, L : 축거, $\sin\alpha$: 바깥쪽 바퀴의 조향각도, r : 바퀴접지 면 중심과 킹핀 중심과의 거리]

$\therefore \frac{3}{\sin 30°} + 0.3 = 6.3m$

04. 축거가 4m, 바깥쪽 바퀴의 최대조향 각 30°, 안쪽 바퀴의 최대조향 각 32°, 킹핀 중심과 바퀴 접지면 중심과의 거리는 50mm인 자동차의 최소회전 반경은?

① 7.54m
② 8.05m
③ 10.05m
④ 12.05m

$R = \frac{L}{\sin\alpha} + r$

$\therefore \frac{4}{\sin 30°} + 0.05 = 8.05m$

05. 표와 같은 제원인 승용차의 최소회전반경은 약 몇 m인가?

항목	제원
축거	230mm
윤거	1040mm
외측전륜의 최대 조향각도	30˚
내측전륜의 최대 조향각도	38˚

① 2.6
② 2.9
③ 3.7
④ 4.6

$R = \frac{L}{\sin a}$

$\therefore \frac{2.3}{\sin 30°} = 4.6m$

06. 자동차의 앞바퀴 윤거가 1500mm, 축간거리가 3500mm, 킹핀과 바퀴접지면의 중심거리가 100mm인 자동차가 우회전할 때, 왼쪽 앞바퀴의 조향각도가 32˚이고 오른쪽 앞바퀴의 조향각도가 40˚라면 이 자동차의 선회 시 최소 회전반지름은?

① 6.7m
② 7.2m
③ 7.8m
④ 8.2m

$R = \frac{L}{\sin\alpha} + r$

$\therefore \frac{3.5m}{\sin 20°} + 0.1m = 6.7m$

07. 다음 중 조향장치와 관계없는 것은?

① 스티어링 기어
② 피트먼 암
③ 타이로드
④ 쇽업쇼버

08. 조향장치에 대한 설명으로 틀린 것은?

① 회전반경이 되도록 크게 하여 전복되지 않게 한다.
② 조향조작이 경쾌하고 자유로워야 한다.
③ 노면으로부터의 충격이나 원심력 등의 영향을 받지 않아야 한다.
④ 타이어 및 조향장치의 내구성이 커야 한다.

조향장치가 갖추어야 할 조건

① 조향조작이 주행 중 충격에 영향을 받지 않을 것
② 조향핸들의 회전과 바퀴선회 차이가 적을 것
③ 섀시 및 차체 각 부분에 무리한 힘이 작용되지 않을 것
④ 수명이 길고 다루기나 정비가 쉬울 것
⑤ 조작하기 쉽고 방향변환이 원활할 것
⑥ 회전반경이 적절하여 좁은 곳에서도 방향변환을 할 수 있을 것
⑦ 고속주행에서도 조향핸들이 안정될 것
⑧ 조향핸들의 조작력은 저속에서는 가볍고, 고속에서는 무거울 것

09. 조향장치의 구비조건으로 틀린 것은?

① 조향 휠의 조작력은 저속 시에는 무겁게 하고, 고속 시에는 가볍게 한다.
② 조행핸들의 회전과 바퀴선회 차이가 크지 않게 한다.
③ 선회 시 저항이 적고, 선회 후 복원성이 좋게 한다.
④ 조작이 쉽고 방향변환이 원활하게 한다.

10. 조향 휠의 조작을 가볍게 하는 방법이 아닌 것은?

① 조향기어비를 크게 한다.
② 타이어 공기압을 높인다.
③ 동력조향장치를 설치한다.
④ 토인을 규정보다 크게 한다.

조향 휠의 조작을 가볍게 하는 방법

① 조향기어비를 크게 한다.
② 타이어 공기압을 높인다.
③ 동력 조향장치를 설치한다.
④ 휠 얼라인먼트를 정확하게 한다.

11. 주행 중 조향 휠이 한쪽으로 치우칠 경우 예상되는 원인이 아닌 것은?

① 타이어 편마모
② 파워 오일펌프 벨트의 노화
③ 한쪽 앞 코일 스프링 약화
④ 휠 얼라인먼트 조정불량

12. 조향기어의 운동전달 방식이 아닌 것은?

① 가역식
② 비가역식
③ 전부동식
④ 반가역식

조향기어의 운동전달 방식

① 가역식 : 앞바퀴로도 조향핸들을 움직일 수 있는 방식
② 비가역식 : 조향핸들로 앞바퀴를 움직일 수 있으나 그 역으로는 움직일 수 없는 방식
③ 반가역식 : 가역식과 비가역식의 중간 성질을 지니고 있는 방식

13. 조향핸들을 1바퀴 돌렸을 때 피트먼 암이 33° 움직였다면 조향 기어비는?

① 10.9 : 1　　② 12.3 : 1
③ 14.2 : 1　　④ 16.5 : 1

조향 기어비 $= \dfrac{\text{조향핸들이 회전한 각도}}{\text{피트먼 암이 움직인 각도}}$

$\therefore \dfrac{360}{33} = 10.9$

14. 조향핸들을 2바퀴 돌렸을 때 피트먼 암이 90° 움직였다. 조향 기어비는?

① 6:1　　② 7:1
③ 8:1　　④ 9:1

조향 기어비 $= \dfrac{\text{조향핸들이 회전한 각도}}{\text{피트먼 암이 움직인 각도}}$

$\therefore \dfrac{360 \times 2}{90} = 8$

15. 조향기어의 종류에 속하지 않는 것은?

① 토르센형　　② 볼 너트형
③ 웜 섹터 롤러형　　④ 랙 피니언형

조향기어의 종류에는 웜 섹터 형, 웜 섹터 롤러 형, 볼-너트 형, 웜 핀형, 스크루-너트형, 스크루-볼형, 랙 피니언 형, 볼트 너트 웜 핀형 등이 있다.

16. 리지드 액슬(rigid axle)을 킹핀(king pin)으로 조향 너클에 설치하는 방식이 아닌 것은?

① 엘리옷형　　② 역르모앙형
③ 르모앙형　　④ 마몬형

리지드 액슬을 킹핀으로 조향 너클에 설치하는 방식에는 엘리옷형(elliot type), 역엘리옷형(revers elliot type), 마몬형(marmon type), 르모앙형(lemoine type)이 있다.

17. 일체식 앞차축의 설명 중 틀린 것은?

① 엘리옷형은 앞차축의 양끝 부분이 요크로 되어있다.
② 역엘리옷형의 킹핀은 차축에 고정된다.
③ 마몬형은 주로 소형차에 사용된다.
④ 르모앙형은 구조상 차축의 높이가 낮아진다.

르모앙형은 앞차축 아랫부분에 조향너클이 설치되며, 킹핀이 위쪽으로 돌출되어 있어 차축의 높이가 높아진다.

2. 전자제어 조향장치

01. 동력조향 장치의 장점으로 틀린 것은?

① 작은 조작력으로 조향조작을 할 수 있다.

② 조향 기어비를 조작력에 관계없이 선정할 수 있다.

③ 굴곡이 있는 노면에서의 충격을 흡수하여 조향핸들에 전달되는 것을 방지할 수 있다.

④ 엔진의 동력에 의해 작동되므로 구조가 간단하다.

동력조향 장치의 장점

① 작은 조작력으로 조향조작을 할 수 있다.

② 조향 기어비를 조작력에 관계없이 선정할 수 있다.

③ 굴곡이 있는 노면에서의 충격을 흡수하여 조향핸들에 전달되는 것을 방지할 수 있다.

④ 앞바퀴의 시미현상을 감쇠하는 효과가 있다.

02. 동력조향장치의 기능을 설명한 것 중 맞는 것은?

① 기구학적 구조를 이용하여 작은 조작력으로 큰 조작력을 얻는다.

② 작은 힘으로 조향조작이 가능하다.

③ 바퀴로부터의 충격을 흡수하기 어렵다.

④ 구조가 간단하고 고장 시 기계식으로 환원하여 안전하다.

03. 동력조향장치의 종류 중 파워 실린더를 스티어링 기어박스 내부에 설치한 형식은?

① 링키지형 ② 인티그럴형

③ 콤바인드형 ④ 세퍼레이터형

인티그럴형은 조향기어 박스 내부에 동력실린더와 제어밸브가 설치되어 있는 형식이며, 제어밸브가 조향축에 의해 직접 작동하기 때문에 응답성이 좋다.

04. 유압제어식 파워스티어링의 3가지 주요구성장치로서 맞는 것은?

① 동력장치, 작동장치, 제어장치

② 동력장치, 제어장치, 조향장치

③ 동력장치, 조향장치, 작동장치

④ 동력장치, 링키지장치, 작동장치

파워스티어링의 3가지 주요구성장치는 동력장치(오일펌프), 작동장치(동력실린더), 제어장치(제어밸브)이다.

05. 일반적인 파워스티어링 장치의 기본 구성부품과 가장 거리가 먼 것은?

① 오일냉각기

② 오일펌프

③ 파워 실린더

④ 컨트롤밸브

06. 전자제어 동력조향장치의 특성으로 틀린 것은?

① 공전과 저속에서 조향 휠의 조작력이 작다.

② 중속 이상에서는 차량속도에 감응하여 조향 휠의 조작력을 변화시킨다.

③ 솔레노이드 밸브는 스풀밸브 오리피스를 변화시켜 오일탱크로 복귀하는 오일량을 제어한다.

④ 동력조향 장치이므로 조향기어는 필요 없다.

전자제어 동력조향 장치의 특징

① ECU에 의해 제어된다.

② 공전과 저속에서 조향핸들의 조작력을 가볍게 한다.

③ 중속 이상에서는 조향핸들의 조작력이 무거워 지도록 솔레노이드 밸브로 스풀밸브 오리피스를 변화시켜 오일탱크로 복귀되는 오일량을 제어한다.

④ 회전수 감응방식은 기관 회전수에 따라서 조향조작력을 변화시킨다.

⑤ 차속 감응방식은 차속에 따라서 조향조작력을 변화시킨다.

⑥ 조향조작력은 파워 실린더에 걸리는 압력에 의해 결정된다.

⑦ 급선회할 때 조향할 때 추종성능을 향상시킨다.

⑧ 중 · 고속운전에서 향상된 조향조작력 확보한다.

07. 전자제어 동력조향 장치에 대한 설명으로 틀린 것은?

① 고속 주행 시 스티어링 휠의 조작을 가볍게 한다.

② 회전수 감응식은 기관 회전수에 따라서 조향력을 변화시킨다.

③ 차속 감응식은 차속에 따라서 조향력을 변화시킨다.

④ 동력 스티어링의 조향력은 파워 실린더에 걸리는 압력에 의해 결정된다.

08. 전자제어 동력조향 장치(electronic power steering system)의 특성에 대한 설명으로 틀린 것은?

① 정지 및 저속 시 조작력 경감

② 급 코너 조향 시 추종성 향상

③ 노면, 요철 등에 의한 충격흡수 능력의 저하

④ 중 · 고속 시 향상된 조향력 확보

09. 전자제어 동력조향 장치의 기능이 아닌 것은?

① 차속감응 기능
② 주차 및 저속시 조향력 감소 기능
③ 롤링 억제 기능
④ 차량부하 기능

10. 전자제어 파워스티어링 제어방식이 아닌 것은?

① 유량 제어식

② 실린더 바이패스 제어식

③ 유온반응 제어식

④ 밸브특성 제어식

전자제어 파워스티어링 제어방식

① 유량 제어방식(속도감응 제어방식) : 차속 센서 및 조향핸들 각속도 센서의 입력에 대응하여 컴퓨터가

유량조절 솔레노이드 밸브의 전류를 제어하여 조향기어 박스에 유압(유량)을 조절함에 따라 주행속도에 따른 최적의 조향조작력을 실현한다.

② 실린더 바이패스 제어방식 : 조향기어박스에 실린더 양쪽을 연결하는 바이패스 밸브와 통로를 두고 주행속도의 상승에 따라 바이패스 밸브의 면적을 확대하여 실린더 작용압력을 감소시켜 조향조작력을 제어한다.

③ 밸브특성 제어방식(유압반력 제어방식) : 동력조향장치의 밸브부분에 유압반력 제어장치를 두고 유압반력 제어밸브에 의해 주행속도의 상승에 따라 유압 반력실에 도입하는 반력압력을 증가시켜 반력기구의 강성을 가변제어 하여 직접 조향조작력을 제어한다.

11. 전자제어 파워 스티어링 중 차속 감응형에 대한 내용으로 틀린 것은?

① 자동차의 속도에 따라 핸들의 무게를 제어한다.

② 저속에서는 가볍고, 중 · 고속에서는 좀 더 무거워 진다.

③ 차속이 증가할수록 파워 피스톤의 압력을 저하시킨다.

④ 스로틀 포지션 센서(TPS)로 차속을 감지한다.

차속 센서로 주행속도를 감지한다.

12. 차량속도와 기타 조향력에 필요한 정보에 의해 고속과 저속모드에 필요한 유량으로 제어하는 조향장치에 해당되는 것은?

① 전동 펌프식　　② 공기 제어식

③ 속도 감응식　　④ 유압반력 제어식

① 속도 감응방식 : 차량속도와 기타 조향조작력에 필요한 정보에 의해 고속과 저속 모드에 필요한 유량으로 제어한다.

② 유압반력 제어방식 : 유압반력 제어밸브에 의해 주행속도의 상승에 따라 유압 반력실에 도입하는 반력압력을 증가시켜 반력기구의 강성을 가변제어 하여 직접 조향조작력을 제어한다.

13. 전자제어 동력조향장치에서 조향 휠의 회전에 따라 동력 실린더에 공급되는 유량을 조절하는 구성부품은?

① 분류 밸브　　② 컨트롤 밸브

③ 동력 피스톤　　④ 조향각 센서

컨트롤 밸브는 조향 휠의 회전에 따라 동력 실린더에 공급되는 유량을 조절한다.

14. 전자제어 동력조향 장치의 오일펌프에서 공급된 오일을 로터리 밸브와 솔레노이드 밸브로 나누어 공급하는 것은?

① 오리피스　　② 토션 밸브

③ 동력피스톤　　④ 분류 밸브

15. 동력조향장치(Power Steering)가 고장이 났을 때 수동조작을 쉽게 하기 위한 밸브는 어느 것인가?

① 압력조절 밸브　　② 안전 체크 밸브

③ 밸브 스풀　　④ 흐름제어 밸브

안전 체크 밸브는 동력조향 장치가 고장이 났을 때 수동조작을 쉽게 하기 위한 밸브이다.

16. 전동식 동력조향 장치의 설명으로 틀린 것은?

① 유압식 동력조향 장치에 필요한 유압유를 사용하지 않아 친환경적이다.

② 유압 발생장치나 파이프 등의 부품이 없어 경량화를 할 수 있다.

③ 파워스티어링 펌프의 유압을 동력원으로 사용한다.

④ 전동기를 운전조건에 맞추어 제어함으로써 정확한 조향력 제어가 가능하다.

전동식 동력조향장치는 자동차의 주행속도에 따라 조향핸들의 조향조작력을 전자제어로 전동기를 구동시켜 주차 또는 저속으로 주행할 때에는 조향조작력을 가볍게 해주고, 고속으로 주행할 때에는 조향조작력을 무겁게 하여 고속주행 안정성을 운전자에게 제공한다.

17. 전동 모터식 동력 조향장치의 종류가 아닌 것은?

① 칼럼(column) 구동방식
② 인티그럴(integral) 구동방식
③ 피니언(pinion) 구동방식
④ 래크(rack) 구동방식

전동 모터방식 동력조향장치의 종류에는 칼럼 구동방식, 피니언 구동방식, 래크 구동방식이 있다.

18. 차속 감응형 4륜 조향장치가 2륜 조향장치에 비해 성능을 향상시킬 수 있는 항목으로 가장 적절하지 않은 것은?

① 고속 직진 안정성
② 차선변경 용이성
③ 회소회전반경 단축
④ 코너링 포스 저감

4륜 조향장치의 장점

① 경쾌한 고속선회가 가능하다.
② 일렬주차가 용이하다.
③ 미끄러운 도로를 주행할 때 안정성이 향상된다.
④ 고속에서 직진 안정성을 부여한다.
⑤ 차선변경이 용이하다.
⑥ 회소회전 반경을 단축시킨다.

3. 휠 얼라인먼트

01. 차륜정렬 목적에 해당되지 않는 것은?

① 조향핸들에 복원성을 준다.

② 바퀴가 옆 방향으로 미끄러지는 것과 타이어의 마멸을 최소화 한다.

③ 위급상황에서 급제동 시 조향안정성을 제공한다.

④ 조향핸들의 조작력을 작게 하여 준다.

휠 얼라인먼트의 역할

① 조향핸들에 복원성을 준다.

② 타이어의 마멸을 최소화 한다.

③ 조향핸들의 조작을 확실하게 하고 안정성을 준다.

④ 조향핸들의 조작력을 작게 하여 준다.

02. 앞 · 뒷바퀴 모두 정렬(all wheel alignment)할 필요성으로 거리가 먼 것은?

① 타이어의 마모가 최소가 되도록 한다.

② 주행방향을 항상 바르게 유지시켜 안정성을 준다.

③ 전 · 후륜이 역방향으로 되어 일렬 주차 시 편리하다.

④ 조향 휠에 복원성을 향상시킨다.

03. 앞바퀴 얼라인먼트의 직접적인 역할이 아닌 것은?

① 조향 휠의 조작을 쉽게 한다.

② 조향 휠에 알맞은 유격을 준다.

③ 타이어의 마모를 최소화 한다.

④ 조향 휠에 복원성을 준다.

04. 자동차의 앞차륜 정렬요소가 아닌 것은?

① 캠버(camber)

② 캐스터(caster)

③ 트램프(tramp)

④ 토(toe)

앞차륜 정열요소에는 캠버, 캐스터, 토인, 킹핀 경사각, 선회할 때의 토 아웃 등이 있다.

05. 캠버에 대한 설명으로 맞는 것은?

① 자동차를 뒷면에서 보았을 때 수평선에 대하여 바퀴의 중심선이 경사되어 있는 것을 말한다.

② 자동차를 앞면에서 보았을 때 수직선에 대하여 바퀴의 중심선이 경사되어 있는 것을 말한다.

③ 자동차를 옆면에서 보았을 때 수직선에 대하여 바퀴의 중심선이 경사되어 있는 것을 말한다.

④ 자동차를 앞면에서 보았을 때 수평선에 대하여 바퀴의 중심선이 경사되어 있는 것을 말한다.

캠버(chamber)란 자동차를 앞면에서 보았을 때 수직선에 대하여 바퀴의 중심선이 경사(바깥쪽으로 벌어짐) 진 상태이다.

06. 자동차의 바퀴에 캠버를 두는 이유로 가장 타당한 것은?

① 회전했을 때 직진방향의 직진성을 주기 위해

② 자동차의 하중으로 인한 앞차축의 휨을 방지하기 위해

③ 조향바퀴에 방향성을 주기 위해

④ 앞바퀴를 평행하게 회전시키기 위해

캠버는 수직하중에 의한 앞차축의 휨을 방지하고, 조향조작력을 가볍게 하며, 회전 반지름을 작게 한다.

07. 캠버의 조정방법으로 맞지 않는 것은?

① 타이로드 길이로 조정한다. ② 심으로 조정한다.

③ 편심 캠으로 조정한다. ④ 캠버 볼트로 조정한다.

타이로드 길이로 토인을 조정한다.

08. 조향장치에서 킹핀이 마모되면 캠버는 어떻게 되는가?

① 캠버의 변화가 없다. ② 더 정(+)의 캠버가 된다.

③ 더 부(-)의 캠버가 된다. ④ 항상 0의 캠버가 된다.

킹핀이 마모되면 더 부(-)의 캠버가 된다.

09. 자동차를 옆에서 보았을 때, 킹핀의 중심선이 노면에 수직인 직선에 대하여 어느 한쪽으로 기울어져 있는 상태는?

① 캐스터 ② 캠버

③ 셋백 ④ 토인

캐스터는 자동차를 옆에서 보았을 때, 킹핀의 중심선이 노면에 수직인 직선에 대하여 어느 한쪽으로 기울어져 있는 상태이다.

10. 자동차 앞바퀴 정렬 중 캐스터에 관한 설명은?

① 자동차의 전륜을 위에서 보았을 때 바퀴의 앞부분이 뒷부분보다 좁은 상태를 말한다.

② 자동차의 전륜을 앞에서 보았을 때 바퀴의 중심선의 위부분이 약간 벌어져 있는 상태를 말한다.

③ 자동차의 전륜을 옆에서 보면 킹핀의 중심선이 수직선에 대하여 어느 한쪽으로 기울어져 있는 상태를 말한다.

④ 자동차의 전륜을 앞에서 보면 킹핀의 중심선이 수직선에 대하여 약간 안쪽으로 설치된 상태를 말한다.

11. 캐스터에 의한 효과를 설명한 것 중 틀리는 것은?

① 정의 캐스터를 갖는 자동차는 선회할 때 차체운동에 의한 바퀴 복원력 발생

② 캐스터에 의해 바퀴가 추종성(追從性)을 갖게 된다.

③ 부(負)의 캐스터를 갖는 자동차는 주행 중 조향핸들이 급선회하기 쉬운 경향이 있다.

④ 정(正)의 캐스터를 갖는 자동차는 조향핸들을 풀 때 직진위치에서 멎지 않고 지나치게 되어 바퀴가 흔들리게 된다.

부(負)의 캐스터를 갖는 자동차는 조향핸들을 풀 때 직진위치에서 정지하지 않고 지나치게 되어 바퀴가 흔들린다.

12. 앞바퀴 얼라인먼트 요소에 대한 설명으로 가장 거리가 먼 것은?

① 캠버는 조향핸들의 조작을 가볍게 한다.

② 캠버는 수직 방향의 하중에 의한 앞차축의 휨을 방지한다.

③ 캐스터는 주행 중 조향바퀴에 방향성을 준다.

④ 캐스터는 좌 · 우 앞바퀴를 평행하게 회전시킨다.

캐스터는 주행 중 조향바퀴에 방향성 및 복원성을 준다.

13. 자동차 앞바퀴 정렬의 요소에 대한 설명 중 틀린 것은?

① 캐스터는 앞바퀴를 평행하게 회전시킨다.

② 캠버는 조향 휠의 조작을 가볍게 한다.

③ 킹핀경사각은 조향 휠의 복원력을 준다.

④ 토인은 캠버에 의해 토 아웃이 되는 것을 방지한다.

앞바퀴를 평행하게 회전시키는 요소는 토인이다.

14. 차륜 정렬에 관한 내용으로 틀린 것은?

① 킹핀경사각이 커지면 캠버는 작아진다.

② 좌 · 우 바퀴의 캠버가 다르면 핸들이 한쪽으로 쏠린다.

③ 앞바퀴 베어링이 마모되면 조향핸들의 유격이 커진다.

④ 최대 조향각도는 캐스터 각으로 조정한다.

15. 토인에 대한 설명으로 틀린 것은?

① 차가 달릴 때 캠버로 인해 바퀴가 앞쪽이 안쪽으로 좁혀지는 것을 방지한다.

② 토인의 측정단위는 mm이다.

③ 앞바퀴를 위에서 보면 양쪽 바퀴 중심선간의 거리가 그 앞쪽이 뒤쪽보다 작다.

④ 토인은 일반적으로 2~7mm이다.

토인의 필요성

① 앞바퀴를 평행하게 회전시킨다.

② 바퀴의 사이드슬립의 방지와 타이어 마멸을 방지한다.

③ 조향 링키지의 마멸에 의해 토 아웃됨을 방지한다.

④ 캠버에 의한 토 아웃됨을 방지한다. 즉 주행할 때 캠버로 인해 바퀴 앞쪽이 바깥쪽으로 벌어지는 것을 방지한다.

16. 앞바퀴 정렬 중 토인의 필요성으로 가장 거리가 먼 것은?

① 조향 시에 바퀴에 복원력을 발생

② 앞바퀴 사이드슬립과 타이어 마멸 감소

③ 캠버에 의한 토 아웃 방지

④ 조향 링키지의 마멸에 의해 토 아웃이 되는 것 방지

17. 바퀴정렬의 토인에 대한 설명으로 옳은 것은?

① 정밀한 측정을 위해 타이어 공기압은 규정보다 10% 정도 높여 준다.
② 토인은 차량주행 중 조향조작력을 감소시키기 위해 둔 것이다.
③ 토인의 조정은 양쪽 타이로드를 같은 양 만큼 동일하게 조정해야 한다.
④ 토인은 앞바퀴를 정면에서 보았을 때 윗부분이 아래 부분보다 외측으로 벌어진 것을 의미한다.

토인의 조정은 타이어 공기압을 규정 값으로 하고 양쪽 타이로드를 같은 양 만큼 동일하게 조정해야 한다.

18. 선회 시 조향 각을 일정하게 유지하여도 선회 반지름이 작아지는 현상은?

① 오버 스티어링 ② 어퍼 스티어링
③ 다운 스티어링 ④ 언더 스티어링

선회할 때 조향각도를 일정하게 유지하여도 선회 반지름이 작아지는 현상을 오버 스티어링(over steering)이라 하고, 선회할 때 조향각도를 일정하게 유지하여도 선회 반지름이 커지는 현상을 언더 스티어링(under steering)이라 한다.

19. 다음은 조향이론에 관한 것이다. 틀린 것은?

① 자동차가 선회할 때 구심력은 타이어가 옆으로 미끄러지는 것에 의해 발생한다.
② 조향장치와 현가장치는 각각 독립성을 가지고 있어야 한다.
③ 앞바퀴에 발생되는 코너링 포스가 크면 오버 스티어링 현상이 일어난다.
④ 뒷바퀴에 발생되는 코너링 포스가 크면 오버 스티어링 현상이 일어난다.

뒷바퀴에 발생되는 코너링 포스가 크면 언더 스티어링 현상이 일어난다.

20. 앞바퀴에서 발생하는 코너링 포스가 뒷바퀴보다 크게 되면 나타나는 현상은?

① 토크 스티어링 현상 ② 언더 스티어링 현상
③ 리버스 스티어링 현상 ④ 오버 스티어링 현상

앞바퀴에서 발생하는 코너링 포스가 뒷바퀴보다 크면 오버 스티어링 현상이 발생한다.

21. 코너링 포스에 영향을 미치는 요소가 아닌 것은?

① 타이어 압력 ② 수직하중
③ 제동능력 ④ 주행속도

코너링 포스에 미치는 요소는 타이어 공기압력, 타이어의 수직하중, 타이어의 크기, 림 폭, 타이어 사이드슬립 각도, 주행속도 등이다.

22. 총질량 1160kg인 스포츠카가 72km/h의 속도로 커브를 선회중이다. 그리고 커브의 평균반경은 42m이다. 이때 원심력의 크기는?(단, 슬립은 없다.)

① 약 14317N ② 약 27.6kgf
③ 약 16.11kgf ④ 약 11048N

$F=\frac{Mv^2}{r}$ [F : 원심력, M : 총질량, v : 초속(m/s), r : 커브의 평균 반경]

$\therefore \frac{1160\times 20^2}{42}=11048N$

제7장

제동장치

제동장치는 주행 중인 자동차를 감속 또는 정지시키고, 또 주차상태를 유지하기 위하여 사용되는 매우 중요한 장치이다. 제동장치는 마찰력을 이용하여 자동차의 운동에너지를 열에너지로 바꾸어 제동 작용을 한다.

제동장치의 구비조건은 다음과 같다.

① 점검 및 조정이 쉬울 것

② 작동이 확실하고 잘 될 것

③ 신뢰성과 내구성이 우수할 것

④ 최고속도와 차량의 중량에 대하여 항상 충분한 제동력을 발휘할 것

⑤ 조작이 간단하고, 운전자에게 피로감을 주지 않을 것

7-1 유압 제동장치

유압 브레이크는 파스칼의 원리(Pascal's Principle)를 응용한 것이며, 구성은 유압을 발생시키는 마스터 실린더, 이 유압을 받아서 브레이크슈(또는 패드)를 드럼(또는 디스크)에 압착시켜 제동력을 발생시키는 휠 실린더(또는 캘리퍼) 및 마스터 실린더와 휠 실린더 사이를 연결하여 오일통로를 형성하는 파이프(pipe)나 플렉시블 호스(flexible hose) 등으로 되어있다.

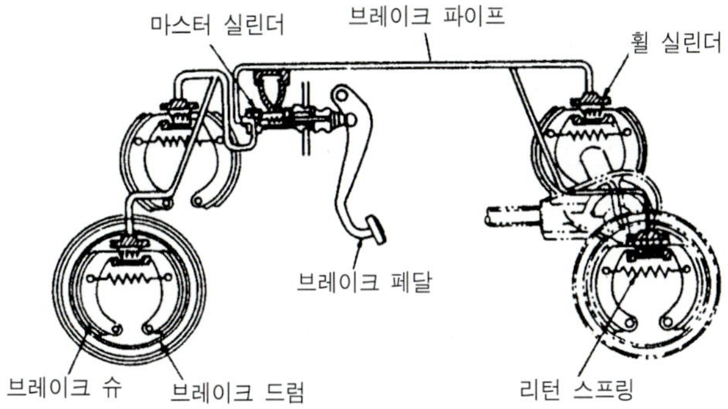

유압 브레이크의 구성

1. 유압 브레이크의 구조와 그 작용

유압 브레이크는 브레이크 페달을 밟으면 마스터 실린더에서 유압이 발생하여 휠 실린더로 압송된다. 이때 휠 실린더에서는 그 유압으로 피스톤이 좌우로 확장되므로 브레이크슈가 드럼에 압착되어 제동 작동을 한다.

페달을 놓으면 마스터 실린더 내의 유압이 저하하며, 브레이크슈는 리턴 스프링의 장력으로 제자리로 복귀되고 휠 실린더 내의 오일은 마스터 실린더 위쪽에 설치된 오일탱크로 되돌아가 제동 작용이 풀린다.

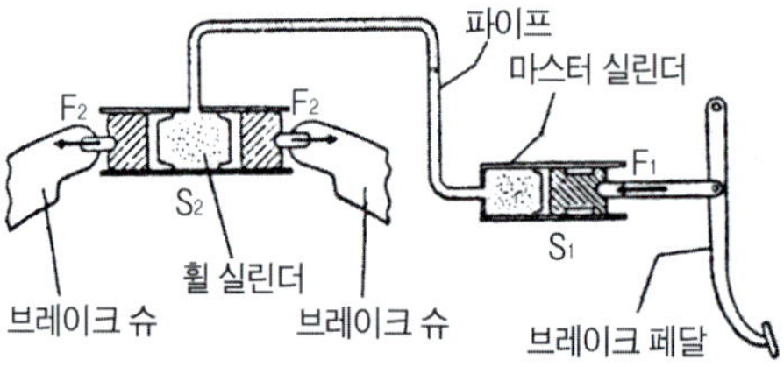

유압 브레이크 작동도

[1] 브레이크 페달(brake pedal)

브레이크 페달은 조작력을 경감시키기 위해 지렛대 원리를 이용하며, 자유간극은 10~15mm 정도가 알맞다.

[2] 마스터 실린더(master cylinder)

(1) 마스터 실린더의 구조 및 그 작용

마스터 실린더는 브레이크 페달을 밟으면 유압을 발생시키며, 구조는 실린더 보디, 오일탱크, 그리고 실린더 내에는 피스톤, 피스톤 컵, 체크 밸브, 피스톤 리턴스프링 등이 들어 있다. 마스터 실린더의 형식에는 피스톤이 1개인 싱글 마스터 실린더(single master cylinder)와 피스톤이 2개인 탠덤 마스터 실린더(tandem master cylinder)가 있으며 현재는 탠덤 마스터 실린더를 주로 사용한다.

【참고 1】 브레이크 유압회로의 잔압

피스톤 리턴스프링은 항상 체크 밸브를 밀고 있기 때문에 이 스프링의 장력과 회로 내의 유압이 평형이 되면 체크 밸브가 시트에 밀착되어 어느 정도의 압력이 남게 되는데 이를 잔압이라 하며 두는 목적은 다음과 같다.

① 브레이크 작동지연을 방지한다.

② 베이퍼록을 방지한다.

③ 회로 내에 공기가 침입하는 것을 방지한다.

④ 휠 실린더 내에서 오일이 누출되는 것을 방지한다.

【참고 2】 베이퍼록

브레이크 회로 내의 오일이 비등·기화하여 오일의 압력 전달 작용을 방해하는 현상이며 그 원인은 다음과 같다.

① 긴 내리막길에서 과도한 풋 브레이크를 사용하였을 때
② 브레이크 드럼과 라이닝의 끌림에 의한 가열
③ 마스터 실린더, 브레이크슈 리턴 스프링 쇠손에 의한 잔압 저하
④ 브레이크 오일 변질에 의한 비등점의 저하 및 불량한 오일을 사용할 때

(2) 탠덤 마스터 실린더의 작동

탠덤 마스터 실린더(tandem master cylinder)는 유압 브레이크에서 안정성을 높이기 위해 앞·뒷바퀴에 대하여 각각 독립적으로 작동하는 2계통의 회로를 두는 형식이다. 실린더 위쪽에 앞·뒷바퀴 제동용 오일탱크 속이 분리되어 있으며 실린더 내에 피스톤이 2개가 들어 있다. 이 경우 푸시로드 쪽의 피스톤이 뒷바퀴용이다.

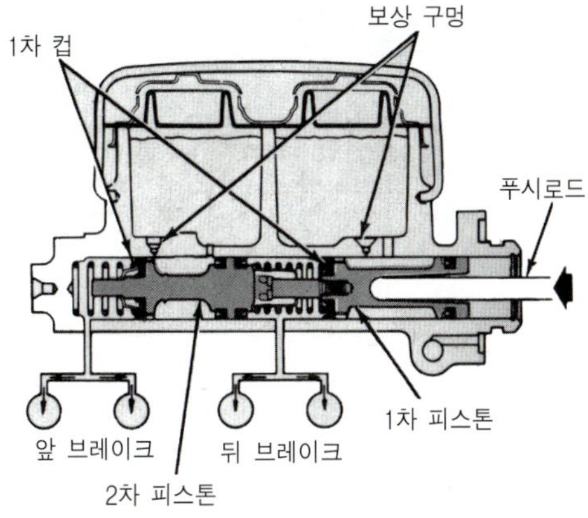

탠덤 마스터 실린더의 구조

각각의 피스톤은 리턴스프링과 스토퍼(stopper)에 의해 그 위치가 결정되며, 앞·뒤 피스톤에는 리턴스프링이 각각 설치되어 있고, 각각의 피스톤에 대응하는 보상구멍과 블리더 구멍 및 체크 밸브가 설치된다.

작동은 페달을 밟으면 뒷바퀴 제동용 피스톤이 푸시로드에 의해 리턴스프링을 압축시키면서 앞바퀴 제동용 피스톤과의 사이에 오일을 압축하여 뒷바퀴를 제동시킨다. 이와 동시에 앞바퀴 제동용 피스톤도 뒷바퀴 제동용 피스톤에 의해 발생한 유압으로 앞바퀴에 유압을 작동시킨다.

[3] 브레이크 파이프(brake pipe)

브레이크 파이프는 강철제 파이프와 플렉시블 호스(flexible hose)를 사용한다. 파이프는 진동에 견디도록 클립으로 고정하고 연결부는 2중 플레어로 하며, 호스는 차축이나 바퀴와 연결하는 부분에서 사용하며 연결부분에는 금속제 피팅(fitting)이 설치된다.

[4] 휠 실린더(wheel cylinder)

휠 실린더는 마스터 실린더에서 압송된 유압에 의하여 브레이크슈를 드럼에 압착시키며, 구조는 실린더 보디, 피스톤, 피스톤 컵 그리고 실린더 보디에는 파이프와 연결되는 오일구멍과 회로 내에 침입한 공기를 제거하기 위한 공기빼기용 스크루가 있고 실린더 내에는 확장스프링이 들어 있어 피스톤 컵을 항상 밀어서 벌어져 있도록 한다.

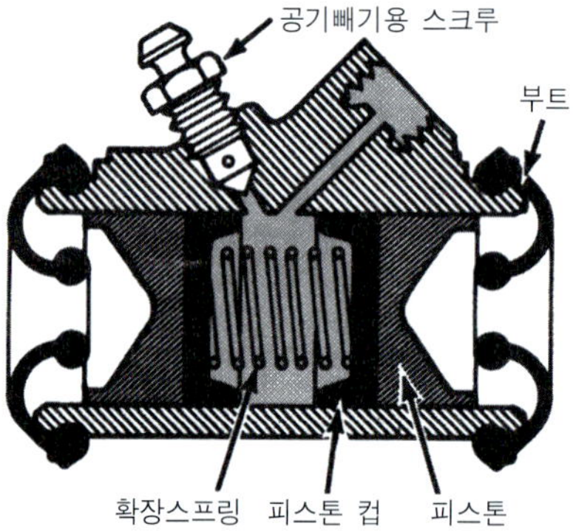

휠 실린더 구조 및 작동도

[5] 브레이크슈(brake shoe)

브레이크슈는 휠 실린더의 피스톤에 의해 드럼과 접촉하여 제동력을 발생하는 부분이며, 라이닝이 리벳이나 접착제로 부착된다. 그리고 슈에는 리턴스프링을 두어 마스터 실린더 유압이 해제되었을 때 슈가 제자리로 복귀하도록 하며, 홀드다운 스프링(hold down spring)에 의해 슈를 알맞은 위치에 유지시킨다.

라이닝의 종류에는 위븐 라이닝(woven lining), 몰드 라이닝(mould lining), 금속제 라이닝(metallic lining) 등이 사용된다. 그리고 라이닝은 다음과 같은 구비조건을 갖추어야 한다.

① 내열성이 크고, 페이드 현상이 없을 것

② 기계적 강도 및 내마멸성이 클 것

③ 온도의 변화, 물 등에 의한 마찰계수 변화가 적을 것

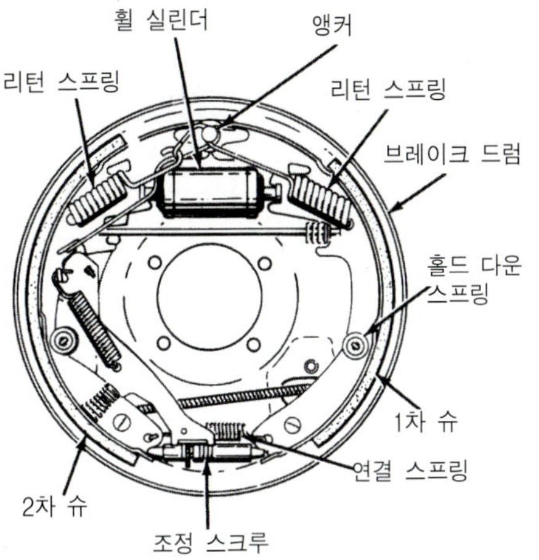

브레이크슈의 구조와 설치상태

【참고】 페이드(fade) 현상

브레이크 페달의 조작을 반복하면 드럼과 슈에 마찰열이 축적되어 제동력이 감소하는 현상이다. 원인은 드럼과 슈의 열팽창과 라이닝 마찰계수 저하에 있으므로, 페이드 현상이 발생한 경우에는 자동차를 세우고 열을 냉각시켜야 한다. 방지방법은 다음과 같다.

① 드럼의 냉각성능을 크게 하고, 열팽창률이 적은 형상으로 한다.

② 드럼은 열팽창률이 적은 재질을 사용한다.

③ 온도상승에 따른 마찰계수 변화가 적은 라이닝을 사용한다.

[6] 브레이크 드럼(brake drum)

브레이크 드럼은 휠 허브(wheel hub)에 볼트로 설치되어 바퀴와 함께 회전하며 슈와의 마찰로 제동을 발생시킨다. 제동할 때 발생한 열은 드럼을 통하여 방산되므로 드럼의 면적은 마찰 면에서 발생한 열방산 능력으로 결정한다. 브레이크 드럼이 갖추어야 할 조건은 다음과 같다.

① 가볍고 강도와 강성이 클 것

② 정적 · 동적 평형이 잡혀 있을 것

③ 냉각이 잘되어 과열하지 않을 것

④ 내마멸성이 클 것

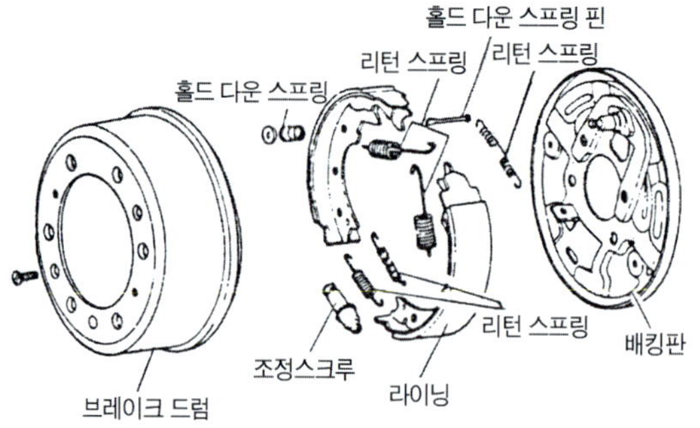

브레이크 드럼의 구조

[7] 브레이크 오일

브레이크 오일은 피마자기름에 알코올 등의 용제를 혼합한 식물성 오일이며, 구비조건은 다음과 같다.

① 점도가 알맞고 점도지수가 클 것

② 윤활성능이 있을 것

③ 빙점이 낮고, 비등점이 높을 것

④ 화학적 안정성이 클 것

⑤ 고무 또는 금속제품을 부식, 연화, 팽창시키지 않을 것

⑥ 침전물 발생이 없을 것

2. 디스크 브레이크(disc brake)

[1] 디스크 브레이크의 개요

디스크 브레이크는 마스터 실린더에서 발생한 유압을 캘리퍼(caliper)로 보내어 바퀴와 함께 회전하는 디스크를 양쪽에서 패드(pad ; 슈)로 압착시켜 제동시킨다. 디스크 브레이크는 디스크가 대기 중에 노출되어 회전하므로 페이드(fade) 현상이 작으며, 자동 조정브레이크 형식이다.

구성은 바퀴와 함께 회전하는 디스크, 디스크와 함께 제동력을 발생시키는 패드, 패드와 피스톤을 지지하며 스핀들(spindle)이나 판(plate)에 고정된 캘리퍼 등으로 되어있다.

디스크 브레이크의 장·단점은 다음과 같다.

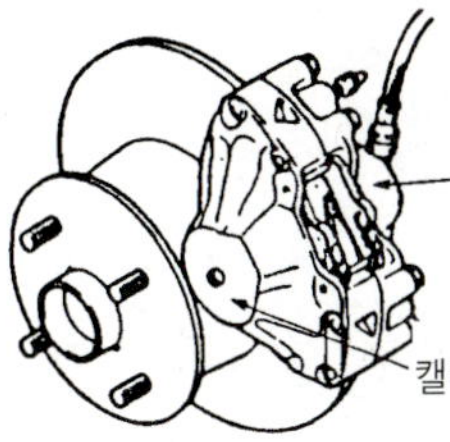

디스크 브레이크의 원리와 구조

(1) 디스크 브레이크의 장점

① 디스크가 대기 중에 노출되어 회전하므로 방열성이 커 제동성능이 안정된다.

② 자기작동 작용이 없어 고속에서 반복적으로 사용하여도 제동력의 변화가 적다.

③ 부품의 평형이 좋아 한쪽만 제동되는 경우가 없다.

④ 디스크에 물이 묻어도 회복이 빠르다.

⑤ 구조가 간단하고 부품수가 적어 차량의 무게가 경감되며, 패드 교환이 쉽다.

⑥ 페이드 현상이 잘 일어나지 않는다.

(2) 디스크 브레이크의 단점

① 마찰면적이 적어 패드를 압착하는 힘이 커야 한다.

② 자기작동 작용이 없어 페달 조작력이 커야 한다.

③ 패드의 강도가 커야 하며, 패드의 마멸이 크다.

④ 디스크에 이물질이 쉽게 부착된다.

[2] 디스크 브레이크의 분류

(1) 대향(對向) 피스톤형

브레이크 실린더 2개를 두고 디스크를 양쪽에서 패드로 압착시켜 제동을 한다. 이 형식은 캘리퍼가 일체로 되어 있으며 오일 파이프를 거쳐 오일이 도입되는 캘리퍼 일체형과 캘리퍼가 중심에서 둘로 분할되고 각각에 실린더를 일체로 주조하고 오일은 내부 홈을 통해 들어오도록 된 캘리퍼 분할형이 있다.

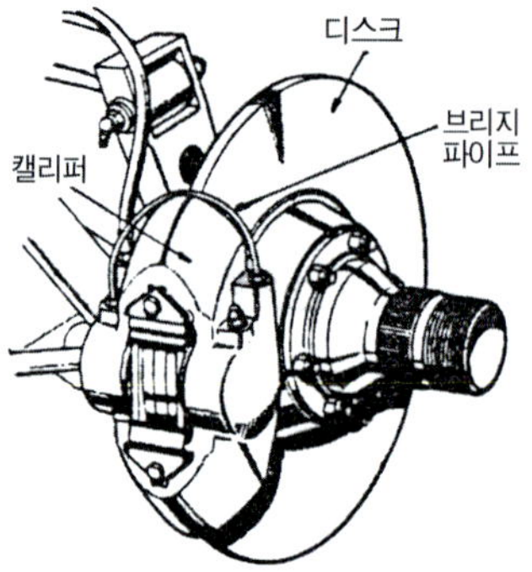

캘리퍼 일체형 디스크 브레이크

(2) 부동(浮動) 캘리퍼형

캘리퍼 한쪽에만 1개의 브레이크 실린더를 두고 마스터 실린더에서 유압이 작동하면 피스톤이 패드를 디스크에 압착하고, 이때의 반발력으로 캘리퍼가 이동하여 반대쪽 패드도 디스크를 압착하여 제동한다.

부동 캘리퍼형의 특징은 다음과 같다.

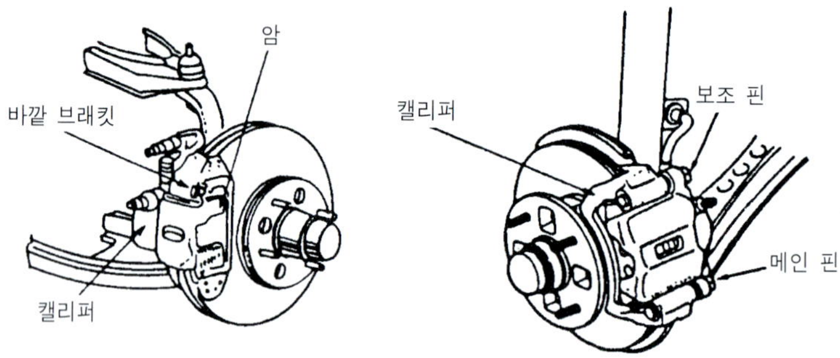

부동 캘리퍼형의 구조와 작동

① 브레이크 실린더가 1개이고, 통풍이 잘되는 부분에 캘리퍼가 설치되어 있어 베이퍼록의 염려가 적다.

② 오일누출 부분이 적다.

③ 부품수가 적어 가볍다.

④ 피스톤의 이동량이 커야 한다.

⑤ 먼지 등에 의해 캘리퍼의 이동이 원활하지 못하게 되는 경우가 있다.

⑥ 패드가 편마모되기 쉽다.

3. 배력 브레이크(servo brake)

유압 브레이크에서 제동력을 증대시키기 위해 기관의 흡입행정에서 발생하는 진공(부압)과 대기압 차이를 이용하는 진공 배력방식(하이드로 백)과 압축공기의 압력과 대기압의 차이를 이용하는 공기 배력방식(하이드로 에어 팩)이 있다.

공기 배력방식은 구조상 공기압축기와 공기탱크를 더 두고 있으며, 작동원리는 진공 배력방식과 같으므로 여기서는 진공 배력방식의 구조와 작동에 대해서만 설명하기로 한다.

[1] 진공 배력방식의 원리

흡기다기관 진공과 대기압과의 차이를 이용한 것이므로 배력장치에 고장이 발생하여도 일반적인 유압브레이크로 작동할 수 있도록 한 형식이다.

원리는 흡기다기관에서 발생하는 진공이 50cmHg이며, 대기압이 76cmHg이므로 이들 사이에는 76cmHg - 50cmHg = 26(cmHg) = 0.34kgf/cm²이다.

그러므로 대기압 1.0332kgf/cm² - 0.34kgf/cm² = 0.7kgf/cm²이 된다. 이 압력차이가 진공 배력방식 브레이크를 작동시키는 힘이다.

[2] 진공 배력방식의 종류와 작동

진공 배력방식 브레이크의 종류에는 마스터 실린더와 배력장치를 일체로 한 직접조작 방식(마스터 백 또는 진공부스터)과 마스터 실린더와 배력장치를 별도로 설치한 원격조작 방식(하이드로 백)이 있다.

여기서는 직접조작 방식의 작동 및 특징에 대해 설명하도록 한다.

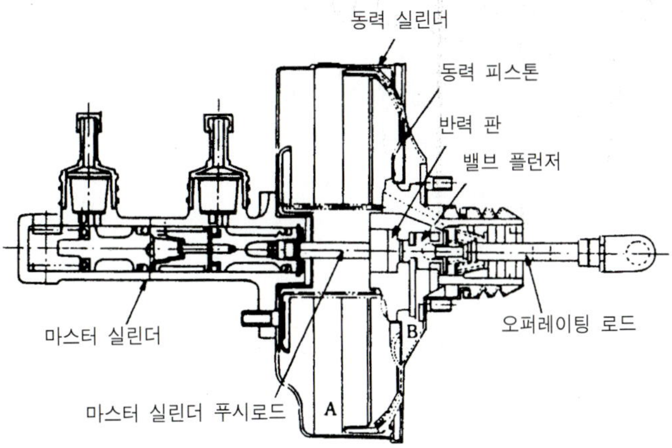

직접 조작방식의 구조

(1) 브레이크 페달을 밟지 않았을 때

브레이크 페달을 밟지 않은 상태에서는 오퍼레이팅 로드(operating rod) 및 밸브 플런저(valve plunger)는 밸브 리턴스프링에 의해 오른쪽으로 밀려 제자리에 있으며, 기관에서 발생한 진공은 체크 밸브를 거쳐 동력피스톤 A, B 양쪽 체임버에 가해지므로 동력피스톤은 리턴스프링 장력에 의해 오른쪽으로 밀려 있다.

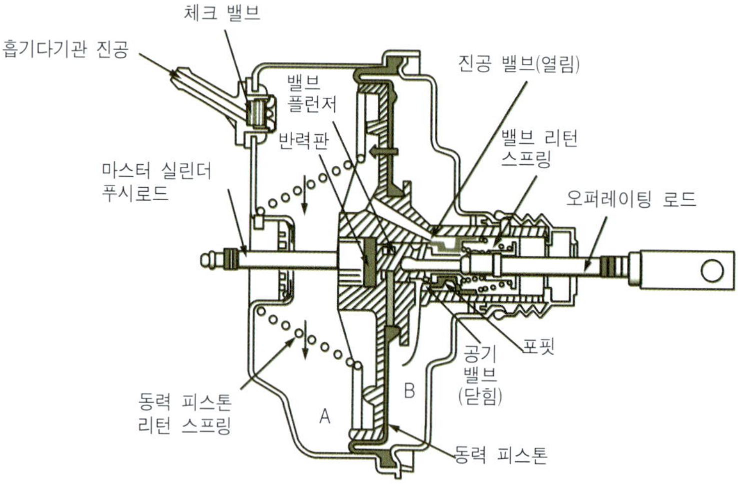

브레이크 페달을 밟지 않았을 때

(2) 브레이크 페달을 밟기 시작하였을 때

브레이크 페달을 밟기 시작하면 오퍼레이팅 로드, 포핏, 밸브 플런저는 모두 왼쪽으로 이동하며 진공밸브가 닫힌다. 계속해서 브레이크 페달을 밟으면 밸브 플런저의 공기밸브가 포핏에 떨어져 공기밸브가 열리고 이때 대기가 동력피스톤 B쪽으로 들어온다.

대기가 들어오면 동력피스톤 양쪽에는 압력차이가 발생하며, 이 압력차이가 동력피스톤 리턴스프링의 장력을 이기면 동력피스톤은 오른쪽에서 왼쪽으로 마스터 실린더 푸시로드에 힘을 주면서 이동한다.

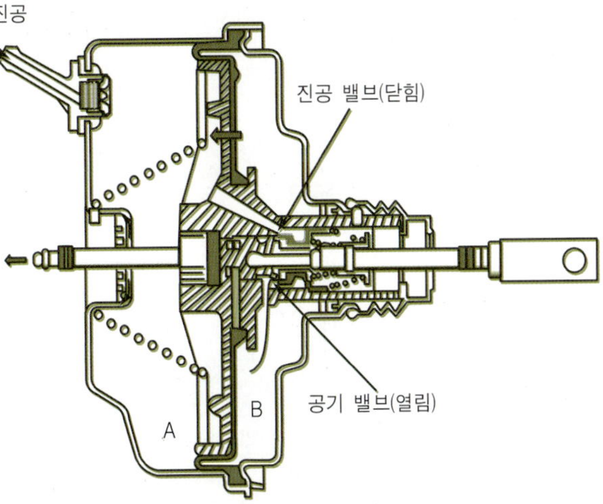

브레이크 페달을 밟기 시작하였을 때

(3) 브레이크 페달을 중간에서 멈추었을 때

브레이크 페달을 계속해서 밟아 마스터 실린더에 높은 유압이 발생하면 그 반력이 마스터 실린더 푸시로드로부터 리액션 디스크(reaction disc)로 전달된다.

전달된 반력은 동력피스톤 및 밸브 플런저로 분산되어 전달되며, 브레이크 페달을 밟는 힘과 균형을 이루어 공기밸브와 진공밸브가 동시에 닫히면 제동 작용을 유지한다.

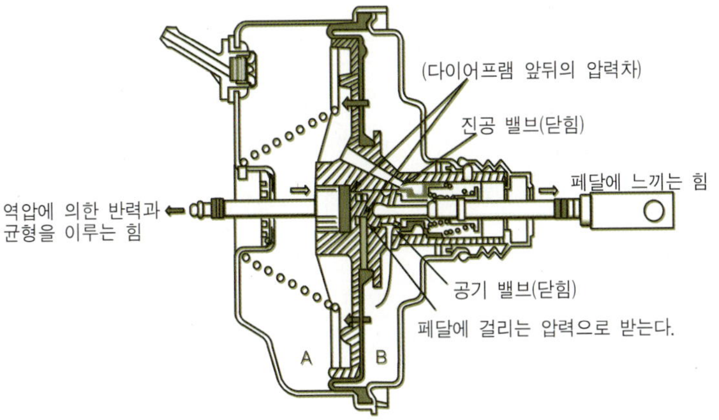

브레이크 페달을 중간에서 멈추었을 때

(4) 브레이크 페달을 최대한 밟았을 때

브레이크 페달을 최대한 밟으면 밸브 플런저는 오른쪽으로 이동하여 공기밸브가 완전히 열려 동력피스톤 B쪽으로 충분한 대기가 들어와 압력 차이는 최대로 된다.

한편, 마스터 실린더 피스톤에는 동력피스톤에 가해지는 압력 차이와 페달을 밟는 힘이 더해지는 결과가 된다.

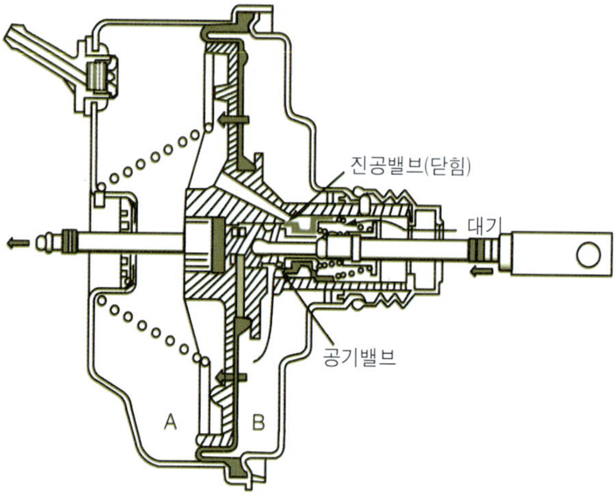

브레이크 페달을 최대한 밟았을 때

7-2 기계방식 제동장치

1. 외부수축 방식

브레이크 드럼이 변속기 출력축이나 추진축에 설치되어 있으며, 작동은 주차 브레이크 레버를 당기면 풀 로드(pull-rod)가 당겨지며, 작동 캠의 작용으로 밴드가 수축하여 드럼을 강하게 조여서 제동이 된다.

2. 내부 확장방식

주차 브레이크 레버를 당기면 와이어(wire)가 당겨지며, 이때 브레이크슈가 확장되어 제동 작용한다.

3. 휠 브레이크 방식(wheel brake type)

주차 브레이크 레버를 당기면 와이어와 로드의 조합에 의해 뒷바퀴의 브레이크슈를 움직여 드럼에 밀착시키는 것이며, 양쪽 바퀴에 작동하는 제동력을 균일하게 하기 위해 이퀄라이저(equalizer)를 설치한다.

7-3 공기 브레이크(air brake)

1. 공기 브레이크의 개요

압축공기의 압력을 이용하여 모든 바퀴의 브레이크슈를 드럼에 압착시켜서 제동 작용을 하며, 브레이크 페달로 밸브를 개폐시켜 공기량으로 제동력을 조절한다. 공기 브레이크의 장·단점은 다음과 같다.

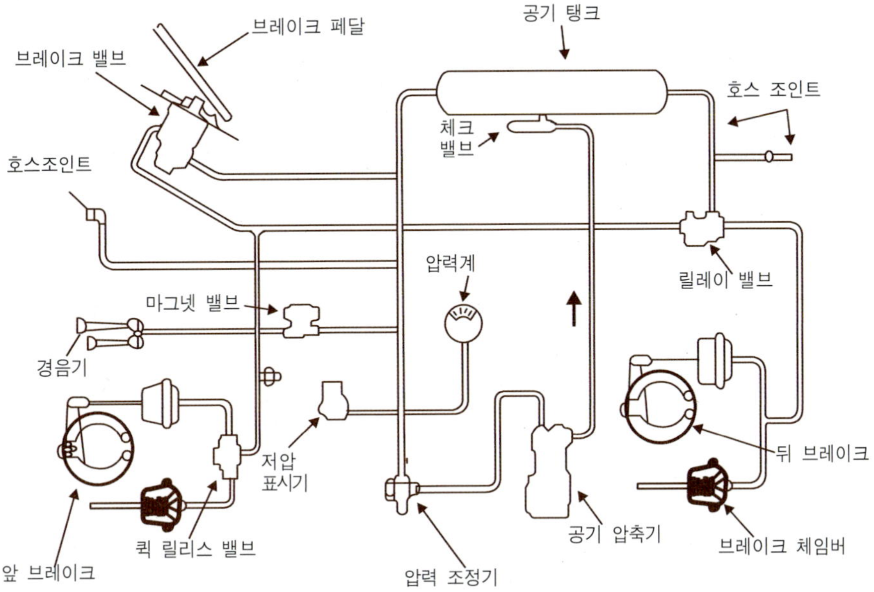

공기 브레이크의 배관 및 구조

[1] 공기 브레이크의 장점

① 차량중량에 제한을 받지 않는다.

② 공기가 다소 누출되어도 제동성능이 현저하게 저하되지 않는다.

③ 베이퍼록 발생 염려가 없다.

④ 페달 밟는 양에 따라 제동력이 조절된다(유압 브레이크는 페달 밟는 힘에 의해 제동력이 비례한다.).

⑤ 압축공기 압력을 높이면 더 큰 제동력을 얻을 수 있다.

[2] 공기 브레이크의 단점

① 공기압축기 구동에 기관의 출력이 일부 소모된다.

② 구조가 복잡하고 값이 비싸다.

2. 공기 브레이크의 구조

[1] 압축공기 계통

(1) 공기압축기(air compressor)

기관의 크랭크축에 의해 구동벨트로 구동되며, 압축공기를 생산한다. 공기입구 쪽에는 언로더 밸브(unloader valve)가 설치되어 있어 압력조정기와 함께 공기압축기가 과다하게 작동하는 것을 방지하여, 공기탱크 내의 공기압력을 일정하게 조정한다.

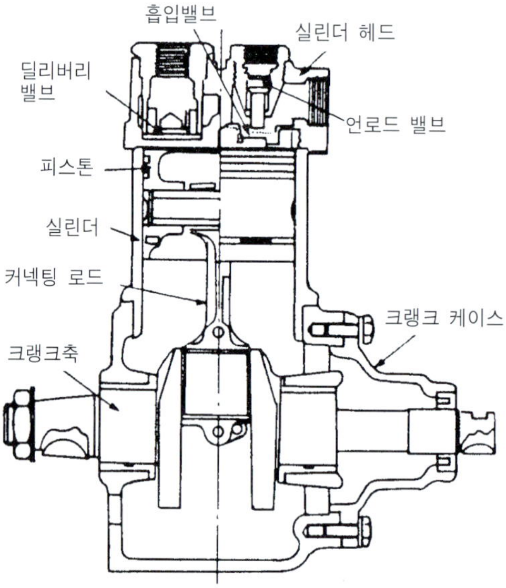

공기압축기의 구조

(2) 압력조정기와 언로더 밸브

압력조정기는 공기탱크 내의 압력이 5~7kgf/cm² 이상 되면 공기탱크에서 공기입구로 들어온 압축공기가 스프링 장력을 이기고 밸브를 밀어 올린다. 따라서 압축공기는 공기압축기의 언로더(unload) 위쪽에 작동하여 언로더 밸브를 내려 민다.

이때 흡입밸브가 열려 공기압축기 작동이 정지된다. 또 공기탱크 내의 압력이 규정 값 이하가 되면 언로더 밸브가 제자리로 복귀되어 공기 압축작용이 다시 시작된다.

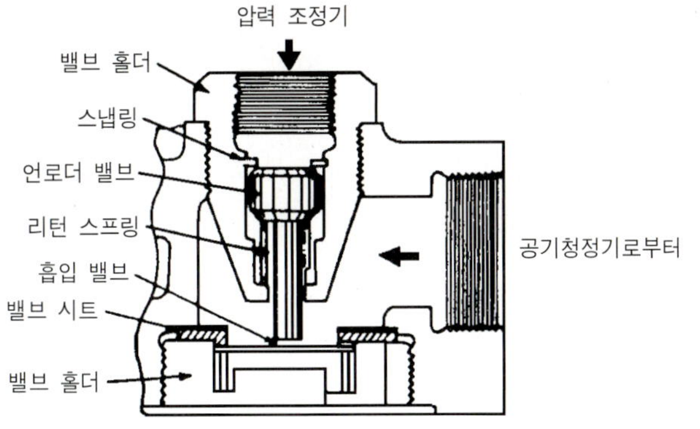

언로더 밸브의 구조

(3) 공기탱크

공기압축기에서 보내 온 압축공기를 저장하며 탱크 내의 공기압력이 규정 값 이상이 되면 공기를 배출시키는 안전 밸브와 공기압축기로 공기가 역류하는 것을 방지하는 체크 밸브 및 탱크 내의 수분 등을 제거하기 위한 드레인 코크가 있다.

[2] 제동계통

(1) 브레이크 밸브(brake valve)

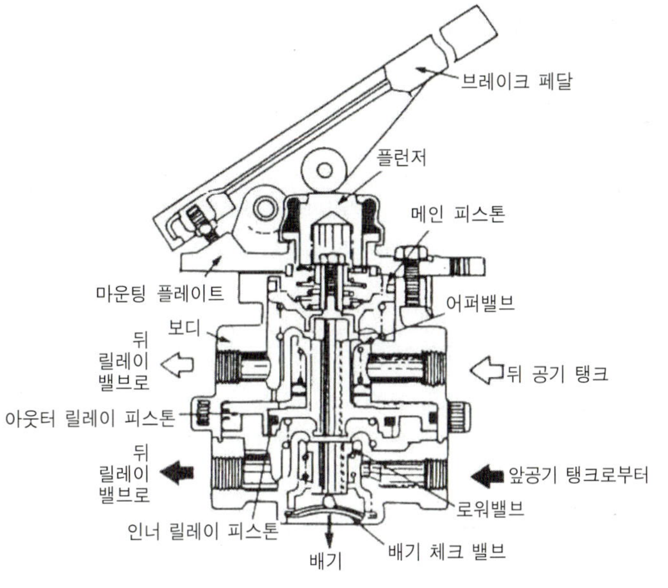

브레이크 밸브의 구조

브레이크 페달에 의해 개폐되며, 페달을 밟는 양에 따라 공기탱크 내의 압축공기를 도입하여 제동력을 조절한다. 즉, 페달을 밟으면 위쪽의 플런저가 메인 스프링을 누르고 배출밸브를 닫은 후 공급밸브를 연다.

이에 따라 공기탱크의 압축공기가 앞 브레이크의 퀵 릴리스 밸브 및 뒤 브레이크의 릴레이 밸브 그리고 각 브레이크 체임버로 보내져 제동 작용을 한다. 페달을 놓으면 플런저가 제자리로 복귀하여 배출밸브가 열리며 제동 작용을 한 공기를 대기 중으로 배출시킨다.

(2) 퀵 릴리스 밸브(quick release valve)

브레이크 페달을 밟아 브레이크 밸브로부터 압축공기가 입구를 통하여 작동되면 밸브가 열려 앞 브레이크 체임버로 통하는 양쪽 구멍을 연다. 이에 따라 브레이크 체임버에 압축공기가 작동하여 제동된다. 페달을 놓으면 브레이크 밸브로부터 공기가 배출됨에 따라 입구압력이 낮아진다.

따라서 밸브는 스프링 장력에 의해 제자리로 복귀하여 배출구멍을 열고 앞 브레이크 체임버 내의 공기를 신속히 배출시켜 제동을 푼다.

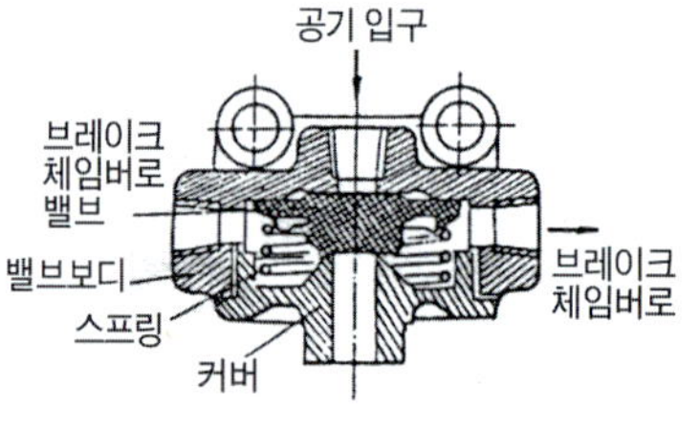

퀵 릴리스 밸브의 구조

(3) 릴레이 밸브(relay valve)

브레이크 페달을 밟아 브레이크 밸브로부터 공기압력이 작동하면 다이어프램이 아래쪽으로 내려가 배출밸브를 닫고 공급밸브를 열어 공기탱크 내의 공기를 직접 뒤 브레이크 체임버로 보내어 제동시킨다.

페달을 놓아 다이어프램 위에 작동하던 브레이크 밸브로부터의 공기압력이 감소하면 브레이크 체임버 내의 압력이 다이어프램 위에 작동하던 압력보다 커지므로 다이어프램을 위로 밀어 올려 위부분의 압력과 평행이 될 때까지 밸브를 열고 공기를 배출시켜 신속하게 제동을 푼다.

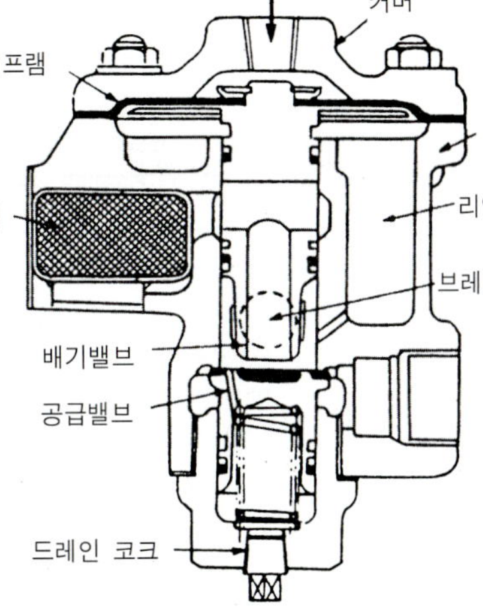

릴레이 밸브의 구조

(4) 브레이크 체임버(brake chamber)

브레이크 페달을 밟아 브레이크 밸브에서 조절된 압축공기가 체임버 내로 유입되면 다이어프램은 스프링을 누르고 이동한다. 이에 따라 푸시로드가 슬랙 조정기(slack adjust)를 거쳐 캠(cam)을 회전시켜 브레이크슈가 확장하여 드럼에 압착되어 제동을 한다. 페달을 놓으면 다이어프램이 스프링 장력으로 제자리로 복귀하여 제동이 해제된다.

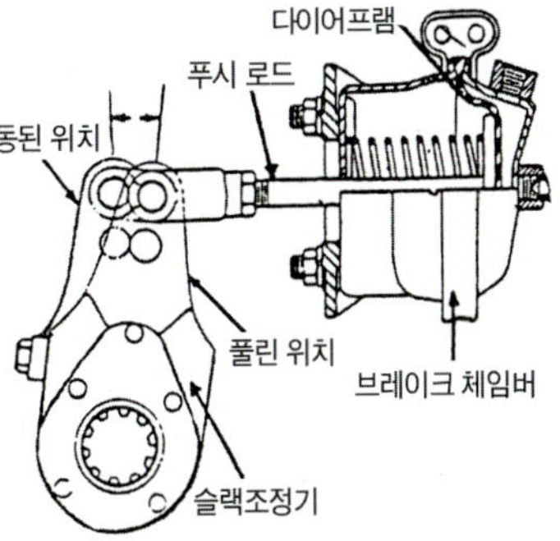

브레이크 체임버의 구조

[3] 저압표시기와 체크 밸브

(1) 저압표시기

저압표시기는 공기압력으로 작동하는 스위치이며, 공기탱크 내의 압력이 낮아지면 접점이 닫혀 경고등을 점등하거나 부저가 울리도록 한다. 공기압력이 높아지면 접점을 연다. 주행 중 저압표시기가 작동하면 즉시 운전을 중지하고 공기압력 저하의 원인을 점검하여야 한다.

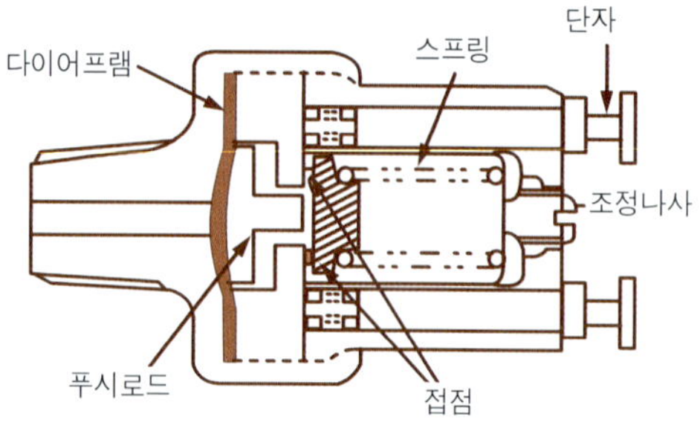

저압표시기의 구조

(2) 체크 밸브

체크 밸브는 공기압축기에서 압축공기를 보낼 때에만 열려 공기압축기와 탱크가 통하도록 한다.

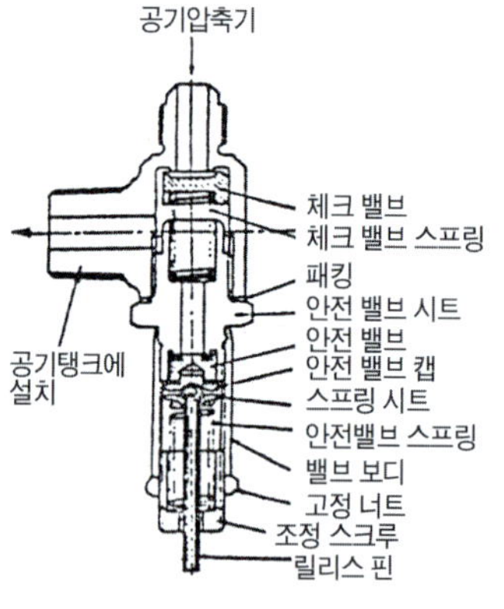

체크 밸브의 구조

7-4 ABS(전자제어 제동장치)

1. ABS의 개요

자동차는 제동할 때에 감속도에 따라 자동차의 중심이 앞쪽으로 이동하여 앞바퀴의 하중은 증가하고 뒷바퀴의 하중은 감소하는 경향이 발생한다. 또 바퀴가 정지하여 스키드(skid)를 일으키면 노면과의 마찰력이 감소함과 동시에 방향성을 잃게 되고 제동성능이 저하되어 불안정한 제동이 된다.

이러한 현상을 방지하기 위하여 개발된 것이 ABS(anti lock brake system)이다. 즉 ABS는 급제동을 하거나 눈길과 같은 미끄러운 노면에서 제동할 때 바퀴의 미끄러짐(slip) 현상을 휠 스피드 센서가 감지하여 컴퓨터로 보내면 컴퓨터가 모듈레이터를 조정하여 제동할 때 방향안전성 유지, 조정성능의 확보, 제동거리를 단축시킨다.

일반적으로 앞바퀴는 독립 제어, 뒷바퀴는 셀렉트 로우 제어(select low control)의 4센서 3채널 방식이 많이 사용된다.

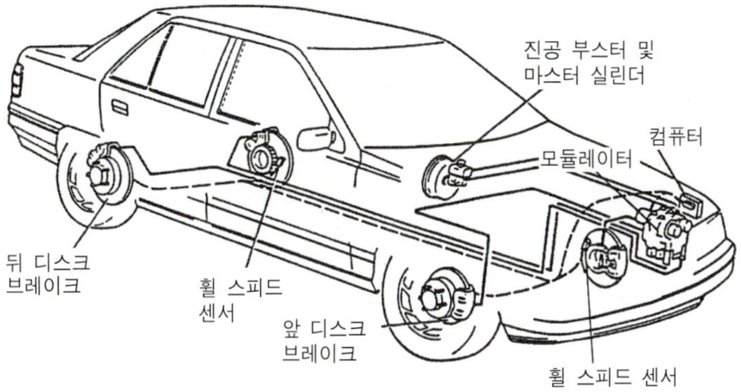

ABS 구성부품

【참고】 셀렉트 로우(select low) 제어 : 제동할 때 좌우바퀴의 감속비율을 비교하여 먼저 미끄럼을 일으키는 바퀴에 맞추어 좌우 바퀴의 유압을 동시에 제어하는 방법이다.

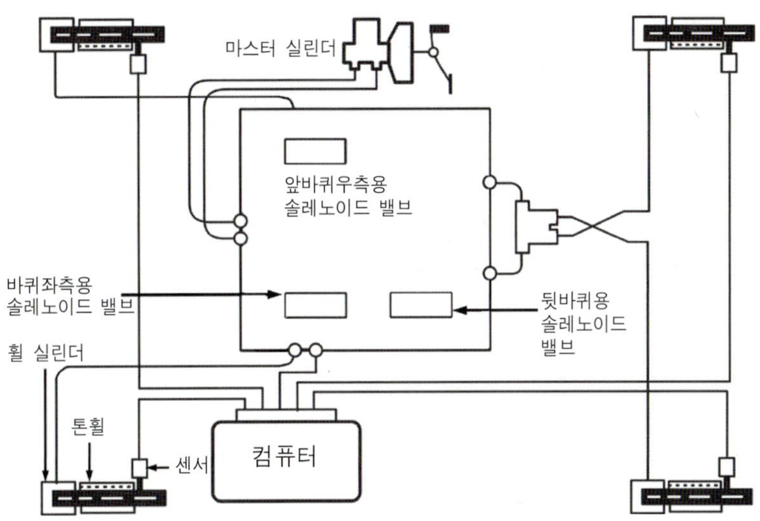

4센서 3채널 방식

2. ABS의 설치목적

① 제동거리를 단축시킨다.

② 앞바퀴의 고착을 방지하여 조향능력이 상실되는 것을 방지한다. - 방향 안정성 확보

③ 미끄러짐을 방지하여 차체의 안전성을 유지한다. - 조종성능 확보

④ 뒷바퀴의 조기고착에 의한 사이드슬립을 방지한다. - 타이어 고착(lock)방지

⑤ 노면의 상태가 변화하여도 최대의 조향효과를 얻을 수 있다.

⑥ 타이어의 미끄럼 비율이 마찰계수 최곳값을 초과하지 않도록 한다.

⑦ 미끄럼이 없는 제동효과를 얻을 수 있다.

3. ABS의 특징

[1] 한쪽이 미끄러운 노면을 직진할 때

ABS를 설치하지 않은 경우에는 브레이크 페달을 밟으면 미끄러운 노면 쪽의 바퀴가 고착되어 자동차 앞부분이 마찰계수가 낮은(미끄러운) 노면 쪽으로 회전하여 바퀴가 스핀(spin)을 일으킨다.

그러나 ABS를 설치한 경우에는 마찰계수가 큰 노면의 바퀴로 들어가는 유압을 조절하여 직진성능을 유지시킨다.

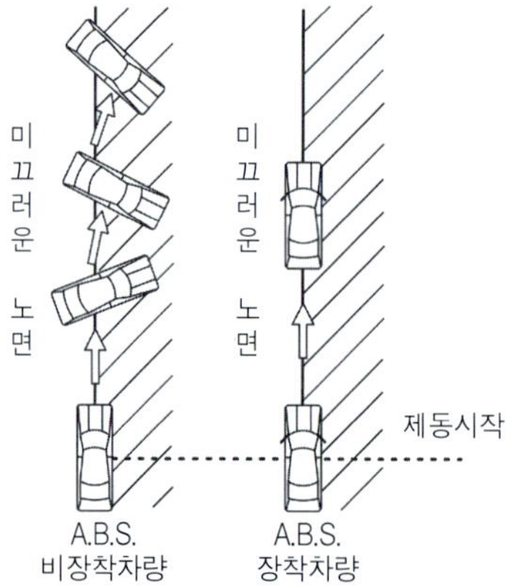

한쪽이 미끄러운 노면을 직진할 때

[2] 미끄러운 커브 길을 주행할 때

ABS를 설치하지 않은 경우에는 브레이크 페달을 밟으면 바퀴가 고착되어 자동차가 선회하

는 방향으로 스핀을 일으킨다. 그러나 ABS를 설치한 자동차는 스핀을 일으키지 않도록 제동력을 조절하여 선회할 때 조향안정성을 준다.

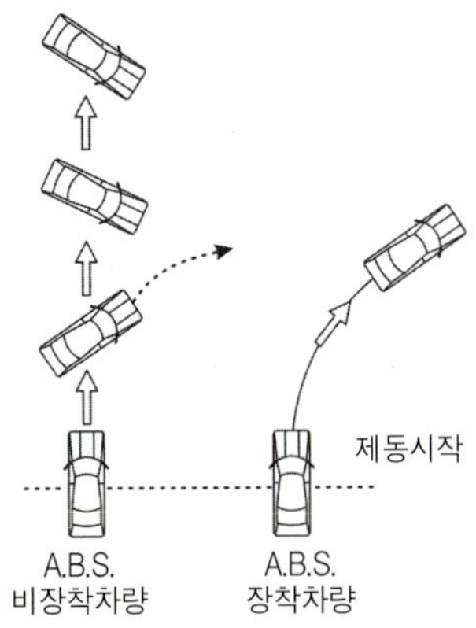

미끄러운 커브 길을 주행할 때

4. ABS의 이론

ABS는 제동을 할 때 바퀴가 고착되지 않도록 제동력을 조절해 주는 장치이므로 마찰계수 및 바퀴의 회전속도와 자동차의 주행속도로 결정되는 미끄럼 비율 등의 관계에 의하여 제동 특성이 가장 적합한 상태가 되도록 한다.

브레이크 페달을 밟으면 노면과의 마찰력에 의해 바퀴 회전속도와 자동차 주행속도가 감소한다. 그러나 바퀴의 회전속도는 감소하더라도 자동차는 관성에 의해 계속 진행하려고 한다. 이러한 실제의 자동차 운동을 차체속도라 한다. 그리고 제동 작용을 할 때 바퀴의 회전속도와 차체속도와의 사이에서 발생한 차이를 미끄럼 비율(slip ratio)이라 한다.

이 미끄럼 비율은 0%(바퀴가 노면에서 미끄럼 없이 완전하게 회전하는 상태)에서 100%(바퀴가 완전히 고착되는 상태)까지 변환되며, 그 관계공식은 다음과 같다.

$$\text{미끄럼 비율} = \frac{\text{차체속도} - \text{바퀴의 회전속도}}{\text{차체속도}} \times 100 = 1 - \frac{\text{바퀴의 회전속도}}{\text{차체속도}} \times 100$$

이 미끄럼 비율과 마찰계수는 노면의 조건에 따라 변화하지만 그 최댓값은 8~30% 사이이다. 또 자동차의 사이드슬립(side slip)을 방지하는 힘은 미끄럼 비율이 증가됨에 따라 낮아진다. 즉, 바퀴가 고착되면 노면과의 마찰계수가 감소하므로 미끄러지기 쉬우며, 실제로 뒷바퀴가 고착되면 스핀이 발생하고, 앞바퀴가 고착되면 조향작용이 불가능해 진다. 또 급제동을 하면서 조향핸들을 조작할 때 미끄럼 비율이 커지면 코너링 포스(cornering force)가 감소한다. 따라서 커브 길을 선회할 때 브레이크 페달을 과다하게 조작하면 사이드슬립을 일으켜 조향핸들을 조작하여도 운전자의 의도대로 자동차의 진행방향을 유지할 수 없게 된다.

이에 따라 ABS는 이 미끄럼 비율을 8~30% 이내가 되도록 제동력을 조절하여 노면과의 마찰계수를 최댓값으로 이용하여 제동거리를 단축시키고, 마찰계수를 높은 범위로 조절하여 자동차의 방향안정성을 확보한다. 아래 그림에 나타낸 바와 같이 가장 효율적인 제동력은 건조한 아스팔트 노면에서 약 20%일 때이며, ABS의 작동은 미끄럼 비율이 8~30% 범위이므로 이 범위 내에서 바퀴를 어느 정도 회전시키면서 제동하는 것이다.

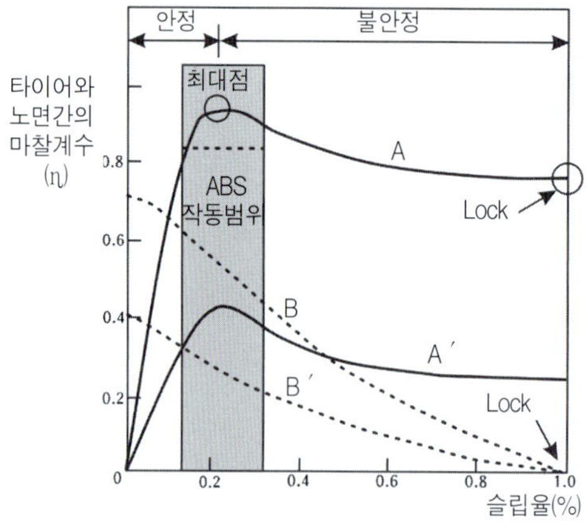

A : 노면 마찰계수가 높은 제동력 특성 곡선
A′ : 노면 마찰계수가 낮은 제동력 특성 곡선
B : 노면 마찰계수가 높은 코너링 포스 특성 곡선
B′ : 노면 마찰계수가 낮은 코너링 포스 특성 곡선

ABS의 작동범위

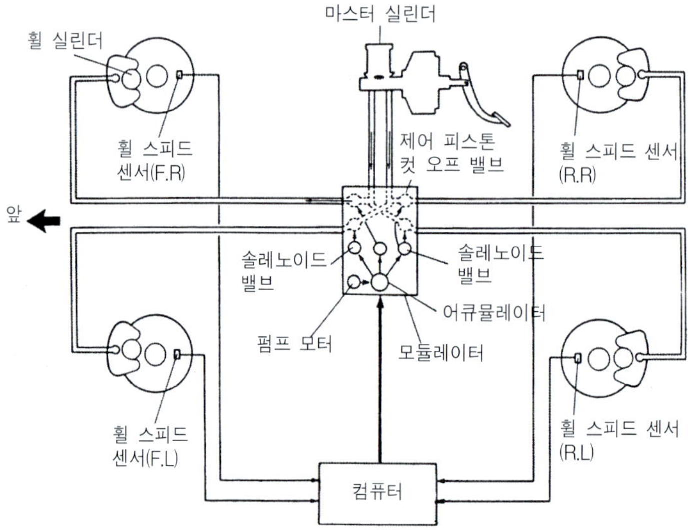

ABS 작동개요

5. ABS의 구성부품

ABS는 유압장치와 제어장치로 구성되며, 유압장치에는 진공 부스터(마스터 백), 탠덤 마스터 실린더, 모듈레이터(하이드롤릭 유닛)로 되어있고, 제어장치는 컴퓨터(ECU), 휠 스피드 센서 등이 있다.

휠 스피드 센서는 컴퓨터로 바퀴의 회전속도 신호를 보내며, 컴퓨터는 이 신호를 기본으로 솔레노이드 밸브와 모듈레이터의 펌프모터를 구동한다. ABS가 작동하지 않는 일반적인 제동 작용에서는 브레이크 오일은 마스터 실린더에서 그대로 휠 실린더로 공급된다. 그러나 ABS가 작동하면 마스터 실린더에서의 브레이크 오일은 모듈레이터에서 정지되며, 휠 실린더 내의 유압은 모듈레이터 내의 제어피스톤에 의해 조절된다.

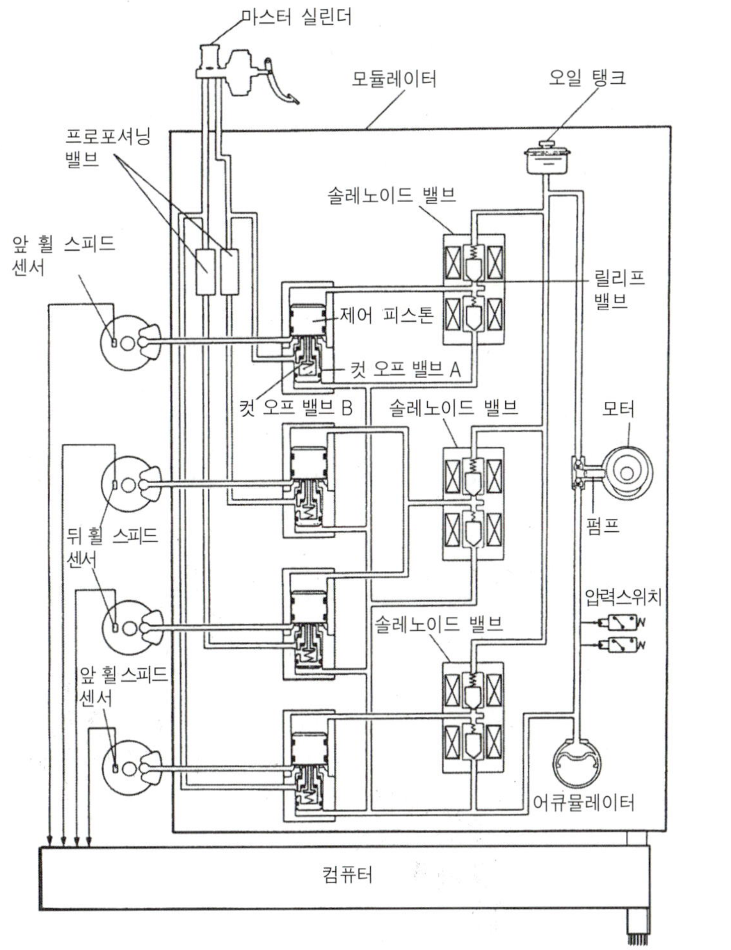

ABS 다이어그램

[1] 휠 스피드 센서(Wheel Speed Sensor)

휠 스피드 센서는 각 바퀴마다 설치되어 있으며, 바퀴의 회전속도를 검출하여 컴퓨터로 입력시키는 교류발전기이며, 앞바퀴에는 너클 스핀들에, 뒷바퀴는 허브 스핀들에 설치된다. 이 센서는 영구자석, 센서코일(sensor coil), 폴 피스(pole piece), 톤 휠(ton wheel) 등으로 구성된다.

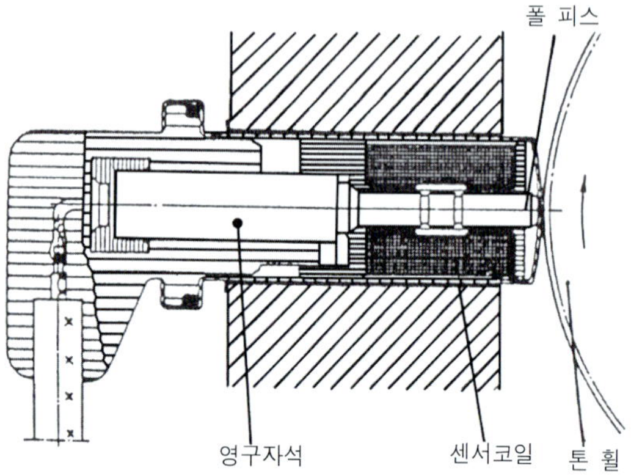

휠 스피드 센서의 구조

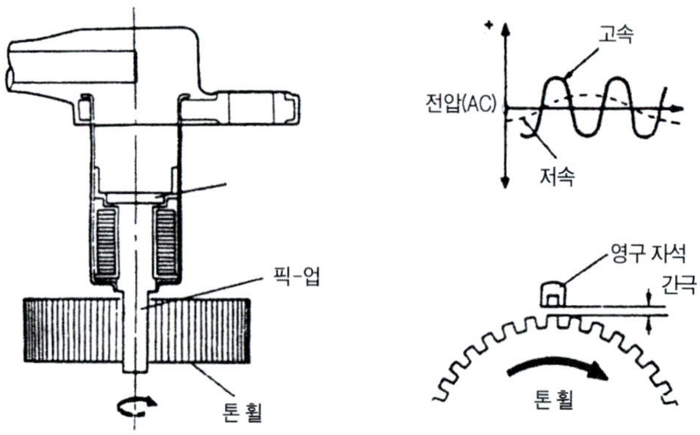

휠 스피드 센서의 작동

작동원리는 톤휠의 각 이(tooth)가 센서에 접근하면 영구자석 주위의 자력선이 더욱더 강해지며, 이 자력선의 변화가 컴퓨터로 입력되는 센서코일의 전압상승을 유도한다. 그리고 톤휠의 이가 센서의 폴 피스와 일치되면 자력선의 변화가 없어지며 영구자석의 자력이 최대로 되고, 센서코일과 컴퓨터사이의 전압은 0이 된다.

또 센서의 폴 피스가 톤휠에서 멀어지면 자력선도 약해지므로 센서코일에서는 유도기전력이 발생하며, 이 기전력을 컴퓨터로 보내면 컴퓨터는 4바퀴의 개별적 교류전압을 비교하여 제동 감속도를 파악한다. 이 교류전압은 회전속도에 비례하여 주기적인 변화가 발생하므로 시간당의 주기를 검출하여 바퀴 회전속도를 검출한다.

[2] 컴퓨터(ECU)

(1) 컴퓨터의 제어논리

각 바퀴의 회전속도를 휠 스피드 센서로 연속적으로 검출하며, 바퀴의 회전속도 입력과 예정된 가속 및 감속계수를 연산하여 예정 주행속도를 결정한다. 가속과 감속은 휠 스피드 센서의 신호이며, 기준속도는 차체속도와 가속계수를 연산하여 얻는다.

이 연산에는 노면의 마찰계수에 따른 바퀴의 미끄러짐, 고착상태 등을 이용하며, 최대가속과 감속의 한계는 바퀴의 가속 값으로부터 연산되어 바퀴의 회전속도와 가속 값이 기준속도와 가속 한계 이상이 되면 증압이나 감압신호를 솔레노이드 밸브로 보낸다.

감압주기는 바퀴의 회전속도가 기준속도 미만이거나 감속이 한계 감속보다 큰 경우이며, 증압 주기는 바퀴의 회전속도나 가속이 기준속도이거나 한계 가속보다 큰 경우이다.

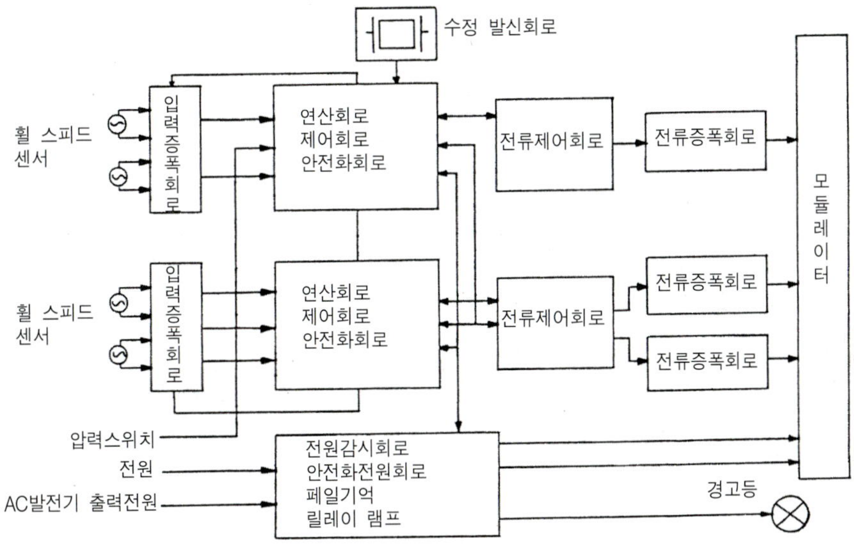

ABS의 컴퓨터 회로도

(2) 컴퓨터의 기능

각 바퀴의 휠 스피드 센서에 전압을 입력증폭 회로에 펄스신호를 변환시키고 연산 · 제어 및 안전화 회로에 신호를 보낸다. 연산 · 제어 및 안전화 회로는 입력증폭 회로의 신호에 의해 바퀴의 회전속도를 연산하고 바퀴와 노면과의 미끄럼 비율 등 ABS 제어에 필요한 처리를 한다. 이것을 기본으로 전류제어 회로로 보내고 전류제어 회로는 전류증폭회로를 거쳐 모듈레이터 내의 솔레노이드 밸브로 보낸다.

(3) 컴퓨터의 페일 세이프(fail safe)기능

컴퓨터는 ABS의 이상 유무를 점검 및 보완하는 기능이 있는데, 이때 페일 세이프 기능이 작동하면 ABS는 작동을 중단하고 일반적인 제동 작용을 한다. 작동은 휠 스피드 센서에서 바퀴의 회전속도를 연산 후 제어신호를 보낸다. 제어신호는 안전화 회로에 입력됨과 동시에 데이터를 전송 및 수신회로를 거치며, 이때 안전화 회로에서 페일 메모리(fail memory)회로에 신호가 입력되면 페일 세이프가 작동된다.

[3] 모듈레이터(하이드롤릭 유닛(HCU) 또는 유압조절기)

모듈레이터(modulator)는 컴퓨터의 제어신호에 의해 각 휠 실린더에 작용하는 유압을 조절한다. 조절상태에는 정상, 감압(압력감소), 증압(압력상승), 압력유지 등이 4가지가 있다. 모듈레이터 블록에는 오일펌프 모터를 비롯하여 솔레노이드 밸브, 제어피스톤, 어큐뮬레이터, 프로포셔닝 밸브, 딜레이 밸브, 리미팅 밸브 등이 설치된다.

모듈레이터 내의 솔레노이드 밸브는 컴퓨터에 의해 제어되며, 제어피스톤을 작동시킨다. 제어피스톤은 휠 실린더의 유압을 조절하며, 프로포셔닝 밸브는 ABS가 작용하지 않는 제동 작용에서 제동성능을 향상시키기 위하여 뒷바퀴 오일회로에 설치한다.

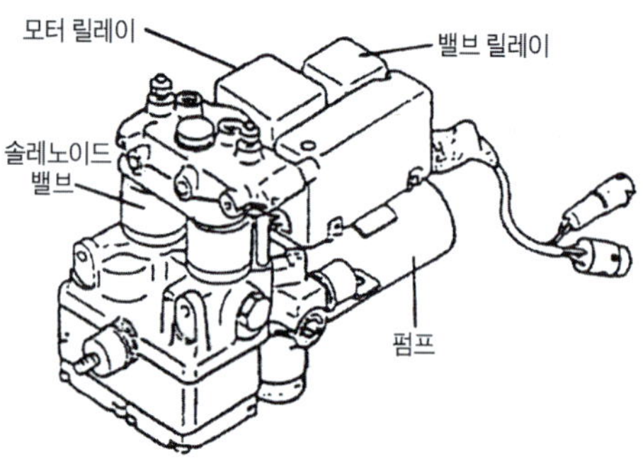

(a) 외부 구조

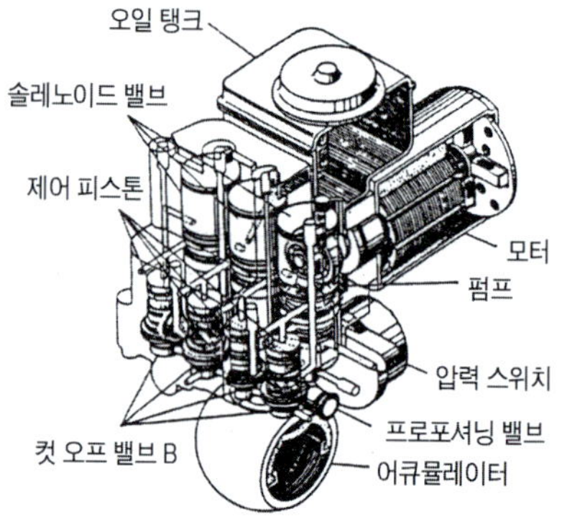

(b) 내부 구조

모듈레이터의 구조

(1) 프로포셔닝 밸브(proportioning valve)

프로포셔닝 밸브(P 밸브) 마스터 실린더의 유압을 솔레노이드 밸브로 유도해 주며, ABS가 작동할 때에는 마스터 실린더의 유압이 휠 실린더로 작용하지 않도록 한다. 또 ABS가 고장났을 때 뒷바퀴의 고착으로 인해 미끄러지는 것을 방지한다.

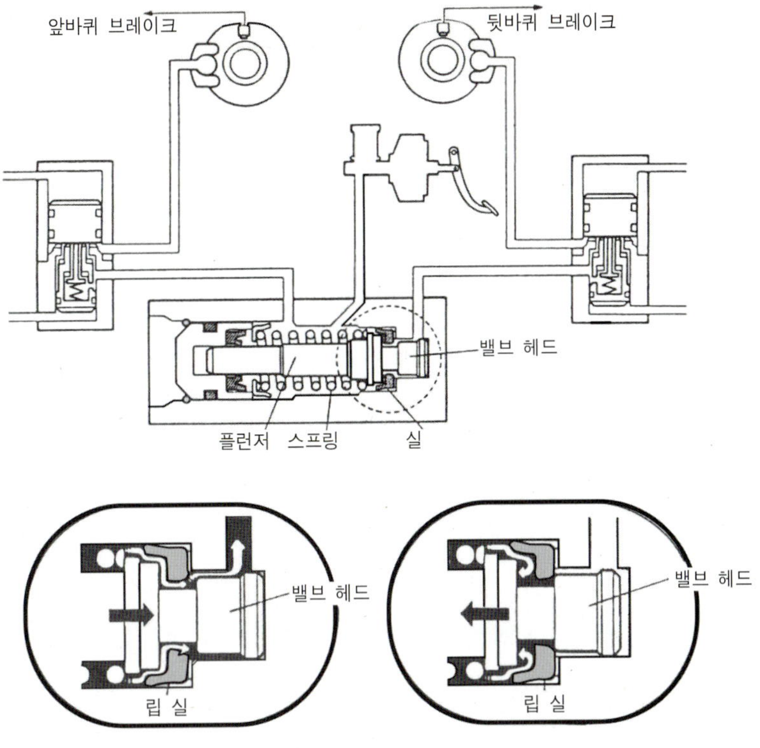

(a) 저압　　(b) 고압

프로포셔닝 밸브의 작동

(2) 딜레이 밸브(delay valve)

딜레이 밸브는 ABS에서 급제동을 할 때 뒤 휠 실린더로 전달되는 유압을 지연시켜 자동차의 쏠림을 방지한다.

(3) 리미팅 밸브(limiting valve)

급제동할 때 마스터 실린더에 발생된 유압이 일정압력 이상이 되면 뒤 휠 실린더 쪽으로 전달되는 유압상승을 제어하여 차량의 쏠림을 방지한다.

(4) 어큐뮬레이터(Accumulator)

어큐뮬레이터 내부에는 높은 압력의 질소가스와 고무제 다이어프램이 들어있으며, 오일펌프 모터에 의해 압축된 높은 압력의 오일을 축적한다. ABS가 작동하면 모듈레이터 내의 유압이 낮아지기 때문에 어큐뮬레이터에 축적되어 있던 오일은 높은 압력의 질소가스와 다이어프램에 의해 다시 오일펌프 모터로 공급된다.

따라서 오일펌프 모터에는 200~220kgf/cm²의 어큐뮬레이터의 압력이 유지된다. 어큐뮬레이터는 솔레노이드 밸브에 감압신호와 유지신호가 전달되면 일시적으로 브레이크 오일을 저장하고, 증압을 할 때에는 스프링 장력으로 휠 실린더로 오일을 공급한다.

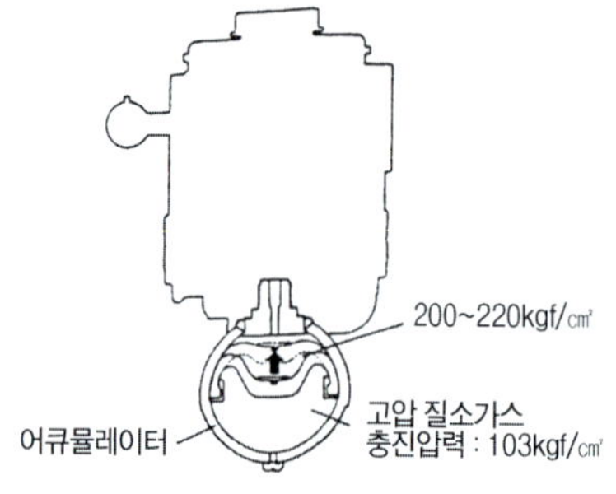

어큐뮬레이터의 구조

(5) 압력스위치(Pressure switch)

압력스위치는 오일펌프 모터의 송출유압을 검출하며, 유압이 상승하여 스위치 내의 팽창 튜브가 벌어지면 스프링장력에 의해 센서레버(sensor lever)가 회전하여 스위치 접점이 접촉하여 ON되고, 유압이 낮아지면 OFF되어 컴퓨터로 입력되며, 컴퓨터는 유압을 조절한다.

(6) 오일펌프 모터(oil pump motor)

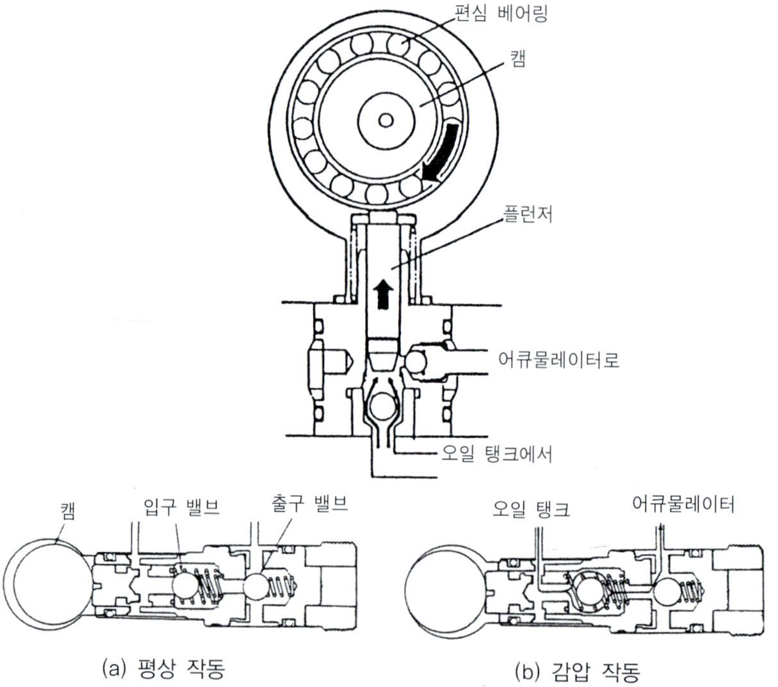

(a) 평상 작동

(b) 감압 작동

오일펌프의 구조와 작용

컴퓨터 또는 압력스위치의 신호에 의해 작동하며, 캠의 회전운동에 의해 플런저를 상하로 작동시킨다. 플런저가 위로 이동하면 오일탱크의 입구밸브가 열려 오일이 들어오고, 플런저가 아래로 이동하면 출구밸브가 열려 어큐뮬레이터로 오일이 들어간다.

(7) 솔레노이드 밸브(solenoid valve)

솔레노이드 밸브는 제어피스톤으로 보내는 유압을 조절한다. 즉 솔레노이드 밸브에 전류가 흐르면 어큐뮬레이터와 제어피스톤 사이의 회로가 차단되어 제어피스톤과 오일탱크 사이의 오일통로가 열린다. 이와 반대로 전류가 차단되면 어큐뮬레이터의 유압으로 제어피스톤과의 오일통로가 열리고, 오일탱크 사이의 오일통로는 닫힌다. 솔레노이드 밸브는 컴퓨터로부터의 신호 즉, ABS가 작동하지 않는 일반적인 제동 작용 또는 ABS가 증압을 할 때에는 코일에 전류를 공급하지 않기 때문에 전기자(amateur) 리턴스프링 장력에 의해 솔레노이드 밸브의 작동 그림 (a)와 같이 왼쪽으로 이동하여 마스터 실린더에서 휠 실린더로 오일을 공급한다.

또 ABS가 감압을 위해 컴퓨터에서 코일로 전류를 공급하면 그림 (b)와 같이 전기자가 흡인되어 리턴스프링의 장력을 이기고 오른쪽으로 이동하여 마스터 실린더로부터의 오일통로를 차단시키고, 휠 실린더에서 오일탱크로의 오일통로를 연다. 그림 (c)와 같이 압력을 유지할 때에는 감압할 때보다 적은 전류를 공급하기 때문에 어느 쪽으로도 오일이 공급되지 않는다.

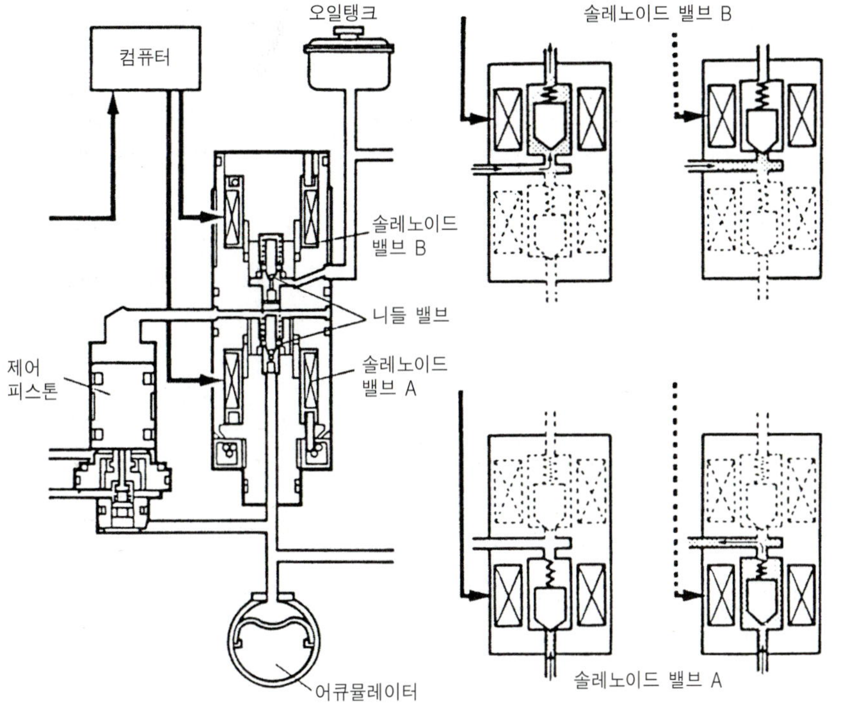

솔레노이드 밸브의 회로도

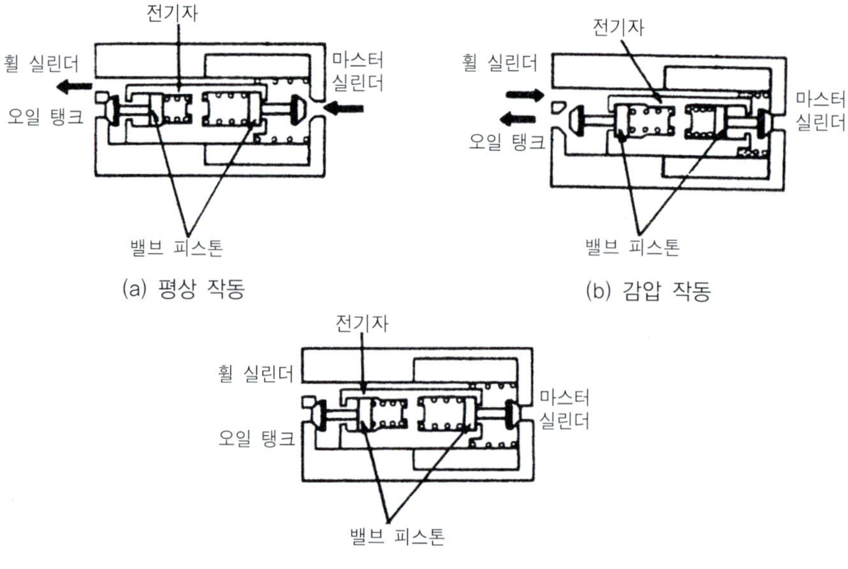

솔레노이드 밸브의 작동

(8) 체크 밸브(check valve)

ABS 작동 중 브레이크 페달을 놓으면 휠 실린더의 브레이크 오일이 마스터 실린더의 오일탱크로 복귀시켜 휠 실린더 내의 유압이 마스터 실린더의 유압보다 높아지는 것을 방지한다.

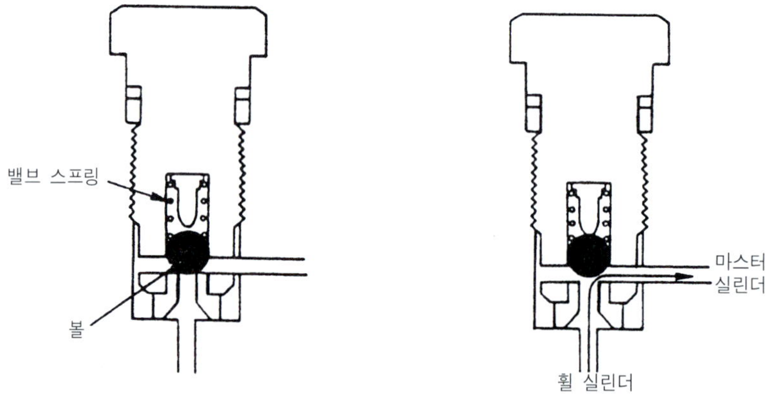

체크 밸브의 작동

(9) 오일탱크(reservoir)

모듈레이터의 오일탱크는 ABS가 작동하지 않는 제동 작용에서는 휠 실린더의 유압이 낮기 때문에 스프링 장력을 이기지 못하여 피스톤은 그대로 정지된다. 그러나 ABS가 감압을 할 때에는 스프링 장력을 이기고 피스톤을 아래쪽으로 이동시켜 휠 실린더로부터의 브레이크 오일을 일시적으로 저장한다.

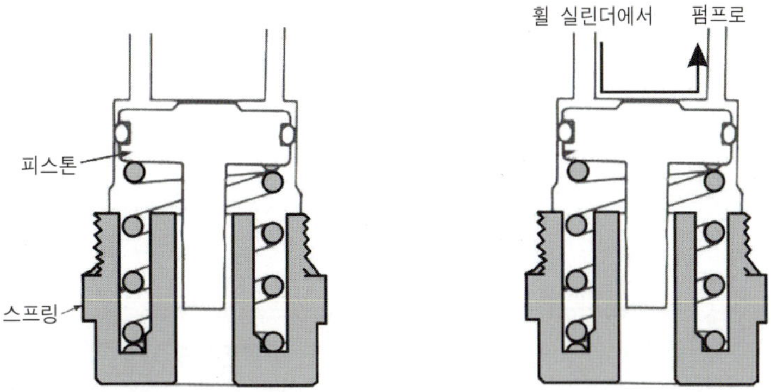

(a) 통상 제동 (b) ABS 감압

오일탱크의 작용

[4] ABS 경고등

경고등은 ABS에서 결함이 발생하였을 때 점등되어 운전자에게 알려 주며, 다음의 경우에 점등된다.

① 오일펌프 모터의 작동시간이 일정시간을 초과한 때

② 주차 브레이크 레버를 해제시키지 아니하고 30초 이상을 주행한 때

③ 주행 중 뒷바퀴가 고착된 때

④ 주행 중 어느 한쪽 바퀴의 휠 스피드 센서의 출력 값에 이상이 있는 때

⑤ 솔레노이드 밸브의 작동시간이 일정시간을 초과한 때

⑥ 솔레노이드 밸브 회로가 단선된 때

⑦ 10km/h 또는 그 이상의 속도로 주행 중 ABS가 작동을 실행 중 솔레노이드 밸브 출력이 검출되지 않을 때

6. ABS의 작동

[1] ABS가 작용하지 않을 때의 제동

ABS가 작용하지 않는 일반적인 제동 작용에서 브레이크 페달을 밟으면 마스터 실린더 내의

유압은 프로포셔닝 밸브(P밸브) 내의 체크 밸브를 밀고 솔레노이드 밸브로 들어간다. 이때 솔레노이드 밸브의 코일에는 전류가 공급되지 않기 때문에 마스터 실린더와 휠 실린더의 유압은 출구밸브와 어큐뮬레이터에 작용하지만 각 솔레노이드 밸브 내의 오일통로가 닫혀 있어 ABS가 작동하지 않는다.

브레이크 페달을 놓으면 마스터 실린더 내의 유입이 저하되어 휠 실린더에 작용하였던 유압은 체크 밸브를 거쳐 마스터 실린더의 오일탱크로 복귀한다.

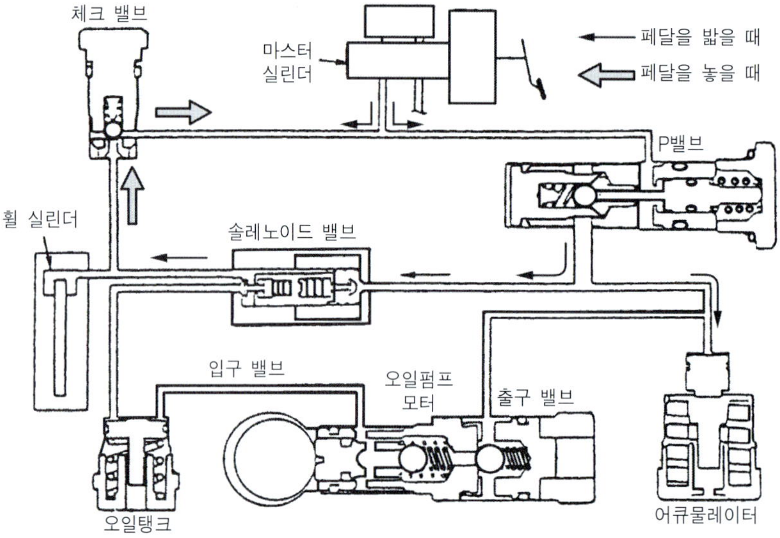

ABS가 작용하지 않을 때의 제동

[2] ABS가 작용할 때의 제동

(1) 압력감소 작용

브레이크 페달을 밟았을 때 바퀴가 고착되려는 것을 휠 스피드 센서가 감지하면 이 신호를 컴퓨터로 보낸다. 신호를 받은 컴퓨터는 모듈레이터 내의 솔레노이드 밸브에 감압신호를 보낸다(약 5A정도를 전류를 공급하여 솔레노이드 밸브를 여자시킴).

이에 따라 솔레노이드 밸브는 마스터 실린더와의 오일통로를 차단함과 동시에 모듈레이터의 오일탱크의 오일통로를 연다. 따라서 휠 실린더의 유압은 솔레노이드 밸브에서 오일탱크로 흐른다. 또 감압신호는 오일펌프 모터에도 보내져 펌프가 작동하여 오일탱크 내의 오일을 어큐뮬레이터로 보낸다.

이때 프로포셔닝 밸브 및 체크 밸브 사이의 오일통로는 닫혀있기 때문에 마스터 실린더와는 완전히 분리된 상태에서 감압되어 바퀴의 고착을 방지한다.

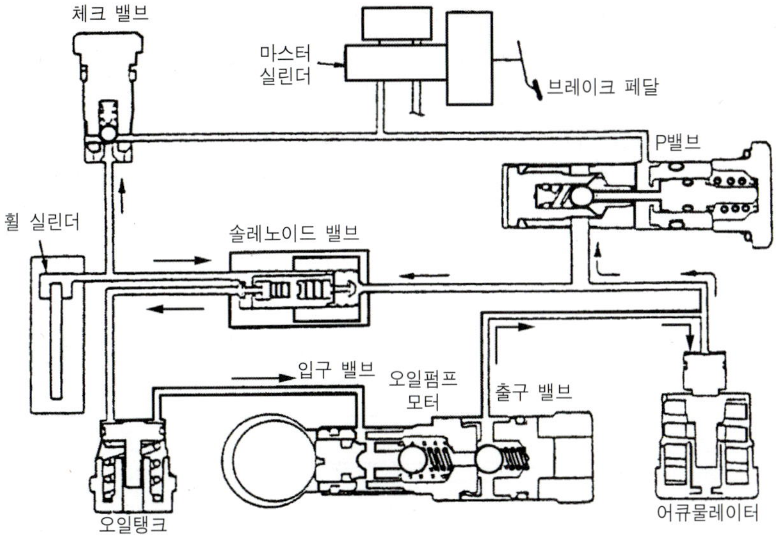

압력감소 작용

(2) 압력유지 작용

휠 실린더 내의 유압이 최적의 상태로 조정되면 컴퓨터는 모듈레이터의 솔레노이드 밸브에 압력유지 신호를 보낸다(약 2A 정도의 전류를 공급함). 이때 솔레노이드 밸브는 마스터 실린더 및 오일탱크의 오일통로를 완전히 차단하므로 각각의 유압회로는 독립된 상태로 작동한다. 즉 휠 실린더 쪽은 체크 밸브가 닫히고, 오일탱크로 공급되는 유압회로는 솔레노이드 밸브가 닫히므로 압력유지 상태로 된다. 한편 어큐뮬레이터 쪽은 오일펌프 모터에 의해 압력이 증가된 유압을 저장하고, 마스터 실린더 쪽은 브레이크 페달에 의해 압력이 가해진 상태로 각각 독립된 상태가 된다.

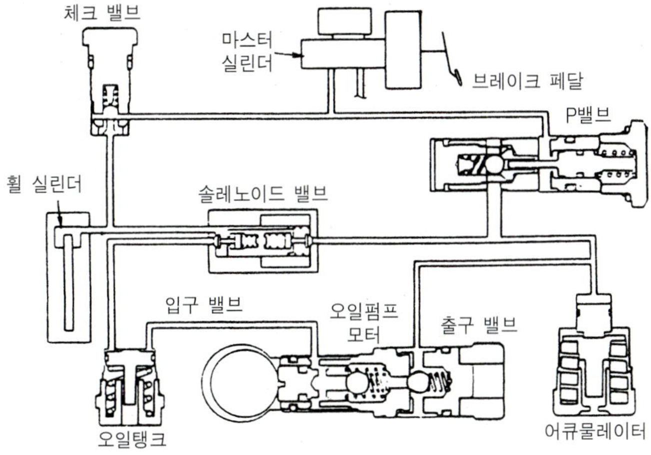

압력유지 작용

(3) 압력증가 작용

컴퓨터가 압력증가가 필요하다고 판단하면 모듈레이터의 솔레노이드 밸브에 압력증가 신호를 보낸다. 이에 따라 솔레노이드 밸브의 제어피스톤은 스프링장력으로 복귀되어 초기상태로 되고, 솔레노이드 밸브에서 마스터 실린더로 통하는 오일통로를 연다. 이때 프로포셔닝 밸브는 어큐뮬레이터의 유압으로 닫혀 있으며, 체크 밸브도 마스터 실린더에서 공급되는 유압으로 닫혀 있기 때문에 마스터 실린더의 유압은 변화가 없으나 어큐뮬레이터 내에 저장된 유압에 의해 휠 실린더 쪽의 유압만 압력을 가한다.

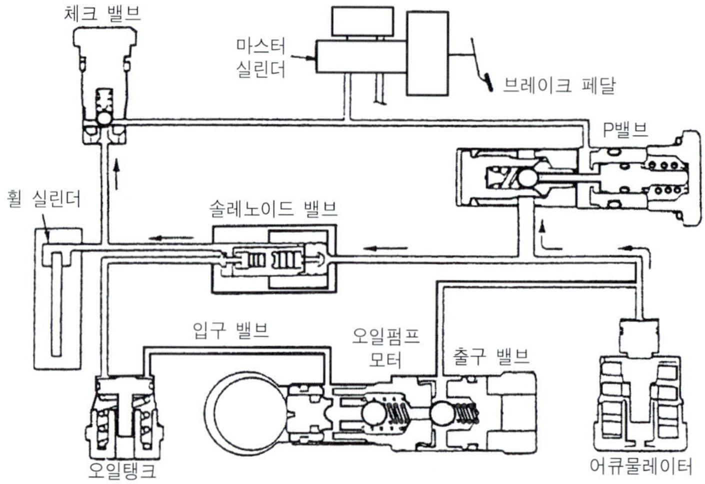

압력증가 작용

7. EBD 제어(Electronic Brake-force Distribution Control)

[1] EBD(전자제어 제동력 분배)의 개요

제동장치가 유효하게 작동하도록 하고, 바퀴의 고착한계 감속도를 높이기 위해서는 각 바퀴의 하중배분에 따른 제동력이 필요하다. 자동차의 무게중심은 접지면 보다 위에 있으며, 제동할 때의 하중에 의하여 하중이동이 발생하므로 하중배분은 동적으로 변화한다.

앞・뒷바퀴가 동시에 고착하는 제동력 배분을 이상적인 제동력 배분이라 부르며 이것은 고착한계 감속도일 때 최대가 된다. 실제의 바퀴에서 일어나는 제동력은 앞・뒷바퀴의 제동장치 제원에 의해 결정되며, 이것을 실제 제동력 배분이라 부른다.

또 바퀴가 미끄러지기 시작하면 가로방향의 작용력(side force, 횡력)이 감소하고, 앞바퀴가 고착되면 조향성능을 상실한다. 그리고 뒷바퀴가 먼저 고착이 되면 자동차의 스핀(spin)의 확률이 높기 때문에 이를 방지하기 위해 실제 제동력 배분을 이상 제동력 배분과 비슷하게 고착 시작점을 높인다. 제동력 배분의 조정에는 앞바퀴에 유압제어밸브를 설치하고 공차와 적차의 하중차이가 큰 화물차 등에서는 하중변화에 대해 조정 시작점이 변화하는 로드센싱 제어밸브(LSRV ; Load Sensing Regulator Valve)나 G-밸브를 사용하는 경우가 많다.

[2] EBD의 기능

앞에서 설명한 프로포셔닝 밸브와 로드센싱 프로포셔닝 밸브 등은 모두 기계적인 장치이므로 이상적인 뒷바퀴의 제동력 배분을 실현하지 못한다. 특히 경형 화물차에서 사용하는 로드센싱 프로포셔닝 밸브(LSPV) 등은 자동차의 하중에 따른 뒷바퀴의 제동력을 어느 정도 배분할 수 있으나, 승용차에서 사용하는 프로포셔닝 밸브(P 밸브)는 중량 증가에 따른 제동력 배분을 수행하지 못하여 승객이 많을 때에는 제동력이 감소되는 문제점이 있다.

또 브레이크 라이닝 및 패드 등의 마찰재료 산포(散布)에 따라 각 바퀴에서 발생되는 제동력에 차이가 발생하므로 이상적으로 제동하기 위한 요구유압 배분곡선에 차이가 발생하지만 프로포셔닝 밸브 밸브나 로드 센싱 프로포셔닝 밸브로서는 일정한 유압배분 곡선만을 유지시킬 수 있는 방법이 전혀 없으므로 고장 상태에서 급제동을 하면 차체에 스핀이 발생할 수도 있다.

이로 인한 문제점을 해결하기 위해 뒷바퀴가 앞바퀴와 동일하거나 또는 늦게 고착되도록 별도의 장치 없이 ABS 컴퓨터가 제어하게 되는데 이를 EBD라 한다.

[3] EBD의 제어원리

프로포셔닝 밸브를 설치할 때 이상제동 배분곡선보다 낮은 유압에서 감압을 수행하므로 그 부분만큼 뒷바퀴 쪽의 제동력이 손실된다. EBD는 ABS 컴퓨터에 논리를 추가하여 뒷바퀴의 제동압력을 요구유압 배분곡선(이상제동 배분곡선)에 근접 제어하는 원리이다.

제동할 때 각각의 휠 스피드 센서로부터 미끄럼 비율을 연산하여 뒷바퀴 미끄럼 비율이 앞바퀴보다 항상 작거나 동일하게 유압을 제어한다. 따라서 뒷바퀴가 앞바퀴보다 먼저 고착되지 않으므로 프로포셔닝 밸브를 설치하였을 경우보다 EBD 제어를 할 때 뒷바퀴에 대한 제동력 향상 효과가 크다.

[4] 유압 제어

뒷바퀴가 앞바퀴보다 먼저 고착되기 직전에 ABS 컴퓨터는 고착되려는 바퀴 쪽의 NO (Normal Open) 솔레노이드 밸브를 ON(닫음)으로 하여 고착되려는 바퀴의 유압을 유지 시켜 고착을 방지한다(이를 압력유지 모드라 함). 그리고 앞바퀴에 비하여 뒷바퀴의 제동력이 감소하여 바퀴가 회전하면 다시 NO 솔레노이드 밸브를 OFF(열림)하여 마스터 실린더에서 가해진 유압을 다시 캘리퍼로 공급한다(이를 압력증가 모드라 함). 이때 오일펌프 모터는 작동하지 않는다.

[5] EBD 제어의 효과

① 프로포셔닝 밸브보다 뒷바퀴의 제동력을 향상시키므로 제동거리가 단축된다.

② 뒷바퀴의 유압을 좌우 각각 독립적인 제어가 가능하므로 선회하면서 제동할 때 안전성이 확보된다.

③ 브레이크 페달을 밟는 힘이 감소된다.

④ 제동할 때 뒷바퀴의 제동효과가 커지므로 앞바퀴 브레이크 패드의 마모 및 온도상승 등이 감소되어 안정된 제동효과를 얻을 수 있다.

⑤ 프로포셔닝 밸브를 사용하지 않아도 된다.

7-5 감속 브레이크

마찰 브레이크가 마찰부분의 마멸을 통해서 제동 작용을 하는데 비하여, 감속 브레이크(제3 브레이크)는 마멸이 없이 제동에너지를 열에너지로 변환시킨다. 감속 브레이크는 자동차가 주행하는 동안에만 작동효력이 있다.

감속 브레이크는 특히 긴 언덕길을 내려갈 때, 제동 작용을 하여 주 제동장치(풋 브레이크)의 부하를 감소시켜 보호하는 작용을 한다. 때로는 정상적인 감속을 위해 주 제동장치 대신으로도 사용할 수도 있다. 감속 브레이크에는 기관 브레이크(배기 브레이크), 와전류 브레이크, 하이드로 리타더(유압 감속장치) 등이 있으며, 감속 브레이크가 작동될 때에도 제동등을 점등시킬 수 있다.

1. 배기 브레이크(기관 브레이크)

배기 브레이크는 급한 내리막길을 내려갈 때 제동효과를 더욱 증대시키기 위해 배기 파이프를 막아 기관 내부의 압력을 높이는 장치이다.

2. 와전류 브레이크(eddy current brake)

와전류 브레이크는 변속기와 종감속 장치 사이의 추진축에 설치되며, 스테이터(stator), 로터(rotor) 및 여자코일(field coil)로 구성된다. 여자코일에 전류를 공급하면 자장이 형성되며 이 자장 속에서 로터를 회전시키면 와전류가 발생하여 자장과의 상호작용에 의해 로터에 제동력이 작용한다.

3. 하이드로 리타더(hydro retarder)

와전류 브레이크와 마찬가지로 변속기와 종감속 장치 사이의 추진축에 설치된다. 스테이터는 차체에 고정되고, 로터는 추진축 또는 종감속 장치에 의해 구동된다. 추진축이 회전하면 로터도 회전한다. 이 기계적 에너지는 로터에 의해 유체의 운동에너지로 변환된다. 유체의 운동에너지는 스테이터에서 열로 변환되어 외부로 방출된다.

출제 예상 문제

1. 유압 · 기계 및 공기 제동장치

01. 자동차의 제동장치에 사용되는 부품이 아닌 것은?

① 리액션 챔버

② 모듈레이터

③ 퀵 릴리스 밸브

④ LSPV(Load Sensing Proportioning Valve)

리액션 챔버는 동력조향장치에서 스풀밸브의 움직임에 대하여 반발력이 발생되어 운전자에게 조향감각을 느낄 수 있도록 한 장치이다.

02. 제동장치가 갖추어야 할 조건으로 틀린 것은?

① 최고속도와 차량의 중량에 대하여 항상 충분한 제동력을 발휘할 것

② 신뢰성과 내구성이 우수할 것

③ 조작이 간단하고, 운전자에게 피로감을 주지 않을 것

④ 고속주행 상태에서 급제동시 모든 바퀴의 제동력이 동일하게 작용할 것

제동장치의 구비조건

① 점검 및 조정이 용이 할 것

② 작동이 확실하고 잘 될 것

③ 신뢰성과 내구성이 우수할 것

④ 최고속도와 차량의 중량에 대하여 항상 충분한 제동력을 발휘할 것

⑤ 조작이 간단하고, 운전자에게 피로감을 주지 않을 것

03. 유압식 브레이크는 무슨 원리를 이용한 것인가?

① 파스칼의 원리　② 아르키메데스의 원리

③ 보일의 법칙　④ 베르누이의 법칙

유압 브레이크는 파스칼의 원리를 이용한다.

04. 브레이크 페달의 지렛대 비가 그림과 같을 때 페달을 10kgf의 힘으로 밟았다. 이때 푸시로드에 작용하는 힘은?

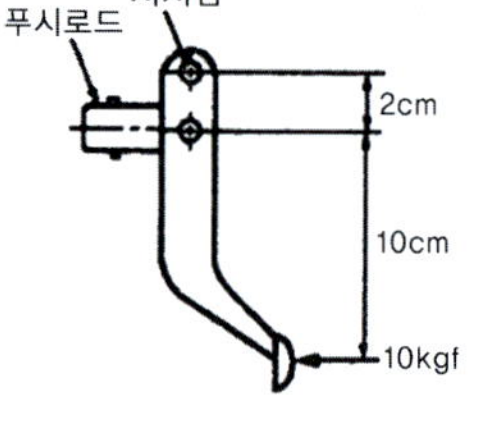

① 20kgf ② 40kgf
③ 50kgf ④ 60kgf

① 지렛대 비율=(10+2) : 2=6 : 1
② 푸시로드에 작용하는 힘 : 페달 밟는 힘×지렛대 비율=6×10kgf=60kgf

05. 브레이크 페달에 수평방향으로 150kgf의 힘을 가했을 때 피스톤 면적이 $10cm^2$라면 마스터 실린더에 형성되는 유압(kgf/cm^2)은?

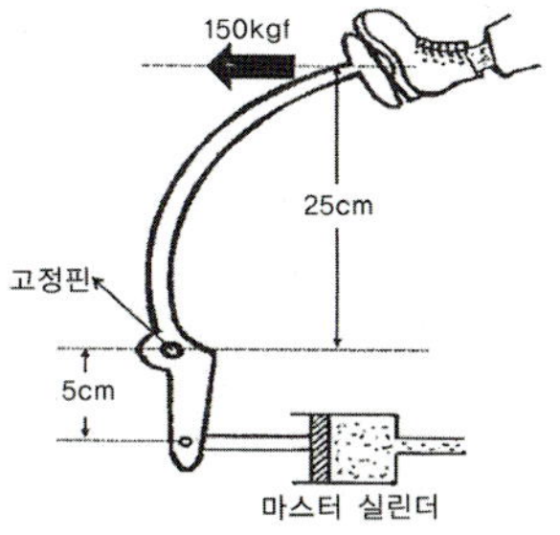

① 65 ② 75
③ 85 ④ 90

① 지렛대 비율 = 25 : 5 = 5 : 1
② 푸시로드에 작용하는 힘(W) = 페달 밟는 힘×지렛대 비율=5×150kgf=750kgf
③ 마스터 실린더에 형성되는 유압(P) = $\frac{W}{A}$

$\therefore \frac{750kgf}{10cm^2} = 75kgf/cm^2$

06. 브레이크 마스터 실린더의 지름이 5cm, 푸시로드가 미는 힘이 1000N일 때 브레이크 파이프 내의 압력(kPa)은?

① 약 5.093kPa ② 약 50.93kPa
③ 약 509.3kPa ④ 약 5093kPa

$P = \frac{W}{A}$ [P : 유압, W : 푸시로드가 미는 힘, A : 마스터 실린더 단면적]

$\therefore \frac{1000N}{0.785 \times 5^2} \times 10 = 509.5\text{kPa}$

07. 마스터 실린더의 단면적이 $10cm^2$ 인 자동차의 브레이크에 20N의 힘으로 브레이크 페달을 밟았다. 휠 실린더의 단면적이 $20cm^2$ 라 하면 이때의 휠 실린더에 작용되는 힘은?

① 20N ② 30N
③ 40N ④ 50N

$Bp = \frac{Wa}{Ma} \times \wp$ [Bp : 제동력, Wa : 휠 실린더 피스톤 단면적, Ma : 마스터 실린더 단면적, $\wp$: 휠 실린더 피스톤에 가하는 힘]

$\therefore \frac{20cm^2}{10cm^2} \times 20N = 40N$

08. 제동장치 회로에 잔압을 두는 이유 중 적합하지 않은 것은?

① 브레이크 작동지연을 방지한다.

② 베이퍼 록을 방지한다.

③ 휠 실린더의 인터록을 방지한다.

④ 유압회로 내 공기유입을 방지한다.

잔압을 두는 이유

① 브레이크 작동지연을 방지한다.

② 베이퍼 록을 방지한다.

③ 휠 실린더에서의 오일누출을 방지한다.

④ 유압회로 내 공기유입을 방지한다.

09. 브레이크액이 비등하여 제동압력의 전달 작용이 불가능하게 되는 현상은?

① 페이드 현상

② 사이클링 현상

③ 베이퍼록 현상

④ 브레이크 록 현상

베이퍼록이란 브레이크 오일이 비등하여 제동압력의 전달 작용이 불가능하게 되는 현상이다.

10. 브레이크 장치에서 베이퍼록(vapor lock)이 생길 때 일어나는 현상으로 가장 옳은 것은?

① 브레이크 성능에는 지장이 없다.

② 브레이크 페달의 유격이 커진다.

③ 브레이크액을 응고시킨다.

④ 브레이크액이 누설된다.

베이퍼록이 생기면 브레이크 페달의 유격이 커지며, 제동력이 저하한다.

11. 브레이크 파이프에 베이퍼록이 생기는 원인으로 가장 적합한 것은?

① 페달의 유격이 크다.

② 라이닝과 드럼의 틈새가 크다.

③ 과도한 브레이크의 사용으로 인해 드럼이 과열되었다.

④ 비점이 높은 브레이크 오일을 사용했다.

베이퍼록의 발생원인

① 긴 내리막길에서 과도한 풋 브레이크를 사용하였다.

② 브레이크 드림과 라이닝의 끌림에 의한 가열이 발생하였다.

③ 마스터 실린더 브레이크슈 리턴스프링 쇠손에 의해 잔압이 저하하였다.

④ 브레이크 오일 변질에 의해 비등점이 저하되었다.

⑤ 불량한 브레이크 오일을 사용하였다.

12. 현재 대부분의 자동차에서 2회로 유압브레이크를 사용하는 주된 이유는?

① 더블 브레이크 효과를 얻을 수 있기 때문에
② 리턴 회로를 통해 브레이크가 빠르게 풀리게 할 수 있기 때문에
③ 안전상의 이유 때문에
④ 드럼 브레이크와 디스크 브레이크를 함께 사용할 수 있기 때문에

2회로(탠덤 마스터실린더) 유압브레이크를 사용하는 이유는 안전성을 향상시키기 위함이다.

13. 드럼 브레이크의 드럼이 갖추어야 할 조건 설명이다. 잘못 설명된 것은?

① 방열성이 좋아야 한다.
② 마찰계수가 낮아야 한다.
③ 고온에서 내마모성이어야 한다.
④ 변형에 대응할 충분한 강성이 있어야 한다.

브레이크 드럼의 구비조건
① 정적 · 동적 평형이 잡혀 있을 것
② 충분한 강성이 있을 것
③ 마찰 면에 충분한 내마멸성이 있을 것
④ 방열이 잘되고 가벼울 것
⑤ 고온에서 내마모성이 있을 것

14. 일반적으로 브레이크 드럼 재료는 무엇으로 만드는가?

① 연강
② 청동
③ 주철
④ 켈밋 합금

브레이크 드럼 재료는 주철을 사용한다.

15. 브레이크 라이닝의 표면이 과열되어 마찰계수가 저하되고 브레이크 효과가 나빠지는 현상은?

① 브레이크 페이드 현상
② 언더스티어링 현상
③ 하이드로플레이닝 현상
④ 캐비테이션 현상

페이드(fade)현상이란 브레이크 페달의 조작을 반복하면 드럼과 슈에 마찰열이 축적되어 제동력이 감소하는 현상이다. 원인은 드럼과 슈의 열팽창과 라이닝 마찰계수 저하에 있다.

16. 브레이크 시스템의 라이닝에 발생하는 페이드 현상을 방지하는 조건이 아닌 것은?

① 열팽창이 적은 재질을 사용하고 드럼은 변형이 적은 형상으로 제작한다.
② 마찰계수의 변화가 적으며, 마찰계수가 적은 라이닝을 사용한다.
③ 드럼의 방열성을 향상시킨다.
④ 주 제동장치의 과도한 사용을 금한다(엔진 브레이크 사용).

페이드 현상 방지조건
① 열팽창이 적은 재질을 사용하고 드럼은 변형이 적은 형상으로 제작한다.
② 온도상승에 따른 마찰계수의 변화가 적은 라이닝을 사용한다.
③ 드럼의 방열성을 향상시킨다.
④ 주 제동장치의 과도한 사용을 금한다.
⑤ 엔진 브레이크를 사용한다.

17. 브레이크 장치의 파이프는 일반적으로 무엇으로 만들어 졌는가?

① 강 ② 플라스틱
③ 주철 ④ 구리

브레이크 파이프의 재질은 강(steel)을 사용한다.

18. 드럼식 유압 브레이크 내의 휠 실린더 역할은?

① 브레이크 드럼 축소
② 마스터 실린더 브레이크 액 보충
③ 브레이크슈 확장
④ 바퀴회전

휠 실린더는 마스터 실린더에서 보내준 유압으로 브레이크슈를 확장시키는 작용을 한다.

19. 브레이크 계통의 고무제품은 무엇으로 세척하는 것이 좋은가?

① 휘발유 ② 경유
③ 등유 ④ 알코올

브레이크 계통의 고무제품은 반드시 알코올이나 브레이크액으로 세척한다.

20. 브레이크액이 갖추어야 할 특징이 아닌 것은?

① 화학적으로 안정되고 침전물이 생기지 않을 것
② 온도에 대한 점도변화가 작을 것
③ 비점이 낮아 베이퍼록을 일으키지 않을 것
④ 빙점이 낮고 인화점은 높을 것

브레이크 오일의 구비조건

① 비점이 높아 베이퍼록을 일으키지 않을 것
② 윤활성능이 있을 것
③ 금속 · 고무제품에 대해 부식 · 연화 및 팽창 등을 일으키지 않을 것
④ 화학적으로 안정되고 침전물이 생기지 않을 것
⑤ 온도에 대한 점도변화가 작을 것
⑥ 빙점이 낮고 인화점은 높을 것

21. 브레이크 장치에서 전진시와 후진시에 모두 자기 배력작용이 발생되는 것을 올바르게 표현한 것은?

① 듀오서보 브레이크
② 리딩슈 브레이크
③ 유니서보 브레이크
④ 디스크 브레이크

듀오서보 브레이크는 전진 및 후진에서 모두 자기 배력작용(자기작동 작용)이 발생되는 형식이다.

22. 제동장치에서 듀오 서보형 브레이크란?

① 전진시 브레이크를 작동할 때만 2개의 브레이크슈가 자기배력 작용을 한다.

② 후진시 브레이크를 작동할 때만 1개의 브레이크슈가 자기배력 작용을 한다.

③ 전 · 후진시 브레이크를 작동할 때 2개의 브레이크슈가 자기배력 작용을 한다.

④ 후진시 브레이크를 작동할 때만 2개의 브레이크슈가 자기배력 작용을 한다.

23. 유압식 브레이크 계통의 설명으로 옳은 것은?

① 유압 계통 내에 잔압을 두어 베이퍼록 현상을 방지한다.

② 유압 계통 내에 공기가 혼입되면 페달의 유격이 작아진다.

③ 휠 실린더의 피스톤 컵을 교환한 경우 공기빼기 작업을 하지 않아도 된다.

④ 마스터 실린더의 체크 밸브가 불량하면 브레이크 오일이 외부로 누유된다.

① 유압 계통 내에 공기가 혼입되면 페달의 유격이 커진다.
② 휠 실린더의 피스톤 컵을 교환한 경우 공기빼기 작업을 하여야 한다.
③ 마스터 실린더의 체크 밸브가 불량하면 잔압이 낮아진다.

24. 브레이크 페이드 현상이 가장 적게 나타나는 것은?

① 넌 서보 브레이크
② 서보 브레이크
③ 디스크 브레이크
④ 2리딩 슈 브레이크

디스크 브레이크는 회전하는 디스크에 패드를 압착시키게 되어있으며, 휠 실린더 역할을 하는 캘리퍼 실린더를 두고 있다. 자기 작동기구로 되어 있지 않으며, 브레이크 페이드 현상이 드럼브레이크 보다 현저하게 낮다.

25. 디스크 브레이크에 관한 설명으로 틀린 것은?

① 브레이크 페이드 현상이 드럼 브레이크 보다 현저하게 높다.

② 회전하는 디스크에 패드를 압착시키게 되어 있다.

③ 대개의 경우 자기 작동기구로 되어 있지 않다.

④ 캘리퍼 실린더를 두고 있다.

26. 디스크 브레이크의 특징으로 적당하지 못한 것은?

① 고속으로 사용하여도 안정된 제동력을 얻을 수 있다.

② 브레이크 평형이 좋지 못하다.

③ 물에 젖어도 회복이 빠르다.

④ 정비가 비교적 간단하다.

디스크 브레이크의 특징
① 드럼 브레이크 형식보다 평형이 좋다.
② 고속으로 사용하여도 안정된 제동력을 얻을 수 있다.
③ 물에 젖어도 회복이 빠르다.
④ 구조가 간단하여 정비가 용이하다.
⑤ 자기 배력작용이 없어 제동력이 안정되고 한쪽만 브레이크 되는 경우가 적다.

⑥ 디스크가 대기 중에 노출되어 방열성이 우수하다.
⑦ 패드를 강도가 큰 재료로 제작해야 한다.
⑧ 마찰면적이 적어 압착력이 커야 한다.
⑨ 자기작동 작용이 없어 제동력이 커야 한다.
⑩ 패드의 면적이 적어 패드를 압착하는 힘이 커야 한다.

27. 디스크식 브레이크의 장점이 아닌 것은?

① 자기 배력작용이 없어 제동력이 안정되고 한쪽만 브레이크 되는 경우가 적다.
② 패드 면적이 커서 낮은 유압이 필요하다.
③ 디스크가 대기 중에 노출되어 방열성이 우수하다.
④ 구조가 간단하여 정비가 용이하다.

28. 드럼 브레이크와 비교하여 디스크 브레이크의 단점이 아닌 것은?

① 패드를 강도가 큰 재료로 제작해야 한다.
② 한쪽만 브레이크 되는 경우가 많다.
③ 마찰면적이 적어 압착력이 커야 한다.
④ 자기작동 작용이 없어 제동력이 커야 한다.

29. 브레이크 시스템에서 작동기구에 의한 분류에 속하지 않는 것은?

① 진공 배력식 ② 공기 배력식
③ 자기 배력식 ④ 공기식

30. 대기압이 1035hPa일 때, 진공 배력장치에서 진공 부스터의 유효압력 차는 2.85N/cm², 다이어프램의 유효면적이 600cm²이면 진공 배력은?

① 4500N ② 1710N
③ 9000N ④ 2250N

$Vp = Pd \times A$ [Vp : 진공 배력, Pd : 진공 부스터의 유효압력 차이, A : 다이어프램의 유효면적]
∴ 2.85N/cm²×600cm²=1710N

31. 배력식 브레이크 장치의 설명으로 옳은 것은?

① 흡기다기관의 진공과 대기압의 차는 대략 0.1kgf/cm²이다.
② 진공식은 배기다기관의 진공과 대기압의 압력차를 이용한다.
③ 공기식은 공기압축기의 압력과 대기압의 압력차를 이용한 것이다.
④ 하이드로 백은 배력장치가 브레이크 페달과 마스터 실린더 사이에 설치되어진 형식이다.

진공식은 흡기다기관의 진공과 대기압의 압력차를 이용하며, 공기식은 공기압축기의 압력과 대기압의 압력차를 이용한 것이다. 또 마스터 백(직접조작 방식)은 배력장치가 브레이크 페달과 마스터 실린더 사이에 설치되는 형식이다.

32. 제동력을 더욱 크게 하여 주는 배력장치의 작동의 기본원리로 적합한 것은?

① 동력피스톤 좌우의 압력차가 커지면 제동력은 감소한다.

② 동일한 압력조건일 때 동력피스톤의 단면적이 커지면 제동력은 커진다.

③ 일정한 단면적을 가진 진공식 배력장치에서 기관 내부의 압축압력이 높아질수록 제동력은 커진다.

④ 일정한 동력피스톤 단면적을 가진 공기식 배력장치에서 압축공기의 압력이 변하여도 제동력은 변하지 않는다.

배력장치의 기본 작동원리

① 동력피스톤 좌·우의 압력차이가 커지면 제동력이 커진다.

② 동일한 압력조건일 때 동력피스톤의 단면적이 커지면 제동력이 커진다.

③ 일정한 단면적을 가진 진공 배력장치에서 흡기다기관의 압력이 높아질수록 제동력은 작아진다.

④ 일정한 동력피스톤 단면적을 가진 공기 배력장치에서 압축공기의 압력이 변하면 제동력이 변화된다.

33. 제동장치의 하이드로 마스터(hydro master)에 대한 설명에서 ( ) 안에 들어갈 내용으로 맞는 것은?

> 파워 실린더의 내압은 항상 (A)을/를 유지하고, 작동시에 (B)을/를 보내어 (C)을 미는 형식이며, 파워 피스톤 대신 (D)을 사용하는 형식도 있다.

① A : 진공, B : 공기, C : 파워 피스톤, D : 막판(diaphragm)

② A : 공기, B : 진공, C : 파워 피스톤, D : 막판(diaphragm)

③ A : 파워 피스톤, B : 공기, C : 진공, D : 막판(diaphragm)

④ A : 파워 피스톤, B : 공기, C : 막판(diaphragm), D : 진공

파워 실린더의 내압은 항상 진공을 유지하고, 작동할 때에는 공기를 보내어 파워피스톤을 미는 형식이며, 파워 피스톤 대신 막판을 사용하는 형식도 있다.

34. 제동장치의 배력장치 중 하이드로 마스터에 대한 설명으로 옳은 것은?

① 유압계통의 체크 밸브는 유압 피스톤의 작동시에 브레이크액의 역류를 막아 휠 실린더 유압을 증가시킨다.

② 릴레이 밸브는 브레이크 페달을 밟았을 때 진공과 대기압의 압력차에 의해 작동한다.

③ 유압계통의 체크 밸브는 브레이크액이 마스터 실린더로부터 휠 실린더로 누설되는 것을 방지한다.

④ 진공계통의 체크 밸브는 릴레이 밸브와 일체로 되어져 있고 운행 중 하이드로 백 내부의 진공을 유지시켜준다.

35. 진공 배력장치인 마스터 백에서 브레이크를 작동시켰을 때에 대한 설명으로 틀린 것은?(단, 완전제동 위치인 경우)

① 진공밸브는 닫히고, 공기밸브는 열린다.

② 파워피스톤의 한쪽은 흡기다기관의 부압이 작용하고 반대쪽은 대기압이 작용한다.

③ 압력차에 의해서 마스터실린더의 푸시로드를 밀어서 제동력을 증가시킨다.

④ 압력차가 막판스프링의 힘보다 크면 피스톤이 페달 쪽으로 움직인다.

진동 배력장치의 작동은 브레이크 페달을 밟으면 진공밸브는 닫히고, 공기밸브는 열리며, 파워피스톤의 한쪽은 흡기다기관의 부압이 작용하고 반대쪽은 대기압이 작용한다. 따라서 압력차에 의해서 마스터실린더의 푸시로드를 밀어서 제동력을 증가시킨다.

36. 기관 정지 중에도 정상 작동이 가능한 제동장치는?

① 기계식 주차 브레이크

② 와전류 리타더 브레이크

③ 배력식 주 브레이크

④ 공기식 주 브레이크

기계식 주차 브레이크는 기관 정지 중에도 정상 작동이 가능하다.

37. 공기브레이크의 장점은?

① 제작비가 유압브레이크보다 싸다.

② 엔진의 흡입다기관 진공에 영향을 준다.

③ 제동력이 페달을 밟는 힘에 비례한다.

④ 공기가 약간 새나가도 제동력이 현저하게 저하되지 않는다.

공기브레이크의 장점

① 차량의 중량이 커도 사용할 수 있다.

② 공기가 누출되어도 브레이크 성능이 현저하게 저하되지 않아 안전도가 높다.

③ 오일을 사용하지 않기 때문에 베이퍼록이 발생되지 않는다.

④ 페달을 밟는 양에 따라서 제동력이 증가되므로 조작하기 쉽다.

38. 다음 중 공기브레이크 구성부품과 관계없는 것은?

① 브레이크 밸브　　② 레벨링 밸브

③ 릴레이 밸브　　④ 언로더 밸브

레벨링 밸브는 공기 현가장치에서 차량의 높이를 일정하게 유지하는 작용을 하는 부품이다.

39. 제동장치 중 공기브레이크와 관계가 없는 것은?

① 브레이크 밸브

② 하이드로릭 브레이크 부스터

③ 릴레이 밸브

④ 퀵 릴리스 밸브

40. 압축공기 브레이크에서 공기탱크의 공기압력을 규정 값으로 일정하게 유지하며, 압력이 상한 값을 초과하면 압축기가 공회전하도록 하고, 압력이 하한 값에 도달하면 압축기가 가동되도록 하는 밸브는?

① 브레이크 밸브　　② 안전 밸브

③ 체크 밸브　　④ 언로드 밸브

언로드 밸브는 공기탱크의 공기압력을 규정 값으로 일정하게 유지하며, 압력이 상한 값을 초과하면 압축기가 공회전하도록 하고, 압력이 하한 값에 도달하면 압축기가 가동되도록 한다.

41. 공기브레이크에서 제동력을 크게 하기 위해서 조정하여야 할 밸브는?

① 브레이크 밸브 ② 안전 밸브
③ 체크 밸브 ④ 언로더 밸브

공기브레이크에서 제동력을 크게 하기 위해서는 언로더 밸브 또는 압력조정기를 조정한다.

42. 자동차의 공기브레이크에서 공기압축기의 공기압력을 제어하는 것은?

① 안전 밸브 ② 언로더 밸브
③ 릴레이 밸브 ④ 체크 밸브

2. ABS(전자제어 제동장치)

01. 자동차의 제동 안전장치가 아닌 것은?

① 드래그 링크 장치
② ABS(anti-lock brake system)
③ 2계통 브레이크 장치
④ 로드센싱 프로포셔닝 밸브 장치

02. 제동이론에서 슬립률에 대한 설명으로 틀린 것은?

① 제동 시 차량의 속도와 바퀴의 회전속도와의 관계를 나타낸 것이다.
② 슬립률이 0%이라면 바퀴와 노면과의 사이에 미끄럼 없이 완전하게 회전하는 상태이다.
③ 슬립률이 100%라면 바퀴의 회전속도가 0으로 완전히 고착된 상태이다.
④ 슬립률 0%에서 가장 큰 마찰계수를 얻을 수 있다.

슬립률이란 제동할 때 차량의 주행속도와 바퀴의 회전속도와의 관계를 나타낸 것이다. 슬립률이 0%이라면 바퀴와 노면과의 사이에 미끄럼 없이 완전하게 회전하는 상태이고, 100%라면 바퀴의 회전속도가 0으로 완전히 고착된 상태이다.

03. 전자제어 제동장치(ABS)에 대한 기능으로 틀린 것은?

① 제동 시 조향안정성 확보
② 제동 시 직진성 확보
③ 제동 시 동적 마찰유지
④ 제동 시 타이어 고착

ABS의 기능

① 제동할 때 바퀴의 조기고착 방지
② 제동할 때 조향안정성 및 직진성 확보
③ 제동할 때 동적 마찰유지 및 조향조작력 확보
④ 제동할 때 차량의 스핀 방지

04. 전자제어 제동장치(ABS)의 기능으로 옳은 것은?

① 차속에 따라 핸들의 조작력을 가볍게 한다.
② 구동바퀴의 슬립이 제어되므로 차체의 흔들림이 적다.
③ 미끄러운 노면에서도 방향안정성을 유지할 수 있다.
④ 급선회 시 구동력을 제한하여 선회성능을 향상시킨다.

05. 전자제어 제동장치((Anti-lock brake system)에 대한 설명으로 틀린 것은?

① 제동 시 차량의 스핀을 방지한다.
② 제동 시 조향안정성을 확보해 준다.
③ 선회 시 구동력 과다로 발생되는 슬립을 방지한다.
④ 노면 마찰계수가 가장 높은 슬립율 부근에서 작동된다.

06. ABS에 대한 설명으로 가장 적절한 것은?

① 바퀴의 조기고착을 방지하여 제동 시 조향력을 확보하는 장치이다.
② 4개의 바퀴를 동시에 제동시켜 제동거리를 짧게 하는 장치이다.

③ 눈길에서만 작동되어 제동안정성을 높여준다.

④ 앞바퀴 2개를 먼저 제동시켜 제동시 차체 자세제어를 한다.

07. 제동장치에서 ABS의 설치목적을 설명한 것으로 틀린 것은?

① 최대 공주거리 확보를 위한 안전장치이다.

② 제동 시 전륜 고착으로 인한 조향능력이 상실되는 것을 방지하기 위한 것이다.

③ 제동 시 후륜 고착으로 인한 차체의 전복을 방지하기 위한 장치이다.

④ 제동시 차량의 차체 안정성을 유지하기 위한 장치이다.

ABS의 설치목적

① 제동할 때 앞바퀴의 고착을 방지하여 조향능력이 상실되는 것을 방지한다.

② 제동할 때 뒷바퀴의 고착으로 인한 차체의 전복을 방지한다.

③ 제동할 때 차량의 차체 안정성을 유지한다.

④ 미끄러운 노면에서 전자제어에 의해 제동거리를 단축한다.

⑤ 제동할 때 미끄러짐을 방지하여 차체의 안정성을 유지한다.

08. 전자제어 제동장치의 목적이 아닌 것은?

① 미끄러운 노면에서 전자제어에 의해 제동거리를 단축한다.

② 앞바퀴의 고착을 방지하여 조향능력이 상실되는 것을 방지한다.

③ 후륜을 조기에 고착시켜 옆 방향 미끄러짐을 방지한다.

④ 제동 시 미끄러짐을 방지하여 차체의 안정성을 유지한다.

09. 전자제어 제동장치(ABS)의 효과에 대한 설명으로 옳은 것은?

① 코너링 주행 상태에서만 작동한다.

② 눈길, 빗길 등의 미끄러운 노면에서는 작동이 안 된다.

③ 제동 시 바퀴의 록(lock)이 일어나지 않도록 한다.

④ 급제동 시 바퀴의 록(lock)이 일어나도록 한다.

10. 전자제어 제동장치(ABS)의 장점으로 틀린 것은?

① 안정된 제동효과를 얻을 수 있다.

② 제동 시 자동차가 한쪽으로 쏠리는 것을 방지한다.

③ 미끄러운 노면에서 제동 시 조향 안정성이 있다.

④ 미끄러운 노면에서 출발 시 바퀴의 슬립을 방지한다.

ABS의 장점

① 급제동 할 때 방향안정성을 유지할 수 있다.

② 급제동 할 때 조향성을 확보해 준다.

③ 타이어와 노면의 마찰계수가 클수록 제동거리가 단축된다.

④ 노면의 마찰계수가 최대인 상태에서 제동거리 단축의 효과가 있다.

⑤ 미끄러운 노면에서도 방향안정성을 유지할 수 있다.

11. ABS(anti lock brake system)의 장점이 아닌 것은?

① 급제동 시 방향 안정성을 유지할 수 있다.

② 급제동 시 조향성을 확보해 준다.

③ 타이어와 노면의 마찰계수가 클수록 제동거리가 단축된다.

④ 급선회 시 구동력을 제한하여 선회성능을 향상시킨다.

12. ABS의 작동조건으로 틀린 것은?

① 빗길에서 급제동할 때
② 빙판에서 급제동할 때
③ 주행 중 급선회할 때
④ 제동 시 좌·우측 회전수가 다를 때

ABS의 작동조건은 빗길에서 급제동할 때, 빙판에서 급제동할 때, 제동할 때 좌·우측 회전수가 다른 경우이다.

13. 전자제어 제동장치(ABS)에서 셀렉트 로(select low) 제어방식이란?

① 제동시키려는 바퀴만 독립적으로 제어한다.

② 속도가 늦은 바퀴는 유압을 증압하여 제어한다.

③ 속도가 빠른 바퀴 쪽에 가해진 유압으로 감압하여 제어한다.

④ 먼저 슬립 되는 바퀴 쪽에 가해진 유압으로 맞추어 동시 제어한다.

셀렉트 로 제어란 제동할 때 좌우 바퀴의 감속비율을 비교하여 먼저 미끄러지는 바퀴에 맞추어 좌우 바퀴의 유압을 동시에 제어하는 방법이다.

14. ABS(Anti-lock Brake System) 장치에서 주행 중 급제동하였을 때 작동에 대한 설명으로 틀린 것은?

① 후륜의 조기고착을 방지하여 옆 방향 미끄러짐을 방지한다.

② 고착된 바퀴의 휠 실린더에 작용하는 유압을 감압시킨다.

③ 회전하는 바퀴의 휠 실린더에 작용하는 유압을 감압시킨다.

④ 후륜의 고착을 방지하여 차체의 스핀으로 인한 전복을 방지한다.

ABS에서 급제동을 하면 ①,②,④항 이외에 고착되는 바퀴의 휠 실린더에 작용하는 유압을 감압시킨다.

15. 전자제어 제동장치에서 차량의 속도와 바퀴의 속도비율을 얼마로 제어하는가?

① 0~5%
② 15~25%
③ 45~50%
④ 90~95%

ABS는 주행속도와 바퀴의 속도비율을 15~25%로 제어한다.

16. ABS(anti-lock brake system)장치의 구성품이 아닌 것은?

① 휠 스피드센서
② ABS 컨트롤 유닛
③ 하이드로닉 유닛
④ 속도센서

ABS는 바퀴의 회전속도를 검출하여 컨트롤 유닛(ECU)로 입력하는 휠 스피드 센서, 컨트롤 유닛의 신호를 받아 유압을 유지, 감압, 증압으로 제어하는 하이드로닉 유닛(유압 모듈레이터) 등으로 되어있다.

17. 다음에서 ABS(anti-lock brake system)의 구성부품으로 볼 수 없는 것은?

① 휠 스피드센서(wheel speed sensor)

② 일렉트로닉 컨트롤 유닛(electronic control unit)

③ 하이드로릭 유닛(hydraulic unit)

④ 크랭크 앵글센서(crank angle sensor)

18. 전자제어 브레이크 장치의 컨트롤 유닛에 대한 설명 중 틀린 것은?

① 컨트롤 유닛은 감속 · 가속을 계산한다.

② 컨트롤 유닛은 각 바퀴의 속도를 비교 · 분석한다.

③ 컨트롤 유닛이 작동하지 않으면 브레이크가 작동되지 않는다.

④ 컨트롤 유닛은 미끄럼 비를 계산하여 ABS 작동 여부를 결정한다.

컨트롤 유닛의 작용

① 휠 스피드 센서의 신호를 받아 감속 · 가속을 계산한다.

② 각 바퀴의 회전속도를 비교 · 분석한다.

③ 미끄럼 비율을 계산하여 ABS 작동 여부를 결정한다.

④ 컨트롤 유닛이 작동하지 않아도 기계작동 방식의 일반 제동장치로 작동하는 페일세이프 기능이 있다.

19. ABS에서 제어를 위한 가장 중요한 요소는?

① 코너링 포스 ② 슬립률

③ 노면-타이어간 마찰계수 ④ 차륜 속도

ABS는 바퀴가 고착(lock)될 때 브레이크 유압을 제어하여 슬립률이 최젓값으로 유지되도록 제동력을 최대한 발휘하여 사고를 미연에 방지한다.

20. 전자제어 브레이크 장치의 구성부품 중 휠 스피드 센서의 기능으로 가장 적절한 것은?

① 휠의 회전속도를 감지하여 컨트롤 유닛으로 보낸다.

② 하이드로릭 유닛을 제어한다.

③ 휠 실린더의 유압을 제어한다.

④ 페일 세이프 기능을 발휘한다.

휠 스피드 센서의 기능

① 각 바퀴(휠)마다 설치되어 있으며, 바퀴의 회전속도를 톤 휠(tone wheel)과 센서의 자력선 변화를 감지하여 컴퓨터로 입력시킨다.

② 마그네틱 방식과 액티브 방식이 있으며, 마그네틱(자기유도 센서)방식의 출력신호는 AC 전압이며, 고장이 발생하면 ABS 경고등이 점등된다.

③ 출력파형은 종류에 따라 아날로그 또는 디지털 신호의 교류 파형을 발생시킨다.

④ 마그네틱 방식의 휠 스피드 센서와 톤 휠의 간극은 약 0.2~1mm이며, 에어 갭의 변화에 따라 출력 값이 변화한다.

⑤ 폴 피스부분에 이물질이 끼면 차륜 회전속도 감지능력이 저하한다.

21. ABS(Anti-lock Brake System)에서 휠 스피드 센서(wheel speed sensor)파형의 설명으로 옳은 것은? (단, 마그네틱 픽업코일 방식)

① 직류 전압 파형이 점선으로 나타난다.

② 교류 전압 파형이다.

③ 에어 갭이 적절하면 파형이 접지선과 일치한다.

④ 피크 전압은 최소 12V 이상이다.

22. ABS(Anti-lock Brake System)가 설치된 차량에서 휠 스피드 센서의 설명으로 맞는 것은?

① 리드 스위치 방식의 차속 센서와 같은 원리이다.

② 휠 스피드 센서는 앞바퀴에만 설치된다.

③ 휠 스피드 센서는 뒷바퀴에만 설치된다.

④ 차륜의 속도를 감지하여 컨트롤 유닛으로 입력하는 역할을 한다.

23. ABS 장착 차량에서 휠 스피드 센서의 설명이다. 틀린 것은?

① 출력신호는 AC 전압이다.

② 일종의 자기유도센서 타입이다.

③ 고장 시 ABS 경고등이 점등하게 된다.

④ 앞바퀴는 조향 휠이므로 뒷바퀴에만 장착되어 있다.

24. 전자제어 제동장치(ABS)에서 휠 속도 센서에 대한 내용으로 틀린 것은?

① 마그네틱 방식과 액티브 방식 등이 있다.

② 출력파형은 종류에 따라 아날로그 및 디지털 신호이다.

③ 적재하중에 따라 출력 값이 변한다.

④ 에어 갭의 변화에 따라 출력 값이 변한다.

25. 일반적으로 ABS(Anti-lock Brake System)에 장착되는 마그네틱 방식 휠 스피드 센서와 톤 휠의 간극은?

① 약 3~5mm　　② 약 5~6mm

③ 약 0.2~1mm　　④ 약 0.1~0.2mm

마그네틱 방식 휠 스피드 센서와 톤 휠의 간극은 약 0.2~1mm 정도이다.

26. ABS 구성부품 중 휠 스피드 센서의 폴 피스부분에 이물질이 끼어 있을 때 나타나는 현상은?

① 센서가 자화되지 않는다.

② 차륜 회전속도 감지능력이 저하한다.

③ 차륜 회전속도 감지능력이 증가한다.

④ 센서 작동과 무관하다.

휠 스피드 센서의 폴 피스부분에 이물질이 끼어 있으면 차륜(바퀴) 회전속도 감지능력이 저하한다.

27. 자동차용 ABS(Anti-lock Brake System) 작동 중 ECU의 신호를 받아 휠 실린더에 작용하는 유압을 조절하는 기구는?

① 프로포셔닝 밸브
② 마스터 실린더
③ 딜리버리 밸브
④ 하이드롤릭 유닛

하이드로릭 유닛(HCU, 모듈레이터, 유압조절기)은 ECU 출력신호에 의해 각 휠 실린더 유압을 직접 제어한다.

28. ABS에서 1개의 휠 실린더에 NO(normal open) 타입의 입구밸브(inlet solenoid valve)와 NC(normal closed) 타입의 출구밸브(outlet solenoid valve)가 각각 1개씩 있을 때 바퀴가 고착된 경우의 감압제어는?

① inlet S/V : ON - outlet S/V : ON
② inlet S/V : OFF - outlet S/V : ON
③ inlet S/V : ON - outlet S/V : OFF
④ inlet S/V : OFF - outlet S/V : OFF

29. 제동 안전장치 중 안티 스키드 장치(Antiskid system)에 사용되는 밸브가 아닌 것은?

① 언로더 밸브(unloader valve)
② 프로포셔닝 밸브(proportioning valve)
③ 리미팅 밸브(limiting valve)
④ 이너셔 밸브(inertia valve)

ABS에서 사용하는 밸브에는 프로포셔닝 밸브, 리미팅 밸브, 이너셔 밸브 등이 있다.

30. 브레이크의 제동력 배분을 앞쪽보다 뒤쪽을 작게 해주는 밸브로 옳은 것은?

① 언로드 밸브
② 체크 밸브
③ 프로포셔닝 밸브
④ 안전 밸브

프로포셔닝 밸브(proportioning valve)는 마스터 실린더와 휠 실린더 사이에 설치되어 있으며, 제동력 배분을 앞바퀴보다 뒷바퀴를 작게 하여(뒷바퀴의 유압을 감소시킴) 바퀴의 고착을 방지한다. 즉 앞바퀴와 뒷바퀴의 제동압력을 분배한다.

31. 제동 안전장치 중 프로포셔닝 밸브의 역할은 무엇인가?

① 앞바퀴와 뒷바퀴의 제동압력을 분배하기 위하여
② 앞바퀴의 제동압력을 감소시키기 위하여
③ 뒷바퀴의 제동압력을 증가시키기 위하여
④ 무게중심을 잡기 위하여

32. 제동 안전장치 중 프레임과 리어 액슬 사이에 장착되어 적재량에 따라 후륜에 가해지는 유압을 조절하여 차량의 제동력을 최적화하는 밸브는?

① ABS 밸브
② G 밸브
③ PB 밸브
④ LSPV 밸브

LSPV(load sensing pressure valve)밸브는 프레임과 리어 액슬사이에 장착되어 적재량에 따라 후륜에 가해지는 유압을 조절하여 차량의 제동력을 최적화 한다.

33. 브레이크 안전장치에 사용되는 이너셔 밸브(inertia valve) 일명 G밸브의 역할을 설명한 것은?

① 조정밸브의 작동 개시 점을 자동차의 감속도에 따라 출력유압을 제어한다.

② 앞 · 뒷바퀴가 받는 하중의 변동이 클 경우 하중에 따라 유압작동 개시 점을 이동시킨다.

③ 앞바퀴 제동력 증가비율에 대하여 뒷바퀴의 제동력 증가비율이 작아지도록 한다.

④ 브레이크 페달을 강하게 밟았을 때 뒷바퀴가 먼저 고착(lock)되지 않도록 한다.

이너셔 밸브(inertia valve)는 조정밸브의 작동 개시 점을 자동차의 감속도에 따라 출력 유압을 제어한다.

34. 브레이크 페달을 강하게 밟을 때 후륜이 먼저 로크되지 않도록 하기 위하여 유압이 어떤 일정 압력이상 상승하면 그 이상 후륜 측에 유압이 상승하지 않도록 제한하는 장치는?

① 리미팅 밸브(Limiting Valve)

② 프로포셔닝 밸브(Proportioning Valve)

③ 이너셔 밸브(Inertia valve)

④ EGR 밸브

리미팅 밸브(Limiting Valve)는 브레이크 페달을 강하게 밟을 때 후륜이 먼저 로크되지 않도록 하기 위하여 유압이 어떤 일정 압력이상 상승하면 그 이상 후륜 측에 유압이 상승하지 않도록 제한한다.

35. 전자제어식 제동장치(ABS)에서 펌프로부터 토출된 고압의 오일을 일시적으로 저장하고 맥동을 완화시켜주는 것은?

① 모듈레이터

② 솔레노이드 밸브

③ 어큐뮬레이터

④ 프로포셔닝 밸브

어큐뮬레이터는 펌프에서 토출된 고압의 오일을 일시적으로 저장하고 맥동을 완화시킨다.

36. ABS(Anti Lock Brake System)장치의 유압제어 모드에서 주행 중 급제동시 고착된 바퀴의 유압제어는?

① 감압제어 ② 분압제어

③ 정압제어 ④ 증압제어

주행 중 급제동할 때 고착된 바퀴의 유압은 감압제어를 한다.

37. 전자제어 ABS가 정상적으로 작동되고 있을 때 나타나는 현상을 바르게 설명한 것은?

① 급제동 시 브레이크 페달에서 맥동을 느끼거나 조향 휠에 진동이 없다.

② 급제동 시 브레이크 페달에서 맥동을 느끼거나 조향 휠에 진동을 느낀다.

③ 급제동 시 브레이크 페달에서만 맥동을 느낄 수 있다.

④ 급제동 시 조향 휠에서만 진동을 느낄 수 있다.

ABS가 정상적으로 작동되는 경우 급제동할 때 브레이크 페달에서 맥동을 느끼거나 조향 휠에 진동을 느낀다.

38. 전자제어 제동장치(ABS) 차량이 주행을 시작하여 저 · 중속구간에서 제동을 하지 않았어도 모터 작동소리가 들렸다면 ABS의 상태는?

① 오작동이므로 불량이다.

② 체크를 하기 위한 작동으로 정상이다.

③ 모터의 고장을 알리는 신호이다.

④ 모듈레이터 커넥터의 접촉 불량이다.

ABS 차량이 주행을 시작하여 저 · 중속구간에서 제동을 하지 않았어도 모터 작동소리가 들리는 경우는 체크를 하기 위한 작동으로 정상이다.

39. ABS 브레이크 장치에 대한 설명이다. 옳은 것은?

① ABS 휠 속도센서의 간극은 약 0.3~0.9mm 정도 된다.

② 휠 속도센서는 앞바퀴가 조향 휠이므로 뒷바퀴에만 각각 장착되어 있다.

③ ABS 작동 시 최대 마찰계수는 약 0.1 범위에 있다.

④ ABS의 최대 장착목적은 신속하게 휠을 고정시키기 위함이다.

40. 전자식 제동분배(electronic brake-force distribution)장치에 대한 설명으로 틀린 것은?

① 기존의 프로포셔닝 밸브에 비하여 제동거리가 증가된다.

② 뒷바퀴 제동압력을 연속적으로 제어함으로써 스핀현상을 방지한다.

③ 프로포셔닝 밸브를 설치하지 않아도 된다.

④ 뒷바퀴 유압을 좌우 각각 독립적으로 제어가 가능하므로 선회하면서 제동할 때 안정성이 확보된다.

전자 제동분배 장치(EBD)는 앞 · 뒷바퀴에 제동압력을 이상적으로 배분하기 위하여 제동라인에 솔레노이드 밸브를 설치하여 제동압력을 전자적으로 제어함으로써 급제동 할 때 스핀방지 및 제동성능을 향상 시키는 시스템이다. 즉 적재량에 의한 차량에 중량 변화에 있어서 전후의 제동력 불균형을 조정함으로써 항상 최적의 제동력을 유지토록 해주는 장치이다.

41. 자동차의 제동성능에서 제동력에 영향을 미치는 요인으로 거리가 먼 것은?

① 차량총중량

② 제동초속도

③ 여유구동력

④ 미끄럼 계수

제동성능에 영향을 미치는 인자에는 차량총중량, 제동초속도, 바퀴의 미끄럼 계수 등이 있다.

제8장

주행 및 구동장치

8-1 휠 및 타이어

바퀴는 휠(wheel)과 타이어(tire)로 구성된다. 바퀴는 자동차의 하중을 지지하고, 제동 및 주행할 때의 회전력, 노면에서의 충격, 선회할 때의 원심력, 자동차가 경사졌을 때의 옆 방향 작용을 지지한다. 휠은 타이어를 지지하는 림(rim)과 휠을 허브에 지지하는 디스크(disc)로 되어 있으며 타이어는 림 베이스(rim base)에 끼워진다.

1. 휠의 종류와 구조 및 림

[1] 휠의 종류

휠의 종류에는 연강판을 프레스 성형한 디스크를 림과 리벳이나 용접으로 접합한 디스크 휠(disc wheel), 림과 허브를 강철선의 스포크로 연결한 스포크 휠(spoke wheel) 및 방사선상의 림 지지대를 둔 스파이더 휠(spider wheel)이 있다.

[2] 림의 분류

림은 타이어를 지지하는 부분이다. 그 종류에는 림과 디스크를 강철판으로 좌우 동일형상의 것을 프레스로 제작하여 3~4개의 볼트로 고정하는 2분할 림(two split rim), 림 중앙부분을 깊게 하여 타이어 탈·부착을 쉽게 한 드롭센터 림(drop center rim), 타이어 공기체적을 증가시킬 수 있도록 림의 폭을 넓게 한 광폭드롭 센터 림(wide base center rim), 비드시트(bead seat)를 넓게 하고 사이드 링의 형상을 변경시켜 타이어가 림에 확실히 밀착되도록 한 인터 림(inter rim), 림의 비드부분에 안전 턱(ridge)을 두어 펑크에도 비드부분이 빠지는 것을 방지할 수 있는 안전리지 림(safety ridge rim) 등이 있다.

2. 타이어

[1] 타이어의 구조

타이어는 트레드, 카커스, 브레이커, 비드부분 등 4부분으로 구성되며, 다음과 같은 기능이 요구된다.

① 자동차의 하중을 지지하는 기능

② 노면에서 받은 충격을 완화시키는 기능

③ 구동력 및 제동력을 노면으로 전달하는 기능

④ 자동차의 방향을 전환하거나 유지하는 기능

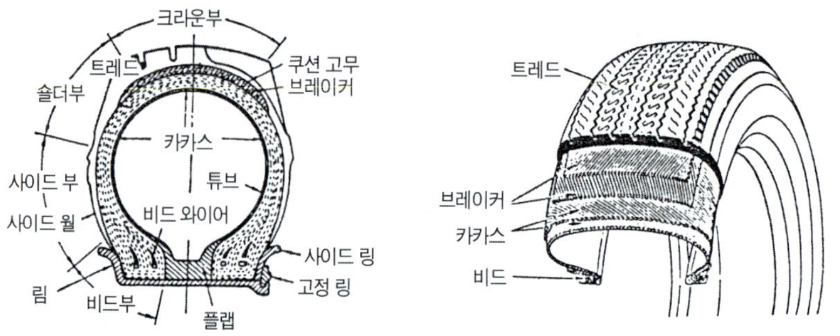

타이어의 구조

(1) 타이어 고무층

타이어 바깥둘레는 브레이커(breaker)와 카커스(carcass)를 보호하기 위해 고무층으로 씌워져 있으며, 이 고무층은 트레드, 숄더, 사이드 월 등으로 나누어지며, 각각의 기능이 있다.

① 트레드(tread) : 트레드는 노면과 직접 접촉하는 고무부분이며 두꺼운 고무 층으로 되어 있다. 타이어 내부의 카커스와 브레이커를 보호하기 위해 절상, 충격에 대해 강하고 또 타이어의 주행성능을 높이기 위해 내마모성이 큰 고무를 사용한다.

그리고 제동력, 구동력, 견인력의 증가, 조종성능, 방향안정성, 사이드슬립 방지, 타이어의 냉각, 소음발생의 감소와 승차감 향상을 위해 트레드 패턴을 설치한다.

㉮ 트레드 패턴의 필요성

ⓐ 타이어의 사이드슬립이나 전진방향의 미끄럼을 방지한다.

ⓑ 타이어 내부에서 발생한 열을 발산한다.

ⓒ 트레드에서 발생한 절상의 확산을 방지한다.

ⓓ 구동력이나 선회성능을 향상시킨다.

㉯ 트레드 패턴의 종류

트레드 패턴의 종류에는 리브 패턴(rib pattern), 러그 패턴(lug pattern), 블록 패턴(block pattern), 리브-러그 패턴, 비대칭형 패턴 등이 있다.

ⓐ 리브 패턴(rib pattern) : 타이어의 원둘레방향으로 연속한 홈을 여러 개 설치한 것으로 롤링(rolling)저항이 적고, 사이드슬립(side slip)에 대한 저항이 커 조향성능 · 안정성 및 승차감이 좋다. 또 소음발생이 비교적 적어 포장도로를 주행하는데 적합하다. 그러나 제동력과 구동력이 떨어지고, 홈 부분에 균열이나 파열이 발생하기 쉽다.

ⓑ 러그 패턴(lug pattern) : 타이어 회전방향의 직각으로 홈을 둔 것이며, 앞뒤방향에 대해 강력한 견인력을 줄 수 있다. 비포장도로에서 구동력, 제동력은 크지만, 소음이 커 고속주행용으로는 부적합하다.

ⓒ 블록 패턴(block pattern) : 눈(snow) 위 또는 모래 위, 진흙 위 등과 같이 연한 노면을 다지면서 주행하므로 조종성능, 안정성이 좋고 제동력과 구동력도 크며, 앞뒤 또는 사이드슬립을 방지할 수 있다. 그러나 리브 패턴이나 러그 패턴에 비해 마모가 크고, 회전저항도 크다.

ⓓ 리브-러그 패턴 : 리브와 러그 패턴의 장점을 살린 것으로 조종성능 및 안정성이 우수하며, 포장 및 비포장도로를 동시에 운행하는 차량에 적합하다. 그러나 러그부분 끝에서 마모가 발생하기 쉽고, 리브의 홈 부분에서 균열이 일어나기 쉬우며, 제동력 및 구동력이 러그패턴보다 낮다.

ⓔ 비대칭형 패턴 : 비대칭형의 구조를 지니고 있어 노면과 접촉하는 힘이 균일하고 내마모성 및 제동력이 크며, 타이어 위치교환이 필요 없으나 현실적으로 활용도가 떨어지고 규격간의 호완성도 부족하다.

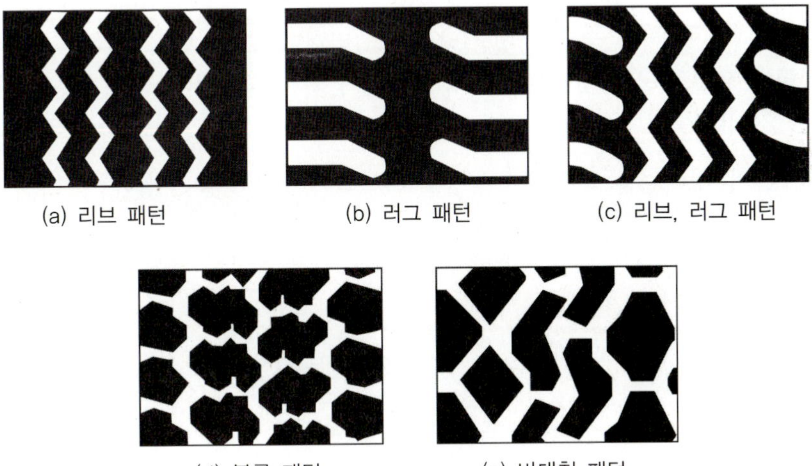

(a) 리브 패턴 (b) 러그 패턴 (c) 리브, 러그 패턴

(d) 블록 패턴 (e) 비대칭 패턴

트레드 패턴의 종류

② 타이어 숄더(tire shoulder) : 트레드와 사이드 월 사이에 위치하며, 구조상 고무의 두께가 가장 두껍기 때문에 주행 중 내부에서 발생하는 열을 발산시킬 수 있도록 설계상 고려되

어 있다. 그리고 숄더의 형상에는 라운드(round) 숄더와 스퀘어(square) 숄더가 있다.

③ **사이드 월(side wall)** : 숄더와 비드부분 사이에 해당하는 부분이며, 카커스를 보호하고 유연한 굴곡운동을 하여 승차감을 향상시킨다. 또 이 부분에는 타이어의 종류, 규격, 제조회사 등 여러 가지 문자가 표시되어 있다.

(2) 브레이커(breaker)와 벨트

브레이커는 트레드와 카커스 사이에 있으며, 몇 겹의 코드 층을 내열성의 고무로 싼 구조로 되어있다. 브레이커는 트레드와 카커스의 분리를 방지하고 노면에서의 완충작용도 한다.

그리고 벨트는 트레드와 카커스 사이에 원둘레 방향으로 설치한 강력한 보강대이며, 브레이커와 같은 역할도 하지만 카커스를 강하여 죄어 트레드의 강성을 높인다.

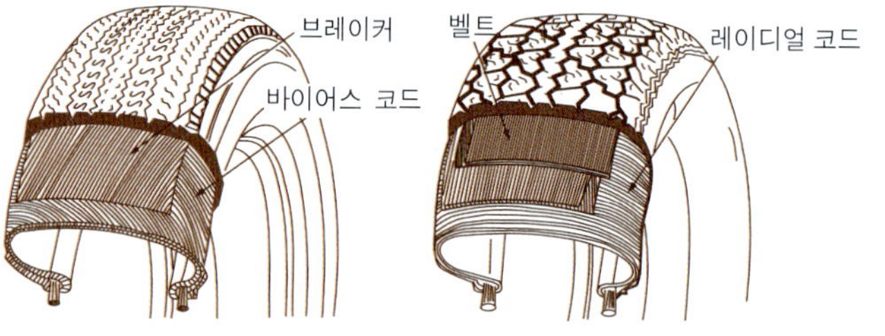

브레이커와 벨트

(3) 카커스(carcass)

카커스는 고무로 피복한 코드를 빗금(바이어스 타이어) 또는 방사형(레이디얼 타이어)으로 번갈아 여러 장을 맞붙은 것으로 타이어의 뼈대가 되는 부분이다. 카커스는 타이어 내의 공기압력을 견디어 일정한 체적을 유지하고 하중이나 충격에 따라 변형하여 완충작용을 한다.

코드에는 레이온, 나일론, 폴리에스텔 등이 사용되며, 카커스를 구성하는 코드 층의 수를 플라이 수(ply rating ; PR)라 한다.

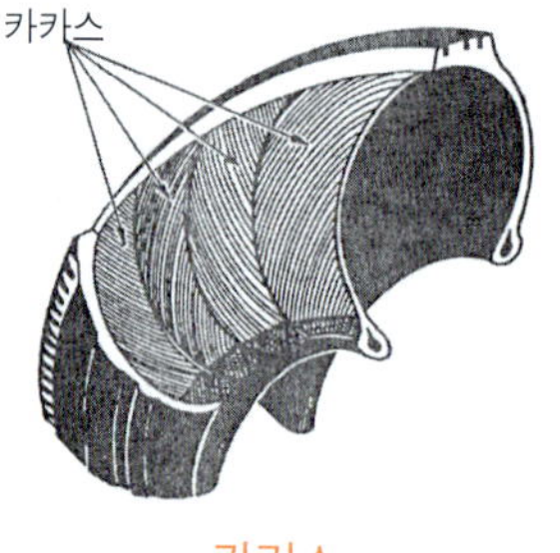

카커스

(4) 비드부분(bead section)

비드부분은 타이어가 림과 접촉하는 부분이며, 비드부분이 늘어나는 것을 방지하고 타이어가 림에서 빠지는 것을 방지하기 위해 내부에 몇 줄의 피아노선이 원둘레 방향으로 들어 있다.

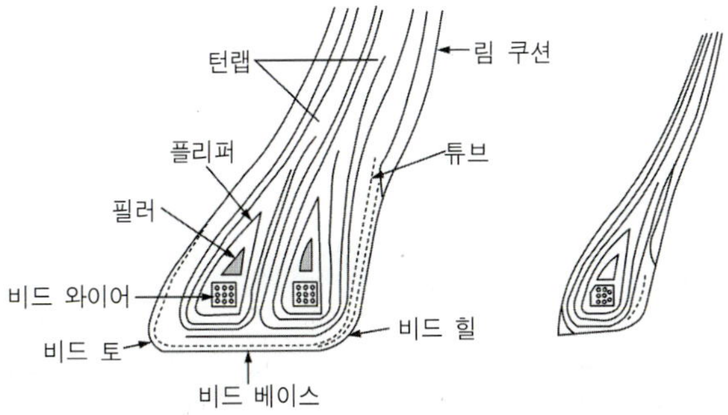

(a) 더블 비드 (b) 싱글 비드

비드부분

[2] 타이어의 분류

(1) 공기압력에 따른 분류

타이어는 내부에 주입되는 공기압력에 따라 고압타이어, 저압타이어, 초저압타이어 등이 있다.

① **고압 타이어** : 공기압력이 4.2~6.3kgf/cm² 정도로 높은 하중에 잘 견딘다.

② **저압 타이어** : 공기압력이 2.0~2.5kgf/cm² 정도로 접지압력이 낮아 완충효과가 좋다.

③ **초저압 타이어** : 공기압력이 1.0~2.0kgf/cm² 정도로 주로 승용차용으로 사용된다.

(2) 튜브(tub)유무에 따른 분류

타이어 튜브(tub)유무에 따라 튜브 타이어와 튜브리스(tub less)타이어가 있다. 튜브리스타이어는 자동차의 고속화에 따라 고속주행 중 펑크사고의 위험으로부터 운전자와 자동차를 보호하고자 개발되었다.

이 타이어는 튜브를 사용하지 않는 대신 타이어 안쪽 면에 공기 투과성이 적은 특수고무를 붙여 타이어와 림으로부터 공기가 새지 못하도록 되어있고, 주행 중 못 등의 이물질에 의한 파손에서 공기가 급격히 빠지지 않는 장점이 있다. 튜브리스 타이의 특징은 다음과 같다.

① 튜브가 없어 조금 가벼우며, 못 등이 박혀도 공기누출이 적다.

② 펑크 수리가 간단하고, 고속으로 주행하여도 발열이 적다.

③ 림이 변형되어 타이어와의 밀착이 불량하면 공기가 새기 쉽다.

④ 유리조각 등에 의해 손상되면 수리가 어렵다.

⑤ 타이어 안쪽 비드부분에 홈이 발생하면 분리현상이 일어나기 쉽다.

⑥ 타이어의 림의 조립이 불완전하거나 림 플렌지 부분에 변형이 있으면 공기가 누출되기 쉽다. 특히 비포장도로를 운행할 때 노면의 돌 등에 의해 림 플렌지 부분에 손상을 입어 공기누출을 일으킬 경우가 있어 주의가 필요하다.

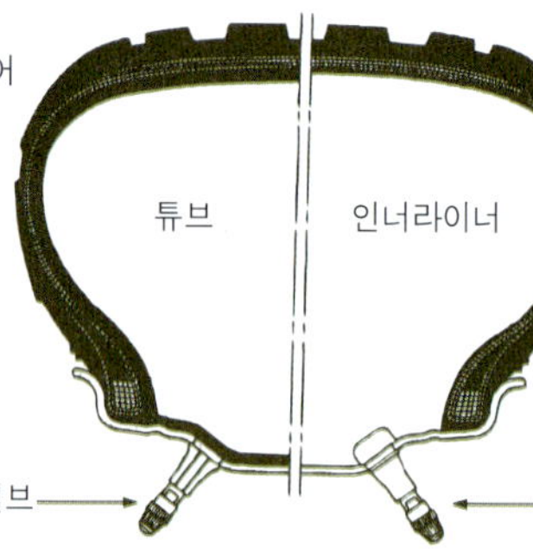

튜브타이어와 튜브리스타이어의 비교

(3) 타이어 형상에 따른 분류

타이어의 형상에 따른 분류에는 바이어스 타이어, 레이디얼 타이어, 스노타이어, 편평 타이어 등이 있으며 그 특징은 다음과 같다.

① **바이어스 타이어(bias tire)** : 카커스 코드(carcass cord)를 빗금(bias)방향으로 하고, 브레이커(breaker)를 원둘레 방향으로 넣어서 만든 것이다. 즉 카커스는 1 플라이(pry)씩 번갈아 코드의 각도가 다른 방향으로 엇갈려 있어 코드가 교차하는 각도는 지면에 닿는 부분에서 원둘레 방향에 대해 40° 정도로 되어 있다. 레이디얼 타이어의 개발로 현재는 거의 사용하지 않는다.

② **레이디얼 타이어(radial tire)** : 카커스를 구성하는 코드가 타이어 원둘레 방향에 대해 직각, 즉 타이어를 옆면에서 보면 원의 중심에서 방사상(radial)으로, 비드부분에서 비드를 직각으로 배열한 상태이며, 구조의 안정성을 위해 트레드 고무층 바로 밑에 원둘레 방향에 가까운 각도로 코드를 배치한 벨트로 단단히 조여져 있다. 이 타이어의 특징은 다음과 같다.

㉮ 타이어의 편평 비율을 크게 할 수 있어 접지면적이 크다.

㉯ 특수 배합한 고무와 발열에 따른 성장이 적은 레이온(rayon)코드로 만든 강력한 브레

이커를 사용하므로 타이어 수명이 길다.

㉰ 브레이커가 튼튼해 트레드가 하중에 의한 변형이 적다.

㉱ 선회할 때 사이드슬립(side slip)이 적어 코너링 포스(cornering force)가 좋다.

㉲ 동력전달 저항이 적고, 로드홀딩(road holding)이 향상되며, 스탠딩 웨이브(standing wave가 잘 일어나지 않는다.

㉳ 고속으로 주행할 때 안전성이 크다.

㉴ 브레이커가 튼튼해 충격흡수가 불량하므로 승차감이 나쁘다.

㉵ 저속에서 조향핸들이 다소 무겁다.

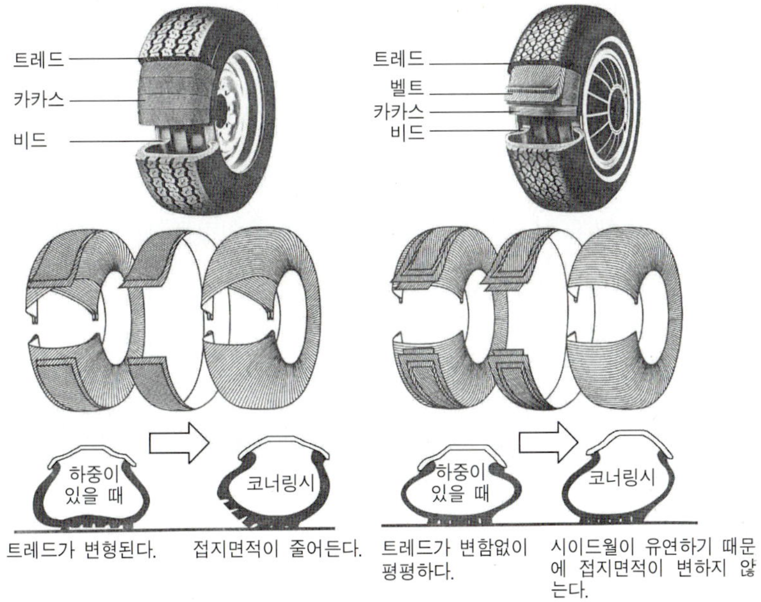

(a) 바이어스 타이어 (b) 레이디얼 타이어

바이어스 및 레이디얼 타이어의 구조

③ **스노(snow) 타이어** : 눈길에서 체인을 감지 않고 주행할 수 있도록 제작한 것이며, 중앙부분의 깊은 리브패턴이 방향성을 주고, 러그 및 블록패턴이 견인력을 확보한다. 그리고 이 타이어는 제동성능과 구동성능을 발휘하도록 되어있다.

스노타이어를 사용할 때 다음과 같은 사항을 주의하여야 한다.

㉮ 바퀴가 고정(lock)되면 제동거리가 길어지므로 급제동을 하지 말 것

㉯ 스핀(spin)을 일으키면 견인력이 급격히 감소하므로 출발을 천천히 할 것

㉰ 트레드가 50% 이상 마멸되면 체인을 병용할 것

㉱ 구동바퀴에 걸리는 하중을 크게 할 것

④ **편평 타이어** : 타이어 단면의 가로와 세로비율을 적게 한 것이며 타이어 단면을 편평하게 하면 접지면적이 증가하여 옆 방향 강도가 증가한다. 또 제동·출발 및 가속할 때 내 미끄럼 성능과 선회성능이 향상된다. 편평 타이어의 장점은 다음과 같다.

㉮ 일반적인 타이어보다 코너링 포스가 15% 정도 향상된다.

㉯ 제동성능과 승차감이 향상된다.

㉰ 펑크가 났을 때 공기가 급격히 빠지지 않는다.

㉱ 타이어 폭이 넓어 타이어 수명이 길다.

승용차용 타이어 편평 비율은 $\frac{\text{타이어의 높이}}{\text{타이어 폭}}$이며 0.96 → 0.86 → 0.82순서로 내려갈수록 타이어 폭이 점차 넓어진다. 편평 비율의 측정은 타이어를 휠에 조립한 후 공기를 주입하고 하중을 가하지 않은 상태에서 트레드 패턴, 문자 등을 포함하지 않은 상태에서 한다. 편평 비율이 0.6일 때 60시리즈(60 series)라고 하며 이것은 폭이 100일 때 높이가 60인 타이어이다.

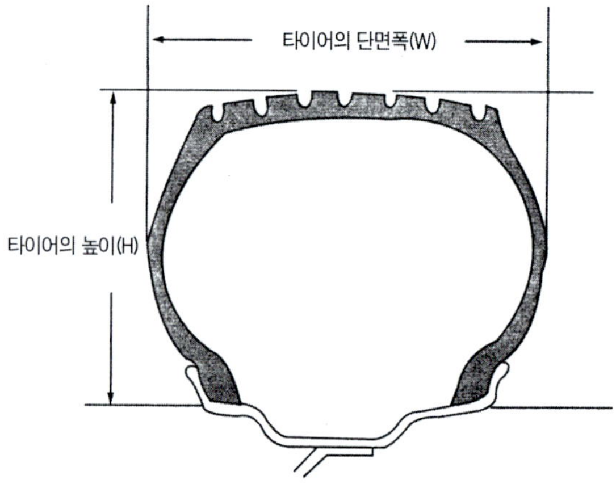

타이어 편평 비율

[3] 타이어의 호칭치수

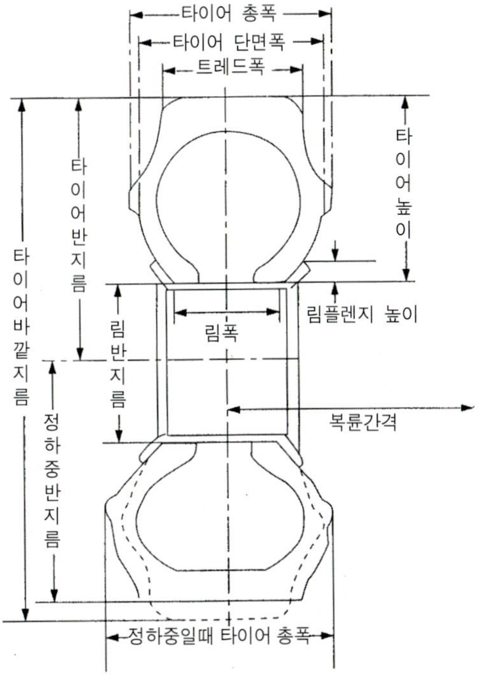

타이어 호칭치수]

(1) 고압타이어의 호칭치수

고압타이어의 호칭치수는 바깥지름(inch)×폭(inch) - 플라이 수로 표시한다.

(2) 저압타이어의 호칭치수

저압타이어의 호칭치수는 폭(inch) - 안지름(inch) - 플라이 수로 표시한다.

(3) 레이디얼 타이어 호칭치수

레이디얼 타이어는 타이어 폭(mm), 레이디어의 약 R, 림의 안지름(inch) 순서로 표시한다. 예를 들어 "185 SR 13"인 타이어는 폭이 185mm, 림의 안지름이 13inch이며, 허용 최고 속도가 180km/h 이내에서 사용되는 타이어란 뜻이다.

S 또는 H는 허용 최고속도 표시기호이며 R은 레이디얼의 약자이다.

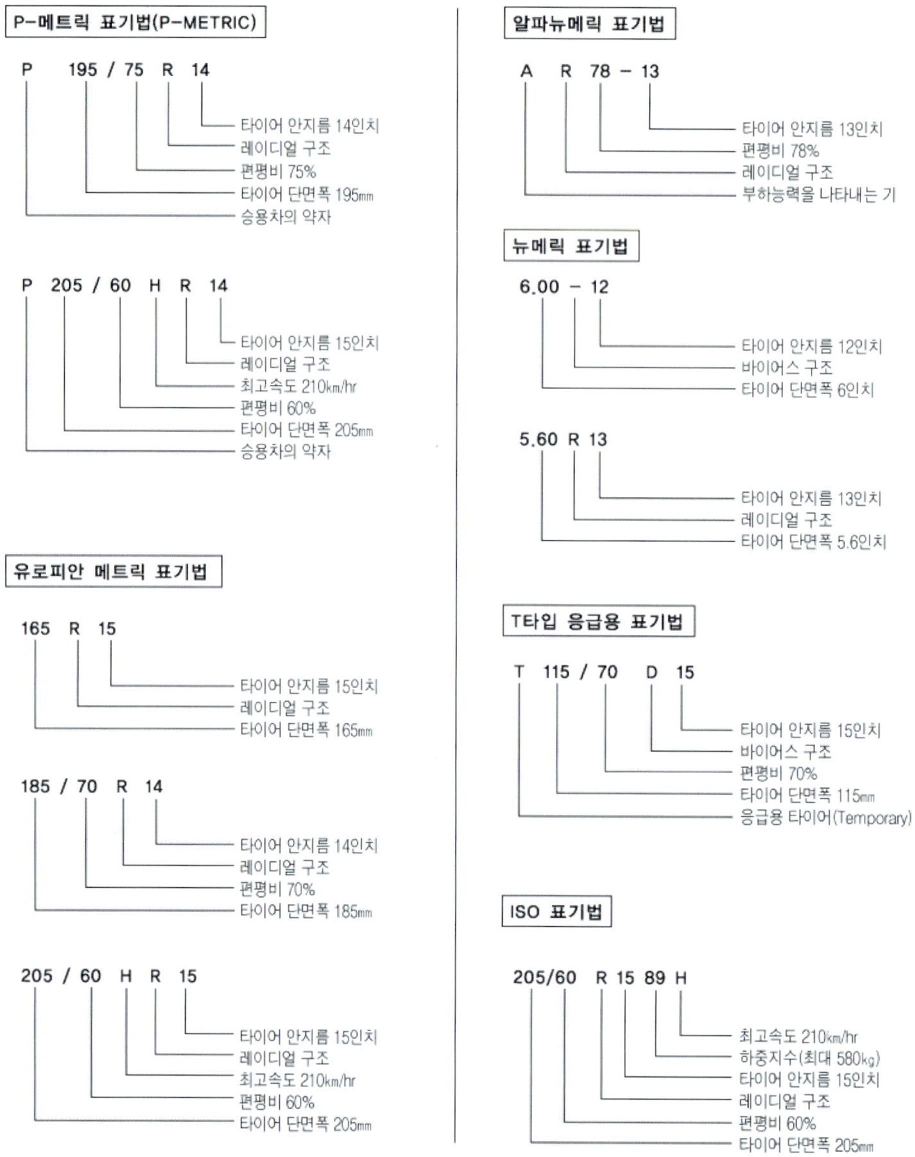

승용차용 타이어의 표기방법

[4] 타이어에서 발생하는 이상 현상

(1) 스탠딩 웨이브 현상(standing wave)

타이어의 접지 면에서는 찌그러짐이 생기는데 이 찌그러짐은 공기압력에 의해 곧 회복이 된다. 이 회복력은 저속에서는 공기압력에 의해 지배되지만, 고속에서는 트레드가 받는 원심력으로 말미암아 큰 영향을 준다. 또 타이어 내부의 고열로 인해 트레드가 원심력을 견디지 못하고 분리되며 파손된다. 스탠딩 웨이브의 방지방법은 타이어 공기압력을 표준보다 15~20% 높여 주거나 강성이 큰 타이어를 사용한다.

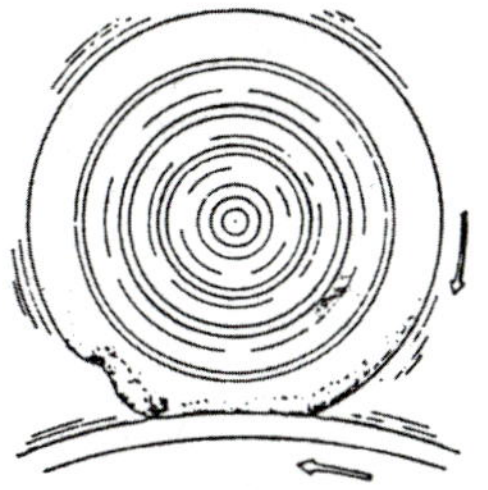

스탠딩 웨이브 현상

(2) 하이드로 플래닝(hydro planing ; 수막현상)

물이 고인 도로를 고속으로 주행할 때 일정속도 이상이 되면 타이어의 트레드가 노면의 물을 완전히 밀어내지 못하고 타이어는 얇은 수막(水膜)에 의해 노면으로부터 떨어져 제동력 및 조향조작력을 상실하는 현상이다. 이를 방지하는 방법은 다음과 같다.

① 트레드 마멸이 적은 타이어를 사용한다.

② 타이어 공기압력을 높이고, 주행속도를 낮춘다.

③ 리브패턴의 타이어를 사용한다. 러그패턴의 경우는 하이드로 플래닝을 일으키기 쉽다.

④ 트레드 패턴을 카프(calf)형으로 세이빙(shaving) 가공한 것을 사용한다.

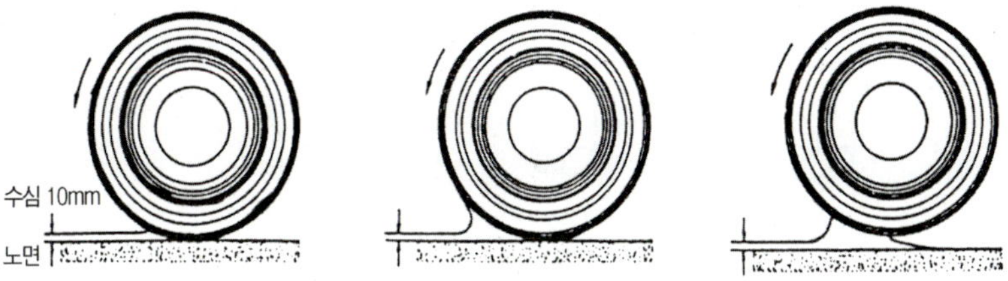

하이드로 플래닝 진행 과정

타이어 카프 설계

[5] 바퀴 평형(wheel balance)

(1) 정적 평형(static balance)

타이어가 정지된 상태의 평형이며, 정적 불평형(static unbalance)이 있으면 바퀴가 상하로 진동하는 트램핑(tramping)현상을 일으킨다.

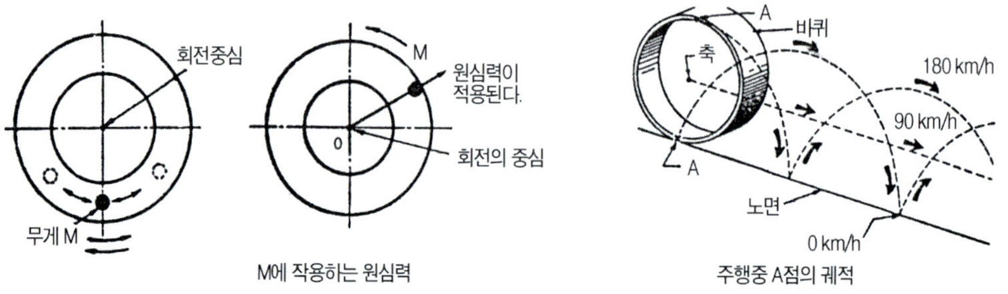

정적 평형

(2) 동적 평형(dynamic balance)

회전 중심축을 옆에서 보았을 때의 평형, 즉, 회전하고 있는 상태의 평형이다. 동적 불평형(dynamic unbalance)이 있으면 바퀴가 좌우로 흔들리는 시미(shimmy)현상이 발생한다.

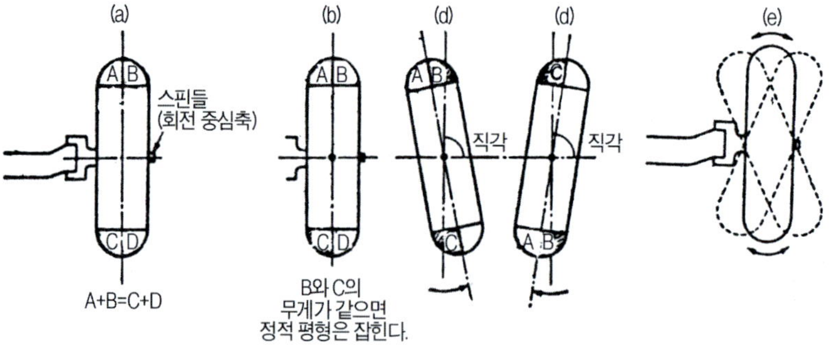

동적 평형

[6] 바퀴 로테이션(wheel rotation)

바퀴는 설치된 위치마다 마멸이 동일하지 않으며 도로조건, 휠 얼라인먼트, 하중의 분포, 운전방법 등에 따라 그 마멸이 변화한다. 따라서 정기적으로 점검하고, 각각의 마멸을 보완할 수 있도록 6,000~8,000km 주행마다 그 위치를 교환하여야 한다.

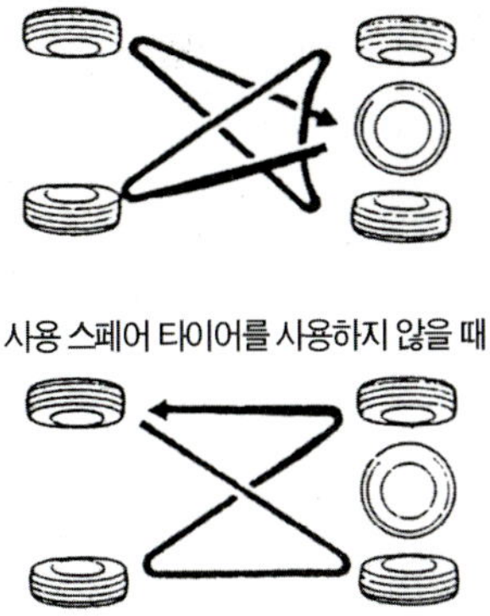

바퀴 로테이션

8-2 TCS(구동력 제어장치)

1. TCS의 기능

눈길 · 빙판 길 등의 마찰계수가 낮은 도로(노면 또는 바퀴의 마찰계수가 매우 적고 미끄러지기 쉬운 도로)를 주행할 때에는 운전자는 바퀴를 공전시키지 않도록 하기 위해 신중한 가속 페달의 조작이 요구된다.

그러나 TCS(traction control system)가 설치되어 있으면 마찰계수가 낮은 도로에서 출발 또는 가속할 때 구동바퀴가 공전을 하면 운전자가 미세한 가속페달을 조작하지 않아도 자동적으로 기관의 출력이 감소하고 바퀴의 공전을 가능한 억제하여 구동력을 도로면에 효율적으로 전달할 수 있다.

또 주행빈도가 높은 일반도로에서 선회할 때 지나치게 빠른 속도로 선회를 하면 자동차의 뒷부분이 밖으로 밀려 나가는 테일 아웃(tail out)현상이 발생하는데 이것을 제어하기 위해서는 고도의 운전기술이 필요하다. 이런 경우에도 TCS는 운전자가 가속페달을 밟아 스로틀 밸브를 완전히 열더라도 이와 관계없이 기관의 출력을 제어하여 운전자의 의지대로 안전한 선회가 가능하다.

2. 바퀴의 기능

[1] 바퀴와 TCS의 관계

자동차가 주행하면 바퀴에는 가속하기 위한 구동력과 회전하기 위한 가로방향의 작용력(side force, 횡력)이 발생하며, 이 2개의 힘을 합쳐 총합력(總合力)이라 한다. 그리고 도로면과 바퀴사이의 마찰력에는 한계가 있으며 그 힘의 크기는 도로면이 미끄러우면 작아진다.

이 한계 이상의 힘이 바퀴에 가해지면 바퀴는 공전하여 구동력이 전달되지 못하므로 자동차의 조종 안정성에도 영향을 준다. 이에 따라 가속할 때 여분의 기관 회전력을 억제하여 구동바퀴의 공전을 방지하고 마찰력을 항상 발생 한계 내에 있도록 자동적으로 제어하는 것이 TCS의 주요 역할이다.

즉, 바퀴에 작용하는 힘을 제어하여 기관 회전력을 항상 바퀴의 미끄럼 한계 내에 두도록 하는 것이 TCS이다.

[2] 바퀴에 발생되는 힘

(1) 자동차 운동력

자동차의 운동력은 바퀴와 노면 사이의 마찰력에 좌우된다.

(2) 마찰력

① **가로방향 작용력(side force, 횡력)** : 가로방향 작용력은 바퀴 회전방향에 대한 직각방향의 성분이다(미끄럼의 증가와 함께 감소한다).

② **항력(구동력, 제동력)** : 항력은 바퀴의 회전방향과 같은 방향의 성분이다.

③ **코너링 포스(cornering force)** : 코너링 포스는 바퀴 진행방향에 대한 직각방향의 성분이다(자동차가 선회할 때 중요한 힘이다).

④ **선회저항(cornering resistance)** : 선회저항은 바퀴 진행방향과 같은 방향의 성분이다.

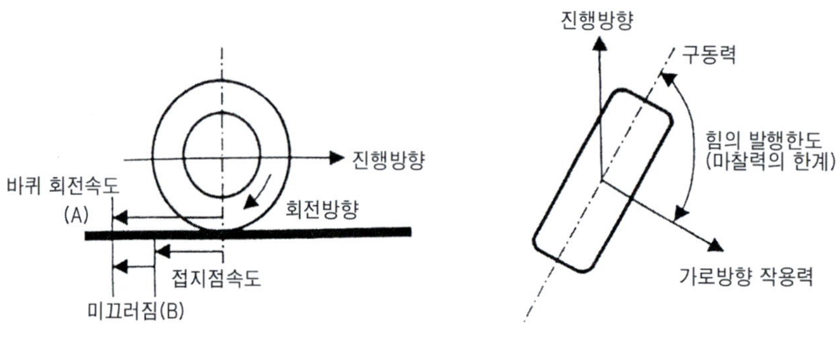

바퀴에 발생하는 힘

[3] 바퀴 미끄럼과 구동력

일반적으로 가속 중에 자동차에는 바퀴와 도로면 사이에 미세한 미끄럼이 발생하여 구동력이 감소하며, 접지 점에서는 바퀴의 회전속도와 차체속도에는 차이가 있다. 이 바퀴의 회전속도에 대한 차체속도와의 차이를 미끄럼 비율이라 하며, 미끄럼 비율 S는 다음의 공식으로 나타낸다.

$$S = \frac{Vw - Vb}{Vw}$$

여기서,

S : 미끄럼 비율(slip ratio)

Vw : 바퀴 회전속도(구동바퀴)

Vb : 차체 속도(비 구동바퀴)

바퀴의 미끄럼 비율과 구동력의 관계를 보면 미끄럼 비율이 작은 범위에서는 미끄럼 비율이 크게 됨에 따라 구동력과 비례적으로 크게 되고, 미끄럼 비율이 어느 정도 증가하면 구동력은 더 이상 커지지 않게 되고 그 후 조금씩 저하된다.

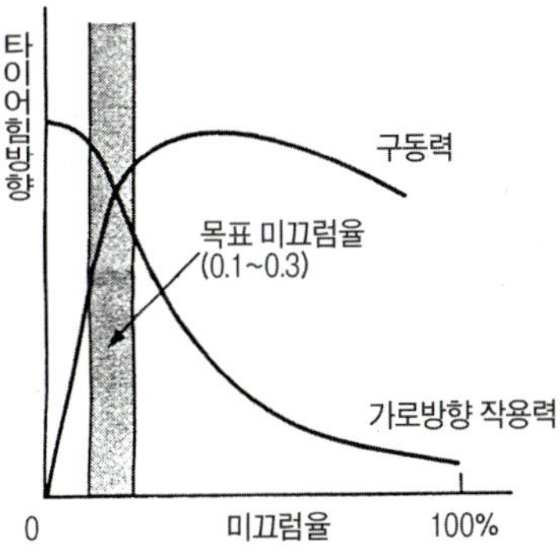

바퀴의 미끄럼 비율과 구동력의 관계

3. TCS의 종류

[1] FTCS(Full Traction Control System)

이 형식은 별도의 부품 없이 ABS 컴퓨터가 TCS 제어를 함께 수행한다. 즉 ABS 컴퓨터가 앞바퀴(구동바퀴)와 뒷바퀴의 휠 스피드 센서의 비교에 의해 구동바퀴의 미끄럼을 검출한다. 구동바퀴의 미끄럼을 검출하면 TCS 제어를 실행하게 되는데 이때 제동장치 제어를 수행하며, 기관 컴퓨터와 자동변속기 컴퓨터(TCU)에 TCS 제어를 위해 CAN통신을 하는 BUS 라인에 미끄러짐 양에 따라 기관 회전력 감소요구 신호, 연료공급을 차단할 실린더 수 및

TCS 제어요구 신호를 전송한다.

기관 컴퓨터는 ABS 컴퓨터가 요구한 실린더 수만큼 연료 공급차단을 실행하며 또 기관 회전력 감소요구 신호에 따라 점화시기를 늦춘다. 자동변속기 컴퓨터는 TCS 작동 신호에 따라 변속위치(shift position)를 TCS 제어시간 만큼 고정(hold)시키게 되는데 이것은 킥다운(kick down)에 의한 저속변속으로 가속력이 증대되는 것을 방지하기 위함이다.

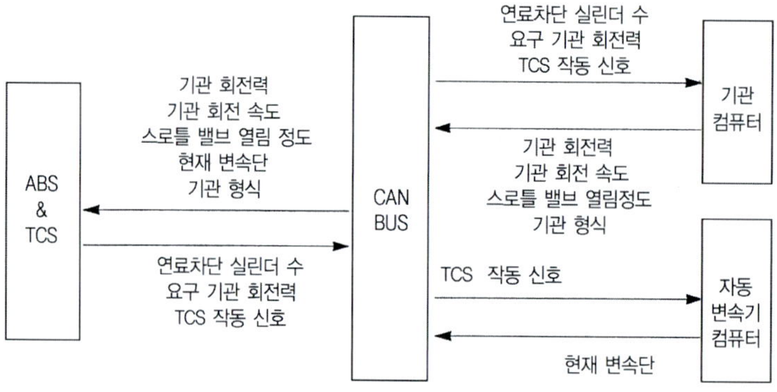

FTCS 제어방식의 구성

【참고】 CAN(Controller Area Network) 통신의 기능

CAN 통신은 컴퓨터들 사이에 신속한 정보교환 및 전달을 목적으로 한다. 즉, 기관 컴퓨터(ECU), 자동변속기 컴퓨터(TCU) 및 TCS 사이에서 CAN BUS라인(CAN High와 CAN Low)을 통하여 데이터를 다중통신을 한다. 예를 들면 TCS에서 구동력을 제어할 때 기관 컴퓨터로 바퀴의 미끄럼을 감소시키기 위하여 기관 회전력 감소를 요구하면 기관 컴퓨터는 회전력을 감소시키며, 감소량을 TCS로 다시 송신하여 TCS 제어를 지원한다. 또 각 제어장치(controller)는 상호 필요한 모든 정보를 주고받을 수 있으며 어떤 제어장치가 추가정보를 필요로 할 때 하드웨어의 변경 없이 소프트웨어만 변경하여 대응이 가능하다.

[2] BTCS(Brake Traction Control System)

이 형식은 TCS를 제어할 때 제동장치 제어만을 수행한다. 즉 ABS 모듈레이터 내부의 오일 펌프 모터에서 발생하는 유압으로 구동바퀴의 제동을 제어한다.

4. TCS 작동원리

[1] 미끄럼 제어(slip control)

뒤 휠 스피드 센서에서 얻어지는 차체속도와 앞 휠 스피드 센서에서 얻어지는 구동바퀴와의 비교에 의해 미끄럼 비율이 적정하도록 기관의 출력 및 구동바퀴의 제동유압을 제어한다. 일반적으로 자동차가 주행할 때 바퀴에는 가속으로 인한 구동력과 회전에 의한 가로방향 작용력(횡력)이 발생하며 미끄럼 비율과의 관계는 아래 그림과 같다.

또 자갈길과 같은 험한 도로에서의 구동특성은 A'와 같이 미끄럼 비율이 증가하여도 비교적 구동력을 큰 상태로 하므로 미끄러운 도로면에서도 가속성능이 우수하다.

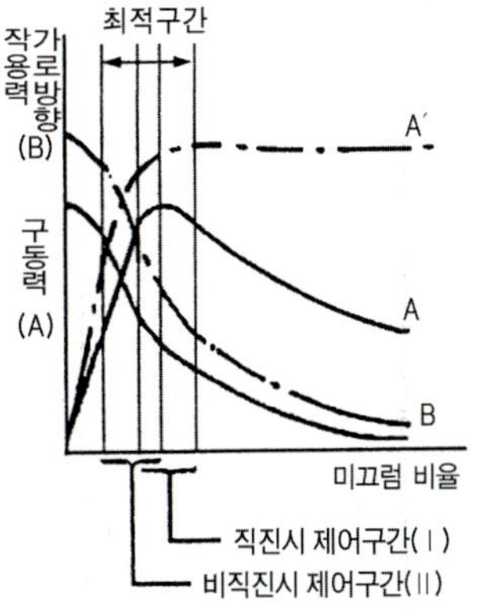

TCS 제어선도

[2] 트레이스 제어(Trace Control, 추적제어)

트레이스 제어는 운전자가 조향핸들을 돌리는 정도와 가속페달 밟는 정도 및 이때의 비 구동바퀴의 좌우 회전속도 차이를 검출하여 구동력을 제어하여 안정된 선회가 가능하도록 한다. 선회 중 가속하는 경우에는 원심력(자동차에 가로방향으로 가해지는 힘, 가로방향 G)이 어느 한계를 넘어서면 바퀴의 자국이 바깥쪽을 향하게 된다(언더 스티어링 증대). 이런 경향은 원심력이 어떤 값을 초과하면 급격히 증가한다.

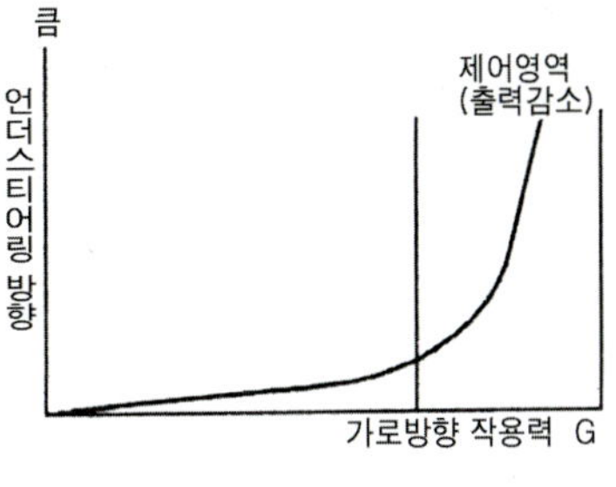

트레이스 제어

그리고 조향각도를 증대시켜 나가는 경우에는 선회반지름이 감소하게 되어 급격히 가로방향 작용력이 증가하나 자동차의 움직임에는 지연이 있으므로 미리 자동차의 움직임을 예측하여 적절한 구동력을 얻을 필요가 있다. TCS는 이러한 상황에 도달하기 전에 운전자의 의

지를 센서로부터 입력연산 후 자동 제어하므로 안정된 선회를 위한 구동력 제어를 위해 기관출력을 감소시킨다.

즉 뒷바퀴의 회전속도 차이로부터 선회반지름을, 평균값으로부터 차체속도를 연산하여 두 값을 이용한 가로방향 작용력(횡력)을 구하여 기준 값을 초과할 때에는 구동력을 제어한다. 그리고 조향핸들 각속도 센서로부터는 조향각도 증가량을, 스로틀 위치 센서로부터는 운전자의 가속의지를 판단하여 가속페달을 밟은 상태에서도 적절한 조향이 가능하도록 한다.

[3] 컴퓨터(ECU) 제어

컴퓨터는 휠 스피드 센서, 조향핸들 각속도 센서, 스로틀 위치 센서, 자동변속기 컴퓨터(TCU) 등에서 각종 운전 상황을 검출한 센서들의 신호를 입력받고, 소정의 이론에 기초한 기관출력 감소신호, 출력 및 경고등, 페일 세이프, 자기진단 기능을 보유하고 있으며, 기관 컴퓨터 및 자동변속기 컴퓨터로 CAN 통신을 통한 필요한 정보를 교환한다.

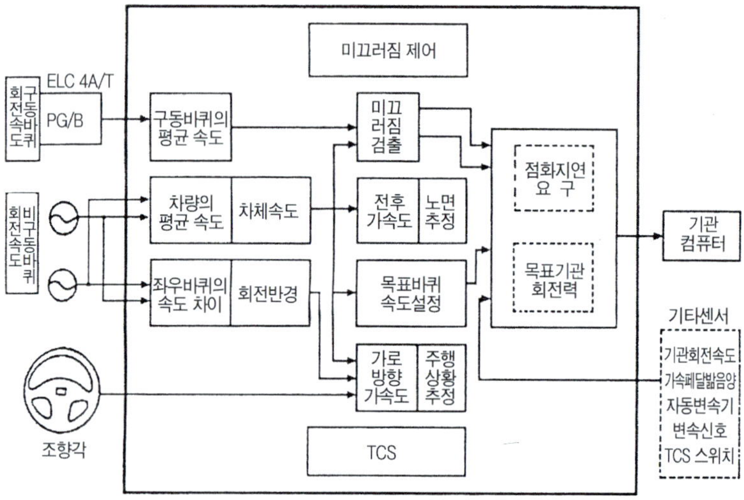

TCS 기본제어 블록도

8-3 VDC(Vehicle dynamic control)

1. VDC의 개요

VDC(차체자세 제어장치)는 ESP(Electronic Stability Program)라고도 부르며, 이 장치가 설치된 경우에는 ABS와 TCS 제어뿐만 아니라 EBD 제어, 요 모멘트 제어(yaw moment control)와 자동감속 제어를 포함한 자동차 주행 중의 자세를 제어한다.

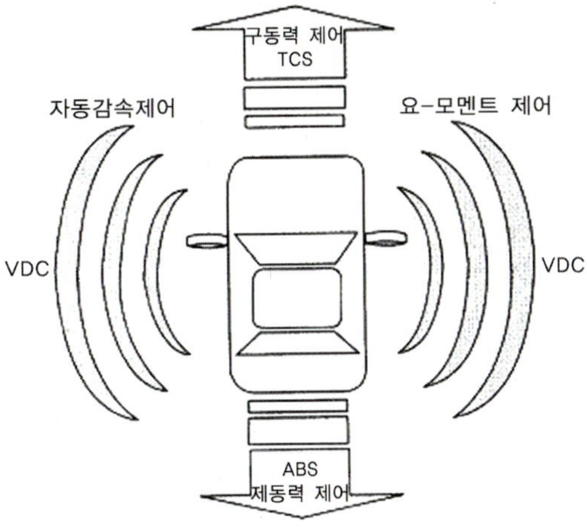

VDC의 제어

2. VDC 제어이론

자동차가 주행할 때 발생되는 주요 진동에는 롤링(rolling), 피칭(pitching), 바운싱(bouncing), 요잉(yawing) 등 4가지가 있다. 롤링, 피칭, 바운싱은 ECS(전자제어 현가장치)에서 제어하지만 요잉은 제어하지 못한다.

VDC에서는 자동차의 중심을 기준으로 앞·뒷부분이 좌우로 이동되려는 요 모멘트를 제어한다.

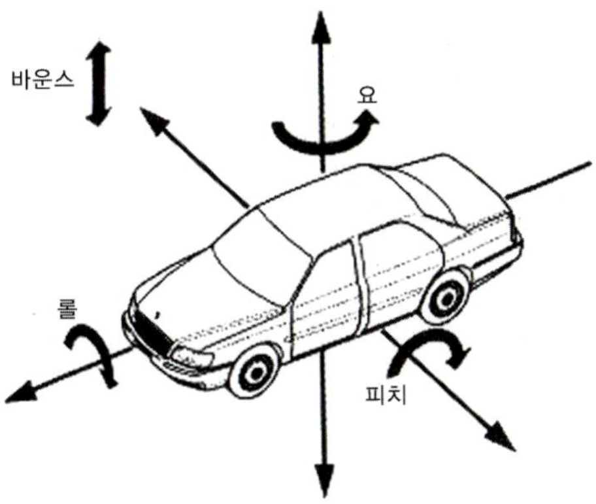

자동차에서 발생하는 진동

[1] 요 모멘트(yaw moment)

요 모멘트란 자동차가 선회할 때 안쪽 또는 바깥쪽 바퀴 쪽으로 이동하려는 힘이다. VDC는 주행 안정성을 저해하는 요 모멘트가 발생하면 제동장치를 제어하여 반대 방향에 요 모멘트를 발생시켜 서로 상쇄되도록 하여 자동차의 주행 및 선회안정성을 향상시킨다.

또 필요에 따라서 기관의 출력을 제어하여 선회안정성을 향상시킨다.

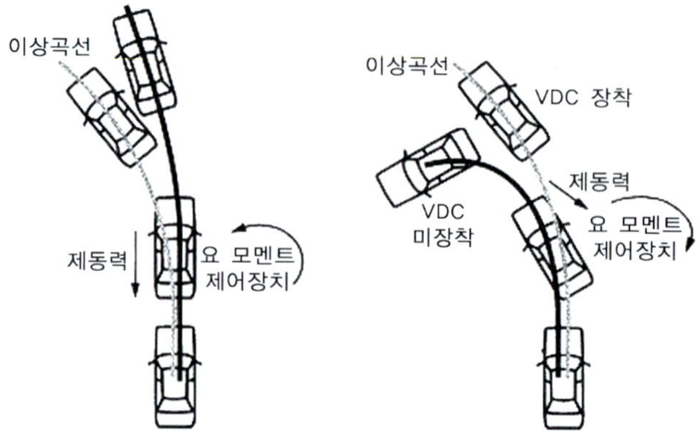

요-모멘트 발생

[2] 언더 및 오버 스티어링(under & over steering)

① 오버 스티어링은 자동차가 운전자가 의도한 목표라인보다 안쪽으로 선회하는 현상이다.

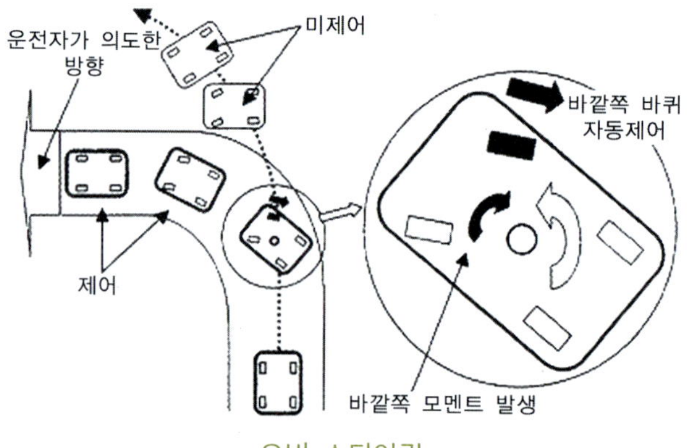

오버 스티어링

② 언더 스티어링은 자동차가 운전자가 의도한 목표라인보다 바깥쪽으로 벗어나는 현상이다. 언더 스티어링이 심하면 커브를 돌지 못하고 도로 밖으로 튀어나갈 수도 있다.

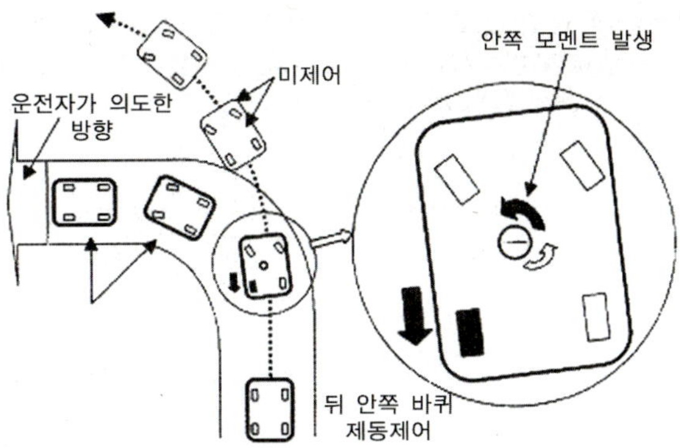

언더 스티어링

3. VDC의 종류 및 작동원리

현재 사용 중인 VDC의 분류에는 유압부스터를 이용하는 방식과 진공부스터를 이용하는 방식이 있다. 대부분의 자동차에 진공부스터를 이용한 방식을 사용한다.

[1] 진공부스터를 이용한 방식의 VDC

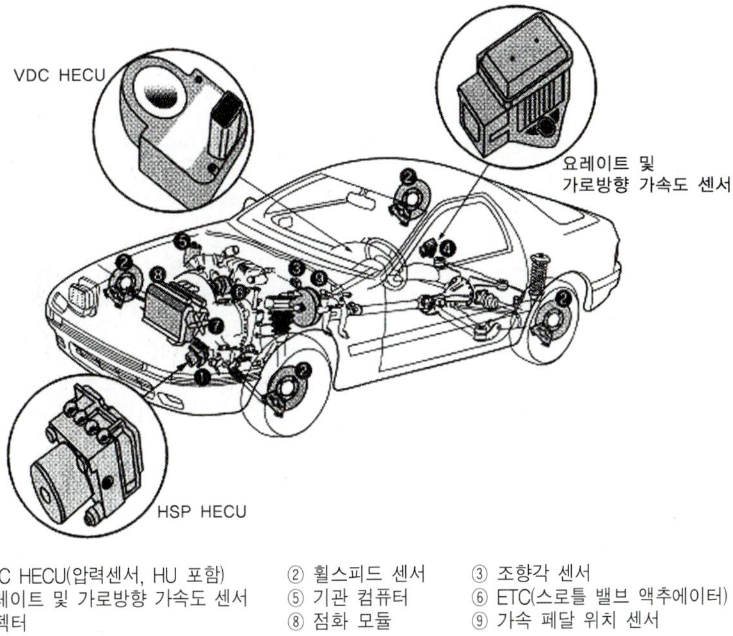

① VDC HECU(압력센서, HU 포함) ② 휠스피드 센서 ③ 조향각 센서
④ 요레이트 및 가로방향 가속도 센서 ⑤ 기관 컴퓨터 ⑥ ETC(스로틀 밸브 액추에이터)
⑦ 인젝터 ⑧ 점화 모듈 ⑨ 가속 페달 위치 센서

진공부스터를 이용한 방식의 구성도

(1) 진공부스터를 이용한 방식의 개요

VDC 컴퓨터로 입·출력되는 정보들은 다음과 같다. 먼저 입력부분의 가장 기본적인 신호인 휠 스피드 센서 신호가 4개 입력되고, 조향핸들의 조향각도와 조향정도 그리고 조향속도를 알려주는 조향핸들 각속도센서 신호가 입력된다.

다음으로는 자동차의 비틀림을 판단하여 언더·오버 스티어링을 제어할 때 핵심신호로 이용되는 요-레이트 센서이다. 또 자동차의 가로방향 작용력을 검출하는 G-센서가 입력된다.

다음은 마스터 실린더의 유압을 검출하여 VDC 컴퓨터로 입력하는 마스터 실린더 압력센서 1, 2가 입력된다. 마지막으로 브레이크 스위치와 VDC(TCS) OFF스위치 신호가 입력된다.

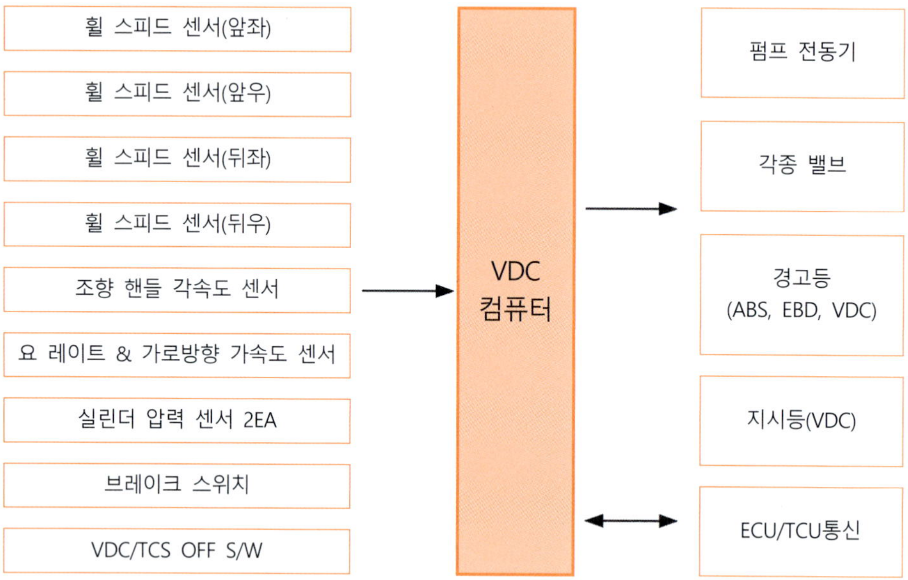

진공부스터를 이용한 방식의 입·출력도

(2) 진공부스터를 이용한 방식 VDC 구성부품의 기능

① **휠 스피드 센서** : 액티브 방식의 홀센서(hall sensor)를 이용하며, 2개의 배선으로 되어있다. 1개의 배선은 전원공급 배선으로 12V가 공급되고 나머지 배선은 출력배선으로 0.5V와 1.0V로 각각 변화한다.

② **조향핸들 각속도 센서** : 비접촉 방식으로 AMR(Anisotropy Magneto Resistive)을 사용하며, 조향핸들의 조작각도 및 작동속도를 측정한다.

③ **요-레이트 & G-센서** : 자동차의 비틀림을 검출하고, G-센서는 자동차의 가로방향 작용력을 검출하는 센서이다.

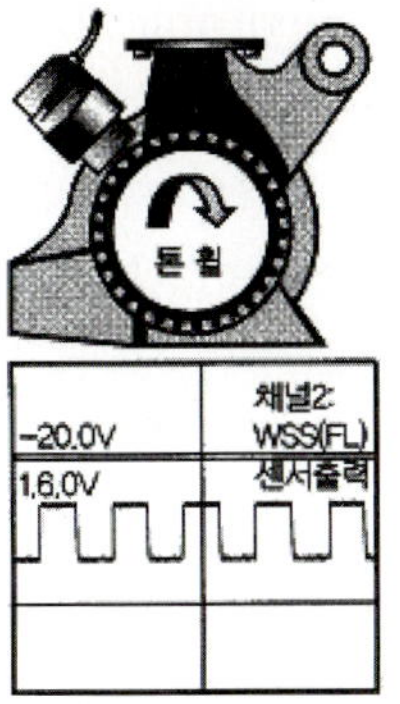

액티브 방식의 휠 스피드 센서

④ **마스터 실린더 압력 센서** : VDC 작동 중에 운전자가 브레이크 페달을 밟는 힘을 검출한다.

⑤ **브레이크 스위치** : 브레이크 상태를 VDC 컴퓨터가 검출하여 신속하게 ABS 또는 VDC 제어를 하기 위한 참조신호로 이용한다.

⑥ **VDC OFF 스위치** : OFF 스위치는 VDC 기능을 OFF하는 것이 아니라 TCS 기능을 OFF 하는 스위치이다.

⑦ **하이드롤릭 유닛** : ABS, TCS, VDC의 기능을 수행하기 위한 솔레노이드 밸브들이 설치되어 있다. VDC는 각각의 솔레노이드 밸브를 작동시켜 각종 제어를 할 때 이용한다.

⑧ **경고등 및 지시등 제어** : VDC 컴퓨터는 운전자가 VDC OFF스위치를 선택하면 경고등을 점등하고, 긴급한 상황에서 VDC를 작동할 때에는 지시등을 점등한다.

⑨ **CAN 통신** : VDC 컴퓨터는 기관 컴퓨터와 자동변속기 컴퓨터 사이에서 CAN 통신을 통해 서로의 정보를 교환한다.

[2] 유압부스터를 이용한 방식의 VDC

브레이크 배력장치인 부스터를 유압모터를 이용한 배력장치를 사용한다. 기존의 진공 배력장치는 기관의 작동이 정지되면 작동 할 수 없는 단점이 있었는데 유압부스터는 기관 작동 여부와 관계없이 축전지만 정상이면 항상 배력이 가능한 장점이 있다.

반대로 축전지가 방전되면 배력작용이 일어나지 못하므로 위험을 초래하기도 한다.

(1) 유압부스터를 이용한 방식의 개요

① **입력부분** : 휠 스피드 센서, 조향핸들 각속도 센서의 신호(조향핸들 각속도 센서의 신호는 요 모멘트를 제어할 때 언더 · 오버스티어링을 판단하고자 할 때 사용), 자동차의 비틀림을 알기위해 요-레이트 센서의 신호, 자동차의 가로방향 작용력(drift out)을 검출하기 위한 G-센서의 신호가 입력된다.

② **출력부분** : 하이드롤릭 유닛(H/U, hydraulic booster)과 유압부스터(hydraulic booster)의 솔레노이드 밸브로 전압을 출력한다. 또 유압모터를 제어하기 위해 전압을 출력하며, VDC 릴레이를 직접 제어한다. TCS 제어를 위해 기관 컴퓨터(ECU)와 자동변속기 컴퓨터(TCU)가 서로 통신을 한다. 또 타이어 공기압력 경보(TPW, Tire Pressure Warning) 기능도 포함된다.

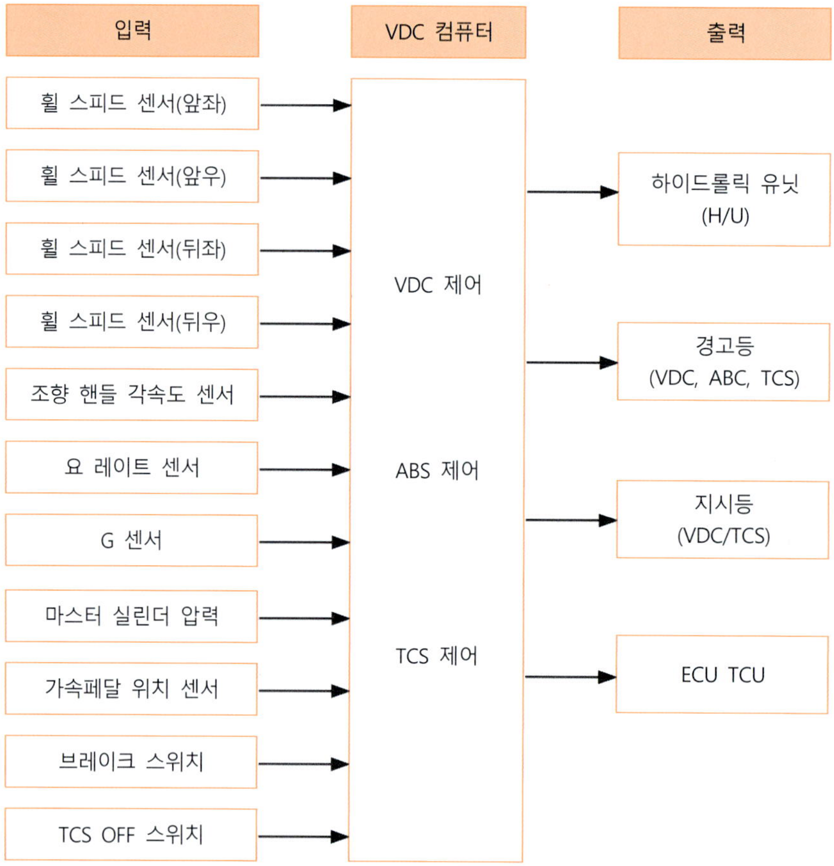

유압부스터를 이용한 방식의 입·출력도

(2) 유압부스터를 이용한 방식 구성부품의 기능

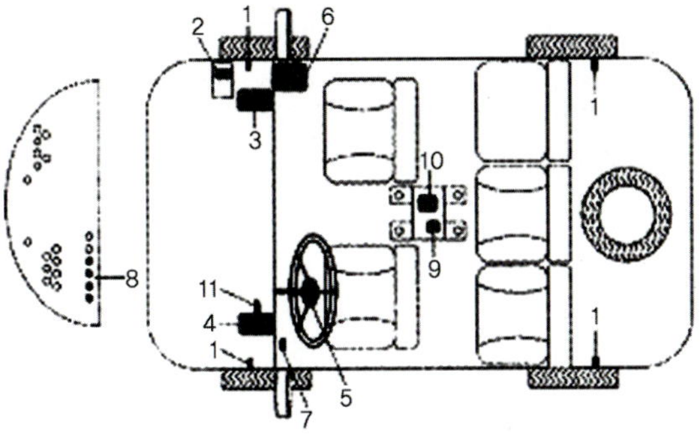

1. 휠 스피드센서 2. VDC 밸브 릴레이 3. 하이드롤릭 유닛
4. 유압 부스터 5. 조향핸들 각속도 센서 6. VDC/ABS/TCS 컴퓨터
7. VDC/TCS 스위치 8. 경고등 9. G-센서
10. 요-레이트 센서 11. 마스터 실린더 압력센서

유압부스터를 이용한 방식의 구성부품

① **조향핸들 각속도 센서** : 조향핸들의 조향각도와 조향방향 및 조향속도를 VDC 컴퓨터로 입력한다.

② **요-레이트(Yaw-rate) 센서** : 자동차의 비틀림을 검출하는 것으로 자동차가 선회하거나 그 밖의 비틀림이 있을 경우 반응하여 신호를 보낸다.

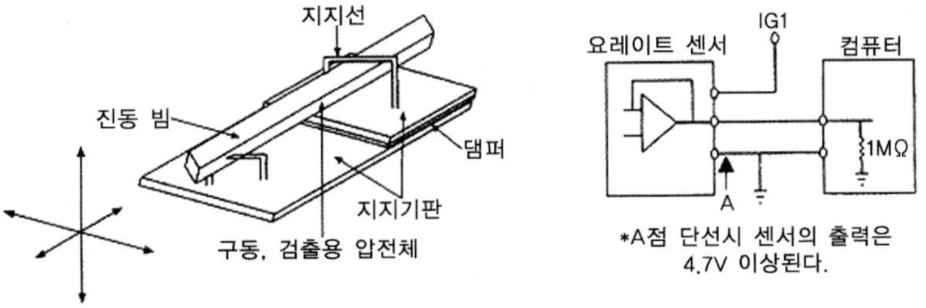

요-레이트 센서의 구조 및 내부 회로도

③ **G-센서** : 자동차의 가로방향 작용력(drift out)을 판단하여 VDC 컴퓨터로 입력시킨다.

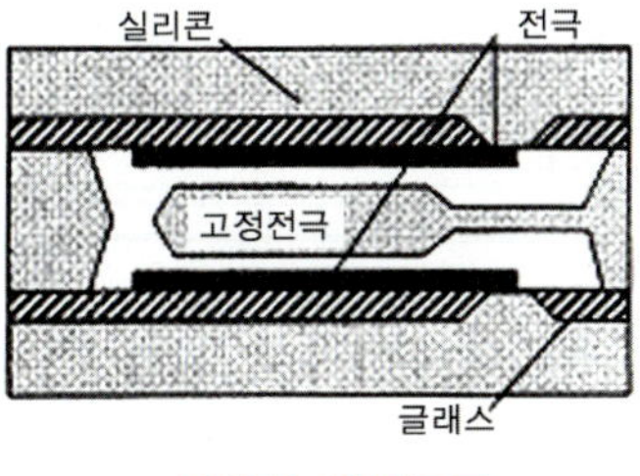

G-센서의 내부구조

④ **하이드롤릭 유닛(H/B UNIT)** : 유압을 발생시키는 유압모터와 펌프가 설치되며, 배력에 필요한 유압을 저장하는 어큐뮬레이터가 있다. 또 유압을 검출하는 마스터 실린더 압력센서가 설치되며, 내부에는 고 · 저압 압력스위치도 설치된다.

⑤ **유압부스터** : 유압부스터는 흡기다기관 부압을 이용한 기존의 진공부스터 대신 유압모터를 이용한 것이며, 유압모터에서 발생된 유압을 어큐뮬레이터에 약 150bar의 압력으로 저장하여 배력작용을 할 때마다 이용한다. 유압부스터는 액추에이터와 어큐뮬레이터에서 유압모터에 의하여 형성된 압력이 증가한 유압을 이용한다.

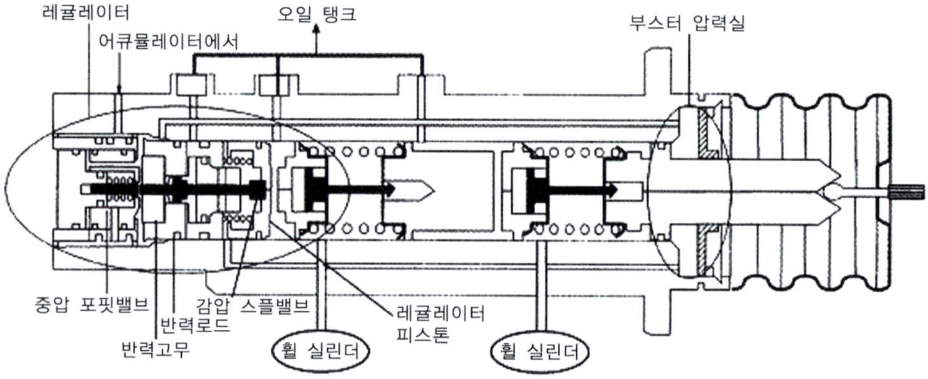

유압부스터 구조

⑥ **마스터 실린더 압력 센서** : 유압부스터에 설치되어 있으며, 강철제 다이어프램으로 되어있다.

⑦ **제동등 스위치** : 브레이크 작동여부를 컴퓨터로 전달하여 VDC, ABS 제어의 판단여부를 결정한다.

⑧ **가속페달 위치 센서** : 운전자의 가속페달의 조작상태를 검출한다.

⑨ **경고등 및 지시등**

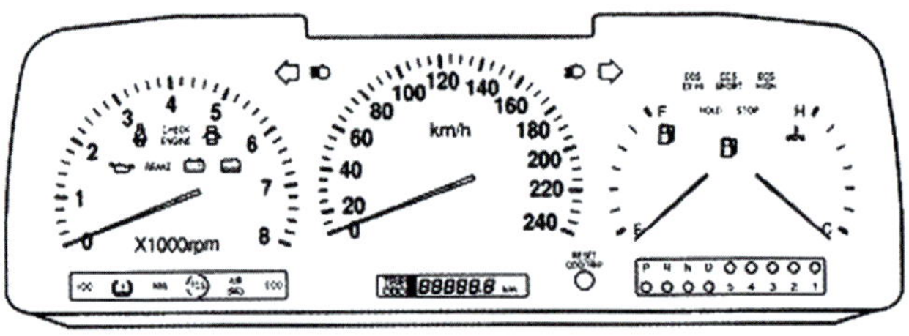

경고등과 지시등의 위치

⑩ **컴퓨터 통신** : VDC 컴퓨터는 기관 컴퓨터와 자동변속기 컴퓨터 사이를 서로 통신을 한

다. 이때 TCS 관련정보를 주고받는다.

4. VDC의 제어

[1] 요 모멘트 제어(Yaw Moment Control)

VDC 컴퓨터에서는 요 모멘트와 선회방향을 각 센서들의 입력 값을 기초로 각 바퀴의 제동 유압 제어모드(압력증가 또는 압력감소)를 연산하여 필요한 마스터 실린더 포트(차단, 압력 증가, 유지)와 모터 릴레이를 구동하여 발생한 요 모멘트에 대하여 역 방향의 모멘트를 발생시켜 스핀 또는 옆 방향 쏠림 등의 위험한 상황을 회피한다.

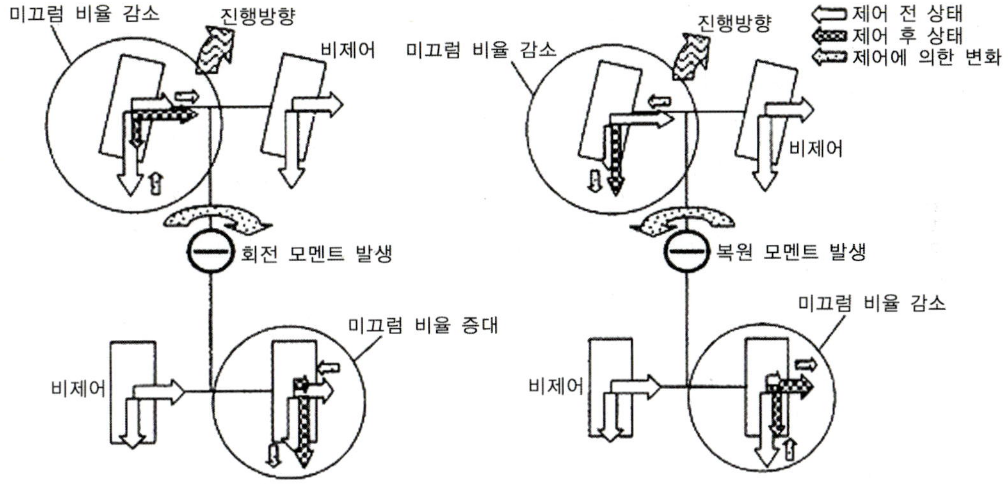

우회전을 할 때 제어의 예

[2] ABS의 관련 제어

(1) ABS 관련 제어의 개요

ABS의 관련 제어는 뒷바퀴의 제어의 경우 셀렉터 로우(selector low)제어에서 독립제어로 변경되었으며, 요 모멘트에 따라서 각 바퀴의 미끄럼 비율을 판단하여 제어한다.

(2) ABS 관련 제어

ABS 제어 중에 미끄럼 비율이 제동력 최대의 위치에 있으면 미끄럼 비율을 증대시키더라도 제동력은 증대되지 않는다. 일반적으로 복원제어의 효과가 높은 앞 바깥쪽 바퀴에 제동을 가하더라도 미끄럼 비율 증대효과가 작아진다. 따라서 뒤 안쪽바퀴에 제동유압을 가하여 뒤 바깥쪽 바퀴의 미끄럼 비율이 작아지도록 제어를 한다.

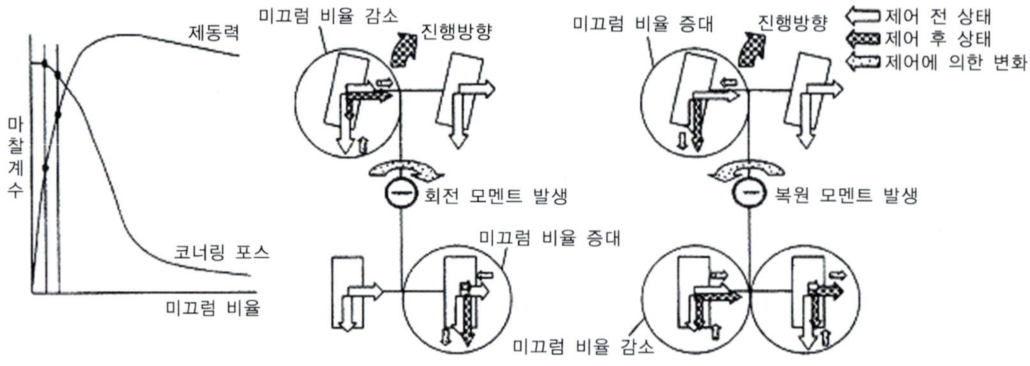

제동력과 코너링포스의 특성(우회전 제어의 예)

(3) ABS 제어의 해제조건

① 제동등 스위치 신호가 ON→OFF가 된 경우 해제된다.

② 주행속도가 3km/h 미만에서는 해제된다.

③ 다음의 조건에서는 뒷바퀴는 ABS 제어를 하지 않는다.

㉮ VDC가 제어 중일 때

㉯ 제동등 스위치 신호가 OFF일 때

[3] 자동감속 제어(브레이크 제어)

(1) 자동감속 제어의 개요

선회할 때 G 값에 대하여 기관의 가속을 제한하는 제어를 실행하여 과속에서는 제동장치 제어를 포함하여 선회안정성을 향상시킨다. 목표 감속도와 실제 감속도의 차이가 발생하면 뒤 바깥쪽 바퀴를 제외한 3바퀴에 제동유압을 가하여 감속제어를 실행한다.

(2) TCS 관련 제어

① **TCS 관련제어의 개요** : 미끄럼 제어(slip control)는 제동장치 제어에 의해 자동제한 차동장치(LSD, Limited Slip Differential) 기능으로 미끄러운 도로에서의 가속성능을 향상시키며, 트레이스(trace)제어는 운전 상황에 대하여 기관의 출력을 감소시킨다. 또 자동감속 제어는 기관의 출력을 제어하며, 제어주기는 16mS이다.

② TCS 관련 제어의 조건

㉮ 주행속도가 2km/h 이상이어야 한다.

㉯ 후진 또는 제1속의 경우에는 차체의 G 값이 0.5G를 초과하여야 한다.

㉰ 제2속 이상의 경우에는 차체의 G 값이 0.7G를 초과하여야 한다.

㉱ 변속위치는 P, N 이외의 경우이어야 한다.

㉲ TCS OFF 스위치는 ON이어야 한다.

㉳ 위의 조건에서는 기관 컴퓨터는 점화시기 지각(늦춤) 명령을 실행한다.

㉴ 주행속도가 5km/h 미만이고 G 값이 0G 미만으로 떨어지면 해제된다.

③ TCS 관련제어

㉮ 기관 컴퓨터와의 통신으로 스로틀 밸브 구동과 점화시기 지각을 실행한다.

㉯ 15km/h 이상일 때에는 자동변속기 컴퓨터와의 통신으로 현재의 변속패턴을 유지한다(킥 다운에 의한 가속력 증대 방지).

㉰ 4바퀴가 ABS를 제어 중이며, 브레이크 페달을 밟고 있는 상태이면 운전자에 의한 제동은 마찰한계에 도달하였다고 판단하여 ABS 제어만 실행한다.

㉱ 그 밖의 경우 브레이크 페달을 밟았을 때에는 제동이 우선되어야 하므로 제어는 ABS→VDC→자동감속 제어 순서로 제어한다.

㉲ 밸브 릴레이가 OFF일 때에는 제어를 하지 않는다.

㉳ 실제 제동감속 제어는 추적(trace)제어만 된다.

[4] 타이어 공기압력 저하 경보

① 타이어 공기압력이 부족하면 타이어 지름이 작아진다.

② VDC 컴퓨터는 휠 스피드 센서의 신호를 분석하여 타이어 지름의 변화를 검출한다.

③ 타이어 지름의 변화를 검출하면 TPW(Tire Pressure Warning) 경고등을 점등하여 운전자에게 경보한다.

출제 예상 문제

1. 타이어

01. 타이어에 대한 설명으로 틀린 것은?

① 바이어스 타이어는 카커스 코드가 사선 방향으로 설치되어 있다.

② 선회 시 원심력에 따른 코너링 포스를 발생시켜 토크 스티어 현상에 도움이 된다.

③ 레이디얼 타이어는 카커스의 코드 방향이 원둘레 방향의 직각 방향으로 배열되어 있다.

④ 스노타이어는 타이어 트레드 폭을 크게 한 타이어이다.

02. 타이어의 기본구조 명칭으로 틀린 것은?

① 험프(hump)

② 트레드(thread)

③ 브레이커(breaker)

④ 비드(bead)

타이어는 트레드, 브레이커, 카커스, 비드, 사이드 월 등으로 구성되어 있다.

03. 타이어에서 직접 노면과 접촉되어 마모에 견디고 적은 슬립으로 견인력을 증대시키는 부분의 명칭은?

① 트레드(tread)

② 브레이커(breaker)

③ 카카스(carcass)

④ 비드(bead)

트레드는 타이어에서 직접 노면과 접촉되어 마모에 견디고 적은 슬립으로 견인력을 증대시키는 부분이다.

04. 타이어의 트레드 패턴(Tread pattern)의 필요성이 아닌 것은?

① 타이어의 열을 흡수

② 트레드에 생긴 절상 등의 확대를 방지

③ 구동력이나 견인력의 향상

④ 타이어의 옆 방향에 대한 저항이 크고 조향성 향상

타이어의 트레드 패턴의 필요성

① 타이어의 사이드슬립이나 전진방향의 미끄럼을 방지한다.

② 타이어 내부에서 발생한 열을 발산한다.

③ 트레드에서 발생한 절상의 확산을 방지한다.

④ 구동력이나 견인력 및 선회성능을 향상시킨다.

⑤ 타이어의 옆 방향에 대한 저항이 크고 조향성능을 향상시킨다.

05. 옆 방향 미끄럼에 대하여 저항이 크고 조향성이 좋으며 소음도 적기 때문에 포장도로를 주행하는데 적합한 타이어의 패턴은?

① 리브 패턴(Rib Pattern)

② 러그 패턴(Lug Pattern)

③ 블록 패턴(Block Pattern)

④ 오프 더 로드 패턴(Off the road Pattern)

① 리브 패턴은 옆 방향 미끄럼에 대하여 저항이 크고 조향성이 좋으며 소음도 적기 때문에 포장도로를 주행하는데 적합하다.

② 러그 패턴 : 타이어 회전방향의 직각으로 홈을 둔 것이며, 전·후진 방향에 대해서 강력한 견인력을 발휘하며 제동성능과 구동력이 우수하다.

③ 블록 패턴 : 눈 위나 모랫길 같은 연약한 도로면을 다지면서 주행할 수 있어 사이드슬립을 방지할 수 있다.

④ 오프 더 로드 패턴 : 진흙길에서도 강력한 견인력을 발휘할 수 있도록 러그 패턴의 홈을 깊게 하고 폭을 넓게 한 것이다.

06. 고무로 피복 된 코드를 여러 겹 겹친 층에 해당되며, 타이어에서 타이어 골격을 이루는 부분은?

① 카커스(carcass)부 ② 트레드(tread)부

③ 숄더(shoulder)부 ④ 비드(bead)부

카커스는 타이어의 골격을 이루는 부분이며, 공기압력에 견디어 일정한 체적을 유지하고, 또 하중이나 충격에 따라 변형되어 충격완화 작용을 한다.

07. 내부에는 고탄소강의 강선(피아노선)을 묶음으로 넣고 고무로 피복한 링 상태의 보강 부위로 타이어를 림에 견고하게 고정시키는 역할을 하는 부품은?

① 카커스(carcass)부 ② 트레드(tread)부

③ 숄더(should)부 ④ 비드(bead)부

비드부는 내부에 고탄소강의 강선(피아노선)을 묶음으로 넣고 고무로 피복한 링 상태의 보강 부위로 타이어를 림에 견고하게 고정시키는 역할을 한다.

08. 노면과 직접 접촉은 하지 않으며, 주행 중 가장 많은 완충작용을 하는 부분으로서 타이어 규격과 기타 정보가 표시된 부분은?

① 카커스(carcass)부 ② 트레드(tread)부

③ 사이드 월(side wall)부 ④ 비드(bead)부

사이드 월부는 노면과 직접 접촉은 하지 않으며, 주행 중 가장 많은 완충작용을 하는 부분으로서 타이어 규격과 기타 정보가 표시된 부분이다.

09. 레이디얼 타이어의 장점이 아닌 것은?

① 타이어 단면의 편평율을 크게 할 수 있다.

② 보강대의 벨트를 사용하기 때문에 하중에 의해 트레드가 잘 변형된다.

③ 로드홀딩이 우수하며 스탠딩 웨이브가 잘 일어나지 않는다.

④ 선회시에도 트레드의 변형이 적어 접지면적이 감소되는 경향이 적다.

레이디얼 타이어의 장점

① 타이어의 편평 비율을 크게 할 수 있어 접지면적이 크다.

② 특수배합 한 고무와 발열에 따른 성장이 적은 레이온(rayon)코드로 만든 강력한 브레이커를 사용하므로 타이어 수명이 길다.

③ 브레이커가 튼튼해 트레드가 하중에 의한 변형이 적다.

④ 선회할 때 사이드슬립(side slip)이 적어 코너링 포스(cornering force)가 좋다.

⑤ 전동저항이 적고, 로드홀딩(road holding)이 향상되며, 스탠딩 웨이브(standing wave)가 잘 일어나지 않는다.

⑥ 고속으로 주행할 때 안전성이 크다.

10. 타이어의 단면을 편평하게 하여 접지면적을 증가시킨 편평 타이어의 장점 중 아닌 것은?

① 제동성능과 승차감이 향상된다.

② 타이어 폭이 좁아 타이어 수명이 길다.

③ 펑크가 났을 때 공기가 급격히 빠지지 않는다.

④ 보통 타이어보다 코너링포스가 15% 정도 향상된다.

편평 타이어는 타이어의 단면을 편평하게(폭을 넓게 하고 높이를 낮춤) 하여 접지면적을 크게 하였기 때문에 제동, 출발 또는 가속할 때 내미끄럼성과 선회성능을 향상시킬 수 있다.

11. 형식이 185/65 R14 85H인 타이어를 사용하는 승용자동차가 있다. 이 타이어의 높이와 내경은 각각 얼마인가?

① 65mm, 14cm　　② 185mm, 14"

③ 85mm, 65mm　　④ 120mm, 14"

185/65 R14에서 185는 타이어 폭 185mm, 65는 편평비 65%, R은 레이디얼 구조, 14는 타이어 내경을 표시한다. 따라서 타이어 높이는 타이어 폭×편평비이므로 185mm×0.65=120mm이다.

12. 승용차 타이어는 트레드 홈 깊이가 몇 mm 이하면 교환해야 안전한가?

① 2.0mm 이하　　② 1.6mm 이하

③ 2.4mm 이하　　④ 3.2mm 이하

승용차 타이어는 트레드 홈 깊이가 1.6mm 이하면 교환해야 한다.

13. 급격한 가속이나 제동 또는 선회 시에 타이어가 노면과의 사이에 미끄러짐이 발생하면서 나는 소음은?

① 럼블(Rumble) 소음　　② 험(Hum) 소음

③ 스퀼(squeal) 소음　　④ 패턴 소음(Pattern Noise)

타이어 소음

① 패턴소음 : 자동차가 주행할 때 타이어 표면의 홈 안에 있는 공기가 밖으로 나오면서 나는 소리다. 손바닥을 두드릴 때 소리가 나는 것과 같은 원리이다.

② 스퀼 소음 : 급격한 가속이나 제동, 선회할 때 타이어가 노면에서 미끄러지면 발생한다.

③ 럼블 소음 : 거친 노면을 주행할 때 타이어로부터 차량 실내에 전달되는 진동소리이다.

④ 스퀼치(Squelch) : 주행방향과 수직으로 파여 있는 리브가 진동하면서 나는 소음이다.

14. 열에 의해 타이어의 고무나 코드가 용해 및 분리되는 현상은?

① 히트 세퍼레이션(heat separation) 현상
② 스탠딩 웨이브(standing wave) 현상
③ 하이드로 플래닝(hydro planing) 현상
④ 이상과열(over heat) 현상

① 히트 세퍼레이션 현상 : 열에 의해 타이어의 고무나 코드가 용해 및 분리되는 현상이다.
② 스탠딩웨이브 현상 : 타이어 접지 면의 변형이 내압에 의하여 원래의 형태로 되돌아오는 속도보다 타이어 회전속도가 빠르면, 타이어의 변형이 원래의 상태로 복원되지 않고 물결모양이 남게 되는 현상이다.
③ 하이드로플래닝(수막 현상) : 주행 중 물이 고인 도로를 고속으로 주행할 때 타이어 트레드가 물을 완전히 배출시키지 못해 노면과 타이어의 마찰력이 상실되는 현상이다.

15. 구동륜의 타이어 치수가 비정상일 때 나타날 수 있는 현상으로 거리가 먼 것은?

① 연비 변화　② 타이어 이상마모
③ 차고 변화　④ 변속기 소음

구동바퀴의 타이어 치수가 틀리면 연비가 많아지고, 타이어에 이상마모가 발생하며, 차고가 변화된다.

16. 자동차 주행속도가 빠르면 타이어 트레드 부분의 변형이 복원되기 전에 다음의 변형을 맞이하게 되어 타이어의 트레드 부분이 물결모양으로 떠는 현상이 생긴다. 이것을 무엇이라 하는가?

① 타이어 웨이브 현상　② 하이드로 플래닝 현상
③ 타이어 접지변형 현상　④ 스탠딩웨이브 현상

스탠딩웨이브(standing wave) 현상이란 타이어 접지 면의 변형이 내압에 의하여 원래의 형태로 되돌아오는 속도보다 타이어 회전속도가 빠르면, 타이어의 변형이 원래의 상태로 복원되지 않고 물결모양이 남게 되는 현상을 말한다.

17. 고속주행 시 타이어 공기압을 표준 공기압보다 다소 높여주는 이유는?

① 승차감을 좋게 하기 위해서
② 타이어 마모를 방지하기 위해서
③ 제동력을 좋게 하기 위해서
④ 스탠딩 웨이브 현상을 방지하기 위해서

고속으로 주행할 때 타이어 공기압력을 표준 공기압력보다 다소 높여주는 이유는 스탠딩웨이브 현상을 방지하기 위함이다.

18. 스탠딩 웨이브 현상을 방지할 수 있는 사항이 아닌 것은?

① 저속운행을 한다.
② 전동저항을 증가시킨다.
③ 강성이 큰 타이어를 사용한다.
④ 타이어 공기압을 높인다.

스탠딩 웨이브의 방지방법은 타이어 공기압력을 표준보다 15~20% 높여 주거나 강성이 큰 타이어를 사용하고 저속으로 운행한다.

19. 주행 중 물이 고인 도로를 고속 주행시 타이어 트레드가 물을 완전히 배출시키지 못해 노면과 타이어의 마찰력이 상실되는 현상은?

① 스탠딩 웨이브 ② 하이드로플래닝
③ 타이어 동적 밸런스 ④ 타이어 매치 마운팅

하이드로플래닝(수막현상)이란 주행 중 물이 고인 도로를 고속으로 주행할 때 타이어 트레드가 물을 완전히 배출시키지 못해 노면과 타이어의 마찰력이 상실되는 현상이다.

20. 수막현상에 대하여 잘못 설명한 것은?

① 빗길을 고속 주행할 때 발생한다.
② 타이어 폭이 좁을수록 잘 발생한다.
③ ABS를 장착하면 수막현상에도 위험을 줄일 수 있다.
④ 타이어 홈의 깊이가 적을수록 잘 발생한다.

수막현상에 대한 설명은 ①,③,④항 이외에 타이어 폭이 넓을수록 잘 발생한다.

21. 하이드로 플래닝 현상의 방지법이 아닌 것은?

① 타이어의 공기압력을 표준보다 15~20% 낮춘다.
② 트레드 마멸이 적은 타이어를 사용한다.
③ 타이어의 공기압력을 높이고 주행속도를 낮춘다.
④ 마모가 적은 리브패턴 타이어를 사용한다.

하이드로플레이닝 현상 방지방법

① 트레드 마멸이 적은 타이어를 사용한다.
② 타이어 공기압력을 높이고, 주행속도를 낮춘다.
③ 리브 패턴의 타이어를 사용한다. 러그패턴의 경우는 하이드로플레이닝을 일으키기 쉽다.
④ 트레드 패턴을 카프(calf)형으로 세이빙(shaving)가공한 것을 사용한다.
⑤ 트레드 패턴의 마모가 규정 값 이상인 타이어는 고속으로 주행할 때는 교환한다.

22. 주행 중 타이어에서 나타나는 하이드로플레이닝 현상을 방지하기 위한 방법으로 틀린 것은?

① 승용차의 타이어는 가능한 리브 패턴을 사용할 것
② 트레드 패턴은 카프모양으로 세이빙 가공한 것을 사용
③ 타이어 공기압을 규정보다 낮추고 주행속도를 높일 것
④ 트레드 패턴의 마모가 규정 이상 마모된 타이어는 고속주행 시 교환할 것

23. 자동차의 바퀴가 정적 불평형일 때 일어나는 현상은?

① tramping(트램핑)
② shimmy(시미)
③ hopping(호핑)
④ standing wave(스탠딩 웨이브)

바퀴가 정적 불평형이면 트램핑이 발생하고, 바퀴가 동적 불평형이면 시미를 일으킨다.

24. 휠의 정적(static) 불평형으로 인해 바퀴가 상하로 진동하는 현상은?

① 시미(shimmy)

② 트램핑(tramping)

③ 스탠딩 웨이브(standing wave)

④ 하이드로 플래닝(hydro planing)

25. 자동차가 주행 중 휠의 동적 불평형으로 인해 바퀴가 좌우로 흔들리는 현상을 무엇이라 하는가?

① 시미 현상 ② 휠링 현상

③ 요잉 현상 ④ 바운싱 현상

26. 자동차 섀시에 관련된 설명으로 잘못 표현한 것은?

① 스태빌라이저는 자동차의 롤링을 방지하는 역할을 한다.

② 토션바 스프링을 사용하는 독립 현가장치의 차고조정은 일반적으로 앵커 암 조정나사로 조정한다.

③ 휠 밸런스 조정이란 각 휠 사이의 중량차를 적게 하는 것을 말한다.

④ 휠 밸런스 조정은 림에 밸런스 웨이트를 붙여서 조정한다.

휠 밸런스란 타이어를 휠에 끼우고 공기를 넣은 상태에서의 질량 균형이며, 조정은 림에 밸런스 웨이트를 붙여서 조정한다.

27. 직경이 600mm인 차륜이 1500rpm으로 회전할 때 이 차륜의 원주 속도는?

① 약 37.1m/sec

② 약 47.1m/sec

③ 약 57.1m/sec

④ 약 67.1m/sec

$V = \pi DN$ [V : 원주 속도, D : 차륜의 지름, N : 회전속도]

$\therefore \frac{3.14 \times 0.6 \times 1500}{60} = 47.1m/sec$

28. 93.6km/h 로 직진 주행하는 자동차의 양쪽 구동륜은 지금 825min^{-1} 으로 회전하고 있다. 구동륜의 동하중 반경은?(단, 구동륜의 슬립은 무시한다.)

① 약 56.7mm

② 약 157.5mm

③ 약 301mm

④ 약 317mm

$V = \frac{\pi D \times E_N}{Rt \times Rf} \times \frac{60}{1000}$ [V : 자동차의 주행속도, D : 타이어의 지름, E_N : 엔진 회전수, Rt : 변속비, Rf : 종감속비]에서 $D = \frac{V}{\pi \times T_N} \times \frac{1000}{60}$

$\therefore \frac{93.6}{3.14 \times 2 \times 825} \times \frac{1000}{60} = 0.301m \fallingdotseq 301mm$

29. 자동차의 타이어에 온도 15℃, 압력 2kgf/cm²의 공기가 1.25m³ 들어 있다. 이 타이어가 펑크로 바람이 새어나가 온도가 10℃, 압력이 1.5kgf/cm²로 되어 있다. 새어나간 공기량은?(단, 타이어의 팽창은 없으며, 공기의 분자량은 28.97이다.)

① 약 0.5kgf

② 약 0.7kgf

③ 약 2.2kgf

④ 약 2.9kgf

$G=\frac{PV}{RT}$ [G : 공기의 무게, P : 공기의 압력, V : 공기의 체적, T : 공기의 온도, R : 공기의 분자량]

① $G_1=\frac{2\times 1.25\times 10^4}{28.97\times(273+15)}=2.996kgf$

② $G_2=\frac{1.5\times 1.25\times 10^4}{28.97\times(273+10)}=2.287kgf$

$\therefore G_1-G_2=2.996kgf-2.287kgf=0.709kgf$

2. TCS & VDC

01. TCS(traction control system)의 특징이 아닌 것은?

① 슬립(slip) 제어
② 라인압 제어
③ 트레이스(trace) 제어
④ 선회안정성 향상

TCS의 제어에는 슬립제어, 트레이스 제어, 선회안정성 향상 등이 있다.

02. 구동력 제어장치(traction control system)에서 엔진토크 제어방식에 해당하지 않는 것은?

① 주 스로틀밸브 제어
② 보조 스로틀밸브 제어
③ 연료분사 제어
④ 가속 및 감속 제어

엔진토크 제어방식에는 주 스로틀밸브 제어, 보조 스로틀밸브 제어, 연료분사 제어 등이 있다.

03. 트랙션 컨트롤 장치(traction control system)의 제어방법이 아닌 것은?

① 엔진토크 제어
② 공회전수 제어
③ 제동 제어
④ 트레이스 제어

TCS의 제어방법에는 엔진토크 제어, 제동 제어, 트레이스 제어가 있다.

04. 전자제어 구동력 조절장치(TCS)의 컴퓨터는 구동바퀴가 헛돌지 않도록 최적의 구동력을 얻기 위해 구동 슬립율이 ( )가 되도록 제어한다. 괄호 안에 알맞은 말은?

① 약 5~10%
② 약 15~20%
③ 약 25~30%
④ 약 35~40%

TCS의 컴퓨터는 구동바퀴가 헛돌지 않도록 최적의 구동력을 얻기 위해 구동 슬립율이 약 15~20%가 되도록 제어한다.

05. TCS(Traction Control System)에서 안정된 선회동작을 목적으로 한 트레이스 제어의 입력조건이 아닌 것은?

① 운전자의 조향 휠 조작량
② 움직이지 않는 바퀴의 좌우측 속도차
③ 앞뒤바퀴의 슬립비
④ 가속페달을 밟은 양

트레이스 제어의 입력조건은 운전자의 조향 휠 조작량, 움직이지 않는 바퀴의 좌우측 속도차이 가속페달을 밟은 양이다.

06. 차량의 안정성 향상을 위하여 적용된 전자제어 주행 안정장치(VDC, ESP)의 구성요소가 아닌 것은?

① 휭 가속도 센서
② 충돌 센서
③ 요-레이터 센서
④ 조향 각 센서

전자제어 주행 안정장치(VDC, ESP)의 구성요소는 조향 각 센서, 휭 가속도 센서, 요-레이터 센서, 마스터실린더 압력 센서, 가속페달 위치 센서, 휠 스피드 센서 등이다.

07. VDC(vehicle dynamic control)장치에 대한 설명으로 틀린 것은?

① 스핀 또는 언더 스티어링 등의 발생을 억제하는 장치이다.

② VDC는 ABS 제어 TCS 제어기능 등이 포함되어 있으며 요 모멘트 제어와 자동감속 제어를 같이 수행한다.

③ VDC 장치는 TCS에 요 레이터 센서, G 센서, 마스터실린더 압력센서 등을 사용한다.

④ 오버 스티어 현상을 더욱 증가시킨다.

VDC가 설치된 경우에는 전자제어 제동장치(ABS)와 구동력 제어장치(TCS)제어뿐만 아니라 전자 제동력 분배장치(EBD) 제어, 요 모멘트 제어(yaw moment control)와 자동감속 제어를 포함한 자동차 주행 중의 자세를 제어한다. 또 요 레이터 센서, G 센서, 마스터실린더 압력 센서 등을 사용하며, 스핀 또는 언더 스티어링, 오버 스티어링 등의 발생을 억제하는 장치이다.

08. VDC(Vehicle dynamic control)장치에서 고장발생 시 제어에 대한 설명으로 틀린 것은?

① 원칙적으로 ABS의 고장 시에는 VDC 제어를 금지한다.

② VDC 고장 시에는 해당 시스템만 제어를 금지한다.

③ VDC 고장 시 솔레노이드 밸브 릴레이를 OFF시켜야 되는 경우에는 ABS 페일세이프에 준한다.

④ VDC 고장 시 자동변속기는 현재 변속단보다 다운 변속된다.

VDC가 고장 나면 해당 시스템만 제어를 금지하며, 솔레노이드 밸브 릴레이를 OFF시켜야 되는 경우에는 ABS 페일세이프에 준한다. 또 ABS가 고장나면 VDC 제어를 금지한다.

[제 4 편]

진단, 검사

제9장

고장분석

9-1 동력전달장치 고장분석

1. 클러치 차단 불량원인

① 릴리스 베어링 소손 또는 파손되었다.

② 클러치페달 자유간극이 과다하다.

③ 클러치판의 런 아웃(run out)이 과다하다.

④ 유압 계통에 공기가 유입되었다.

2. 클러치가 미끄러지는 조건

① 변속기 입력축 오일 실의 불량으로 클러치판에 오일이 묻었다.

② 압력판 및 플라이휠 면이 마모되었다.

③ 마찰면의 경화 또는 오일이 부착되었다.

④ 클러치 압력스프링의 쇠약 및 손상되었다.

⑤ 클러치 페달의 자유간극이 작다.

3. 변속기어가 잘 물리지도 않고 빠지지도 않는 원인

① 클러치 차단이 불량하다.

② 인터록이 파손되었다.

③ 싱크로나이저 링이 마멸되었다.

④ 컨트롤 케이블이 불량하다.

4. 자동변속기에서 오일을 점검할 때 주의사항

① 자동차를 수평인 지면에 정차시킨다.

② 기관을 시동하여 난기 운전시켜 오일의 정상온도(70~80℃)에서 변속레버를 움직여 클러치 및 브레이크 서보에 오일을 충분히 채운 후 오일량을 점검한다.

③ 오일레벨 게이지의 MIN선과 MAX선 사이에 있으면 정상이다.

④ 오일을 보충할 경우에는 자동 변속기용 오일(ATF)을 보충한다.

5. 자동변속기의 스톨 테스트

스톨 테스트란 자동변속기 차량에서 변속레버 D와 R위치에서 기관 회전속도를 최대로 하여 자동변속기와 기관의 상태를 종합적으로 시험하는 것이다.

즉 기관의 출력부족 여부(성능), 토크컨버터 스테이터의 원웨이 클러치의 작동상태, 전·후진 클러치의 작동상태, 브레이크 밴드의 작동상태 등 점검하는 시험이다.

6. 자동변속기를 고장진단하기 위한 준비과정

① 자동변속기 오일량 점검

② 스로틀 케이블의 점검 및 조정

③ 자동변속기 오일의 정상온도 도달여부

7. 추진축에서 소음이 발생하는 원인

① 요크의 방향이 틀린 경우

② 조인트 볼트 등이 헐거울 경우

③ 스플라인부가 마모된 경우

④ 평형추(밸런스 웨이트)가 탈락된 경우

⑤ 자재이음 베어링이 마모된 경우

⑥ 센터베어링이 마모된 경우

⑦ 윤활이 불량한 경우

9-2 조향장치 고장분석

1. 조향 휠(핸들)이 한쪽으로 쏠리는 원인

① 좌우 타이어의 공기압력이 불평형하다.

② 쇽업소버의 작동이 불량하다.

③ 좌우 스프링 상수가 다르다.

④ 뒤 차축이 자동차의 중심선에 대하여 직각이 아니다.

⑤ 브레이크 라이닝 간극이 불균일하다.

⑥ 한쪽 허브 베어링이 마모되었다.

⑦ 좌우 축거가 다르다.

2. 앞바퀴 얼라인먼트를 점검하기 전에 점검해야 할 사항

① 자동차는 공차상태로 하고 수평한 장소를 선택한다.

② 타이어의 마모 및 공기압력을 점검한다.

③ 섀시 스프링은 안정 상태로 하고, 전후 및 좌우 바퀴의 흔들림을 점검한다.

④ 조향 링키지 설치상태와 마멸을 점검한다.

⑤ 휠 베어링의 헐거움, 볼 이음 및 타이로드 엔드의 헐거움 등을 점검한다.

9-3 제동장치 고장분석

1. 편제동의 원인

① 타이어의 공기압력이 불균일하다.

② 휠 실린더 1개가 고착되었다.

③ 브레이크 드럼 간극이 불균일하다.

④ 한쪽의 브레이크 패드에 오일이 묻었다.

⑤ 휠 얼라인먼트가 불량하다.

제10장

시험장비 사용

10-1 사이드슬립 테스터(side slip tester)

1. 사이드슬립의 개요

사이드슬립(side slip)이란 휠 얼라인먼트의 불균형으로 인하여 주행 중 타이어가 옆 방향으로 미끄러지는 현상을 말하며, 토인(toe-in)과 토 아웃(toe-out)으로 표시된다. 사이드 슬립량은 mm로 나타내는 것이 일반적이나 이것은 1m의 답판을 진행할 때의 사이드 슬립량을 표시하는 것이므로 단위는 mm/m이다.

2. 사이드슬립 측정 전의 준비사항

[1] 측정 전 준비사항

① 타이어 공기압력을 확인한다.

② 바퀴를 잭(jack)으로 들고 다음 사항을 점검한다.

㉮ 위 · 아래로 흔들어 휠 허브 유격을 확인한다.

㉯ 좌 · 우로 흔들어 타이로드엔드 볼 조인트 및 링키지 확인한다.

③ 보닛을 위 · 아래로 눌러보아 현가 스프링의 피로를 점검한다.

[2] 측정조건

① 자동차는 공차상태에 운전자 1인이 승차한 상태로 한다.

② 타이어 공기압력은 표준 값으로 하고, 조향링크의 각부를 점검한다.

③ 사이드슬립 테스터 지시장치의 표시가 0점에 있는가를 확인한다.

3. 사이드슬립 측정방법

① 자동차를 테스터와 정면으로 대칭시킨다.

② 테스터에 진입속도는 5km/h로 한다.

③ 조향핸들에서 손을 떼고 5km/h로 서행하면서 계기의 눈금을 타이어의 접지 면이 테스

터 답판을 통과 완료할 때 읽는다.

④ 자동차가 1m 주행할 때의 사이드 슬립량을 측정하는 것으로 한다.

⑤ 조향바퀴의 사이드슬립이 1m주행에 좌우 방향으로 각각 5mm 이내여야 한다.

10-2 제동력 측정

1. 운행자동차의 주 제동능력 측정조건

① 공차상태의 자동차에 운전자 1인이 승차한 상태로 한다.

② 바퀴의 흙 · 먼지 및 물 등의 이물질은 제거한 상태로 한다.

③ 자동차는 적절히 예비운전이 되어있는 상태로 한다.

④ 타이어의 공기압력은 표준 공기압력으로 한다.

2. 운행자동차의 주 제동능력 측정방법

① 자동차를 제동시험기에 정면으로 대칭되도록 한다.

② 측정 자동차의 차축을 제동시험기에 얹혀 축중을 측정하고 롤러를 회전시켜 당해 차축의 제동능력 · 좌우 바퀴의 제동력의 차이 및 제동력의 복원상태를 측정한다.

③ ②의 측정방법에 따라 다음 차축에 대하여 반복 측정한다.

3. 운행 자동차의 주차 제동능력 측정방법

① 자동차를 제동시험기에 정면으로 대칭되도록 한다.

② 측정 자동차의 차축을 제동시험기에 얹혀 축중을 측정하고 롤러를 회전시켜 당해 차축의 주차 제동능력을 측정한다.

③ 2차축 이상에 주차 제동력이 작동되는 구조의 자동차는 ②의 측정방법에 따라 다음 차축에 대하여 반복 측정한다.

출제 예상 문제

1. 고장분석

01. 클러치판이 마멸되었을 경우 일어나는 현상으로 틀린 것은?

① 클러치가 슬립한다.
② 클러치 페달의 유격이 커진다.
③ 가속주행 시 클러치가 미끄러진다.
④ 클러치 릴리스 레버의 높이가 높아진다.

클러치판이 마멸되면 클러치 페달의 유격이 작아지고, 클러치가 미끄러지며, 릴리스 레버의 높이가 높아진다.

02. 다음 중 클러치 차단 불량의 원인이 될 수 있는 것은?

① 릴리스 베어링 소손
② 자유간극 과소
③ 클러치판 과다 마모
④ 스프링 장력약화

클러치 차단 불량원인

① 릴리스 베어링 소손 또는 파손
② 클러치 페달 자유간극 과다
③ 클러치판의 런 아웃 과다
④ 유압 계통에 공기 유입

03. 수동변속기 차량에서 클러치가 미끄러지는 경우가 아닌 것은?

① 클러치 페달의 자유간극이 크다.
② 클러치 스프링의 장력이 약하다.
③ 클러치판에 기름이 부착되었다.
④ 클러치판이 마멸되었다.

클러치가 미끄러지는 원인

① 크랭크축 뒤 오일 실 또는 변속기 입력축 오일 실 불량
② 클러치판에 오일이 묻었을 때
③ 압력 스프링이 약할 때
④ 클러치판이 마모되었을 때
⑤ 클러치 페달의 자유간극이 작을 때

04. 수동변속기 차량에서 클러치가 슬립되는 원인이 아닌 것은?

① 클러치페달 유격이 많다.
② 클러치 페이싱 면에 기름으로 오염되었다.
③ 클러치 페달 유격이 너무 작다.
④ 다이어프램 스프링장력이 약화되었다.

05. 수동변속기 차량에서 주행 중 변속을 하고 급가속 하였을 때 엔진의 회전이 상승해도 차속이 증속되지 않는 원인은?

① 릴리스 포크가 마모되었다.

② 파일럿 베어링이 파손되었다.

③ 클러치 릴리스 베어링이 마모되었다.

④ 클러치 압력판 스프링의 장력이 감소되었다.

06. 클러치 페달을 밟았을 때 페달이 심하게 떨리는 이유가 아닌 것은?

① 클러치 조정불량이 원인이다.

② 클러치 디스크 페이싱의 두께 차가 있다.

③ 플라이휠이 변형되었다.

④ 플라이휠의 링 기어가 마모되었다.

플라이휠의 링 기어가 마모되면 기관을 시동할 때 기동전동기 피니언과의 물림이 불량해진다.

07. 일반적으로 클러치판의 런 아웃 한계는 얼마인가?

① 0.5mm ② 1mm

③ 1.5mm ④ 2mm

클러치판의 런 아웃(run out) 한계는 0.5mm이다.

08. 클러치 스프링에서 점검하여야 할 사항이 아닌 것은?

① 직각도 ② 자유길이

③ 인장강도 ④ 스프링의 장력

코일 스프링의 점검사항은 직각도, 자유길이, 스프링 장력 등이 있다.

09. 수동변속기에서 기어변속이 불량한 원인으로 틀린 것은?

① 싱크로나이저 스프링 불량

② 릴리스 실린더 불량

③ 컨트롤 케이블의 조정 불량

④ 디스크 페이싱의 오염

클러치 디스크의 페이싱이 오염되면 클러치가 미끄러진다.

10. 수동변속기에서 기어변속을 할 때 마찰음이 심한 원인으로 가장 옳은 것은?

① 기관 크랭크축의 정렬 불량

② 릴리스 스프링의 장력 약화

③ 싱크로나이저의 고장

④ 변속기 입력축의 정렬 불량

싱크로나이저가 고장나면 기어변속을 할 때 마찰음이 심하게 발생한다.

11. 기어가 잘 물리지도 않고 빠지지도 않는 이유는?

① 싱크로나이저 링 마멸
② 록킹볼 마멸
③ 기어의 과도한 마멸
④ 록킹볼 스프링 장력 감소

기어가 잘 물리지도 않고 빠지지도 않는 원인
① 클러치 차단이 불량하다.
② 인터록이 파손되었다.
③ 싱크로나이저 링이 마멸되었다.
④ 컨트롤 케이블이 불량하다.

12. 수동변속기 자동차에서 기어 변속이 잘 안 되는 원인과 관련이 없는 것은?

① 클러치 차단이 불량하다.
② 기어오일이 응고되어 있다.
③ 기어변속 링키지의 조정이 불량하다.
④ 클러치가 미끄러진다.

클러치가 미끄러지면 기관의 동력이 변속기로 원활하게 전달되지 못한다.

13. 앞바퀴 구동 수동변속기 설치 차량에서 변속시 기어가 잘 물리지 않을 경우의 고장 원인이다. 부적절한 것은?

① 컨트롤 레버의 불량
② 싱크로나이저 링의 마모
③ 싱크로나이저 링 스프링의 약화
④ 오일 실 O링 및 개스킷 파손

변속할 때 기어가 잘 물리지 않는 원인
① 컨트롤 레버의 불량
② 싱크로나이저 링의 마모
③ 싱크로나이저 링 스프링의 약화
④ 클러치의 차단 불량

14. 자동변속기의 압력조절밸브(PCSV)의 듀티제어 파형에서 니들밸브가 작동하는 전체구간은?

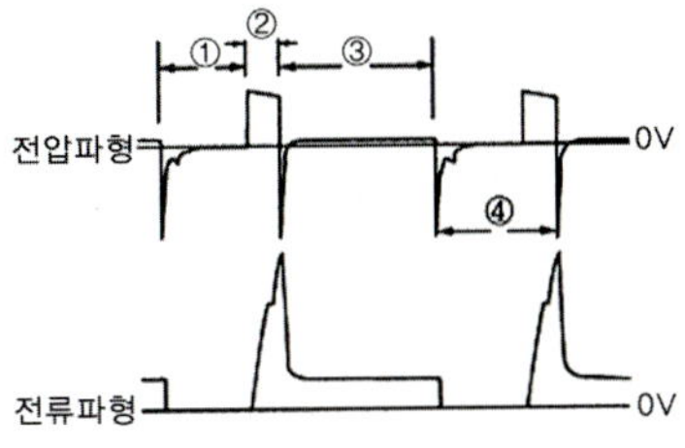

① ①
② ②~③
③ ③
④ ③~④

15. 자동변속기가 과열되는 원인으로 거리가 먼 것은?

① 자동변속기 오일쿨러 불량
② 라디에이터 냉각수 부족
③ 기관의 과열
④ 자동변속기 오일량 과다

16. 자동변속기 차량에서 변속기 오일 점검과 관련된 내용으로 거리가 먼 것은?

① 유량이 부족하면 클러치 작용이 불량하게 되어 클러치의 미끄럼이 생긴다.

② 유량점검은 기관 정지 상태에서 실시하는 것이 보통의 방법이다.

③ 유량이 부족하면 펌프에 의해 공기가 흡입되어 회로 내에 기포가 생길 우려가 있다.

④ 오일의 색깔이 검은 색을 나타내는 것은 오염 및 과열되었기 때문이다.

자동변속기의 오일량을 점검할 때에는 기관을 시동하여 후 난기운전을 시킨 후 시동이 걸린 상태에서 한다.

17. 자동변속기에서 오일을 점검할 때 주의사항이다. 잘못된 것은?

① 엔진을 수평상태에서 시동을 끄고 점검한다.

② 엔진을 정상온도로 유지시킨다.

③ 엔진시동을 걸고 점검한다.

④ 오일레벨 게이지의 MIN선과 MAX선 사이에 있으면 정상이다.

자동변속기에서 오일을 점검할 때 주의사항

① 자동차를 수평인 지면에 정차시킨다.

② 엔진을 시동하여 난기 운전시켜 오일의 정상온도(70~80℃)에서 변속레버를 움직여 클러치 및 브레이크 서보에 오일을 충분히 채운 후 오일량을 점검한다.

③ 오일레벨 게이지의 MIN선과 MAX선 사이에 있으면 정상이다.

④ 오일을 보충할 경우에는 자동변속기용 오일(ATF)을 보충한다.

18. 자동변속기 차량의 자동 변속기를 D와 R위치에서 기관 회전수를 최대로 하여 자동변속기와 기관의 상태를 종합적으로 시험하는 것을 무엇이라 하는가?

① 로드 테스트

② 킥다운 테스트

③ 스톨 테스트

④ 유압 테스트

스톨 테스트란 자동변속기 차량에서 변속레버 D와 R위치에서 기관 회전속도를 최대로 하여 자동변속기와 기관의 상태를 종합적으로 시험하는 것이다.

19. 자동변속기에서 스톨테스터로 확인할 수 없는 것은?

① 엔진의 출력부족

② 댐퍼클러치의 미끄러짐

③ 전진클러치의 미끄러짐

④ 후진클러치의 미끄러짐

스톨 테스트(stall test)로 점검하는 사항

① 엔진의 출력부족 여부(성능)

② 토크컨버터 스테이터의 원웨이 클러치의 작동상태

③ 전 · 후진 클러치의 작동상태

④ 브레이크 밴드의 작동상태

20. 자동변속기의 스톨 테스터에 대한 설명으로 틀린 것은?

① 스톨 테스터를 연속적으로 행할 경우 일정시간 냉각 후 실시한다.
② 스톨 회전수는 공전속도와 일치하면 정상이다.
③ 스톨 테스터로 디스크나 밴드의 마모 여부를 추정할 수 있다.
④ 규정 스톨 회전수보다 높을 경우 라인압을 재확인할 필요가 있다.

스톨 테스트에 대한 설명은 ①, ③, ④항 이외에 스톨 회전수는 차종에 따라서 다르나 2200~2500rpm 범위면 정상이다.

21. 자동변속기의 스톨 시험결과 규정 스톨 회전수보다 낮은 때의 원인은?

① 엔진이 규정출력을 발휘하지 못한다.
② 라인압력이 낮다.
③ 리어 클러치나 엔드 클러치가 슬립 한다.
④ 프론트 클러치가 슬립 한다.

엔진의 출력성능이 저하되면 규정 스톨 회전수보다 낮아진다.

22. 자동변속기의 타임래그 시험을 통해 알 수 있는 것은?

① 변속시점
② 엔진 출력
③ 오일 변속속도
④ 입 · 출력 센서 작동여부

자동변속기의 타임래그 시험을 통해 알 수 있는 것은 변속시점이다.

23. 자동변속기 차량의 점검방법 중 틀린 것은?

① 자동변속기 오일량은 온간 시에 측정한다.
② 인히비터 스위치 조정은 N 위치에서 한다.
③ 자동변속기 오일량을 측정할 때는 시동을 OFF시키고 점검한다.
④ 스로틀 케이블 조정은 스로틀 레버를 전폐시킨 상태에서 실시한다.

24. 자동변속기 차량의 점검방법으로 틀린 것은?

① 자동변속기의 오일량은 평탄한 노면에서 측정한다.
② 인히비터 스위치는 N 위치에서 점검 조정한다.
③ 오일량을 측정할 때는 시동을 끄고 약 3분간 기다린 후 점검한다.
④ 스톨테스터 시 회전수가 기준보다 낮으면 엔진을 점검해 본다.

25. 자동변속기를 고장진단하기 위한 준비과정이 아닌 것은?

① 자동변속기 오일량 점검
② 스로틀 케이블의 점검 및 조정
③ 자동변속기 오일의 정상온도 도달여부
④ 자동변속기 오일의 압력측정

자동변속기를 고장진단하기 위한 준비과정
① 자동변속기 오일량 점검
② 스로틀 케이블의 점검 및 조정
③ 자동변속기 오일의 정상온도 도달여부
④ 인히비터 스위치 작동상태

26. 자동변속기에서 기어비율 부적절 결함코드가 입력될 때 관련 없는 것은?

① 입력속도 센서 ② 출력속도 센서
③ 변속 솔레노이드 밸브 ④ 로크 업 솔레노이드 밸브

기어비율 부적절 결함코드가 입력될 때 관련되는 요소는 입력속도 센서, 출력속도 센서, 변속 솔레노이드 밸브 등이다.

27. 자동변속기를 주행상태에서 시험할 때 점검해야 할 사항에 해당되지 않는 것은?

① 오일의 양과 상태 ② 킥다운 작동 여부
③ 엔진 브레이크 효과 ④ 쇼크 및 슬립 여부

28. 자동변속기의 오일압력이 너무 낮은 원인으로 틀린 것은?

① 엔진 rpm이 높다.
② 오일펌프 마모가 심하다.
③ 오일필터가 막혔다.
④ 릴리프 밸브 스프링 장력이 약하다.

29. 자동변속기에서 운행 중 오일온도가 상승할 수 있는 경우가 아닌 것은?

① 산악지역 운행 ② 시내주행
③ 윈터 기능 과다사용 ④ 록크업 클러치 작동

오일이 과열하는 원인은 굴곡이 심한 산악도로를 주행할 때, 저속으로 주행할 때, 윈터 기능을 과다하게 사용하였을 때, 오일냉각기가 오염 및 손상되었을 때 등이다.

30. 자동변속기 차량에서 출발 및 기어변속은 정상적으로 이루어지나 고속주행 시 성능이 저하되는 원인으로 옳은 것은?

① 출력축 속도센서 신호선 단선 ② 토크컨버터 스테이터 고착
③ 매뉴얼 밸브 고착 ④ 라인압력 높음

토크컨버터의 스테이터가 고착되면 출발 및 기어변속은 정상적으로 이루어지나 고속으로 주행할 때 성능이 저하된다.

31. 자동변속기에서 고장코드의 기억소거를 위한 조건으로 거리가 먼 것은?

① 이그니션 키는 ON 상태여야 한다.
② 자기진단 점검 단자가 단선되어야 한다.
③ 출력축 속도 센서의 단선이 없어야 한다.
④ 인히비터 스위치 커넥터가 연결되어져야만 한다.

자동변속기에서 고장코드의 기억소거를 위한 조건

① 이그니션 키는 ON 상태여야 한다.
② 출력축 속도센서의 단선이 없어야 한다.
③ 인히비터 스위치 커넥터가 연결되어 있어야 한다.
④ 자기진단 점검 단자가 정상이어야 한다.

32. 주행 중인 자동차의 추진축에서 소음이 발생하였을 때 원인이 아닌 것은?

① 요크의 방향이 틀린 경우
② 조인트 볼트 등이 헐거울 경우
③ 좌우 타이어 Size의 불균형
④ 스플라인부가 마모된 경우

추진축에서 소음이 발생하는 원인

① 요크의 방향이 틀린 경우
② 조인트 볼트 등이 헐거울 경우
③ 스플라인부가 마모된 경우
④ 평형추(밸런스 웨이트)가 탈락된 경우
⑤ 자재이음 베어링이 마모된 경우
⑥ 센터베어링이 마모된 경우
⑦ 윤활이 불량한 경우

33. 추진축의 주행 중 소음발생 원인이 아닌 것은?

① 자재이음 베어링의 마모
② 센터베어링의 마모
③ 윤활불량
④ 변속선택 레버의 휨

34. 종감속 기어에서 링 기어의 백래시가 클 때 일어나는 현상이 아닌 것은?

① 회전저항 증대
② 기어 마모
③ 토크 증대
④ 소음 발생

링 기어의 백래시가 크면 회전저항이 증대되고 기어의 마모가 촉진되며 토크가 감소하고 소음이 발생한다.

35. 종감속 링 기어의 런 아웃(run-out)을 측정하는데 쓰이는 측정기는?

① 다이얼게이지
② 직정규
③ 마이크로미터
④ 시크니스 게이지

종감속 링 기어의 런 아웃은 다이얼 게이지로 측정한다.

36. FR 방식의 자동차가 주행 중 디퍼런셜 장치에서 많은 열이 발생한다면 고장원인으로 거리가 먼 것은?

① 추진축의 밸런스 웨이트 이탈
② 기어의 백래시 과소
③ 프리로드 과소
④ 오일량 부족

디퍼런셜 장치(차동장치)에서 많은 열이 발생하는 원인은 기어의 백래시 과소, 프리로드 과소, 오일량 부족 등이다.

37. 주행 중 자동차의 조향 휠이 한쪽으로 쏠리는 원인 아닌 것은?

① 타이어 공기압 불균일 ② 휠 얼라인먼트의 조정 불량
③ 추진축의 밸런스 불량 ④ 코일 스프링의 마모 혹은 파손시

주행 중 조향핸들이 한쪽 방향으로 쏠리는 원인
① 뒤 차축이 차량의 중심선에 대하여 직각이 되지 않는다.
② 타이어 공기압력이 불균일하다.
③ 앞바퀴 정열(얼라인먼트)이 불량하다.
④ 한쪽 휠 실린더의 작동이 불량하다.
⑤ 브레이크 라이닝 간극의 조정이 불량하다.
⑥ 코일 스프링의 마모되었거나 파손되었다.
⑦ 쇽업소버의 작동이 불량하다.

38. 자동차 주행 중 핸들이 한쪽으로 쏠리는 이유로 적합하지 않은 것은?

① 좌우 타이어의 공기압 불평형
② 쇽업소버의 불량
③ 좌우 스프링 상수가 같을 때
④ 뒤 차축이 차의 중심선에 대하여 직각이 아닐 때

39. 스티어링 휠의 유격 과다 시 가능한 원인이 아닌 것은?

① 요크 플러그가 풀림 ② 스티어링 기어 장착볼트의 풀림
③ 타이로드 엔드의 스터드 마모, 풀림 ④ 로워 암 부싱 손상

스티어링 휠의 유격이 과다한 원인은 요크 플러그의 풀림, 스티어링 기어 장착볼트의 풀림, 타이로드 엔드의 스터드 마모 또는 풀림 등이다.

40. 조향 휠의 복원성이 나쁘다. 가능한 원인이 아닌 것은?

① 타이어 공기압이 불량할 때
② 기어박스 내의 오일 점도가 낮을 때
③ 조향 휠 웜 샤프트의 프리로드 조정 불량일 때
④ 조향계통의 각 조인트가 고착, 손상되었을 때

조향 휠의 복원성이 불량한 원인은 타이어 공기압이 불량할 때, 조향 휠 웜 샤프트의 프리로드 조정 불량일 때, 조향계통의 각 조인트가 고착, 손상되었을 때이다.

41. 속도 감응식 조향장치(SSPS)에서 액추에이터 코일회로가 단선되었을 경우 나타날 수 있는 현상은?

① 일반 파워 스티어링 전환
② 고속에서만 핸들 무거움
③ 저속에서만 핸들 무거움
④ 요철도로 주행 시 이음

속도 감응식 조향장치에서 액추에이터 코일회로가 단선되면 일반적인 파워 스티어링 전환된다.

42. 동력조향 장치의 조향핸들이 무거운 원인이 아닌 것은?

① 조향바퀴의 타이어 공기압력이 낮다.
② 휠 얼라인먼트 조정이 불량하다.
③ 조향바퀴의 타이어 공기압력이 높다.
④ 파워 오일펌프 구동벨트가 슬립 된다.

조향핸들이 무거운 원인은 ①,②,④항 이외에 조향바퀴의 타이어 공기압력이 너무 낮다.

43. 동력조향 장치를 장착한 차량이 운행 중 핸들이 한쪽으로 쏠릴 경우의 고장 원인이다. 아닌 것은?

① 파워 오일펌프 불량
② 브레이크슈 리턴 스프링의 불량
③ 타이어의 편마모
④ 토인 조정불량

44. 동력조향 휠의 복원성이 불량한 원인이 아닌 것은?

① 제어밸브가 손상되었다.
② 부의 캐스터로 되었다.
③ 동력 피스톤 로드가 과대하게 휘었다.
④ 조향 휠이 마멸되었다.

45. 파워 스티어링 장착 차량이 급커브 길에서 시동이 자꾸 꺼지는 현상이 발생하는 원인으로 옳은 것은?

① 엔진오일 부족
② 파워펌프 오일압력 스위치 단선
③ 파워 스티어링 오일과다
④ 파워 스티어링 오일 누유

파워펌프 오일압력 스위치가 단선되면 급커브 길에서 엔진시동이 자주 꺼지는 현상이 발생한다.

46. 자동차 동력조향 장치의 유압회로 내 유압유의 점도가 높을 때 일어나는 현상이 아닌 것은?

① 회로 내 잔압이 낮아진다.
② 유압라인의 열 발생 원인이 된다.
③ 동력손실이 커진다.
④ 관내 마찰손실이 커진다.

오일의 점도가 높으면 관내 마찰손실이 커지므로 열 발생원인 및 동력손실이 커진다.

47. 유압식 동력조향장치의 오일펌프 압력시험에 대한 설명으로 틀린 것은?

① 유압회로 내의 공기빼기 작업을 반드시 실시해야 한다.
② 엔진의 회전수를 약 1000±100rpm으로 상승시킨다.
③ 시동을 정지한 상태에서 압력을 측정한다.
④ 컷오프 밸브를 개폐하면서 유압이 규정 값 범위에 있는지를 확인한다.

오일펌프 압력시험

① 오일펌프에서 유압호스를 분리한 후 압력계를 연결한다.
② 공기빼기 작업을 시행한 후 기관을 가동시키고 조향핸들을 좌우로 몇 번 돌려 오일온도가 50~60℃가 되도록 한다.
③ 기관의 회전속도를 1000±100rpm으로 상승시킨다.
④ 압력계의 컷오프 밸브(cut off valve)를 완전히 닫은 후 유압이 규정 값 범위에 있는 확인하고 컷오프 밸브를 연다. 이때 컷오프 밸브를 10초 이상 닫고 있어서는 안 된다.
⑤ 규정 값 범위를 벗어난 경우에는 오일펌프를 정밀 점검한다.
⑥ 압력계를 분리 한 후 유압호스를 연결한다.
⑦ 공기빼기 작업을 시행한다.

48. 휠 얼라인먼트 시험기의 측정항목이 아닌 것은?

① 토인
② 캐스터
③ 킹핀 경사각
④ 휠 밸런스

휠 얼라인먼트 시험기로 측정할 수 있는 항목은 토인, 캐스터, 캠버, 킹핀 경사각, 셋백 등이 있다.

49. 앞바퀴 얼라인먼트를 점검하기 전에 점검해야 할 사항중 거리가 먼 것은?

① 전후 및 좌우 바퀴의 흔들림
② 타이어의 마모 및 공기압
③ 뒤 스프링의 모양 및 형식
④ 조향 링키지 설치상태와 마멸

앞바퀴 얼라인먼트를 점검하기 전에 점검해야 할 사항
① 자동차는 공차상태로 하고 수평한 장소를 선택한다.
② 타이어의 마모 및 공기압력을 점검한다.
③ 섀시 스프링은 안정 상태로 하고, 전후 및 좌우 바퀴의 흔들림을 점검한다.
④ 조향 링키지 설치상태와 마멸을 점검한다.
⑤ 휠 베어링의 헐거움, 볼 이음 및 타이로드 엔드의 헐거움 등을 점검한다.

50. 앞바퀴 얼라인먼트 검사를 할 때 예비점검 사항과 가장 거리가 먼 것은?

① 타이어의 공기압, 마모상태, 흔들림 상태
② 평면 마모 상태
③ 휠 베어링의 헐거움, 볼 이음의 마모 상태
④ 조향핸들 유격 및 차축 또는 프레임의 휨 상태

51. 트럭의 앞차축이 뒤틀어져서 왼쪽 캐스터 각이 0°, 오른쪽 캐스터 각이 뒤쪽으로 5~6°가 더 클 때 주행 중 어떤 현상이 일어나겠는가?

① 오른쪽으로 끌리는 경향이 있다.
② 왼쪽으로 끌리는 경향이 있다.
③ 정상적으로 조향 된다.
④ 도로 사정에 따라 왼쪽이나 오른쪽으로 끌린다.

왼쪽 캐스터의 각이 0°이므로 직진성능이 없기 때문에 왼쪽으로 끌리는 경향이 있다.

52. 자동차의 앞차축이 사고로 뒤틀어져서 왼쪽 캐스터 각이 뒤쪽으로 5~6°, 오른쪽 캐스터 각이 0°가 되었다. 주행 중 발생할 수 있는 현상은?

① 오른쪽으로 쏠리는 경향이 있다.
② 왼쪽으로 쏠리는 경향이 있다.
③ 정상적인 조향이 어렵다.
④ 쏠리는 경향에는 변화가 없다.

오른쪽 캐스터의 각이 0° 이므로 직진성능이 없기 때문에 오른쪽으로 쏠리는 경향이 있다.

53. 제동 시 핸들을 빼앗길 정도로 브레이크가 한쪽만 듣는다. 원인으로 틀린 것은?

① 양쪽 바퀴의 공기압력이 다르다.

② 허브 베어링의 풀림

③ 백 플레이트의 풀림

④ 마스터 실린더의 리턴 포트가 막힘

마스터 실린더의 리턴 포트가 막히면 브레이크가 해제되지 않는다.

54. 제동장치의 편제동 원인이 아닌 것은?

① 타이어 공기압력이 불균일하다.
② 브레이크 페달 유격이 크다.

③ 휠 얼라인먼트가 불량하다.
④ 휠 실린더 1개가 고착되어 있었다.

편제동의 원인

① 타이어의 공기압력이 불균일하다.

② 휠 실린더 1개가 고착되었다.

③ 브레이크 드럼 간극이 불균일하다.

④ 한쪽의 브레이크 패드에 오일이 묻었다.

⑤ 휠 얼라인먼트가 불량하다.

55. 그림에서 브레이크 페달의 유격조정 부위로 가장 적합한 곳은?

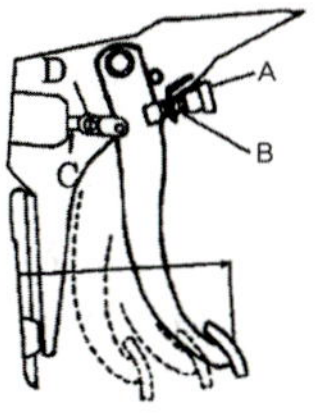

① A와 B
② D와 C

③ B와 D
④ C와 B

브레이크 페달의 유격은 D와 C에서 조정한다.

56. 자동차의 브레이크 페달이 점점 딱딱해져서 제동성능이 저하되었다면 그 고장원인으로 적당한 것은?

① 마스터 실린더 바이패스 포트가 막혀있는 경우

② 브레이크슈 리턴 스프링 장력이 강한 경우

③ 마스터 실린더 피스톤 캡이 고장 난 경우

④ 브레이크 오일이 부족한 경우

마스터 실린더 바이패스 포트가 막히면 브레이크 페달이 점점 딱딱해져서 제동성능이 저하된다.

57. 브레이크 페달이 점점 딱딱해져서 제동성능이 저하되었다면 그 원인은?

① 브레이크액 부족
② 마스터 실린더 누유

③ 슈 리턴스프링 장력변화
④ 하이드로 백 내부 진공누설

하이드로 백 내부에서 진공이 누설되면 브레이크 페달이 점점 딱딱해져서 제동성능이 저하된다.

58. 브레이크 페달을 밟았을 때 소음이 나거나 떨리는 현상의 원인이 아닌 것은?

① 디스크의 불균일한 마모 및 균열
② 패드나 라이닝의 경화
③ 백킹 플레이트나 캘리퍼의 설치볼트 이완
④ 프로포셔닝 밸브의 작동 불량

브레이크 페달을 밟았을 때 소음이 나거나 떨리는 현상의 원인은 디스크의 불균일한 마모 및 균열, 패드나 라이닝의 경화, 백킹 플레이트나 캘리퍼의 설치 볼트 이완 등이다.

59. 브레이크를 밟았을 때 브레이크 페달이나 차체가 떨리는 원인으로 거리가 먼 것은?

① 브레이크 디스크 또는 드럼의 변형
② 브레이크 패드 및 라이닝 재질 불량
③ 앞 · 뒤 바퀴 허브 유격과다
④ 프로포셔닝 밸브의 작동 불량

브레이크를 밟았을 때 브레이크 페달이나 차체가 떨리는 원인은 브레이크 디스크 또는 드럼의 변형, 브레이크 패드 및 라이닝 재질 불량, 앞 · 뒤 바퀴 허브 유격과다 등이다.

60. 자동차의 유압식 브레이크에서 브레이크 페달을 밟지 않았는데도 일부 바퀴에서 제동력이 잔류한다. 그 원인에 해당되지 않는 것은?

① 브레이크슈 리턴 스프링의 불량
② 휠 실린더 피스톤 컵의 탄력저하
③ 브레이크슈의 조정불량
④ 브레이크 캘리퍼의 유동불량

유압 브레이크에서 브레이크 페달을 밟지 않았는데도 일부 바퀴에서 제동력이 잔류하는 원인은 브레이크슈 리턴 스프링의 불량, 휠 실린더 피스톤 컵의 탄력저하, 브레이크슈의 조정불량 등이다.

61. 브레이크에서 배력 장치의 기밀유지가 불량할 때 점검해야 할 부분은?

① 패드 및 라이닝 마모상태
② 페달의 자유간격
③ 라이닝 리턴스프링 장력
④ 체크 밸브 및 진공호스

배력장치의 기밀유지가 불량하면 체크 밸브 및 진공호스를 점검한다.

62. 가솔린 승용차에서 내리막길 주행 중 시동이 꺼질 때 제동력이 저하되는 이유는?

① 진공 배력장치 작동불량
② 베이퍼록 현상
③ 엔진출력 상승
④ 하이드로 플래닝 현상

내리막길 주행 중 시동이 꺼질 때 제동력이 저하하는 원인은 진공 배력장치의 작동이 불량한 경우이다.

63. 브레이크 작동 시 조향 휠이 한쪽으로 쏠리는 원인이 아닌 것은?

① 브레이크 간극조정 불량
② 휠 허브 베어링의 헐거움
③ 마스터 실린더 체크 밸브 작동이 불량
④ 한쪽 브레이크 디스크의 변형

마스터 실린더의 체크 밸브 작동이 불량하면 잔압이 낮아져 제동이 늦어진다.

64. 자동차 주행 시 브레이크를 작동시켰을 때 어느 한쪽 방향으로 쏠리는 원인이 아닌 것은?

① 좌우 브레이크 드럼 간극이 틀릴 때
② 좌우 타이어 공기압이 불균일할 때
③ 쇽업소버의 작동이 불량할 때
④ 브레이크 페달의 유격이 클 때

브레이크 페달의 유격이 크면 제동이 잘 안되고 늦어진다.

65. 4센서 4채널 ABS에서 하나의 휠 스피드 센서(wheel speed sensor)가 고장일 경우의 현상 설명으로 옳은 것은?

① 고장 나지 않은 나머지 3바퀴만 ABS가 작동한다.
② 고장 나지 않은 바퀴 중 대각선 위치에 있는 2바퀴만 ABS가 작동한다.
③ 4바퀴 모두 ABS가 작동하지 않는다.
④ 4바퀴 모두 정상적으로 ABS가 작동한다.

4센서 4채널 ABS에서 휠 스피드 센서 1개가 고장 나더라도 4바퀴 모두 ABS가 작동하지 않는다.

66. 타이어 트레드 한쪽 면만 편 마멸되는 원인에 해당되지 않는 것은?

① 각 바퀴의 균일한 타이어 최고압력을 주입했을 때
② 휠이 런 아웃되었을 때
③ 허브의 너클이 런 아웃되었을 때
④ 베어링이 마멸되었거나 킹핀의 유격이 큰 경우

트레드 한쪽 면만이 편 마멸되는 원인

① 휠이 런 아웃되었을 때
② 허브의 너클이 런 아웃되었을 때
③ 베어링이 마멸되었거나 킹핀의 유격이 큰 경우
④ 휠 얼라인먼트가 불량할 때
⑤ 한쪽 타이어의 공기압력이 낮을 때

67. 디지털식 타이어 휠 밸런스 시험기를 사용할 때 시험기에 입력해야할 요소가 아닌 것은?

① 림의 폭
② 림의 직경
③ 림의 간격
④ 림의 두께

휠 밸런스 시험기에 입력할 사항은 림의 폭, 림의 직경, 림의 간격이다.

2. 시험장비 사용

01. 자동차 검사용으로 사용하는 사이드슬립 측정기에 관한 설명으로 가장 적절한 것은?

① 제동력의 화·차 및 끌림 등을 시험

② 제동시의 사이드슬립 값을 측정

③ 자동차의 조향륜의 옆미끄럼량을 측정

④ 캐스터 및 킹핀각을 측정

사이드슬립 테스터는 조향륜의 옆미끄럼량을 측정하여 전차륜 정렬의 합성력을 시험하는 기구이다.

02. 다음 중 사이드슬립 테스터가 어떤 것을 시험하는지 가장 적합한 것은?

① 타이어 이상 마모

② 캐스터와 토인의 균형

③ 전차륜 정렬의 합성력

④ 캠버와 킹핀 경사의 균형

03. 사이드슬립 시험기에서 지시 값이 6이라면 1km 당 슬립량은?

① 6mm ② 6cm

③ 6m ④ 6km

사이드슬립 시험기에서 지시 값이 6이라면 주행 1km에 대해 앞바퀴가 옆 방향으로 6m가 미끄러진다.

04. 사이드슬립을 시험한 결과 오른쪽 바퀴가 안쪽으로 6mm, 왼쪽 바퀴는 바깥쪽으로 4mm 움직일 때 전체 미끄럼 양은?

① 안쪽으로 1mm

② 안쪽으로 2mm

③ 바깥쪽으로 2mm

④ 바깥쪽으로 1mm

$\frac{6-4}{2} = 1mm$ 따라서 전체 미끄럼 양은 안쪽으로 1mm

05. 사이드슬립 테스터로 측정한 결과 왼쪽바퀴가 안쪽으로 6mm이고, 오른쪽바퀴가 바깥쪽으로 8mm 이었을 때 15km를 직진상태로 주행하였다면 바퀴는 어느 쪽으로 얼마나 미끄러지는가?

① 안쪽으로 15m

② 바깥쪽으로 15m

③ 안쪽으로 30m

④ 바깥쪽으로 30m

$\frac{8-6}{2} = 1$ 따라서 전체 미끄럼 양은 안쪽으로 1mm이며, 15km를 직진으로 주행하면 안쪽으로 15m 미끄러진다.

06. 핸들의 위치를 중심에 놓고, 앞 휠의 토우 값을 측정하였더니, 다음과 같은 값이 측정되었다면 맞는 것은?(단, 앞 좌측 : 토인 2mm, 앞 우측 : 토 아웃 1mm이며 주어진 자동차의 제원 값은 토인 0.5mm 이다.)

① 주행 중 차량은 정 방향으로 주행한다.

② 주행 중 차량은 좌측으로 쏠리게 된다.

③ 주행 중 차량은 우측으로 쏠리게 된다.

④ 핸들의 조작력이 무겁게 된다.

토우는 주행 1m에 대해 인 또는 아웃으로 5mm 이내 이면 정상이므로 주행 중 차량은 정 방향으로 주행한다.

07. 제동시험기에 검사차량을 올려놓지 않고 롤러를 회전시켰을 때 시험기의 지침이 떨리고 있다. 그 원인으로 가장 적합한 것은?

① 지침의 0점이 순간적으로 잘못되었다.

② 모터의 전압에 변동이 생겼다.

③ 롤러의 베어링과 체인 등의 마찰력이 지시된 것이다.

④ 로드 셀의 0점 조정이 틀렸기 때문이다.

제동시험기에 검사차량을 올려놓지 않고 롤러를 회전시켰을 때 시험기의 지침이 떨리는 원인은 롤러의 베어링과 체인 등의 마찰력이 지시된 것이다.

08. 자동차관리법 시행규칙에 의거한 제동시험기의 정기정밀도검사 기한은?

① 최초 정밀도검사를 받은 날부터 3월이 되는 날이 속하는 달

② 최초 정밀도검사를 받은 날부터 6월이 되는 날이 속하는 달

③ 최초 정밀도검사를 받은 날부터 12월이 되는 날이 속하는 달

④ 최초 정밀도검사를 받은 날부터 2년이 되는 날이 속하는 달

제동시험기의 정기정밀도검사 기한은 최초 정밀도검사를 받은 날부터 12월이 되는 날이 속하는 달

제2편 섀시 성능

제3장 주행 및 제동 출제 예상 문제 답

1. 주행성능

01	02	03	04	05	06	07	08	09	10
②	②	②	②	①	③	②	③	②	②
11	12	13	14	15	16	17	18	19	20
①	④	①	①	②	②	②	①	②	①
21	22	23	24	25	26	27	28	29	30
②	③	②	①	③	①	③	②	①	③
31	32	33	34	35					
③	①	③	③	③					

2. 제동성능

01	02	03	04	05	06	07	08	09	10
②	④	①	②	②	②	①	③	②	①
11	12	13	14	15	16	17	18	19	20
④	③	②	③	②	②	③	②	④	①
21	22	23							
③	①	③							

제3편 섀시 정비

제4장 동력전달장치 출제 예상 문제 답

1. 클러치(Clutch)와 수동변속기(Manual Transmission)

01	02	03	04	05	06	07	08	09	10
④	④	③	②	②	②	①	②	①	①
11	12	13	14	15	16	17	18	19	20
②	②	②	②	①	①	④	①	①	③
21	22	23	24	25	26	27			
②	①	④	①	①	④	②			

2. 자동 및 무단변속기

01	02	03	04	05	06	07	08	09	10
④	①	④	④	③	①	①	④	②	①
11	12	13	14	15	16	17	18	19	20
②	①	③	④	④	③	④	④	③	①
21	22	23	24	25	26	27	28	29	30
④	①	②	①	④	④	③	①	④	③
31	32	33	34	35	36	37	38	39	40
①	②	①	①	②	②	②	②	④	②
41	42	43	44	45	46	47	48	49	50
①	②	④	①	③	③	③	③	④	②
51	52	53	54	55	56	57	58	59	60
①	③	④	③	④	②	②	①	④	①
61	62	63	64	65	66				
④	④	④	②	③	①				

3. 드라이브라인과 동력배분장치

01	02	03	04	05	06	07	08	09	10
②	①	③	①	①	①	①	④	③	④
11	12	13	14	15	16	17	18	19	20
③	④	③	②	④	①	④	④	①	②
21	22	23	24	25	26	27	28	29	30
④	③	③	②	③	③	①	①	③	③
31	32	33	34	35	36	37	38	39	40
②	③	③	②	③	④	④	④	③	①

제5장현가장치 출제 예상 문제 답

1. 일반적인 현가장치

01	02	03	04	05	06	07	08	09	10
④	①	③	④	①	③	③	③	①	②
11	12	13	14	15	16	17	18	19	20
①	②	④	②	②	①	④	①	③	②
21	22	23	24	25	26				
①	③	①	①	①	③				

2. 전자제어 현가장치

01	02	03	04	05	06	07	08	09	10
①	①	②	④	④	③	①	④	④	②
11	12	13	14	15	16	17	18	19	20
①	③	②	③	①	②	①	④	④	④
21	22	23	24	25	26	27	28	29	
④	③	①	④	②	②	③	①	②	

제6장 조향장치 출제 예상 문제 답

1. 일반적인 조향장치

01	02	03	04	05	06	07	08	09	10
④	①	③	②	④	①	④	①	①	④
11	12	13	14	15	16	17			
②	③	①	③	①	②	④			

2. 전자제어 조향장치

01	02	03	04	05	06	07	08	09	10
④	②	②	①	①	④	①	③	④	③
11	12	13	14	15	16	17	18		
④	③	②	④	②	③	②	④		

3. 휠 얼라인먼트

01	02	03	04	05	06	07	08	09	10
③	③	②	③	②	②	①	③	①	③
11	12	13	14	15	16	17	18	19	20
④	④	①	④	①	①	③	①	④	④
21	22								
③	④								

제7장 제동장치 출제 예상 문제 답

1. 유압 · 기계 및 공기 제동장치

01	02	03	04	05	06	07	08	09	10
①	④	①	④	②	③	③	③	③	②
11	12	13	14	15	16	17	18	19	20
③	③	②	③	①	②	①	③	④	③
21	22	23	24	25	26	27	28	29	30
①	③	①	③	①	②	②	②	③	②
31	32	33	34	35	36	37	38	39	40
③	②	①	①	④	①	④	②	②	④
41	42								
④	②								

2. ABS(전자제어 제동장치)

01	02	03	04	05	06	07	08	09	10
①	④	④	③	③	①	①	③	③	④
11	12	13	14	15	16	17	18	19	20
④	③	④	③	②	④	④	③	②	①
21	22	23	24	25	26	27	28	29	30
②	④	④	③	③	②	④	①	①	③
31	32	33	34	35	36	37	38	39	40
①	④	①	①	③	①	②	②	①	①
41									
③									

제8장 주행 및 구동장치 출제 예상 문제 답

1. 타이어

01	02	03	04	05	06	07	08	09	10
②	①	①	①	①	①	④	③	②	②
11	12	13	14	15	16	17	18	19	20
④	②	③	①	④	④	④	②	②	②
21	22	23	24	25	26	27	28	29	
①	③	①	②	①	③	②	③	②	

2. TCS & VDC

01	02	03	04	05	06	07	08		
②	④	②	②	③	②	④	④		

제4편 진단, 검사

제10장 시험장비 사용 출제 예상 문제 답

1. 고장분석

01	02	03	04	05	06	07	08	09	10
②	①	①	①	④	④	①	③	④	③
11	12	13	14	15	16	17	18	19	20
①	④	④	②	④	②	①	③	②	②
21	22	23	24	25	26	27	28	29	30
①	①	③	③	④	④	①	①	④	②
31	32	33	34	35	36	37	38	39	40
②	③	④	③	①	①	③	③	④	②
41	42	43	44	45	46	47	48	49	50
①	③	①	④	②	①	③	④	③	②
51	52	53	54	55	56	57	58	59	60
②	①	④	②	②	①	④	④	④	④
61	62	63	64	65	66	67			
④	①	③	④	③	①	④			

2. 시험장비 사용

01	02	03	04	05	06	07	08		
③	③	③	①	②	①	③	③		

자동차 섀시

지 은 이	김기성 · 김성용 · 강정구
펴 낸 이	김형근
펴 낸 곳	도서출판 기한재
주 소	경기도 파주시 회동길 56 (파주출판도시)
전 화	031)955-0900~2
팩 스	031)955-0100
등 록	1990년 3월 15일 제2-968호
발 행	2019년 3월 5일 1판 2쇄
정 가	20,000원

무단 복제 및 무단 전재를 금합니다.

Published by Kihanjae Co.

ISBN 978-89-7018-763-1

http://www.kihanjae.com

E-mail : kihanjae@hanmail.net